Telefonnummern auf einen Blick

Tierarzt ______________________________

Vertretungs-Tierarzt ______________________________

Nächste Pferdeklinik ______________________________

Hufschmied ______________________________

Versicherungsgesellschaft ______________________________

Police(n) Nr. ______________________________

____

____

____

____

KURSBUCH Pferdekrankheiten

Karen E. N. Hayes

Checklisten zur sicheren Diagnose und richtigen Behandlung
Praxis: Erste Hilfe
Basiswissen: Pferdehaltung und Gesundheitsvorsorge

In Zusammenarbeit mit der American Association of Equine Practitioners

Von Dr. med. vet. Karen E. N. Hayes
Herausgegeben von Dr. med. vet. Thomas C. Bohanon
und Sue M. Copeland

Fachliche Bearbeitung:
Dr. med. vet. Thomas Heinz, Fachtierarzt für Pferde

blv

Für meine Pferde Bandanna, Zydeco und Charmin,
deren eigenhändige Versorgung mich zu diesem Buch inspiriert hat.
Und für meinen Mann Rick für seine bedingungslose Unterstützung
und sein Interesse an allem Pferdigen.

Sue M. Copeland,
Herausgeberin der Zeitschrift Horse & Rider

Danksagungen

• Dem früheren Präsidenten der American Association of Equine Practitioners, Dr. med. vet. Terry Swanson, meinen Dank für seine ständige Unterstützung und für sein Vertrauen in dieses Projekt.
• Gary Carpenter und Julie Kimball von der American Association of Equine Practitioners für ihre wertvolle Zeit und die Anregungen.
• Lua Oas Southard für ihre unermüdlichen Anstrengungen bei der Begleitung dieses Projektes bis zur Fertigstellung.
• Den Mitarbeitern von Horse & Rider, Lektorin Jennifer J. Denison, Leitender Lektorin Marilee B. Nudo, Herausgeberin Rene E. Riley, Lektorin Juli S. Thorson und künstlerischer Leiterin Lisa Wrigley Dank dafür, dass sie während der Buchproduktion die Zeitschrift am Laufen gehalten haben.
• Bill Jones, dem kreativen Direktor von Cowles Enthusiast Media, für die geschickte Organisation eines weit auseinander wohnenden Buchteams.
• Master of Science Kip Carter, dem meisterlichen medizinischen Zeichner, für seine Mitarbeit an den Zeichnungen in diesem Buch und für seine unermüdliche Unterstützung des Horse & Rider-Teams.
• Jane E. Tyrie, der Assistentin von Dr. med. vet. Midge Leitch, für die fähige Organisation und Demonstration der Fotos für den 2. Abschnitt, und Jackie Lesniczak für ihre Tätigkeit als offizielle Pferde-Festhalterin während dieser Aufnahmen.
• Der Belegschaft der Zeitschrift *Southwest Art* Dank dafür, dass sie uns freundlicherweise Platz und Ausrüstung für die Buchproduktion zur Verfügung gestellt haben.
• Mitsuko Williams, Bibliothekarin für Veterinärmedizin und Gastprofessorin für Büchereiwesen, Dank dafür, dass sie in ihrer Diasammlung gewühlt und uns die Giftpflanzenfotos für den 2. Abschnitt zur Verfügung gestellt hat.
• Dr. med. vet. Robert D. Linnabary, Gastprofessor am Fachbereich Veterinärmedizin der Universität von Tennessee, ebenfalls Dank für Giftpflanzendias aus seiner Sammlung.

Inhaltsverzeichnis

Teil 2: Selbst aktiv werden – Techniken für die Versorgung von Pferden

Teil 3: Informationen zum Nachschlagen

Teil 4: Nützliche Formulare in der Pferdehaltung

EIN HINWEIS FÜR LESER

Das *Kursbuch Pferdekrankheiten* bietet nützliche Anleitungen. Niemand kann jedoch alle Arbeitsbedingungen eines Pferdehalters oder alle Eigenheiten Ihres Pferdes oder seiner Verletzung oder Krankheit voraussehen. Zu Ihrer eigenen Sicherheit sollten Sie daher vorsichtig, sorgfältig und mit gesundem Menschenverstand vorgehen, wenn Sie die Anleitungen in diesem Buch befolgen. Bedenken Sie dabei Ihren eigenen Wissensstand und beachten Sie die Anleitungen und Sicherheitsvorkehrungen, die Ihnen vorgegeben werden.

ZUM GELEIT

Die medizinische Betreuung von Pferden hat sich im Verlauf der letzten 20 Jahre zu einem immer komplexeren und immer stärker spezialisierten Bereich entwickelt. Sowohl den Tierärzten als auch den Pferdebesitzern stehen riesige Mengen an neuen Informationen über Krankheiten und Behandlungsmöglichkeiten zur Verfügung. Als Ergebnis davon ist auch die Beziehung zwischen Pferdebesitzern und Tierarzt immer komplexer geworden und erfordert eine Basis gemeinsamen Wissens, das vielschichtiger und komplizierter ist als jemals zuvor.

Mit dem Blick auf das Ziel, diese Wissensbasis zu erweitern, wurde das *Kursbuch Pferdekrankheiten* geschrieben. Ich hoffe, dass dieses Buch Ihnen ein grundlegendes Verständnis der normalen Physiologie, des normalen Verhaltens und der körperlichen Grundwerte des Pferdes vermitteln wird. Die Fähigkeit, den Normalzustand erkennen und bewerten zu können, ist ungeheuer wichtig, damit Sie Ungewöhnliches bei Ihrem Pferd entdecken und beschreiben können. Es ist von grundlegender Bedeutung, dass zwischen Pferdebesitzer und Tierarzt eine klare und genaue Kommunikation über die Vorgeschichte, die Symptome und die Ergebnisse der körperlichen Untersuchung stattfindet.

Dieses Buch soll regelmäßige tierärztliche Untersuchungen weder ersetzen noch umgehen und sollte dazu auch nicht benutzt werden. Dagegen ist zu hoffen, dass es dem Leser eine Wissensbasis bietet, die ihm hilft, zu erkennen, wann ein Pferd ein Problem hat und wann ein Tierarztbesuch angezeigt ist. Die Unterschiede zwischen Pferden, Besitzern, Tierärzten und den Umständen, die alle diese Beteiligten zusammenbringen, werden weiterhin eine Standardisierung der Techniken zur Diagnose und Behandlung von Erkrankungen beim Pferd verhindern. Zusätzlich zu einem detaillierten Wissen waren Faktoren wie Urteilsvermögen, Erfahrung, Intuition, Anpassungsfähigkeit, Kreativität und Kunstfertigkeit immer schon wichtige weitere Fähigkeiten, die durch Lehrbücher nicht vermittelt werden können. Hier liegen die Gründe, warum Sie auch weiterhin den Tierarzt bemühen sollten, wenn Sie das Beste für Ihr Pferd erreichen wollen.

Ich bin mir sicher, dass das *Kursbuch Pferdekrankheiten* die Informationen und Anleitungen bietet, die nötig sind, um einen echten Beitrag zur Erreichung des Ziels zu leisten, das wir alle gemeinsam haben: die Gesundheit und das Wohlbefinden des Pferdes zu sichern.

Dr. med. vet. Thomas C. Bohanon
Absolvent des American College of Veterinary Surgeons
Centennial Valley Equine Hospital
Broomfield, Colorado, USA

HINWEISE ZUR BENUTZUNG DIESES BUCHES

Mit dem *Kursbuch Pferdekrankheiten* haben Sie Ihren eigenen, persönlichen tierärztlichen Berater immer an der Hand – jemanden, der die richtigen Fragen stellt und Ihnen aufgrund Ihrer Antworten sagen kann, was Sie tun sollen, und der das Bindeglied zwischen Ihnen und Ihrem Tierarzt darstellt. Ihr Pferd wird davon am meisten profitieren, aber auch für Sie und Ihren Tierarzt wird das Vorteile haben: Sie werden den Anzeichen eines womöglich gefährlichen Zustandes, die Sie sonst vielleicht übersehen hätten, früher Aufmerksamkeit schenken und damit Ihrem Pferd eine wesentlich bessere Chance geben, sich schnell und problemlos zu erholen. Das bedeutet für Sie weniger Sorgen und Kosten, und für Ihren Tierarzt weniger Anrufe zu unchristlichen Zeiten.

Das *Kursbuch Pferdekrankheiten* ist in drei Abschnitte untergliedert:

1 In den **Checklisten** finden Sie so ungefähr jedes Krankheitssymptom, das Ihr Pferd jemals zeigen könnte, sobald es ausgewachsen ist. Jedes verräterische Anzeichen ist so aufgelistet, wie Sie selbst es beschreiben würden: wenn Ihr Pferd Tränenfluss hat, sehen Sie im Inhaltsverzeichnis unter *Tränenfluss* nach. Wenn es trockene, brüchige Hufe hat, sehen Sie unter *Trockene, brüchige Hufe* nach. (Alle Symptome finden Sie auch im Stichwortverzeichnis hinten im Buch.) Nun schlagen Sie die Seite auf, auf der Sie das Symptom Ihres Pferdes finden, und bekommen auf dieser Seite eine ganze Reihe von Ja- und Nein-Fragen gestellt, die auf Ihren Beobachtungen beruhen. Ihre Antworten führen Sie wie auf einem Fließdiagramm durch eine Checkliste und schließlich zu Anweisungen darüber, was Sie tun sollen. Diese Anweisungen berücksichtigen die speziellen Bedürfnisse Ihres Pferdes, und außerdem bekommen Sie eine kurze Erklärung dafür, wo das Problem liegen könnte. Wenn eine tierärztliche Behandlung nötig ist, bekommen Sie in der Checkliste gesagt, wann Sie den Tierarzt rufen sollten und warum. Wenn es etwas gibt, das Sie tun sollten, während Sie auf den Tierarzt warten, bekommen Sie Einzelheiten dazu in einem Abschnitt *Während Sie warten.* Wenn eine Eigenbehandlung empfohlen wird, ist sie mit einfachen Worten und Schritt für Schritt beschrieben.

2 Benutzen Sie den Abschnitt über die **Techniken zur Versorgung von Pferden** als Richtschnur für grundlegende und vorbeugende Pferdepflege. Sie fragen sich, ob die Futterration für Ihr Pferd auch sinnvoll ist? Werfen Sie einen Blick in die Rationsempfehlungen. Sie wollen einen besseren Blick für Ihr Pferd entwickeln, damit Sie Probleme frühzeitig erkennen können? Sehen Sie unter *Typisches Verhalten* nach, denn dort lernen Sie, die kleinen Anzeichen zu interpretieren, die Ihr Pferd Ihnen vielleicht gibt. Sie müssen wissen, wie man ein lockeres Eisen abnimmt, eine Verletzung verbindet, ein gereiztes Auge behandelt oder ein Medikament verabreicht? Hier finden Sie das alles, in Bildern und Schritt für Schritt erklärt. Und wenn im ersten Abschnitt eine Eigenbehandlung empfohlen wird, haben Sie gute Chancen, diese Behandlungsmethode hier detailliert erklärt zu bekommen.

3 Im Abschnitt **Glossar** können Sie sich einen schnellen Überblick über Ausdrücke verschaffen, die Sie im Stall oder in der Pferdeklinik hören oder in diesem Buch lesen werden. Wenn bei Ihrem Pferd etwas diagnostiziert wird, von dem Sie noch nie gehört haben, schlagen Sie es hier nach. Wenn Sie über eine Behandlung, die Ihr Tierarzt empfohlen hat, mehr wissen wollen, werden Sie sie wahrscheinlich in diesem Abschnitt finden.

Beachten Sie: In jedem Abschnitt finden sich Querverweise auf die anderen beiden Abschnitte. Dabei werden die Seitennummern angegeben, so dass Sie ganz einfach dorthin blättern können.

TEIL I

CHECKLISTEN ZUR ERSTEN HILFE

KAPITEL 1

Umgang mit VERLETZUNGEN

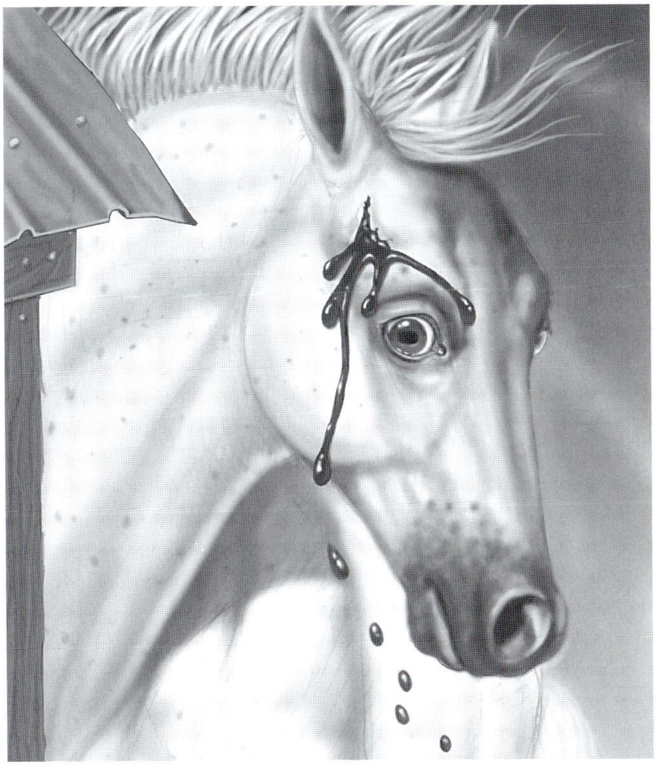

Sie sehen: Einen Riss oder Schnitt, eventuell mit zerfetzten Wundrändern, der die Haut Ihres Pferdes durchdrungen hat. An den Rändern klebt getrocknetes Blut oder aus der Wunde dringt frisches Blut, so dass nur schwer zu sehen ist, ob auch Gewebe unter der Haut von der Verletzung betroffen sind.

Das könnte bedeuten: Wenn nur die Haut selbst und das Fettpolster darunter betroffen sind, ohne dass größere Blutgefäße oder wichtige Strukturen wie Sehnen, Gelenke, Nerven oder Bänder beschädigt wurden, dann ist die Verletzung mehr ein Schönheitsfehler. Sie könnte Wundheilungsstörungen, z. B. wildes Fleisch, oder eine Narbe hinterlassen, aber ihr Pferd wird langfristig kein Problem damit bekommen. Wenn allerdings wichtige Strukturen betroffen sind, kann die Schnittverletzung ernsthafte – und vielleicht bleibende – Schäden verursachen. Die richtige Behandlung wird Ihnen helfen, das Bestmögliche aus der Verletzung zu machen.

1-A

SCHNITTWUNDEN (Lazerationen)

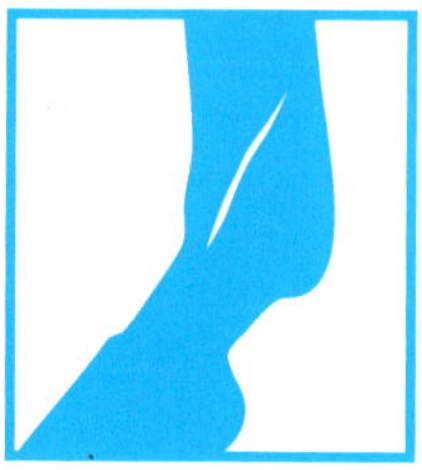

CHECKLISTE:

Besteht eine starke Blutung (1/4 Tasse oder mehr pro Minute)?

JA → Rufen Sie Ihren Tierarzt **gleich** an – vielleicht muss genäht werden, um die Blutung zu stoppen. Blättern Sie zu **Während Sie warten Nr. 1** auf der gegenüberliegenden Seite.

NEIN ↓

Können Sie in der Wunde weißes Gewebe sehen?

JA → Rufen Sie Ihren Tierarzt **gleich** an – es könnte sich um freigelegte Knochen, Sehnen oder Bänder handeln.

NEIN ↓

Klaffen die Hautränder auseinander oder lassen sie sich leicht voneinander wegziehen? Liegt die Verletzung so nahe an einem Gelenk, dass sie aufklafft, wenn das Gelenk bewegt wird? Liegt die Verletzung im unteren Beinbereich, also unterhalb von Karpal- oder Sprunggelenk? Ist ein loser Hautlappen entstanden?

JA → Rufen Sie Ihren Tierarzt **gleich** an, wenn Sie irgendeine dieser Fragen mit Ja beantwortet haben – wahrscheinlich sind einige Stiche nötig, um die Wundränder zu stabilisieren, die Narbenbildung zu verringern und/oder wildes Fleisch zu verhindern. Blättern Sie zu **Während Sie warten Nr. 2** auf der gegenüberliegenden Seite.

NEIN ↓

Liegt die Verletzung im oder in der Nähe eines Gelenkbereiches? Sehen Sie eine bernsteingelbe Flüssigkeit austreten oder befinden sich auf dem Pferdefell unterhalb der Wunde weiße angetrocknete Streifen?

JA → Rufen Sie Ihren Tierarzt **gleich** an, wenn Sie eine dieser Fragen mit Ja beantwortet haben – die Verletzung könnte sich auf eine Gelenkkapsel oder eine Sehnenscheide erstrecken.

NEIN ↓

Betrifft die Verletzung das Pferdegesicht oder ein Auge?

JA → Rufen Sie Ihren Tierarzt **gleich** an – die Wunde muss vermutlich sofort versorgt werden, um Narbenbildung zu vermeiden und die Schäden an wichtigen Geweben so gering wie möglich zu halten. Blättern Sie zu **Während Sie warten** auf S. 79.

NEIN ↓

Fortsetzung ⇨

CHECKLISTE (FORTSETZUNG):

Ist der Wundbereich so stark geschwollen, dass Sie sich die Verletzung nicht genau ansehen können? Liegt ein trüber, gelblichweißer Ausfluss vor, oder riecht die Verletzung »verdorben«?
JA → Blättern Sie zu S. 24.

NEIN ↓

Lässt Ihr Pferd Sie heran, so dass Sie die Wunde versorgen können?
JA → Wenden Sie die Eigenbehandlung von der nächsten Seite an.

NEIN ↓

Rufen Sie **noch heute** Ihren Tierarzt an.

Während Sie warten Nr. 1:

1. *Beruhigen Sie Ihr Pferd.* Wenn es aufgeregt ist, pumpt sein Herz stärker und sein Blut fließt schneller. Wenn möglich, lassen Sie einen Helfer das Pferd am Halfter festhalten und es beruhigen, während Sie tätig werden.

2. *Bringen Sie direkten Druck auf die Wunde.* Denken Sie nicht darüber nach, ob das Blut aus einer Arterie oder einer Vene kommt – die Behandlung ist dieselbe: Üben Sie auf den Bereich der Verletzung mit Hilfe eines sauberen Polsters Druck aus. Das Polster muss so groß sein, dass es die Wunde und ihre Ränder bedeckt. Aus einem gefalteten Geschirrtuch, einer Einmal-Windel oder einem daumendicken Stapel Mullkompressen können Sie ein geeignetes Polster machen. Wenn Sie einen Kühlbeutel (Cool Pack) zur Hand haben, legen Sie ihn zwischen die Lagen des Druckpolsters mit ein. Damit können Sie die Blutung weiter eindämmen. (Wenn Sie wissen wollen, wie stark Sie drücken müssen, sehen Sie unter »Wie viel Druck?« auf S. 16 in diesem Kapitel nach.) Widerstehen Sie der Versuchung, das Polster wieder hochzuheben, um zu sehen, wie stark es noch blutet – damit zerstören Sie nur die Gerinnungsherde, die sich bereits gebildet haben, und damit war Ihre bisherige gute Arbeit umsonst. Wenn das Polster vom Blut durchtränkt wird, ersetzen Sie es nicht. Drücken Sie mindestens 5 Minuten weiter, ohne das Polster zu entfernen. Wenn überall so viel Blut ist, dass Sie nicht sehen können, wo es herkommt, drücken Sie fünf Sekunden lang stark auf den gesamten Bereich, um das Blut kurz zu den Seiten wegzudrücken. Jetzt können Sie das Polster kurz anheben, um herauszufinden, wo das Blut herkommt. Bringen Sie den Druck hauptsächlich auf diese Stelle.

STOP: Wenn Ihr Tierarzt es nicht ausdrücklich anordnet, dürfen Sie einem Pferd, das aufgeregt ist, das Angst hat oder das in der letzten halben Stunde gearbeitet wurde, niemals selbst ein Beruhigungsmittel verabreichen. Das Beruhigungsmittel könnte die Herztätigkeit und/oder die Tätigkeit des Atmungsapparates herabsetzen, so dass das Pferd kollabiert (in Ohnmacht fällt). Wenn Ihr Pferd mittels Medikamenten ruhig gestellt werden muss, überlassen Sie die Entscheidung darüber dem Tierarzt.

3. *Legen Sie einen Druckverband an.* Nachdem Sie 5 bis 10 Minuten lang gedrückt haben, sollten Sie einen Druckverband anlegen, wenn die Blutung an einer Stelle sitzt, an der man gut einen Verband machen kann (siehe S. 277). Sonst machen Sie in fünf-Minuten-Schichten mit dem Drücken weiter. Wenn ein Verband mit Blut durchtränkt ist, wickeln Sie einfach eine neue Lage Verbandsmaterial darüber.

4. *Bringen Sie Ihr Pferd in den Stall.* Sorgen Sie dafür, dass es sich wenig bewegt, damit die Bildung von Gerinnungsherden nicht unterbrochen wird.

Während Sie warten Nr. 2:

1. *Kühlen Sie die Verletzung.* Nehmen Sie einen Kühlbeutel (siehe S. 260), der so groß ist, dass er um mindestens 5 cm über die Wundränder hinausragt. Legen Sie ihn zwischen die Lagen eines sauberen Tuches, das Sie mit der Mitte auf die Wunde legen und dort festhalten. Halten Sie sich

Was Ihr Tierarzt vielleicht tun wird:

Es kann nötig sein, dass er Ihr Pferd ruhig stellt oder in Narkose legt und/oder das Gewebe betäubt, um Tiefe und Ausmaß der Verletzung genau feststellen zu können und die bestmögliche Versorgung zu erleichtern.

Wie viel Druck?

Probieren Sie Folgendes einmal ungefähr in der Mitte Ihres Oberschenkels aus: drücken Sie so lange herum, bis Sie unter Ihren Fingern die Umrisse des Knochens in Ihrem Oberschenkel spüren können. So stark muss auch der Druck sein, den Sie auf eine blutende Wunde an Ihrem Pferd ausüben. Wie viel Wirkung Sie damit erzielen, hängt weniger von der eigentlichen Druckstärke ab als vielmehr von Ihrer Fähigkeit, den Druck konstant zu halten, ohne den Druckpunkt zu verschieben oder im Druck nachzulassen, und das mindestens fünf Minuten lang.

an den folgenden Kühlungsplan: 5 Minuten kühlen, 15 Minuten weg mit dem Kühlbeutel. Wiederholen Sie diesen Zyklus noch dreimal oder so lange, bis Ihr Tierarzt eintrifft.

2. *Drücken Sie auf die Wunde.* Während Sie nicht kühlen, nehmen Sie saubere Tücher, Damenbinden oder daumendicke Stapel von Mullkompressen und drücken damit fest auf die Gewebe.

3. *Legen Sie einen Verband an.* Wenn der verletzte Bereich sich gut verbinden lässt (beispielsweise im unteren Beinbereich), bringen Sie die Schnittränder so gut wie möglich dahin, wohin sie hingehören, und legen darüber einen Druckverband an (wie das geht, finden Sie auf S. 277).

Eigenbehandlung:

(Sehen Sie auf der ***Checkliste*** *auf S. 14 nach, ob eine Eigenbehandlung für die Verletzung Ihres Pferdes in Frage kommt. Wenn die Antworten, die Sie in der Checkliste geben, sich während der Eigenbehandlung zum Schlechteren verändern, rufen Sie den Tierarzt.)*

1. Schritt. *Kühlen Sie die Verletzung.* Legen Sie einen Kühlbeutel (siehe S. 260) zwischen die Lagen eines sauberen Tuches. Legen Sie den eingewickelten Kühlbeutel auf die Wunde und stellen Sie dabei sicher, dass sich in der Umhüllung keine größeren Falten befinden, die dem Pferd unangenehm sein könnten. Halten Sie das Ganze entweder mit der Hand oder mit einer Bandage fünf Minuten lang an dieser Stelle.

STOP

Vermeiden Sie die Verwendung von antibiotikahaltigen Pudern, Sprays oder Salben, wenn Sie nicht vorher mit Ihrem Tierarzt darüber gesprochen haben. Wenn Antibiotika, in welcher Form auch immer, unbedacht angewendet werden, können sie die Vermehrung widerstandsfähigerer Bakterien begünstigen, die gegen Antibiotika resistent sind.

2. Schritt. *Säubern Sie die Wunde.* (Genaue Anweisungen finden Sie auf S. 256.) Spülen Sie die Wunde mit kaltem Wasser aus dem Schlauch oder mittels einer Sprühflasche mit selbst gemachter Kochsalzlösung (siehe S. 240). Sprühen Sie damit eine ganze Minute lang oder so lange, bis die Wunde für das Auge sauber erscheint – je nachdem, was länger dauert.

3. Schritt. *Verbinden Sie die Wunde.*

A. Wenn die Verletzung sich in einem Bereich befindet, in dem man gut einen Verband anlegen kann, und wenn die Umweltbedingungen erwarten lassen, dass Schmutz, Staub und Fliegen in die Wunde kommen, falls sie nicht abgedeckt wird, drücken Sie ein Polster, das nicht auf der Wunde fest klebt (beispielsweise Aluderm-Mullkompressen), direkt darauf. Suchen Sie sich dazu eine Polsterauflage aus, die so groß ist, dass sie einen Finger breit über die Wundränder hinausreicht. Befestigen Sie das Ganze mit Verbandmaterial, je nach betroffener Körperstelle. (Siehe S. 265.)

B. Wenn die Verletzung sich in einem Bereich befindet, in dem das Anlegen eines Verbandes schwierig ist, und wenn die Umweltbedingungen erwarten lassen, dass Schmutz, Staub und Fliegen in die Wunde kommen, falls sie nicht abgedeckt wird, benutzen Sie eine saubere Mullkompresse oder Ihren Finger und tragen Sie damit eine dünne Schicht eines Medikaments auf, das keine Antibiotika enthält, beispielsweise eine Salbe, die Povidon-Jod enthält (siehe S. 236). So erhalten Sie eine Schutzschicht gegen das Eindringen von Keimen. Wenn Fliegen zum Problem werden, tragen Sie als zweite Schicht ein Fliegenabwehrmittel auf, das auf offenen Wunden angewendet werden kann.

C. Wenn weder Verschmutzung noch Fliegen ein Problem darstellen, belassen Sie die Wunde, wie sie ist, damit Luft heran kann.

Schritt 4. *Überprüfen Sie den Tetanus-Impfschutz und lassen ihn gegebenenfalls erneuern.*

Schritt 5. *Wiederholen Sie die Behandlung.* Wiederholen Sie die Schritte 1 bis 3 ein- oder zweimal am Tag, je nachdem, wie schmuddelig, verschmutzt und verkrustet Wunde und Verband geworden sind. Fangen Sie damit an, dass Sie den Verband zweimal am Tag wechseln, um nach der Verletzung sehen zu können. Reduzieren Sie das auf einmal am Tag, wenn Wunde und Verband nur noch leicht feucht werden. (Wenn die Wunde schleimig wird oder seltsam riecht, befragen Sie Ihren Tierarzt wegen einer antibiotikahaltigen Salbe.) Machen Sie das so lange, bis die Verletzung zwischen zwei Verbandwechseln sauber und unverkrustet bleibt (ungefähr 2 bis 3 Wochen).

Sie sehen: Eine Fleischwunde, in der Haut- und andere Gewebeschichten weggeschabt worden sind. Aus der Wunde sickert Blut oder eine bernsteingelbe Flüssigkeit in kleinen Tröpfchen oder diese Tröpfchen trocknen auf der Wundoberfläche ein.

Das könnte bedeuten: Potenziell kann das eine ernsthafte Verletzung sein, je nachdem, wie tief sie ist, wie groß die betroffene Hautfläche ist und ob in das geschädigte Gewebe Fremdkörper eingebettet wurden, beispielsweise kleine Steinchen. Als Faustregel gilt, dass eine Schürfwunde umso anfälliger gegenüber Infektionen ist, je größer und je stärker verschmutzt sie ist. Tiefe Schürfwunden können die Haarbälge und Hautzellen schädigen, so dass Narben entstehen. Wenn Haarbälge beschädigt sind, können die nachwachsenden Haare weiß sein oder es wachsen gar keine Haare mehr nach. Die Versorgung solcher Wunden kann für den Pfleger gefährlich werden, weil die Haut des Pferdes mit schmerzempfindlichen Nervenenden vollgepackt ist, so dass es eine Schürfwunde als sehr schmerzhaft empfindet.

1-B

SCHÜRFWUNDEN (Abrasionen)

CHECKLISTE:

Geht das Pferd aufgrund der Verletzung lahm? — JA → Blättern Sie zu S. 89.

NEIN ↓

Betrifft die Abschürfung mehr als 15 % der Haut Ihres Pferdes (das ist ungefähr die Fläche einer kompletten Brustkorbseite)? — JA → Rufen Sie Ihren Tierarzt **gleich** an – diese Verletzung erfordert wahrscheinlich eine Behandlung, die übermäßigen Flüssigkeitsverlust und Infektionen vermeidet.

NEIN ↓

Können Sie in der Wunde weißes Gewebe sehen? Befindet sie sich auf einem Gelenk oder in der Nähe eines Gelenks? — JA → Rufen Sie Ihren Tierarzt **gleich** an – die Abschürfung könnte tief genug sein, um bis auf den Knochen, eine Sehne oder ein Band zu gehen, oder sie könnte eine Sehnenscheide oder das Gewebe eines Gelenks beschädigt haben.

NEIN ↓

Haben sich Fremdkörper in die Wunde eingesenkt, die Sie nicht völlig entfernen können (z.B. Steinchen, Schmutz, Holzsplitter)? — JA → Rufen Sie Ihren Tierarzt **gleich** an – um eine Infektion zu vermeiden, muss der Schmutz vollständig entfernt werden.

NEIN ↓

Ist die Wunde (oder ein Teil davon) geschwollen oder fühlt sich heiß an, wenn Sie sie mit dem umliegenden Gewebe vergleichen? Riecht sie »verdorben«, verfärbt sie sich schwärzlich oder läuft weißlicher oder gelblicher Eiter heraus? — JA → Rufen Sie Ihren Tierarzt **gleich** an, wenn Sie eine dieser Fragen mit Ja beantwortet haben – die Wunde könnte infiziert sein.

NEIN ↓

Lässt das Pferd es zu, dass Sie die Wunde behandeln? — JA → Wenden Sie die Eigenbehandlung an, siehe weiter unten.

NEIN ↓

Fortsetzung ⇨

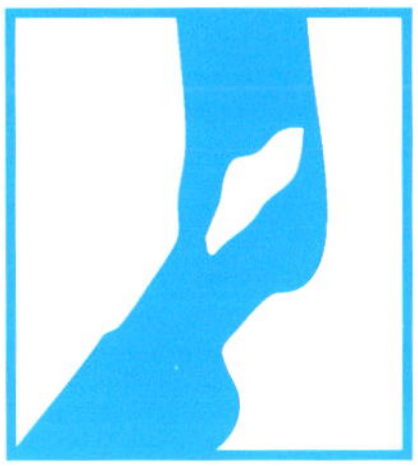

Was Ihr Tierarzt tun wird:

Es kann nötig werden, dass er das Pferd sediert, ihm ein Beruhigungsmittel gibt oder nur die Gewebe betäubt, um Tiefe und Ausmaß der Verletzung genau feststellen zu können und die bestmögliche Behandlung zu erleichtern.

CHECKLISTE (FORTSETZUNG):

Rufen Sie Ihren Tierarzt gleich an. Je eher die Wunde richtig behandelt wird, desto besser sind die Aussichten, dass sie schnell und problemlos heilt.

Eigenbehandlung:

(Sehen Sie auf der ***Checkliste*** *auf der vorigen Seite nach, ob eine Eigenbehandlung für die Verletzung Ihres Pferdes in Frage kommt. Wenn die Antworten, die Sie in der Checkliste geben, sich irgendwann während der Eigenbehandlung zum Schlechteren verändern, rufen Sie den Tierarzt.)*

Schritt 1. *Kühlen Sie die Verletzung.* Damit betäuben Sie die schmerzenden Nervenenden und begrenzen die Schwellung. Machen Sie ein sauberes Tuch nass, legen Sie einen Kühlakku (siehe S. 262) zwischen die Tuchlagen und legen Sie das Ganze über die Wunde, so dass es auf allen Seiten über die Wundränder heraussteht. Halten Sie den Kühlakku 5 Minuten lang dort, entweder mit der Hand oder mittels einer Bandage.

Schritt 2. *Säubern Sie die Wunde.* Besprühen Sie die Verletzung mit kaltem Wasser aus dem Schlauch oder mit einer Sprühflasche, die Sie mit selbst gemachter Salzlösung (siehe S. 242) gefüllt haben. Führen Sie das eine ganze Minute lang durch oder so lange, bis die Wunde für das Auge sauber erscheint – je nachdem, was länger dauert.

Vermeiden Sie die Verwendung von antibiotikahaltigen Pudern, Sprays oder Salben, wenn Sie nicht vorher mit Ihrem Tierarzt gesprochen haben. Der wahllose Gebrauch von Antibiotika, egal in welcher Form, kann das Wachstum hartnäckiger Bakterien begünstigen, die gegen die Antibiotika resistent sind.

Schritt 3. *Legen Sie einen Verband an.* Bestreichen Sie die Wunde mit einer dünnen Schicht einer Salbe, die keine Antibiotika enthält. Gut geeignet ist beispielsweise eine Salbe, die Povidon-Jod enthält (siehe S. 238), weil Sie damit die Gewebe feucht halten und eine Verschmutzung von außen vermeiden können. Wenn Fliegen ein Problem darstellen, streichen Sie darüber noch eine Schicht mit einem Mittel zur Abwehr von Fliegen, das für den Gebrauch auf offenen Wunden geeignet ist.

Schritt 4. *Überprüfen oder erneuern Sie den Tetanus-Impfschutz* (siehe S. 211).

Schritt 5. *Bewegen Sie das Pferd täglich.* Tägliche leichte Bewegung im Schritt und im langsamen Trab (Jog) ist ratsam, um die Blutversorgung in dem betroffenen Bereich anzuregen und die Heilung zu beschleunigen. Wenn das Sattel- oder Zaumzeug die Abschürfung berührt, dürfen Sie es nicht benutzen. Reiten Sie ohne Sattel oder bewegen Sie das Pferd an der Hand.

Schritt 6. *Machen Sie damit weiter.* Wiederholen Sie die Schritte 2 und 3 ein- oder zweimal pro Tag, je nachdem, wie schmuddelig, schmutzig oder verkrustet die Wunde wird. Säubern Sie die Verletzung am Anfang zweimal täglich, um den Zustand beurteilen zu können. Wenn der verletzte Bereich nur noch leicht nässt oder verkrustet ist, reicht einmal am Tag. Machen Sie damit weiter, bis die Wunde zwischen den Verbandwechseln sauber und unverkrustet bleibt (ca. 2 bis 3 Wochen lang).

Sie sehen: Das Fell kann abgesengt sein oder völlig fehlen. Das Aussehen der Haut kann grob einem der drei folgenden Grade zugeordnet werden:

1. Die offen liegende Haut ist feuerrot, feucht, glatt (ohne Bläschen) und sehr berührungsempfindlich. Wenn man mit dem Finger leicht darauf drückt, wird sie weiß. So stellen sich die meisten Verbrennungen ersten Grades dar.
2. Ebenso wie oben, aber mit Bläschen. Diese Beschreibung trifft auf die meisten Verbrennungen zweiten Grades zu.
3. Die Haut kann unterschiedlich gefärbt sein, von weiß über rot bis schwarz. Normalerweise ist sie trocken und fühlt sich entweder geschmeidig oder ledrig an. Wenn man mit dem Finger darauf drückt, wird sie nicht weiß. Das trifft auf die meisten Verbrennungen dritten Grades zu.

Das könnte bedeuten: Eine Verbrennung kann eine sehr ernsthafte Verletzung sein, je nach Tiefe (Grad) und verbrannter Fläche. Als Faustregel gilt, dass das Risiko von Austrocknung und Infektion umso größer ist, je höhergradig die Verbrennung und je größer die betroffene Fläche ist.

VERBRENNUNGEN:
thermische, chemische und elektrische Verbrennungen sowie Sonnenbrand

CHECKLISTE:

Betrifft die Verbrennung mehr als 15 % der Haut Ihres Pferdes (das ist ungefähr die Fläche einer Brustkorbseite)? Befinden sich auf der Haut Bläschen oder weist sie eine seltsame Farbe auf (weiß, geschwärzt oder feuerrot), oder ist die Haut aufgeplatzt?

JA → Rufen Sie Ihren Tierarzt **gleich** an, wenn Sie eine dieser Fragen mit Ja beantwortet haben – das Risiko einer Austrocknung oder Infektion ist hoch.

NEIN ↓

Erstreckt die Verbrennung sich auf Gesicht, Ohren oder unteren Beinbereich des Pferdes?

JA → Rufen Sie Ihren Tierarzt **gleich** an – wahrscheinlich ist tierärztliche Behandlung nötig, um Narbenbildung und Funktionsverlust zu vermeiden.

NEIN ↓

Ist es möglich, dass das Pferd Rauch eingeatmet hat?

JA → Rufen Sie Ihren Tierarzt **gleich** an – eine Schädigung der Lunge durch das Einatmen von Rauch zeigt sich nicht unbedingt sofort. Ohne entsprechende Behandlung kann es zur Schädigung der Lunge kommen, die tödlich sein kann.

NEIN ↓

Liegt ein Sonnenbrand auf einem weiß oder gar nicht behaarten Bereich vor? Vergleichen Sie mit anderen, gleichfarbigen Pferden, die ebenso viel in der Sonne waren – ist der Sonnenbrand außergewöhnlich stark? Ist das Weiße im Auge des Pferdes oder sein Zahnfleisch gelblich gefärbt?

JA → Rufen Sie Ihren Tierarzt **gleich** an, wenn Sie irgendeine dieser Fragen mit Ja beantwortet haben – die Ursache könnte eine Erkrankung sein, durch die das Pferd übermäßig empfindlich für Sonnenlicht geworden ist.

NEIN ↓

Fortsetzung ⇨

Was Ihr Tierarzt vielleicht tun wird:

Es kann nötig sein, dass er Ihr Pferd ruhig stellt oder in Narkose legt und/ oder das Gewebe betäubt, um die Verbrennung behandeln zu können, denn eine Verbrennung ersten oder zweiten Grades kann ungeheuer schmerzhaft sein.

CHECKLISTE (FORTSETZUNG):

Lässt das Pferd es zu, dass Sie die Wunde behandeln?

JA → Wenden Sie die unten aufgeführte Eigenbehandlung an.

NEIN ↓

Rufen Sie **noch heute** Ihren Tierarzt an.

Eigenbehandlung:

*(Sehen Sie auf der **Checkliste** auf der vorigen Seite nach, ob eine Eigenbehandlung für die Verbrennung Ihres Pferdes in Frage kommt. Wenn die Antworten, die Sie in der Checkliste geben, sich irgendwann während der Eigenbehandlung zum Schlechteren verändern, rufen Sie den Tierarzt.)*

Schritt 1. *Entfernen Sie die Ursache der Verbrennung.* Wenn der Grund für die Verbrennung Ihres Pferdes sich immer noch in Kontakt mit seiner Haut befindet, so entfernen Sie diesen Grund so schnell wie möglich. Wenn es sich beispielsweise mit heißem Wasser verbrüht hat, so sollten Sie rasch kaltes Wasser über den Bereich laufen lassen, und zwar so vorsichtig, dass Sie die bereits geschädigten Gewebe nicht durch den Wasserdruck weiter schädigen. Wenn die Verbrennung von einer Chemikalie herrührt, verdünnen oder neutralisieren Sie diese Chemikalie. Bei Sonnenbrand bringen Sie es in den Stall.

Schritt 2. *Kühlen Sie die Verbrennung.* Machen Sie ein sauberes Tuch nass, legen Sie einen Kühlbeutel (siehe S. 260) zwischen die Tuchlagen und legen Sie das Ganze so auf die Wunde, dass die Wundränder überlappt werden. Halten Sie das Tuch 5 Minuten lang mit der Hand oder mittels einer Bandage an dieser Stelle, um die schmerzenden Nervenenden zu betäuben und die Hautschädigungen zu verringern. Lassen Sie die Gewebe 15 Minuten lang ruhen. Dann wiederholen Sie den Zyklus.

STOP: Tragen Sie keine Butter oder andere fetthaltige Salben auf, die die Wärme im Gewebe halten. Benutzen Sie ausschließlich Cremes oder Gels auf Wasserbasis.

Schritt 3. *Säubern Sie die Verbrennung.* Besprühen Sie die Wunde mit kaltem Wasser, säubern Sie sie vorsichtig mit Wasser und Seife und entfernen Sie allen Schmutz. Lassen Sie die Stelle an der Luft trocknen.

Schritt 4. *Verbinden Sie die Wunde.* Legen Sie eine dünne Schicht einer fettfreien, lindernden Wundauflage auf die Wunde, beispielsweise 100 %iges Aloe-vera-Gel zu gleichen Teilen mit Povidon-Jod-haltiger Creme (nicht mit Salbe) gemischt. (Oder lassen Sie sich von Ihrem Tierarzt ein geeignetes Präparat geben.) Dadurch bleiben die Gewebe geschmeidig und reißen nicht ein.

Schritt 5. *Schützen Sie das Pferd vor weiteren Verbrennungen.* Stellen Sie die Ursache für die ursprüngliche Verbrennung ab. Um Ihr Pferd vor weiterem Sonnenbrand zu schützen, halten Sie es unter Dach in einem kühlen, schattigen Stall. Decken Sie den sonnenverbrannten Bereich locker mit einem sonnenundurchlässigen Stoff ab (beispielsweise mit einer Fliegenmaske) oder tragen Sie eine Sonnenschutzcreme ohne zusätzliche Wirkstoffe auf, beispielsweise eine Zinkoxidcreme oder Titandioxid.

Schritt 6. *Machen Sie damit weiter.* Wiederholen Sie die Schritte 3 und 4 ein- oder zweimal am Tag, je nachdem, wie schleimig, schmutzig oder verkrustet der verbrannte Bereich wird. Fangen Sie mit zweimal am Tag an, um die Wunde beurteilen zu können. Reduzieren Sie das auf einmal am Tag, wenn die Verbrennung nur noch leicht feucht wird. Machen Sie mit den Verbandwechseln weiter, bis die Verletzung zwischen den Säuberungen sauber und unverkrustet bleibt (ca. 2 bis 3 Wochen). Entfernen Sie sorgfältig alle Reste des alten Verbandes, bevor Sie neue Creme auftragen.

Gut zu wissen:

Einige mögliche Gründe für eine Überempfindlichkeit gegen Sonnenlicht sind

- die Aufnahme von Johanniskraut
- die Aufnahme von Buchweizen
- die Aufnahme von Kreuzkraut und Hundszunge
- Lebererkrankung

Sie sehen: Eine Fleischwunde mit einem oder mehreren Löchern darin, die tiefer in die Gewebe des Pferdes vordringen. Der Bereich rund um das Loch oder die Löcher kann geschwollen sein, und es kann ein Ausfluss oder ein übler Geruch vorliegen.

Das könnte bedeuten: Eine Stichwunde ist potenziell eine ernsthafte Verletzung, je nachdem, wo sie sitzt und wie tief sie ist. Stichwunden können direkt innere Strukturen betreffen und Bakterien tief in die Gewebe einschleusen, wo eine Infektion verheerende Schäden anrichten kann. Vor allem muss man bei Stichwunden an die Gefahr einer Tetanus-Infektion denken, weil die verursachenden Bakterien – *Clostridium tetani* – sich in den tiefen, dunklen, von der Luft abgeschnittenen Löchern einer Stichwunde gut vermehren können. Stichwunden können auch von einem Schlangenbiss hervorgerufen werden, der dann gefährlich wird, wenn es sich um eine Giftschlange handelt. Löcher, die wie eine Stichwunde aussehen, können auch von einem inneren Problem herrühren anstatt von einer äußeren Verletzung. So kann das Loch beispielsweise der Ausgang eines Drainageloches sein, das sich von einer inneren Infektion ausgehend nach außen gebildet hat, um den Druck und den Schmutz abzuleiten. Es kann sich auch um das Atem- oder Schlupfloch einer wandernden Dassellarve handeln.

STICHWUNDEN

CHECKLISTE:

Blutet die Wunde stark (1/4 Tasse oder mehr pro Minute)?

JA → Rufen Sie Ihren Tierarzt **gleich** an – er muss vielleicht nähen, um die Blutung zu stoppen. Blättern Sie zu **Während Sie warten** auf der nächsten Seite.

NEIN ↓

Kann man von außen sehen, dass Gewebeschäden vorliegen, also Gewebezerreißung, Fehlen von Stücken, ein Gewebelappen, versengtes Gewebe an den Lochrändern oder Ein- und Ausschusslöcher?

JA → Rufen Sie Ihren Tierarzt **gleich** an – je mehr Gewebe durch ein Trauma geschädigt wurde, ob nun durch einen Schuss oder durch eine andere Ursache, desto größer ist das Risiko von Infektionen und bleibenden Behinderungen.

NEIN ↓

Erscheinen die Gewebe in der Nähe der Wunde ausgesprochen schlaff? Wenn die Verletzung ein Bein betrifft, knickt es ein (S. 106) oder ist es stark lahm (S. 87)?

JA → Rufen Sie Ihren Tierarzt **gleich** an – Nerven und Stützgewebe (Knochen, Sehnen, Bänder) könnten geschädigt sein.

NEIN ↓

Befindet sich die Verletzung im Gelenkbereich oder in der Nähe eines Gelenks?

JA → Rufen Sie Ihren Tierarzt **gleich** an – die Wunde kann in das Gelenk oder die Sehnenscheide vorgedrungen sein.

NEIN ↓

Befindet sich die Verletzung an der Unterseite von Kehle oder Hals?

JA → Rufen Sie Ihren Tierarzt **gleich** an – lebenswichtige Strukturen in diesem Bereich können geschädigt oder von Verschmutzung und Infektion bedroht sein.

NEIN ↓

Befindet sich die Verletzung am Huf?

JA → Blättern Sie zu S. 118.

NEIN ↓

Fortsetzung ⇨

Was Ihr Tierarzt tun wird:

Es kann sein, dass er dem Pferd ein Beruhigungsmittel geben muss, um Zähne und Maul gründlich und sicher untersuchen zu können oder um die Muskeln des Pferdes zu entspannen, um so mit geringerem Risiko eine Magensonde legen oder ein Endoskop einführen zu können.

CHECKLISTE (FORTSETZUNG):

Sind 2 kleine Löcher erkennbar, in ungefähr 1 bis 1½ Zentimeter Abstand?

JA → Rufen Sie Ihren Tierarzt **gleich** an – es könnte sich um einen Schlangenbiss handeln. Wenn die Schlange giftig war und der Biss sich am Pferdemaul befindet, könnte die entstehende Schwellung die Atmung behindern.

NEIN ↓

Können Sie einen Fremdkörper sehen?

JA → Rufen Sie Ihren Tierarzt **gleich** an – wenn möglich, lassen Sie den Gegenstand, wo er ist, damit der Tierarzt sehen kann, wie tief er eingedrungen ist, in welche Richtung, und welche wichtigen Strukturen sich in diesem Bereich befinden. Außerdem kann er den Fremdkörper mit möglichst wenig zusätzlicher Verletzung entfernen.

NEIN ↓

Befindet die Wunde sich am Gesicht des Pferdes in der Nähe der Jochbeine oder unter dem Unterkiefer? Läuft eine weiße oder gelbe, übel riechende Flüssigkeit heraus?

JA → Blättern Sie zu S. 74.

NEIN ↓

Ist die Wunde heiß, geschwollen oder berührungsempfindlich? Läuft eine weißliche oder gelbliche Flüssigkeit heraus?

JA → Blättern Sie zu S. 24.

NEIN ↓

Befindet das Loch sich an einer Halsseite, in der Nähe des Widerrists, am Rücken oder auf der Kruppe? Sieht es erstaunlich gutartig aus, kaum oder überhaupt nicht blutig oder geschwollen?

JA → Rufen Sie Ihren Tierarzt an und lassen Sie sich beraten, oder machen Sie einen Termin aus – es könnte sich um das Atemloch einer Hautdassel handeln. Siehe »Vorbeugung gegen Hautdasseln« auf der folgenden Seite.

NEIN ↓

Führen Sie eine Eigenbehandlung durch.

Während Sie warten:

1. *Beruhigen Sie Ihr Pferd.* Wenn es aufgeregt ist, pumpt sein Herz stärker und sein Blut fließt schneller. Wenn möglich, lassen Sie einen Helfer das Pferd festhalten und es beruhigen, während Sie tätig sind.

2. *Bringen Sie direkten Druck auf die Wunde.* Denken Sie nicht darüber nach, ob das Blut aus einer Arterie oder einer Vene kommt – die Behandlung ist dieselbe: üben Sie auf den Bereich der Verletzung mit Hilfe eines sauberen Polsters Druck aus. Das Polster muss so groß sein, dass es die Wunde und ihre Ränder bedeckt. Aus einem gefalteten Geschirrtuch, einer Einmal-Windel oder einem daumendicken Stapel Mullkompressen können Sie ein geeignetes Polster machen. Wenn Sie einen Kühlbeutel zur Hand haben, legen Sie ihn zwischen die Lagen des Druckpolsters mit ein. Damit

STOP: Wenn Ihr Tierarzt es nicht ausdrücklich anordnet, dürfen Sie einem Pferd, das aufgeregt ist, das Angst hat oder das in der letzten halben Stunde gearbeitet wurde, niemals selbst ein Beruhigungsmittel verabreichen. Das Beruhigungsmittel könnte die Herztätigkeit und/oder die Tätigkeit des Atmungssystems herabsetzen, so dass das Pferd kollabiert. Wenn Ihr Pferd ruhig gestellt werden muss, überlassen Sie die Entscheidung darüber dem Tierarzt.

können Sie die Blutung weiter eindämmen. (Wenn Sie wissen wollen, wie stark Sie drücken müssen, sehen Sie unter »Wie viel Druck?« auf S. 16 nach.) Widerstehen Sie der Versuchung, das Polster wieder hochzuheben, um zu sehen, wie stark es noch blutet – damit zerstören Sie nur die Gerinnungsherde, die sich bereits gebildet haben. Wenn das Polster vom Blut durchtränkt wird, ersetzen Sie es nicht. Drücken Sie mindestens 5 Minuten weiter, ohne das Polster zu entfernen.

Wenn überall so viel Blut ist, dass Sie nicht sehen können, wo es herkommt, drücken Sie fünf Sekunden lang stark auf den gesamten Bereich, um das Blut kurz zu den Seiten wegzudrücken. Jetzt können Sie das Polster kurz anheben, um herauszufinden, wo das Blut herkommt. Bringen Sie den Druck hauptsächlich auf diese Stelle.

Vermeiden Sie es, unter Druck Wasser, Wasserstoffperoxid, Kochsalzlösung oder irgendetwas anderes direkt in eine Stichwunde zu sprühen. Anstatt die Wunde zu reinigen, könnten Schmutzstoffe dadurch tiefer in sie hineingedrückt werden und dort eine Infektion verursachen.

Vermeiden Sie die Verwendung von antibiotikahaltigen Pudern, Sprays oder Salben, wenn Sie nicht vorher mit Ihrem Tierarzt gesprochen haben. Der wahllose Gebrauch von Antibiotika, egal in welcher Form, kann das Wachstum hartnäckiger Bakterien begünstigen, die gegen die Antibiotika resistent sind.

3. *Legen Sie einen Druckverband an.* Nachdem Sie 5 bis 10 Minuten gedrückt haben, sollten Sie einen Druckverband anlegen, wenn die Blutung an einer Stelle sitzt, an der man gut einen Verband machen kann (siehe S. 277). Sonst machen Sie in fünf-Minuten-Sitzungen mit dem Drücken weiter.

4. *Bringen Sie Ihr Pferd in den Stall.* Sorgen Sie dafür, dass es sich wenig bewegt, damit die Bildung von Gerinnungsherden nicht unterbrochen wird.

Vorbeugung gegen Hautdasseln:

Schätzen Sie zunächst das Gewicht Ihres Pferdes (siehe S. 222). Geben Sie dem Pferd die nach seinem Gewicht errechnete Dosis einer Wurmpaste mit Ivermectin oder Moxidectin (Sie erhalten diese bei Ihrem Tierarzt), um die Hautdassellarven abzutöten, noch bevor sie groß genug sind, um Hautläsionen hervorzurufen. Lassen Sie Ihr Pferd nicht mit Rindern zusammen, die von Natur aus Wirtstiere für Hautdasseln sind. Betreiben Sie eine intensive Insektenbekämpfung.

Eigenbehandlung:

(Wenn die Antworten, die Sie in der Checkliste geben, sich irgendwann während der Eigenbehandlung zum Schlechteren verändern, rufen Sie den Tierarzt.)

Schritt 1. *Kühlen Sie die Verletzung.* Suchen Sie sich einen Kühlbeutel (siehe S. 260), der groß genug ist, um mindestens 5 cm über die Wundränder hinaus zu reichen. Legen Sie ihn zwischen die Lagen eines sauberen Tuches, legen Sie dieses mit der Mitte über die Wunde und drücken Sie sanft darauf. So begrenzen Sie die Schwellung. Kühlen Sie 5 Minuten, dann lassen Sie den Bereich 15 Minuten ruhen. Wiederholen Sie dieses Zyklus noch dreimal, so dass Sie 1 Stunde lang gekühlt haben.

Schritt 2. *Säubern Sie die Wunde.* Besprühen Sie die Verletzung vorsichtig mit kaltem Wasser aus dem Schlauch, und zwar eine Minute lang oder bis die Wunde augenscheinlich sauber ist.

Schritt 3. *Legen Sie einen Verband an.* Streichen Sie eine dünne Schicht einer Salbe ohne Antibiotika (beispielsweise eine Salbe auf der Basis von Povidon-Jod) auf die Wunde, um die Gewebe zu schmieren und zu desinfizieren, und achten Sie dabei darauf, das Loch nicht zu verschließen (das könnte die Drainage verhindern). Wenn Fliegen ein Problem darstellen, streichen Sie darüber noch ein Mittel zur Abwehr von Fliegen, das für den Gebrauch auf offenen Wunden geeignet ist.

Schritt 4. *Überprüfen Sie den Tetanus-Impfschutz und lassen ihn erneuern (siehe S. 210).*

Schritt 5. *Machen Sie weiter.* Wiederholen Sie die Schritte 2 und 3 ein- oder zweimal täglich, je nachdem, wie klebrig, schmutzig oder verkrustet die Wunde wird. Machen Sie das am Anfang zweimal täglich, um die Wunde überprüfen zu können. Wenn sie nur noch leicht nässt, reicht einmal pro Tag. Machen Sie weiter, bis die Wunde zwischen den Reinigungen sauber und unverkrustet bleibt (ca. 1 Woche).

Sie sehen: Eine kleine Fleischwunde, die angeschwollen und warm geworden ist. Das Pferd hat etwas dagegen, sich an dieser Stelle berühren zu lassen, und es kann Ausfluss aus der Wunde vorliegen.

1-E

Heiße, geschwollene, empfindliche oder nässende WUNDEN

Das könnte bedeuten: Diese Anzeichen können bedeuten, dass die Wunde infiziert ist, aber das muss nicht sein. Erwärmung, Schwellung, Schmerzhaftigkeit und das Austreten von Flüssigkeiten können normale Bestandteile einer unkomplizierten Entzündung sein, ein notwendiger Schritt im Heilungsprozess – es kommt darauf an, wie lange dieser Zustand anhält, wie der Ausfluss aussieht und wo er herkommt. Diese Anzeichen können aber auch die Entwicklung einer Infektion signalisieren, die die Heilung verzögert, mit dem Risiko der Narbenbildung verbunden ist und sich im Körper auf andere Stellen ausweiten kann.

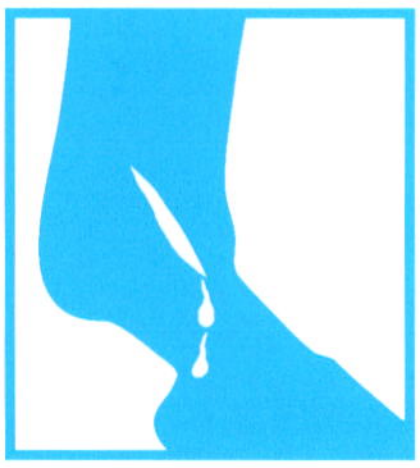

CHECKLISTE:

	JA
Verweigert das Pferd sein Futter, ist es teilnahmslos oder hat es Fieber?	Rufen Sie Ihren Tierarzt **gleich** an – die Infektion könnte sich ins Blut ausgebreitet haben (Blutvergiftung).
NEIN	
Geht das Pferd lahm? Sitzt die Verletzung an einem Gelenk oder in der Nähe eines Gelenks?	Rufen Sie Ihren Tierarzt **gleich** an, wenn Sie eine dieser Fragen mit Ja beantwortet haben – ein Muskel, ein Gelenk oder eine Sehnenscheide könnte betroffen, verletzt oder infiziert sein.
NEIN	
Werden Wärmeentwicklung, Schmerzhaftigkeit und Schwellung am dritten Tag nach der Verletzung noch stärker? Läuft aus der Wunde eine dickliche, eiterähnliche, weiße, gelbe oder grüne Substanz?	Rufen Sie **noch heute** Ihren Tierarzt an, wenn Sie eine dieser Fragen mit Ja beantwortet haben – die Verletzung könnte infiziert sein und muss möglicherweise chirurgisch versorgt oder gespült werden, damit die Flüssigkeit abfließen kann.
NEIN	
Haben sich Gewebelappen gebildet? Sind Teile der Wunde kalt, hart oder fühlen sich matschig an?	Rufen Sie **noch heute** Ihren Tierarzt an – totes oder absterbendes Gewebe muss entfernt werden, damit die Heilung voranschreiten kann.
NEIN	
Liegt die Wunde über einem knöchernen Bereich mit geringer Abpolsterung durch Gewebe, wie beispielsweise im unteren Beinbereich oder am Schädel?	Rufen Sie **noch heute** Ihren Tierarzt an – es könnte sein, dass ein Knochensplitter die Heilung behindert (Sequester).
NEIN	
Ist es möglich, dass sich in der Wunde ein Holzsplitter, Steinchen oder andere Fremdkörper befinden?	Rufen Sie **noch heute** Ihren Tierarzt an – die Wunde wird nicht heilen, solange noch Fremdkörper in ihr festsitzen.
NEIN	

Fortsetzung ⇨

CHECKLISTE (FORTSETZUNG):

Liegt die Wunde am oder in der Nähe des Widerrists?

JA → Rufen Sie **noch heute** Ihren Tierarzt an – es könnte sich um eine Widerristfistel handeln.

NEIN ↓

Lässt Ihr Pferd es zu, dass Sie die Wunde behandeln?

JA → Wenden Sie die unten beschriebene Eigenbehandlung an.

NEIN ↓

Rufen Sie Ihren Tierarzt noch heute an und vereinbaren Sie einen Termin.

Was Ihr Tierarzt vielleicht tun wird:

Er kann die Ursache oder das Ausmaß der Verletzung mittels einer Röntgenuntersuchung oder durch einen diagnostischen Eingriff feststellen.

Eigenbehandlung:

(Sehen Sie auf der ***Checkliste*** *nach, ob eine Eigenbehandlung für die Wunde Ihres Pferdes in Frage kommt. Wenn die Antworten, die Sie in der Checkliste geben, sich irgendwann während der Eigenbehandlung zum Schlechteren verändern, rufen Sie den Tierarzt.)*

Schritt 1. *Säubern Sie die Wunde.* (Wie Sie das genau machen, finden Sie auf S. 255.) Spülen Sie die Wunde vorsichtig mit kaltem Wasser aus dem Schlauch oder mit einer Sprühflasche mit selbst gemachter Salzlösung (siehe S. 240). Sprühen Sie eine Minute lang oder so lange, bis die offen liegenden Gewebe augenscheinlich sauber sind, je nachdem, was länger dauert.

Schritt 2. *Führen Sie eine stimulierende Wärmebehandlung durch.* Um das Immunsystem des Pferdes an der betroffenen Stelle anzuregen, stellen Sie eine heiße Bittersalzlösung her (Sie sollten gerade noch die Hand hineinhalten können, siehe S. 240). Nehmen Sie ein sauberes Tuch, das so groß ist, dass es 5 cm über die Wundränder hinausragt, wenn Sie es zweimal gefaltet haben. Falten Sie das Tuch, tauchen Sie es in die Bittersalzlösung, damit es sich vollsaugen kann, und legen Sie es auf die Wunde. Halten Sie es dort 15 Minuten lang fest und machen Sie es immer wieder nass, damit es warm bleibt.

Eine Widerristfistel kann durch Bakterien verursacht werden, die auch den Menschen infizieren können. Vermeiden Sie es, mit der herauslaufenden Flüssigkeit die Haut, Kleidung oder Haustiere zu benetzen. Desinfizieren Sie alles, was mit dem Ausfluss in Berührung gekommen ist (siehe S. 232).

Schritt 3. *Legen Sie einen Breiumschlag an.* Legen Sie einen nicht reizenden Breiumschlag (siehe S. 240) auf die Wunde, so dass die Wundränder um 5 cm überlappt werden.

Schritt 4. *Überprüfen Sie den Tetanus-Impfschutz und lassen ihn gegebenenfalls erneuern (siehe S. 210).*

Schritt 5. *Machen Sie damit weiter.* Wiederholen Sie die Schritte 1 bis 3 dreimal täglich, bis der Ausfluss aus der Wunde sich von Eiter zu einer klaren, bernsteingelben Flüssigkeit verändert. Machen Sie dann weiter wie unter »Eigenbehandlung« auf S. 16 beschrieben.

1-F

Sie sehen: Etwas, das wie ein rosa Blumenkohl aussieht und aus der Mitte einer Fleischwunde wächst. Es scheint jeden Tag größer zu werden und drückt die Hautränder auseinander. Es blutet bei der geringsten Berührung und sieht hässlich und entzündet aus.

Rosafarbene, blasige WUCHERUNGEN

Das könnte bedeuten: Es ist noch zu früh, um sagen zu können, ob es etwas Ernsthaftes ist. Es könnte sich um mehrere verschiedene Dinge handeln – einige davon sind ziemlich gefährlich, andere eher harmlos, wenn man richtig damit umgeht – die alle sehr ähnlich aussehen können.

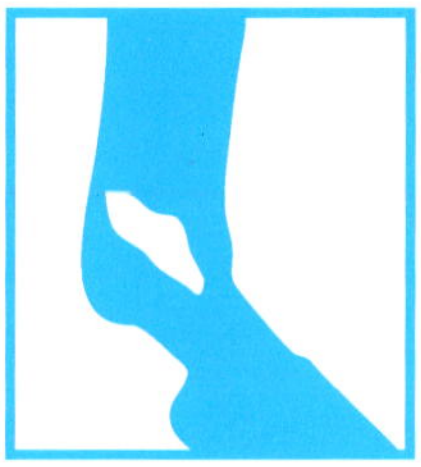

CHECKLISTE:

Sehen Sie an anderen Stellen am Körper ähnlich aussehende Läsionen?

JA → Rufen Sie **noch heute** Ihren Tierarzt an – es könnte sich um ein Sarkoid oder eine andere Art von Tumor handeln.

NEIN ↓

Hat Ihre Region ein halbtropisches Klima? Hat das Pferd Zugang zu stehendem Oberflächenwasser oder einem Sumpfgebiet? Wird die Wucherung jeden Tag sichtlich größer?

JA → Rufen Sie **noch heute** Ihren Tierarzt an, wenn Sie eine dieser Fragen mit Ja beantwortet haben – es könnte sich um Pythiosis handeln.

NEIN ↓

Wird im Bereich des Geschwürs ein dicklicher, weißer oder gelber Ausfluss gebildet?

JA → Rufen Sie **noch heute** Ihren Tierarzt an – es könnte sich um eine Reaktion auf eine örtlich begrenzte Infektion handeln.

NEIN ↓

Befindet die Wucherung sich in einer Fleischwunde im unteren Beinbereich? Ist der Durchmesser der Wucherung größer als der Durchmesser der Wunde? Steht die Wucherung an ihrer dicksten Stelle um mehr als $^1/_2$ cm über die Konturen des Beins hinaus?

JA → Rufen Sie **noch heute** Ihren Tierarzt an, falls Sie eine dieser Fragen mit Ja beantwortet haben – das klingt nach wildem Fleisch. Aufgrund seiner Größe könnte ein operativer Eingriff nötig werden.

NEIN ↓

Sitzt die Wucherung anderswo als im unteren Beinbereich?

JA → Rufen Sie **noch heute** Ihren Tierarzt an – das ist untypisch für wildes Fleisch, so dass es sich um etwas Ernsthafteres handeln könnte.

NEIN ↓

Befindet die Wucherung sich im unteren Beinbereich, ist aber kleiner als oben beschrieben?

JA → Rufen Sie **noch heute** Ihren Tierarzt an.

NEIN ↓

Wenden Sie die Eigenbehandlung von der nächsten Seite an.

Was Ihr Tierarzt vielleicht tun wird:

- **Es kann nötig sein, dass er Röntgenaufnahmen von der verletzten Stelle macht, eine Biopsie (Gewebeprobe) durchführt oder eine Kultur zur Bestimmung von Bakterien anlegt, um seine Verdachtsdiagnose zu bestätigen.**
- **Er kann zunächst die Veränderung chirurgisch verkleinern oder entfernen und dann eine Behandlung durch den Besitzer verordnen, um sie weiter abzubauen.**

Eigenbehandlung:

(Sehen Sie auf der ***Checkliste*** *nach, ob eine Eigenbehandlung für die Läsion Ihres Pferdes in Frage kommt. Wenn die Antworten, die Sie in der Checkliste geben, sich irgendwann während der Eigenbehandlung zum Schlechteren verändern, rufen Sie den Tierarzt.)*

Schritt 1. *Säubern Sie die Verletzung.* (Wie Sie das genau machen, finden Sie auf S. 256). Nachdem wildes Fleisch teilweise durch eine Reizung in der Wunde verursacht wird, müssen Sie die Wunde peinlich sauber halten, ohne sie dabei weiter zu reizen. Besprühen Sie die Wunde vorsichtig mit kaltem Wasser aus dem Schlauch oder mit einer Sprühflasche mit selbst gemachter Salzlösung (siehe S. 240). Sprühen Sie eine Minute lang oder so lange, bis die Wunde augenscheinlich sauber ist, je nachdem, was länger dauert.

Schritt 2. *Behandeln Sie die Wunde.* Streichen Sie mit einer zusammengefalteten sterilen Mullkompresse oder mit einem Finger (vorher Gummihandschuhe anziehen) eine dünne Schicht Aloe-vera-Gel über das wilde Fleisch.

Schritt 3. *Legen Sie einen Verband an.* Legen Sie einen Druckverband an und richten Sie sich dabei danach, wo am Pferdebein die Verletzung liegt (siehe S. 265).

Es gibt Mittel, die unter der Bezeichnung »Granulationshemmer« laufen und die Größe der Läsionen verringern können. Die sichere Anwendung dieser Mittel erfordert allerdings die Überwachung durch einen Tierarzt, weil sie das normale Gewebe beschädigen, die Wundränder auseinanderdrücken und die Heilung verzögern können. Wenn Sie meinen, dass bei Ihrem Pferd der Einsatz eines Granulationshemmers sinnvoll wäre, sprechen Sie mit Ihrem Tierarzt.

Schritt 4. *Machen Sie weiter.* Wiederholen Sie die Schritte 1 bis 3 ein- oder zweimal täglich, je nachdem, wie klebrig oder schmutzig die Wunde wird. Machen Sie das am Anfang zweimal täglich, um die Wunde überprüfen zu können. Wenn sie nur noch leicht nässt und der Verband nur noch leicht feucht wird, reicht einmal pro Tag. Machen Sie weiter, bis das wilde Fleisch ein glatter Hügel geworden ist, der sich an den Rändern der Läsion höchstens einige Millimeter weit über die Beinoberfläche erhebt. An diesem Punkt können Sie Schritt 2 weglassen und mit den Schritten 1 und 3 weitermachen, bis von den Rändern her neugebildete Haut in die Wunde hineingewachsen ist und sie völlig bedeckt hat. Das kann 2 bis 4 Wochen dauern.

Auf der Hut vor Pythiosis ...

Im Frühstadium kann man Pythiosis mit wildem Fleisch verwechseln. Im Unterschied zum wilden Fleisch juckt Pythiosis aber sehr stark und wird mit der Zeit kreuz und quer von eitergefüllten Kanälen und gelblich-grauen Gewebehügeln durchzogen. Unbehandelte Läsionen können sich auf Knochen und Gelenke ausbreiten. Wenn eine Läsion Ihres Pferdes, die Sie für wildes Fleisch halten, sich also nicht bessert, lassen Sie Ihren Tierarzt noch einmal einen Blick darauf werfen, um Pythiosis auszuschließen. Dazu kann eine Biopsie nötig sein.

NOTIZEN

KAPITEL 2

Probleme im
MAULBEREICH

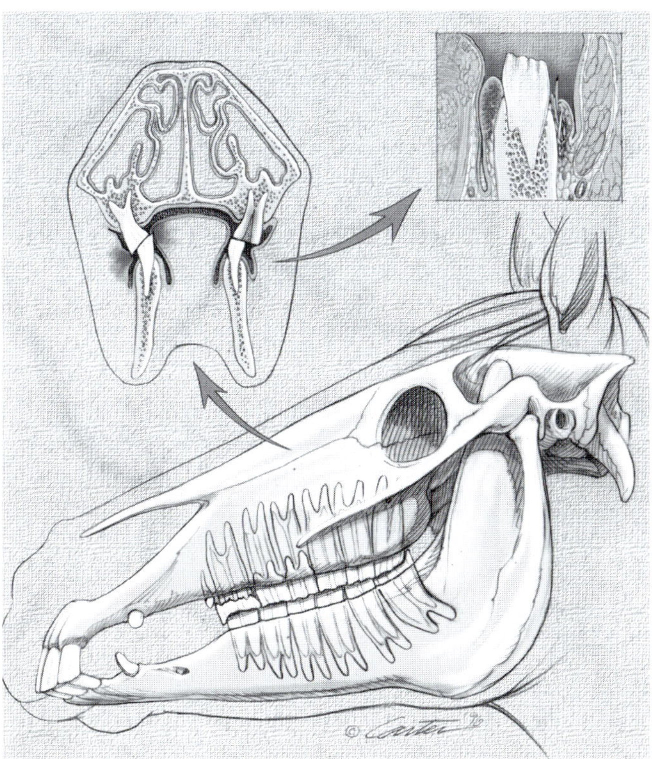

2-A

Sie sehen: Das Zahnfleisch des Pferdes hat eine deutlich ungewöhnliche Färbung, beispielsweise gelb, sehr bleich oder dunkler als sonst.

Ungewöhnliche Färbung des ZAHNFLEISCHES

Das könnte bedeuten: Es könnte normal sein, aber es könnte auch auf eine ernsthafte Erkrankung hindeuten.

CHECKLISTE:

Hat das Zahnfleisch eine tiefrosa oder hellrosa Färbung, ungefähr wie Himbeereis? Atmet das Pferd schnell oder benimmt es sich, als wenn es beim Atmen Probleme hätte? Zeigt es sich aufgeregt oder schwach?

JA → Rufen Sie Ihren Tierarzt **gleich** an, wenn Sie eine dieser Fragen mit Ja beantwortet haben – außer wenn Ihr Pferd gerade intensiv gearbeitet wurde, kann intensiv rosa gefärbtes Zahnfleisch ein Anzeichen für einen Schock oder eine Vergiftung sein.

NEIN ↓

Ist das Zahnfleisch dunkelbraun oder hat es eine schlammähnliche Färbung? Ist das Trinkwasser rötlich gefärbt oder mit Algen besiedelt?

JA → Rufen Sie Ihren Tierarzt **gleich** an, wenn Sie eine dieser Fragen mit Ja beantwortet haben – es könnte sich um eine Blutvergiftung handeln (Endotoxämie).

NEIN ↓

Ist am Zahnfleisch am Rand zu den Zähnen eine blaue Linie zu sehen? Erscheint das Pferd schwach? Knickt es in den Fesseln ein? Macht es beim Atmen ein pfeifendes Geräusch? Kommen ihm Futterbrocken aus den Nüstern?

JA → Rufen Sie Ihren Tierarzt **gleich** an, wenn Sie eine dieser Fragen mit Ja beantwortet haben – es könnte sich um eine Bleivergiftung handeln.

NEIN ↓

Ist das Zahnfleisch weiß oder so bleich, dass es eben noch rosa erscheint?

JA → Rufen Sie **noch heute** Ihren Tierarzt an – es könnte sich um eine Anämie (Blutarmut) handeln.

NEIN ↓

Ist das Zahnfleisch gelblich?

JA → Gelbliches Zahnfleisch ist meist von gelblicher Färbung des Weißen im Auge begleitet. Blättern Sie zu S. 54.

NEIN ↓

Machen Sie mit Ihrem Tierarzt einen Termin aus.

Gut zu wissen:

Hier sind einige Giftpflanzen und Unkräuter aufgeführt, die zu hell- oder tiefrosa Zahnfleisch führen können:

- Salzbinse
- Futterrüben
- Stängel von Maispflanzen (in manchen Böden)
- Blätter und Zweige von Obstbäumen
- Blätter, Beeren, Blüten und Wurzeln des Holunders
- viele Gänsefuß- und Fuchsschwanzarten
- Sorghum (Sudangras)

(Weitere Informationen über Giftpflanzen finden Sie auf S. 310 ff.)

Sie riechen: Einen starken, unangenehmen Geruch, der an verfaulendes Fleisch oder an Mottenkugeln erinnert.

Das könnte bedeuten: Schlechter Atem. Das kann etwas Ernsthaftes bedeuten, weil schlechter Geruch auf das Vorhandensein von verrottendem Gewebe hindeutet. Es kann sich auch um ein Zahnproblem handeln. Die Abbauprozesse können aber auch anderswo stattfinden.

2-B

SCHLECHTER ATEM

CHECKLISTE:

Bewegt das Pferd das Maul auch dann, wenn es nicht frisst, oder hält es den Kopf beim Fressen schief?

JA → Rufen Sie **noch heute** Ihren Tierarzt an – es könnte sich um einen Fremdkörper oder eine Verletzung im Pferdemaul handeln.

NEIN ↓

Verweigert das Pferd das Futter, ist es lustlos oder hat es Fieber?

JA → Rufen Sie **noch heute** Ihren Tierarzt an – es könnte ein Schmerz oder eine Infektion sein, der oder die vielleicht gar nichts mit dem Maulbereich zu tun hat.

NEIN ↓

Hat das Pferd Gewicht verloren?

JA → Rufen Sie **noch heute** Ihren Tierarzt an – es könnte sich um eine Erkrankung oder um Abbauprozesse im vorderen Teil des Verdauungstraktes handeln.

NEIN ↓

Schlägt das Pferd mit dem Kopf, wenn man die Zügel annimmt? Lässt es Heuwickel fallen? Zuckt es plötzlich zurück, wenn es kaltes Wasser säuft? Speichelt oder schlabbert es?

JA → Rufen Sie **noch heute** Ihren Tierarzt an, wenn Sie eine dieser Fragen mit Ja beantwortet haben – es könnte sich um ein Zahnproblem handeln.

NEIN ↓

Sehen Sie eine Schwellung im Gesicht des Pferdes? Erscheint sein Gesicht unsymmetrisch? Hat es eine verkrustete oder nässende Wunde im Gesicht? Sehen Sie einen übel riechenden Nasenausfluss?

JA → Rufen Sie **noch heute** Ihren Tierarzt an, wenn Sie eine dieser Fragen mit Ja beantwortet haben – es könnte sich um einen Abszess an einer Zahnwurzel oder eine Infektion der Nasennebenhöhlen handeln.

NEIN ↓

Machen Sie mit Ihrem Tierarzt einen Termin aus. Es könnte sich um das Frühstadium einer Zahnbettentzündung handeln.

Was Ihr Tierarzt vielleicht tun wird:

- **Es kann sein, dass er dem Pferd ein Beruhigungsmittel geben muss, um die gründliche und sichere Überprüfung von Zähnen und Maul des Pferdes zu erleichtern.**
- **Er kann eine Röntgenaufnahme machen, wenn Verdacht auf eine abgebrochene Zahnwurzel, einen Abszess oder ein Problem mit den Nasennebenhöhlen besteht.**

Sie sehen: In der Krippe des Pferdes steht eine Speichelpfütze, oder ihm hängen Speichelfäden aus dem Maul.

2-C

Starker SPEICHELFLUSS

Das könnte bedeuten: Wenn dem Pferd Speichel aus dem Maul fließt, kann das auf eine Überproduktion von Speichel oder auf die Unfähigkeit, zu schlucken, hindeuten. Das kann ein Anzeichen für ein ernsthaftes Problem sein und kann innerhalb von ein oder zwei Tagen zu einem deutlichen Elektrolytverlust führen, vor allem dann, wenn das Pferd sich krank fühlt und nicht genug frisst, um die Verluste wieder auszugleichen. Speichelfluss kann auch, wenn auch selten, ein Anzeichen für Tollwut sein.

CHECKLISTE:

Hat das Pferd Fieber? Hat es sich ungewöhnlich lustlos oder übernervös benommen? Zeigt es einen ungewöhnlichen Gang? Erscheint es schwach oder wie betrunken?

JA → Rufen Sie Ihren Tierarzt **gleich** an – es könnte sich um eine Verletzung oder Erkrankung des Nervensystems handeln (einschl. Tollwut; siehe unten VORSICHT).

NEIN ↓

Verweigert das Pferd das Futter?

JA → Rufen Sie Ihren Tierarzt **gleich** an – es könnte sich um Schmerzen im Maul, am Kiefer oder im Rachen handeln, aber auch um eine Vergiftung oder eine Erkrankung des Nervensystems.

NEIN ↓

Besteht Nasenausfluss mit Futterbrocken darin? Streckt das Pferd den Hals, kaut oder würgt es?

JA → Rufen Sie Ihren Tierarzt **gleich** an, wenn Sie eine dieser Fragen mit Ja beantwortet haben – es könnte sich um eine Schlundverstopfung handeln.

NEIN ↓

Hat das Pferd einen übel riechenden Atem?

JA → Rufen Sie **noch heute** Ihren Tierarzt an – es könnte sich um ein Zahnproblem oder um einen im Maul verkeilten Fremdkörper handeln.

NEIN ↓

Enthält das Heu oder die Weide Leguminosen wie Klee oder Luzerne? Hat das Pferd feuchte Augen, die aber nicht gerötet oder zusammengekniffen sind?

JA → Rufen Sie **noch heute** Ihren Tierarzt an – es könnte sich um eine Vergiftung mit einem Giftstoff handeln, der in manchen Grundfuttermitteln vorkommen kann (TA Slaframin).

NEIN ↓

Machen Sie mit Ihrem Tierarzt einen Termin aus.

VORSICHT

Unter den möglichen Ursachen für diese Symptome befindet sich auch eine seltene, aber berüchtigte: die Tollwut. Wenn Tollwut in Frage kommt, sollten Sie kein Risiko eingehen, sondern Vorsichtsmaßnahmen ergreifen:

1. **Vermeiden Sie jeden Kontakt mit dem Pferd, der nicht unbedingt notwendig ist.**
2. **Wenn Sie mit Ihrem Pferd umgehen müssen, waschen Sie die Hände gründlich und ziehen Sie dann wasserdichte Handschuhe an (beispielsweise AIDS-Handschuhe oder Haushalts-Gummihandschuhe). Schützen Sie auch alle anderen Körperteile vor Kontakt mit dem Speichel des Pferdes.**
3. **Seien Sie auf ungewöhnliches Verhalten gefasst (Tollwut kann Aggressionen oder Koordinationsstörungen verursachen) und halten Sie sich außerhalb der Gefahrenzone auf.**

Sie sehen: Das Pferd verhält sich hungrig. Es interessiert sich für sein Futter, dreht sich aber, kurz nachdem es das Maul zum Fressen gesenkt hat, wieder weg.

Das könnte bedeuten: Die Unfähigkeit, Futter aufzunehmen, zu kauen oder zu schlucken, könnte ein Zeichen für ein ernsthaftes Problem sein. Das Pferd kann buchstäblich verhungern, wenn man das Problem nicht früh genug erkennt. Bestimmte Nervenprobleme, welche die Nerven von Lippen und Zunge betreffen, können aber auch andere Nerven in Mitleidenschaft ziehen, welche die Laufbahn Ihres Pferdes bedrohen können – und auch sein Leben.

2-D

UNFÄHIGKEIT, ZU FRESSEN

CHECKLISTE:

Kommt aus den Nüstern Ihres Pferdes ein Ausfluss, der mit Futter vermengt ist?

JA → Rufen Sie Ihren Tierarzt **gleich** an – es könnte sich um eine Schlundverstopfung oder um eine Nervenschädigung handeln, die das normale Schlucken nicht mehr zulässt.

NEIN ↓

Wiehert das Pferd, beobachtet es Sie interessiert oder zeigt es sich anderweitig interessiert, wenn Sie Futter bringen?

JA → Rufen Sie Ihren Tierarzt **gleich** an – Appetitverlust kann eine allgemeine Erkrankung bedeuten.

NEIN ↓

Ist der Gang Ihres Pferdes nicht normal? Sieht es aus, als sei es betrunken oder schwach oder als sei ihm schwindlig? Hat es Zugang zu Giftpflanzen? (siehe S. 310.)

JA → Rufen Sie Ihren Tierarzt **gleich** an, wenn Sie eine dieser Fragen mit Ja beantwortet haben – es könnte sich um eine Vergiftung oder um eine Erkrankung des Zentralnervensystems handeln. (Siehe VORSICHT, S. 34.)

NEIN ↓

Gibt es im Gesicht Ihres Pferdes Bereiche, die herunterhängen? Lässt es die Zunge aus dem Maul hängen? Hatte es innerhalb der letzten Woche eine Vollnarkose? Trägt es ständig ein Halfter?

JA → Rufen Sie Ihren Tierarzt **gleich** an, wenn Sie eine dieser Fragen mit Ja beantwortet haben – es könnte sich um eine Schädigung eines oder mehrerer Gesichtsnerven des Pferdes handeln, die von einer Verletzung oder Erkrankung herrühren kann.

NEIN ↓

Macht das Pferd Heuwickel? Zuckt es beim Trinken plötzlich vor dem Wasser zurück? Hält es beim Fressen den Kopf schief?

JA → Rufen Sie **noch heute** Ihren Tierarzt an, wenn Sie eine dieser Fragen mit Ja beantwortet haben – es könnte sich um ein schmerzhaftes Zahn- oder Kieferproblem handeln.

NEIN ↓

Machen Sie mit Ihrem Tierarzt einen Termin aus.

Was Ihr Tierarzt vielleicht tun wird:

Bei Verdacht auf Brüche oder Infektionen der Zahnwurzeln, des Schädels oder des Kiefers kann er eine Röntgenaufnahme des Pferdekopfes anfertigen.

2-E

Sie sehen: Zusammengeballtes, teilweise gekautes Futter auf dem Boden oder in der Krippe.

Fallen lassen oder Ausspucken VON FUTTER (Heuwickel)

Das könnte bedeuten: Eines von zwei Dingen könnte zutreffen: das Pferd könnte Schwierigkeiten beim Kauen oder Schwierigkeiten beim Schlucken haben und beides könnte auf ein ernsthaftes ursächliches Problem hindeuten.

CHECKLISTE:

Zeigt das Pferd weniger Appetit als sonst? Hat es Fieber? Zeigt es ungewöhnliches Verhalten wie Kreislaufen, Teilnahmslosigkeit oder Aggression oder drückt es den Kopf gegen Oberflächen?

JA → Rufen Sie Ihren Tierarzt **gleich** an, wenn Sie eine dieser Fragen mit Ja beantwortet haben – es könnte sich um eine Erkrankung des Zentralnervensystems handeln (siehe VORSICHT weiter unten).

NEIN ↓

Hängen eines oder beide Ohren oder Augen herunter? Erscheint das Maul zu einer Seite verzogen? Speichelt das Pferd stark? Sehen Sie einen dicken Ausfluss, ständig oder gelegentlich, aus einer oder aus beiden Nüstern?

JA → Rufen Sie **noch heute** Ihren Tierarzt an, wenn Sie eine dieser Fragen mit Ja beantwortet haben – es könnte sich um eine Infektion des Luftsacks handeln, oder einer oder mehrere Gesichtsnerven könnten geschädigt sein.

NEIN ↓

Hat das Pferd übel riechenden Atem?

JA → Blättern Sie zu S. 31.

NEIN ↓

Hat das Pferd an Gewicht verloren?

JA → Rufen Sie **noch heute** Ihren Tierarzt an – es könnte sich um ein ernsthaftes Zahnproblem handeln.

NEIN ↓

Rufen Sie **noch heute** Ihren Tierarzt an und vereinbaren Sie einen Termin – es könnte sich um ein Zahnproblem handeln.

VORSICHT

Unter den möglichen Ursachen für Speichelfluss, die Unfähigkeit zu schlucken, Verhaltensänderungen oder ungewöhnliche Gänge befindet sich auch eine seltene, aber berüchtigte: die Tollwut. Wenn Tollwut im Falle Ihres Pferdes in Frage kommt, sollten Sie kein Risiko eingehen, sondern Vorsichtsmaßnahmen ergreifen:

1. **Vermeiden Sie jeden Kontakt mit dem Pferd, der nicht unbedingt notwendig ist.**
2. **Wenn Sie mit Ihrem Pferd umgehen müssen, waschen Sie die Hände gründlich und ziehen Sie dann wasserdichte Handschuhe an (beispielsweise AIDS-Handschuhe oder Haushalts-Gummihandschuhe). Schützen Sie auch alle anderen Körperteile vor Kontakt mit dem Speichel des Pferdes.**
3. **Seien Sie auf ungewöhnliches Verhalten gefasst (Tollwut kann Aggressionen oder einen Koordinationsmangel verursachen) und halten Sie sich außerhalb der Gefahrenzone auf.**

Sie sehen: Die Zunge des Pferdes ist außerhalb des Mauls zu sehen.

2-F

Heraushängende ZUNGE

Das könnte bedeuten: Es könnte eine Art von nervösem Verhalten sein. Bei manchen Pferden ist Zungenstrecken und Zungenschlagen etwas Ähnliches wie Daumenlutschen oder Nägelkauen beim Menschen und deutet an, dass Sie an der Haltung etwas verändern müssen (mehr Koppelgang, mehr Arbeit, weniger Stallstehen und weniger Müßiggang). Es könnte auch bedeuten, dass der Hauptnerv der Zunge geschädigt ist. Dieser Zustand kann dauerhaft sein, muss es aber nicht sein. Wenn die Zungenfunktion nicht normal ist, kann das Pferd nicht richtig fressen, so dass sein Zustand sich rapide verschlechtern kann.

CHECKLISTE:

Zeigt das Pferd ungewöhnliches Verhalten wie Teilnahmslosigkeit, Torkeln oder unbegründete Aufregung, oder drückt es den Kopf gegen irgendwelche Gegenstände?

JA → Rufen Sie Ihren Tierarzt **gleich** an, wenn Sie eine dieser Fragen mit Ja beantwortet haben – es könnte sich um eine Erkrankung oder Verletzung des Zentralnervensystems handeln, beispielsweise um Tollwut (siehe VORSICHT auf der gegenüberliegenden Seite).

NEIN ↓

Ist das Pferd schwach? Schlurft es beim Gehen im Schritt? Knicken ihm die Beine in den Gelenken weg?

JA → Rufen Sie Ihren Tierarzt **gleich** an, wenn Sie eine dieser Fragen mit Ja beantwortet haben – es könnte sich um eine Bleivergiftung, um Botulismus oder um eine Mutterkornvergiftung handeln.

NEIN ↓

Hängt dem Pferd das Maul offen? Legt es den Kopf schief und kaut, als ob ihm etwas im Rachen stecken geblieben wäre? Erscheinen die Muskeln in Lippen und Kiefer wie hölzern oder erstarrt?

JA → Rufen Sie Ihren Tierarzt **gleich** an, wenn Sie eine dieser Fragen mit Ja beantwortet haben – es könnte sich um eine Gehirnschädigung aufgrund einer Vergiftung mit bestimmten Pflanzen handeln, oder es könnte ihm etwas im Maul stecken geblieben sein.

NEIN ↓

Zeigt sich das Zungenschlagen ständig, ist es also nicht an Aufregung oder Nervosität gekoppelt?

JA → Rufen Sie Ihren Tierarzt **gleich** an – es könnte sich um eine Gehirnerkrankung handeln (auch um Tollwut), oder um eine Verletzung von Gehirn oder Kopfnerven.

NEIN ↓

Rufen Sie **noch heute** Ihren Tierarzt an und vereinbaren Sie einen Termin.

2-G

Sie sehen: Das Pferd wehrt sich dagegen, ein Gebiss ins Maul zu nehmen, es legt nach dem Einlegen des Gebisses wütend die Ohren zurück, oder es kaut ständig auf dem Gebiss herum.

Abwehr gegen das GEBISS

Das könnte bedeuten: Es könnte ein Anzeichen dafür sein, dass das Gebiss schlecht passt. Das Pferd könnte das Gebiss im Maul aber auch als unangenehm empfinden, weil ein tieferliegendes Problem besteht, das sich verschlechtern könnte, wenn es nicht entsprechend behandelt wird.

CHECKLISTE:

Sehen Sie sich Ihr Pferd von vorne an. Sehen Sie an seinem Gesicht Züge, die nicht symmetrisch sind? Sind Maul oder eine Nüster nach einer Seite verzogen? Wirkt ein Auge herabhängend? Reagiert es ebenso heftig, wenn man ihm ein Zaumzeug ohne Gebiss anlegt?

JA → Rufen Sie **noch heute** Ihren Tierarzt an, wenn Sie eine dieser Fragen mit Ja beantwortet haben – es könnte sich um eine Verletzung oder Reizung von Gesichtsnerven handeln, die zu Prickeln oder Schmerzen führen, wenn die Nerven vom Gebiss berührt werden. Auch eine Verletzung der Gesichtsknochen ist möglich.

NEIN ↓

Hat das Pferd einen übel riechenden Atem? Lässt es Futter fallen? Hält es beim Kauen den Kopf schief? Zuckt es plötzlich zurück, wenn es kaltes Wasser säuft?

JA → Rufen Sie **noch heute** Ihren Tierarzt an – es könnte sich um Wolfszähne handeln, die gerade geschoben werden, oder um eine Verletzung oder Erkrankung im Maul.

NEIN ↓

Zuckt das Pferd zusammen oder weicht es aus, wenn Sie mit der Hand an der Unterseite des Kinns oder des Kiefers entlangstreichen? Können Sie dort Wärmeentwicklung, Ausfluss oder Schwellung feststellen?

JA → Rufen Sie **noch heute** Ihren Tierarzt an – es könnte sich um ein Problem in den Zahnwurzeln, im Unterkieferknochen oder im weichen Gewebe unter dem Kinn, verschlimmert durch einen Kinnriemen, handeln.

NEIN ↓

Hört das Problem auf, wenn Sie auf ein weicheres Gebiss und ein anderes Zaumzeug umsteigen?

JA → Sprechen Sie mit einem Experten für Ausbildung oder Ausrüstung von Pferden. Es könnte ein Problem mit einem schlecht angepassten Zaumzeug oder einem schlecht passenden oder zu scharfen Gebiss vorliegen.

NEIN ↓

Rufen Sie Ihren Tierarzt an und vereinbaren Sie einen Termin.

Sie sehen: Das Pferd verhält sich durstig, scheut aber vor der Wasserquelle zurück, als ob es Angst davor hätte.

2-H

Das könnte bedeuten: Dieses Verhalten deutet an, dass das Trinken für das Pferd irgendwie schmerzhaft oder angsteinflößend ist. Es kann rasch zur Dehydratation kommen.

Zurückzucken beim Saufen VON WASSER

CHECKLISTE:

Besteht zur Wasserquelle Ihres Pferdes eine Verbindung mit Elektrizität, entweder absichtlich (Wasserheizer o. ä.) oder unabsichtlich (fehlerhafte Verkabelung oder Erdung von elektrischen Einrichtungen in der Nähe)?

JA → Rufen Sie **gleich** jetzt einen Elektriker, wenn Sie sich auch nur im geringsten unsicher sind. Sperren Sie den Zugang zur Tränke und stellen Sie für die Zwischenzeit das Wasser anderweitig bereit.

NEIN ↓

Rufen Sie **noch heute** Ihren Tierarzt an – es könnte sich um ein Zahnproblem handeln, durch das das Pferd auf Kälte empfindlich reagiert. Bieten Sie in der Zwischenzeit körperwarmes Wasser (37–38 °C) neben der üblichen Wasserquelle mit Wasser von Raumtemperatur an.

Wussten Sie schon ...

Ein durchschnittliches Pferd von 500 kg Körpergewicht trinkt an einem Tag, an dem es nichts tut, 25 bis 40 Liter Wasser. An Tagen, an denen es schwitzt, sei es wegen hoher Umgebungstemperatur oder wegen seiner Arbeitsbelastung, kann seine Wasseraufnahme sich verdoppeln oder sogar verdreifachen.

2-I

Sie sehen: Beim Kauen hält das Pferd den Kopf schief, und zwar meist öfter zur einen Seite als zur anderen.

SCHRÄGHALTEN DES KOPFES beim Kauen

Das könnte bedeuten: Es deutet an, dass das Pferd beim Kauen Unbehagen empfindet.

CHECKLISTE:

Frisst das Pferd sein Futter nicht vollständig auf?

JA → Rufen Sie **noch heute** Ihren Tierarzt an – es könnte sich um Verletzungen, wunde Stellen oder einen Fremdkörper im Pferdemaul handeln, aber auch um ein Zahnproblem, oder es könnte etwas am Kiefer nicht stimmen.

NEIN ↓

Rufen Sie Ihren Tierarzt an und machen Sie einen Termin aus.

Was Ihr Tierarzt vielleicht tun wird:

- **Es kann nötig werden, dass er dem Pferd ein Beruhigungsmittel gibt, um es gründlich und sicher untersuchen zu können oder Zähne und Maul behandeln zu können.**
- **Eine Röntgenuntersuchung des Pferdekopfes kann nötig werden, wenn abgebrochene Zahnwurzeln, Abszesse oder Kieferprobleme vermutet werden.**

Die Sache mit der Zahnpflege ...

Häufig wird fälschlich angenommen, dass es bei einem jungen Pferd unnötig sei, die Zähne nachzusehen. In einer 1994 durchgeführten Studie fand man aber ausgeprägte Verletzungen in den Backen durch scharfe Backenzähne – schmerzhaft genug, um das normale Kauen zu behindern – hauptsächlich bei Pferden vom Fohlenalter bis zum Alter von 7 Jahren. Eine Entzündung des Zahnbetts, die zu schlechtem Atem und frühzeitigem Zahnverlust führen kann, trat bei Jungpferden sehr häufig auf, als sie das Alter erreicht hatten, in dem die bleibenden Zähne geschoben werden.

Sie sehen: Das Pferd hustet.

Das könnte bedeuten: In den meisten Fällen deutet Husten bei ausgewachsenen Pferden auf eine Reizung der Luftröhre aufgrund einer leichten Virusinfektion hin, bei der es sich meistens um Influenzavirus oder um Equines Herpesvirus 1 oder 4 (Rhinopneumonitisvirus) handelt. Wenn er sofort und richtig behandelt wird, sollte der Husten innerhalb von 3 bis 4 Wochen vorbei sein. Husten kann aber auch ein Anzeichen für eine Allergie oder für eine Virus- oder Bakterieninfektion der Lunge sein. Dies kann sehr ernsthaft und sogar tödlich sein.

2-J

HUSTEN

CHECKLISTE:

Hat das Pferd Fieber? Bewegen Brustkorb oder Nüstern sich beim Atmen deutlich?

JA → Rufen Sie Ihren Tierarzt **gleich** an, wenn Sie eine dieser Fragen mit Ja beantwortet haben – Fieber deutet auf eine infektiöse Erkrankung hin und birgt ein erhöhtes Dehydrationsrisiko in sich. Wenn Brustkorb oder Nüstern auch beim Atmen in Ruhe erweitert werden, bedeutet das mühselige Atmung, was auf eine mögliche Beteiligung der Lunge hindeutet. Blättern Sie zu **Während Sie warten** auf der nächsten Seite.

NEIN ↓

Streckt das Pferd den Hals, bewegt es die Kiefer oder würgt es? Treten aus einer oder beiden Nüstern Futter oder Wasser aus?

JA → Rufen Sie Ihren Tierarzt **gleich** an – es könnte sich um eine Schlundverstopfung handeln.

NEIN ↓

Macht das Pferd beim schweren Atmen ein pfeifendes oder schnarchendes Geräusch? Speichelt es beim Fressen stark oder schlabbert es? Liegt ein dicker Nasenausfluss vor?

JA → Rufen Sie Ihren Tierarzt **gleich** an, wenn Sie eine dieser Fragen mit Ja beantwortet haben – Ihr Pferd könnte eine Nervenschädigung im Rachenbereich erlitten haben. Zu den möglichen Gründen gehören Botulismus, Trauma und Luftsackinfektion.

NEIN ↓

Hat der Husten innerhalb weniger Tage nach dem Legen einer Magensonde, nach dem Eingeben einer Flüssigkeit oder nach der Benutzung eines Eingebeinstruments angefangen? Hatte das Pferd kürzlich eine Schlundverstopfung?

JA → Rufen Sie Ihren Tierarzt **gleich** an, wenn Sie eine dieser Fragen mit Ja beantwortet haben – das Pferd könnte an einer Rachenverletzung oder einer Aspirationspneumonie leiden.

NEIN ↓

Hat das Pferd ständig wiederholte Hustenanfälle?

JA → Rufen Sie Ihren Tierarzt **gleich** an – es könnte sich um eine Bronchitis handeln, oder es könnte ein Fremdkörper in den Atemwegen stecken.

NEIN ↓

Fortsetzung ⇨

Was Ihr Tierarzt vielleicht tun wird:

- **Er kann das Pferd an einen ruhigen Ort umstellen, wo er die Lungengeräusche beim Abhören mit dem Stethoskop besser hören kann.**
- **Er kann Proben fürs Labor nehmen, beispielsweise Flüssigkeit aus den Atemwegen (per Tracheallavage oder per bronchoalveolärer Lavage) oder Blut.**
- **Er kann den Brustkorb des Pferdes röntgen, eine Ultraschalluntersuchung oder eine Endoskopie durchführen.**

CHECKLISTE (FORTSETZUNG):

Bekommt das Pferd diesen Husten jeden Sommer? Jeden Winter? Dauert der derzeitige Husten schon länger als 2 Wochen? Hustet es meistens beim Fressen? Hatte es jemals Kontakt mit Eseln oder Maultieren?

JA → Rufen Sie **noch heute** Ihren Tierarzt an, wenn Sie eine dieser Fragen mit Ja beantwortet haben – es könnte sich um eine chronische Bronchitis (»Dämpfigkeit«), eine Allergie oder eine Infektion mit Lungenwürmern handeln.

NEIN ↓

Wahrscheinlich liegt eine leichte Erkältung vor, wie sie bei einer leichten Infektion mit dem Rhinovirus auftritt. Wenden Sie die Eigenbehandlung von weiter unten an.

Während Sie warten:

Isolieren Sie Ihr Pferd von anderen Pferden, für den Fall, dass es ansteckend ist. Um zu verhindern, dass eine möglicherweise ansteckende Erkrankung sich ausbreitet, sollten Sie es auf einen Paddock oder in eine Box mit getrennter Wasserversorgung stellen, mindestens 7 m von den anderen Pferden entfernt. Waschen Sie sich die Hände und desinfizieren Sie Ihre Stiefel (siehe S. 230), nachdem Sie Umgang mit Ihrem Pferd hatten und bevor Sie Umgang mit anderen Pferden haben.

Im Frühstadium einer Infektion mit der Virus-Arteritis des Pferdes können unklare Atemwegssymptome auftreten, beispielsweise Husten und Fieber. Diese Erkrankung ist durch den Deckakt übertragbar. Wenn Sie vorhaben, mit Ihrem Pferd zu züchten, sollten Sie den Decktermin verschieben, bis Ihr Tierarzt die Virus-Arteritis als mögliche Ursache ausschließen kann, weil Sie sonst das Risiko eingehen, den Deckpartner Ihres Pferdes anzustecken. Trächtige Stuten sollten von möglichen Trägern dieser Arterienentzündung fern gehalten werden, wenn Sie nicht geimpft sind oder sich bereits einmal angesteckt hatten. Die Virus-Arteritis des Pferdes kann Verfohlen auslösen.

Eigenbehandlung:

(Sehen Sie auf der ***Checkliste*** *nach, ob eine Eigenbehandlung für den Husten Ihres Pferdes in Frage kommt. Wenn die Antworten, die Sie in der Checkliste geben, sich irgendwann während der Eigenbehandlung zum Schlechteren verändern, rufen Sie den Tierarzt.)*

Schritt 1. *Sorgen Sie für eine reizarme Umgebung.* Meiden Sie staubige Reitwege. Ersetzen Sie staubige Einstreu (Heu, Stroh, Sägespäne, Hobelspäne) durch saubere und weniger staubige Einstreu wie Papierschnitzel. Ersetzen Sie staubiges Heu durch solches besserer Qualität oder feuchten Sie es zwei Stunden vor dem Füttern mit Wasser an, damit das Pferd keinen Staub einatmen muss.

Schritt 2. *Meiden Sie reizintensive Tätigkeiten.* Planen Sie das tägliche Reitprogramm Ihres Pferdes so, dass es nicht schwer atmen muss, weil das den Atmungstrakt reizt. Wenn es also beispielsweise nach einem ruhigen Galopp husten muss, dann galoppieren Sie nicht, auch nicht ruhig. Arbeiten Sie stattdessen in einem langsameren und weniger anstrengenden Gang, auf den weder sofort noch später Husten folgt.

Schritt 3. *Sorgen Sie dafür, dass das Pferd nicht austrocknet.* Ermuntern Sie es zu höherer Wasseraufnahme, damit schleimiger Auswurf im Atmungstrakt nicht dicklich und klebrig wird, weil er dann schwerer abzuhusten ist. Säubern Sie seine Tränke täglich, und stellen Sie andere Tränkemöglichkeiten bereit. (Manchmal verlockt ein neuer Eimer an einem neuen Platz zum Saufen.) Stellen Sie dem Pferd körniges, einfaches Salz zur freien Aufnahme zur Verfügung. Wenn es draußen kalt ist, bieten Sie ihm in einem Extra-Eimer Wasser an, das Sie auf ca. 45 °C erwärmt haben. (Weitere Informationen darüber, wie Sie ein Pferd zum Saufen überreden können, finden Sie auf S. 226.)

Schritt 4. *Sorgen Sie für Stressfreiheit.* Verschieben Sie Dinge, die das Pferd stressen, also Impfungen, Decken, Hängerfahren, lange Ritte oder Turniere, bis Ihr Pferd mindestens 3 Wochen hustenfrei war. Es gibt Anhaltspunkte dafür, dass Stress während einer Erkrankung das Risiko einer Sekundärinfektion erhöht.

Schritt 5. *Seien Sie darauf vorbereitet, Hilfe dazuzuholen.* Wenn sich Fieber einstellt, der Appetit abnimmt oder eine Ihrer Antworten auf die Fragen in der Checkliste sich zum Negativen verschiebt oder wenn Ihr Pferd nach 3 Tagen Eigenbehandlung keine Anzeichen von Besserung zeigt, rufen Sie den Tierarzt.

Der Atmungstrakt ist ungeheuer empfindlich

Sie sollten es nicht allzu eilig damit haben, Ihr Pferd wieder zu arbeiten. Wenn es an einer Infektion der oberen Atemwege wie beispielsweise Influenza oder Rhinopneumonitis leidet (und auch noch 3 bis 6 Wochen nach der Ausheilung), ist der Atmungstrakt des Pferdes ungeheuer empfindlich gegenüber Reizen. Jede Reizung, die während dieser Zeit stattfindet, wird die erhöhte Empfindlichkeit verlängern, wodurch wiederum Husten auftritt und die Leistung abfällt, weil die Atemwege verengt sind. Außerdem benötigen die Flimmerhärchen des Pferdes mehrere Wochen, bis sie sich erholt haben und wieder voll einsatzfähig sind.

Wenn mein Pferd Husten hat und mein Tierarzt sagt, dass es sich wahrscheinlich um Rhinopneumonitis oder Influenza handelt, sollte ich jetzt gegen Rhinopneumonitis oder Influenza impfen lassen?

NEIN, und zwar aus drei Gründen. Erstens sollten Sie Ihr Pferd nicht auch noch mit irgendwelchen Impfungen belasten, wenn es ohnehin gerade mit einer Infektion zu kämpfen hat. Zweitens wird die Impfung zu diesem Zeitpunkt nicht wirken, weil das Immunsystem des Pferdes gerade in voller Fahrt ist und gegen die derzeitige Infektion kämpft, so dass es auch den Impfstoff schnell inaktivieren wird. Und drittens besteht in Wissenschaftlerkreisen die Befürchtung, dass eine Impfung gegen Rhinopneumonitis (Equines Herpesvirus 1,4) angesichts einer Infektion mit Herpesviren das Risiko erhöht, dass Ihr Pferd die paralytische Form der Rhinopneumonitis bekommt, das ist eine seltene und gefährliche Form dieser Erkrankung, die das Nervensystem angreift.

Sollte ich meinem Pferd ein Antitussivum (ein Mittel, das den Husten lindert) oder einen Schleimlöser geben?

NEIN, außer Ihr Tierarzt ordnet es so an. Der Grund: Husten ist ein nützlicher Reflex, der Eiter und Verschmutzungen aus dem Atmungstrakt des Pferdes befördert. Wenn Sie diesen Reflex unterdrücken, können Sie dazu beitragen, aus einer unbedeutenden kleinen Infektion eine ausgewachsene schwere Infektion zu machen. Die Entscheidung, ob ein Husten gelindert werden sollte oder nicht, sollte Ihr Tierarzt treffen, nachdem er den Atmungstrakt des Pferdes sorgfältig abgehört und keine Hinweise darauf gefunden hat, dass irgendwelche Stoffe nach außen transportiert werden müssen.

Für Schleimlöser gilt, so deuten neuere Forschungen an, dass die beste Möglichkeit, die Schleimabsonderungen in den Atemwegen dünn und fließfähig zu halten, die ist, viel zu trinken. Außerdem reizen Schleimlöser den Magen des Pferdes. Ein Pferd mit einem gereizten Magen wird wahrscheinlich nicht ausreichend fressen und saufen – gerade diese zwei Dinge muss es aber tun, um seine Erkrankung zu überwinden.

NOTIZEN

KAPITEL 3

Probleme im

NASEN- UND RACHENRAUM

Sie sehen: Dem Pferd läuft die Nase. Der Ausfluss ist wässrig und rotzig und enthält vielleicht Blutbeimengungen oder Futterbrocken.

Das könnte bedeuten: Hier könnte sich der Anfang einer Virus- oder Bakterieninfektion des Atmungstraktes, wahrscheinlich unter Einbeziehung der Lunge, andeuten. Es könnte auch ein Anzeichen dafür sein, dass im Nasenraum selbst etwas nicht stimmt – eine Wucherung, ein Trauma oder ein verklemmter Fremdkörper wie beispielsweise ein kleiner Zweig. Außerdem kann ein Problem mit einer Nasennebenhöhle, einer Zahnwurzel, einem Luftsack[G] oder im Rachen vorliegen.

3-A

NASENAUSFLUSS

CHECKLISTE:

Befinden sich in dem Ausfluss Futterbrocken?
- JA → Rufen Sie Ihren Tierarzt **gleich** an – es könnte sich um eine Schlundverstopfung handeln.
- NEIN ↓

Hat das Pferd Fieber? Tränen die Augen? Sind die Beine geschwollen? Sind die Drüsen unter dem Unterkiefer angeschwollen? Zeigen weitere Pferde im selben Stall oder auf derselben Weide dieselben Symptome?
- JA → Rufen Sie Ihren Tierarzt **gleich** an, wenn Sie eine dieser Fragen mit Ja beantwortet haben – es könnte sich um eine Virusinfektion wie den Virusabort der Stuten/Rhinopneumonitis, Influenza handeln, oder auch um eine bakterielle Infektion wie die Druse. Blättern Sie zu **Während Sie warten** auf der gegenüberliegenden Seite.
- NEIN ↓

Gibt das Pferd ein pfeifendes oder schnarchendes Geräusch von sich, wenn es schwer atmet? Hängt ein Augenlid herunter? Sind Lippen oder Nüstern zu einer Seite hin gezogen?
- JA → Rufen Sie Ihren Tierarzt **gleich** an, wenn Sie eine dieser Fragen mit Ja beantwortet haben – es könnte sich um eine Infektion der Luftsäcke handeln.
- NEIN ↓

Sieht der Ausfluss wie unverdünntes Blut aus?
- JA → Blättern Sie zu S. 46.
- NEIN ↓

Befinden sich in dem Ausfluss Blutbeimengungen? Riecht er übel?
- JA → Rufen Sie **noch heute** Ihren Tierarzt an, wenn Sie eine dieser Fragen mit Ja beantwortet haben – es könnte sich um eine Wucherung oder einen Fremdkörper in der Nasenhöhle oder einer Nasennebenhöhle handeln, oder um eine Zahninfektion.
- NEIN ↓

Steht Ihr Pferd auf der Weide? Sind seine Nüstern mit einem geblichen Pulver bestäubt oder kleben Grassamen darin?
- JA → Wahrscheinlich handelt es sich um eine harmlose Reizung der Nase durch Pollen oder Grassamen. Das sollte sich von selbst wieder geben.
- NEIN ↓

Rufen Sie Ihren Tierarzt an und machen Sie einen Termin aus.

Was Ihr Tierarzt tun wird:

Es kann sein, dass er dem Pferd ein Beruhigungsmittel geben muss, um Zähne und Maul gründlich und sicher untersuchen zu können oder um die Muskeln des Pferdes zu entspannen, um so mit geringerem Risiko eine Magensonde legen oder ein Endoskop einführen zu können.

Während Sie warten:

1. *Isolieren Sie Ihr Pferd von anderen Pferden, falls es ansteckend sein sollte.* Um zu verhindern, dass eine möglicherweise ansteckende Erkrankung sich ausbreitet, sollten Sie es auf einen Paddock oder in eine Box mit getrennter Wasserversorgung stellen, mindestens 7 m von den anderen Pferden entfernt. Waschen Sie sich die Hände und desinfizieren Sie Ihre Stiefel (siehe S. 230), nachdem Sie Umgang mit Ihrem Pferd hatten und bevor Sie Umgang mit anderen Pferden haben.

Wenn Ihr Pferd Nasenausfluss hat und Ihr Tierarzt sagt, dass es sich wahrscheinlich um Rhinopneumonitis oder Influenza handelt, sollten Sie dann jetzt gegen diese oder Influenza impfen? Siehe S. 41.

2. *Verschieben Sie den Decktermin.* Wenn Sie demnächst vorhatten, mit Ihrem Pferd zum Decken zu gehen, sollten Sie das verschieben, bis eine Virusinfektion des Atmungstraktes ausgeschlossen oder ausgeheilt werden kann. Sowohl Herpesviren als auch Virusabort/Rhinopneumonie lösen Verfohlen aus, und Virusabort/Rhinopneumonie kann über den sexuellen Kontakt übertragen werden.

Wussten Sie schon ...

Die meisten lebensbedrohlichen bakteriellen Infektionen des Atmungstraktes, wie die Lungenentzündung oder »Händlerkrankheit«, werden von Bakterien verursacht, die auch im Normalfall im Pferdemaul leben.
Was war die Ursache dafür, dass diese Bakterien sich auf die Atemwege gelegt haben und dort Schaden anrichten?
Ein geschwächtes Immunsystem, so sagen die meisten Forscher, und das ist oft eine Folge von Stress.

3-B

NASENBLUTEN

Sie sehen: Getrocknetes Blut in den Nüstern des Pferdes, wässrig aussehendes Blut tropft aus einer oder beiden Nüstern, oder hellrotes Blut fließt in beängstigenden Mengen aus den Nüstern.

Das könnte bedeuten: Es kann ein Zeichen für ein ernsthaftes Problem sein, das schwerwiegende Blutverluste verursachen kann.

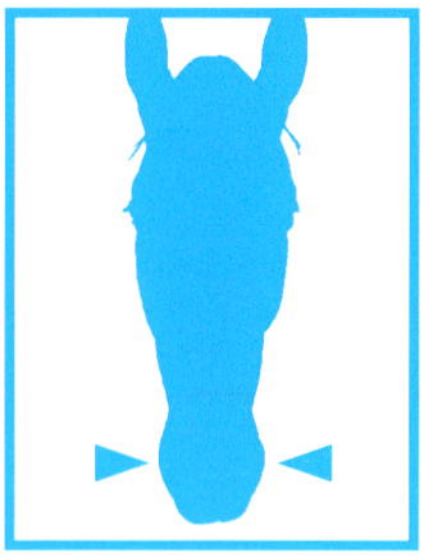

CHECKLISTE:

Fließt eine Menge Blut (1/4 Tasse oder mehr pro Minute?)

JA → Rufen Sie Ihren Tierarzt **gleich** an – die Ursache könnte ein Trauma im Kopfbereich sein. Blättern Sie zu **Während Sie warten** auf der gegenüberliegenden Seite.

NEIN ↓

Hat Ihr Pferd immer wieder einmal Rotz oder Ausfluss in der Nase? Hängt ein Augenlid herunter, oder sind Lippen oder Nüstern zu einer Seite hin gezogen? Macht es ein pfeifendes oder schnarchendes Geräusch, wenn es schwer atmet?

JA → Rufen Sie Ihren Tierarzt **gleich** an, wenn Sie eine dieser Fragen mit Ja beantwortet haben – das Nasenbluten könnte auf einer Erkrankung beruhen, die zu tödlichen Blutungen führen kann: Luftsackmykose.

NEIN ↓

Scheint Ihr Pferd leichter, öfter oder länger zu bluten, als Ihnen normal erscheint, wenn es sich einmal einen kleinen Kratzer zuzieht? Hat es auf der Weide Zugang zu Steinklee oder kann es an Nagetier-Fressköder herangelangen?

JA → Rufen Sie Ihren Tierarzt **gleich** an, wenn Sie eine dieser Fragen mit Ja beantwortet haben – es könnte sich um eine Form der Bluterkrankheit handeln, oder um eine Vergiftung mit einem Blutverdünnungsmittel, das manchmal in Steinklee und in bestimmten Rattengiften enthalten ist.

NEIN ↓

Hatte das Pferd in den vergangenen Monaten eine kalte und laufende Nase oder die Druse? Tritt das Nasenbluten nur während oder innerhalb von 2 Stunden nach der Arbeit auf?

JA → Rufen Sie **noch heute** Ihren Tierarzt an, wenn Sie eine dieser Fragen mit Ja beantwortet haben – es könnte sich um einen Lungenabszess oder um belastungsinduziertes Lungenbluten handeln.

NEIN ↓

Hat das Pferd bei der Arbeit wenig Ausdauer? Braucht es länger als normal, um sich von der Arbeit zu erholen?

JA → Rufen Sie **noch heute** Ihren Tierarzt an, wenn Sie eine dieser Fragen mit Ja beantwortet haben – es könnte sich um ein Herzproblem handeln.

NEIN ↓

Rufen Sie Ihren Tierarzt an und machen Sie einen Termin aus. Das Blut könnte seine Ursache in einem Trauma oder einer ungewöhnlichen Struktur im Inneren der Nüster(n) haben.

Was Ihr Tierarzt vielleicht tun wird:

- **Es kann sein, dass er das Pferd an einen ruhigeren Ort bringt, so dass er beim Abhören mit dem Stethoskop die Lungengeräusche besser hören kann.**
- **Er kann den Rachenraum oder die Lunge röntgen oder mit Ultraschall oder mit dem Endoskop untersuchen. Dazu kann es nötig werden, dass er Beruhigungsmittel einsetzt, um sicherer arbeiten und leichter eine gründliche Untersuchung durchführen zu können.**

Während Sie warten:

1. *Beruhigen Sie Ihr Pferd.* Wenn es aufgeregt ist, pumpt sein Herz stärker, und sein Blut fließt schneller.

2. *Kühlen.* Suchen Sie sich einen biegsamen Kühlbeutel (siehe S. 260), beispielsweise eine Tüte Gefriererbsen, und legen Sie diesen Eisbeutel unterhalb der Augen quer über das Gesicht des Pferdes. Halten Sie ihn dort fest, ohne Druck auszuüben. 5 Minuten darauf lassen, dann 15 Minuten abnehmen. Damit verlangsamen Sie die Blutung, falls sie ihren Ursprung in der Nasenhöhle hat, ohne das Risiko einzugehen, womöglich Bruchstücke von Gesichtsknochen zu verschieben. Achten Sie darauf, dass Sie die Nüstern des Pferdes nicht mit Ihrem Eisbeutel abdecken. Damit würden Sie versehentlich die Atmung behindern, so dass es vielleicht in Panik gerät und sich gegen Ihre Hilfeleistung wehrt.

Wenn Ihr Tierarzt es nicht ausdrücklich anordnet, dürfen Sie einem Pferd, das aufgeregt ist, das Angst hat oder das in der letzten halben Stunde gearbeitet wurde, niemals selbst ein Beruhigungsmittel verabreichen. Das Beruhigungsmittel könnte die Herztätigkeit und/oder die Tätigkeit des Atmungssystems herabsetzen, so dass das Pferd kollabiert (in Ohnmacht fällt). Wenn Sie Ihr Pferd mittels Medikamente ruhigstellen müssen, überlassen Sie die Entscheidung darüber dem Tierarzt.

Auf die richtige Einteilung kommt es an ...

Wann ist ein Blutverlust tödlich? Wenn ein Pferd langsam blutet, kann es innerhalb eines Zeitraumes von 3 Tagen bis zu 66 % seines gesamten Blutvorrates verlieren und überleben. Bei einem 500-kg-Pferd sind das fast 30 Liter Blut! Wenn es aber 15 Liter innerhalb von 24 Stunden verliert (das ist ungefähr ⅓ seines gesamten Blutvorrats), kann es daran sterben.

Sie hören: Ein ungewöhnliches Geräusch, wenn ihr Pferd atmet; entweder während der Arbeit oder während der Ruhe oder die ganze Zeit.

3-C

ATEMGERÄUSCHE
(Pfeifen oder Schnarchen)

Das könnte bedeuten: Etwas blockiert teilweise die Nasenhöhle. Es könnte auch ein Anzeichen für eine Nervenschädigung auf einer Rachenseite sein, so dass ein steifer Gewebevorhang die Öffnung, durch die das Pferd atmet, teilweise verschließt. (Dieses Gewebe flattert, wenn die Luft durch den halbgeschlossenen Vorhang gezogen wird. So entsteht das pfeifende Geräusch.) Einige der Ursachen, die einer solchen Nervenschädigung zugrunde liegen können, können ernsthaft sein.

CHECKLISTE:

Zeigt das Pferd übermäßigen Speichelfluss, lässt es Futter aus dem Maul fallen, oder kommen Futterbrocken aus den Nüstern? Lässt es die Zunge vorne oder seitlich aus dem Maul hängen? Hängt ein Augenlid herunter? Sind Lippen, Maul oder Nüstern nach einer Seite hin verzogen? Hat es wenig Appetit oder wirkt es teilnahmslos?

JA → Rufen Sie Ihren Tierarzt **gleich** an, wenn Sie eine dieser Fragen mit Ja beantwortet haben – es könnte sich um eine Gehirnschädigung aufgrund einer Verletzung, von Gift oder einer Erkrankung handeln, die sich in einer Lähmung der Strukturen im Rachenraum äußert. (Siehe **Gut zu wissen** auf der gegenüberliegenden Seite.)

NEIN ↓

Gibt das Pferd Atemgeräusche von sich, unabhängig davon, ob es arbeitet oder nicht? Ist das eine neue Erscheinung?

JA → Rufen Sie **noch heute** Ihren Tierarzt an, wenn Sie eine dieser Fragen mit Ja beantwortet haben – die Nasengänge oder der Rachenraum des Pferdes könnten durch Wucherungen oder verdicktes Gewebe blockiert sein.

NEIN ↓

Zeigt das Pferd Nasenausfluss oder übelriechenden Atem?

JA → Rufen Sie **noch heute** Ihren Tierarzt an, wenn Sie eine dieser Fragen mit Ja beantwortet haben – es könnte sich um eine Wucherung oder Infektion im hinteren Bereich der Nasengänge handeln.

NEIN ↓

Gibt das Pferd hauptsächlich während anstrengender Arbeit Atemgeräusche von sich? Leidet seine Leistung darunter?

JA → Rufen Sie im Lauf der Woche Ihren Tierarzt an. Es könnte sich um eine belastungsabhängige Verlagerung bestimmter Weichteilstrukturen im hinteren Rachenraum handeln.

NEIN ↓

Rufen Sie Ihren Tierarzt an und machen Sie einen Termin aus.

Was Ihr Tierarzt vielleicht tun wird:

Er kann die Gewebe in den Nasengängen und im Rachenraum des Pferdes mittels Röntgen, Ultraschall oder Endoskopie untersuchen. Zu jeder dieser Untersuchungen kann es nötig werden, dem Pferd ein Beruhigungsmittel zu geben, so dass es sicherer und einfacher wird, das Tier gründlich zu untersuchen.

Gut zu wissen:

Hier sind einige Erkrankungen aufgelistet, die beim Pferd zu ungewöhnlichen Atemgeräuschen führen können.

- Bleivergiftung
- Eastern Equine Encepalomyelitis, EEE
- Botulismus
- Entrapment der Epiglottis
- Equine protozoäre Enzephalomyelitis
- Enzephalitis
- halbseitige Kehlkopflähmung
- Kehlkopfzyste
- Tollwut
- Venezuelan Equine Encephalomyelitis (VEE)
- Verlagerung des Gaumensegels
- Western Equine Encephalomyelitis (WEE)
- Wucherungen der Nasenschleimhaut

(Im Glossar finden Sie detaillierte Beschreibungen.)

Sie sehen: Die Oberkanten der Nüstern sind gebläht und nach vorne gezogen, so dass die Nüstern größer werden und das Maul von der Seite gesehen eckiger erscheint.

Das könnte bedeuten: ... dass Ihr Pferd Luft braucht. Dieses Nüsternblähen ist normal, wenn es im Zusammenhang mit anstrengender Arbeit auftritt (und zwar zusammen mit erhöhter Puls- und Atemfrequenz), das Pferd sich schnell davon erholt und die Nüstern wieder in ihren Normalzustand zurückkehren. Wenn sie nichts mit Arbeit zu tun haben, können geblähte Nüstern auf ein Problem im Atmungstrakt des Pferdes hindeuten, aber auch auf ein Herz- oder Kreislaufproblem. In Frage kommt alles, was seine Fähigkeit einschränkt, sich erfolgreich Sauerstoff aus der Luft, in die Lunge, ins Blut oder in die Körperzellen zu holen.

3-D

NÜSTERNBLÄHEN
(Erhöhte Atemfrequenz)

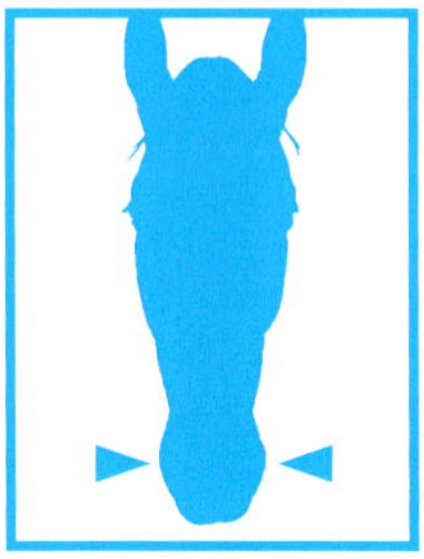

CHECKLISTE:

Hat das Pferd kürzlich einen halben Tag oder länger im Pferdehänger zugebracht? Zuckt es wie vor Schmerz zusammen, wenn Sie fest auf seinen Brustkorb drücken? Hat es Fieber? Verweigert es das Futter? Wirkt es niedergeschlagen?

JA → Rufen Sie Ihren Tierarzt **gleich** an, wenn Sie eine dieser Fragen mit Ja beantwortet haben – es könnte sich um eine Infektion der Lunge (Lungenentzündung) oder der umgebenden Gewebe (Brustfellentzündung) handeln.

NEIN ↓

Ist das Pferd innerhalb der letzten 2 Stunden mit Antibiotika, Vitaminen, Impfstoffen oder Beruhigungsmitteln behandelt worden?

JA → Rufen Sie Ihren Tierarzt **gleich** an – es könnte sich um eine schwere allergische Reaktion gegen das Medikament handeln.

NEIN ↓

Ist der Zustand plötzlich eingetreten? Atmet das Pferd schnell? Ist es möglich, dass vor kurzem ein Trauma eingewirkt hat (Tritt, Zusammenstoß, Sturz?)

JA → Rufen Sie Ihren Tierarzt **gleich** an, wenn Sie eine dieser Fragen mit Ja beantwortet haben – es könnte sich um einen Riss des Zwerchfells handeln, um Pneumothorax, einen Schock, innere Blutungen oder ein Ungleichgewicht des Stoffwechsels.

NEIN ↓

Ist das Pferd im Verlauf der letzten Wochen allmählich immer ruhiger, kurzatmiger oder niedergeschlagener geworden?

JA → Rufen Sie **noch heute** Ihren Tierarzt an – es könnte sich um eine schwere Anämie oder Herzklappeninsuffizienz handeln.

NEIN ↓

Hat das Pferd Nasenausfluss? Übelriechenden Atem? Wurde es kürzlich mit einer Magensonde behandelt? Hatte es kürzlich eine Schlundverstopfung?

JA → Rufen Sie **noch heute** Ihren Tierarzt an, wenn Sie eine dieser Fragen mit Ja beantwortet haben – es könnte sich um eine Verletzung oder Infektion des Rachens, der Luftsäcke oder der Nasengänge handeln.

NEIN ↓

Fortsetzung ⇨

CHECKLISTE (FORTSETZUNG):

Schwitzt das Pferd normal?

NEIN → Es könnte sich um Anhidrose handeln. **Blättern Sie zu S. 149.**

JA ↓

Hustet das Pferd?

JA → Rufen Sie **noch heute** Ihren Tierarzt an – es könnte sich um fortgeschrittene Bronchitis (»Dämpfigkeit«), eine Allergie oder eine Überempfindlichkeit des Atmungstraktes aufgrund einer erst kurz zurückliegenden Infektion handeln.

NEIN ↓

Rufen Sie Ihren Tierarzt an und machen Sie einen Termin aus.

VORSICHT

Ein Pferd kann gegen jede Art von Medikament eine schwere Allergie entwickeln, besonders wenn es auf diese Art schon früher behandelt wurde. Tatsächlich ist ein früherer Kontakt mit diesem Medikament normalerweise eine Voraussetzung für eine heftige allergische Reaktion: das Pferd muss gegenüber der betreffenden Substanz erst »sensibilisiert« werden, damit es irgendwann in der Zukunft eine Überempfindlichkeitsreaktion zeigen kann.

Wussten Sie schon …

Fett in Form von Maisöl oder anderem pflanzlichen Öl kann für Pferde mit Atemwegsproblemen wie beispielsweise chronische Bronchitis eine positive Wirkung haben. Wenn man es über eine Getreide- oder Pelletration gibt, bindet es den Staub und hat eine stabilisierende Wirkung auf die Zellen des Atmungstraktes. (Wie Sie der Ration Ihres Pferdes Öl zufügen, finden Sie auf S. 206.)

NOTIZEN

KAPITEL 4

Probleme an den AUGEN

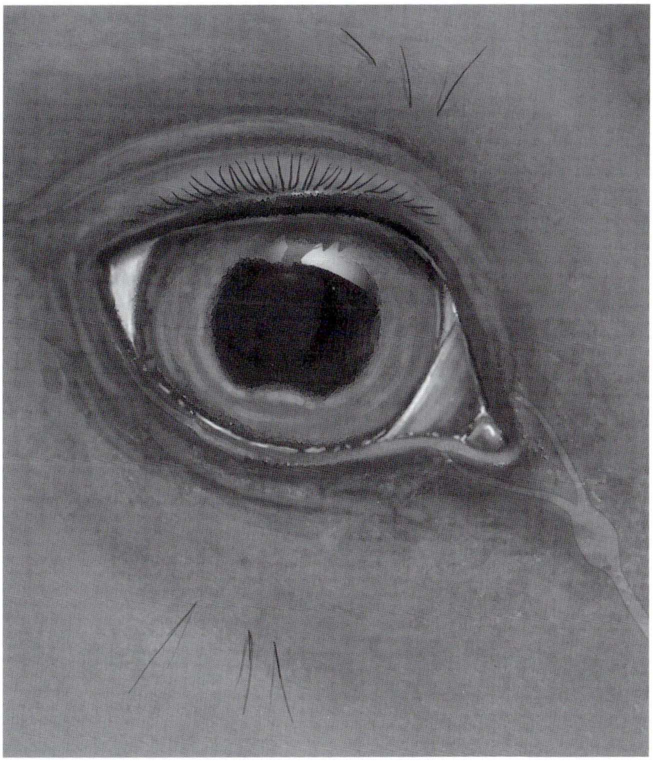

4-A

Sie sehen: Das Weiße im Auge des Pferdes hat einen Gelbstich. Man nennt diesen Zustand Gelbsucht. Vielleicht sehen Sie auch einen gelben Schleier am Zahnfleisch.

Das Weiße der AUGEN IST GELB

Das könnte bedeuten: Im besten Falle: das Pferd hat Hunger. Im schlechtesten Falle: eine Blut- oder Lebererkrankung.

CHECKLISTE:

Verweigert das Pferd das Futter, ist es niedergeschlagen oder hat es Fieber?

JA → Rufen Sie Ihren Tierarzt **gleich** an. Gelbsucht in Verbindung mit einem dieser Anzeichen könnte eine akute Lebererkrankung bedeuten. Blättern Sie zu **Während Sie warten** auf der gegenüberliegenden Seite.

NEIN ↓

Konnten Sie beobachten, dass das Pferd dunkel gefärbten Harn absetzt?

JA → Rufen Sie Ihren Tierarzt **gleich** an – es könnte sich um eine Bluterkrankung handeln, die hämolytische Anämie heißt. Siehe **Gut zu wissen** auf der gegenüberliegenden Seite.

NEIN ↓

Zeigt das Pferd ungewöhnliches Verhalten? Benimmt es sich, als könnte es nichts sehen? Weigert es sich, sich zu bewegen? Hat es ohne ersichtlichen Grund Angst?

JA → Rufen Sie Ihren Tierarzt **gleich** an, wenn Sie eine dieser Fragen mit Ja beantwortet haben – es könnte sich um einen Zustand handeln, der das Zentralnervensystem des Pferdes beeinträchtigt, also um eine Vergiftung oder um Giftstoffe aufgrund einer Lebererkrankung (Hepathoenzephalopathie).

NEIN ↓

Hat das Pferd normalen Appetit, aber Sie geben ihm absichtlich kein Futter?

JA → Rufen Sie **noch heute** Ihren Tierarzt an. Gelbsucht ist bei einem fastenden Pferd eine normale Sache. Je nachdem, warum Sie ihm kein Futter geben, ist es also wahrscheinlich in Ordnung. Sprechen Sie mit Ihrem Tierarzt darüber.

NEIN ↓

Verhält das Pferd sich so, als ob es Futter haben wollte, dreht sich dann aber nach einem kleinen Versuchsbissen wieder weg?

JA → Rufen Sie **noch heute** Ihren Tierarzt an – das Pferd könnte Kieferschmerzen oder ein Zahnproblem haben, das die Futteraufnahme verhindert.

NEIN ↓

Rufen Sie Ihren Tierarzt an und machen Sie einen Termin aus.

Während Sie warten:

Isolieren Sie Ihr Pferd von anderen Pferden, für den Fall, dass es ansteckend sein sollte. Um zu verhindern, dass eine möglicherweise ansteckende Erkrankung sich ausbreitet, sollten Sie es auf einen Paddock oder in eine Box mit getrennter Wasserversorgung stellen, mindestens 7 m von den anderen Pferden entfernt. Waschen Sie sich die Hände und desinfizieren Sie Ihre Stiefel (siehe S. 230), nachdem Sie Umgang mit Ihrem Pferd hatten und bevor Sie Umgang mit anderen Pferden haben.

Ein Tipp:

Unabhängig von der Ursache für die Gelbsucht Ihres Pferdes kann der gelbe Farbstoff in seiner Haut es überempfindlich gegenüber der ultravioletten Sonnenstrahlung machen – vor allem dann, wenn es sich um ein hellfarbiges Pferd mit weißer oder rosa Haut im Gesicht oder an anderen Körperstellen handelt. Solange die Gelbsucht des Pferdes andauert, sollten Sie es vor der Sonne schützen, indem Sie es tagsüber im Stall halten, die empfind liche Haut im Gesicht mit einer UV-resistenten Maske schützen und ein Sonnenschutzmittel ohne chemische Wirkstoffe auf die haarlosen und hellfarbigen Hautstellen auftragen.

Gut zu wissen:

Hier sind einige Faktoren aufgeführt, die beim Pferd hämolytische Anämie auslösen können:

- Bienenstich
- Ansteckende Anämie der Einhufer
- Aufnahme von Zwiebeln oder Knoblauch
- Aufnahme von Wurmmitteln auf Phenothiazinbasis
- Aufnahme von Beruhigungsmitteln auf Phenothiazinbasis (z. B. Acepromazin)
- Schlangenbiss

(Im Glossar finden Sie detaillierte Beschreibungen.)

Sie sehen: Das Pferd hält ein Auge teilweise oder ganz geschlossen.

4-B

ZUSAMMENKNEIFEN DER AUGEN

Das könnte bedeuten: Das Auge schmerzt. Je nach der Ursache dieses Schmerzes kann das Auge gefährdet sein. Selbst wenn es sich nur um ein geringfügiges Augenproblem handelt, ist es dem Pferd sehr unangenehm, so dass es das Auge reibt oder kratzt, wodurch es zu einer dauerhaften Schädigung kommen kann.

CHECKLISTE:

Können Sie im Auge oder im Bereich des Auges oder aber in der Tränenflüssigkeit etwas Rotes erkennen? Sind die Augenlider oder die Haut im Bereich der Augen geschwollen oder zeigen Abschürfungen?

JA → Rufen Sie Ihren Tierarzt **gleich** an, wenn Sie eine dieser Fragen mit Ja beantwortet haben – es könnte sich um eine Verletzung, eine Infektion oder einen Fremdkörper handeln, der in Kontakt mit dem Auge gekommen ist. In Frage kommen auch eine Infektion der Gewebe im Augenbereich oder eine Augenerkrankung, die Uveitis (Periodische Augenentzündung) heißt.

NEIN ↓

Tränt das Auge?

NEIN → Rufen Sie Ihren Tierarzt **gleich** an – Augenschmerzen ohne vermehrtes Tränen können auf eine Reizung durch eine trockene Hornhautentzündung hindeuten.

JA ↓

Lässt das Pferd es zu, dass Sie das Augenlid öffnen und das Auge behandeln?

JA → Wenden Sie die **Eigenbehandlung** an, siehe weiter unten.

NEIN ↓

Rufen Sie Ihren Tierarzt **gleich** an – eine prompte Behandlung verhindert weitere Verletzungen.

Was Ihr Tierarzt vielleicht tun wird:

Es kann nötig werden, dem Pferd ein Beruhigungsmittel zu geben oder eine Betäubung durchzuführen, um das Auge empfindungslos und unbeweglich zu machen, damit man es sicher und gründlich untersuchen und behandeln kann.

Eigenbehandlung:

Schritt 1. *Kühlen Sie das Auge.* Legen Sie einen Kühlbeutel (siehe S. 260) zwischen die Lagen eines weichen, sauberen, gefalteten Tuches. Kühlen Sie die entzündeten Gewebe im Augenbereich mit Hilfe der Technik (siehe S. 79). So lindern Sie die Entzündung. Kühlen Sie 5 Minuten lang.

Schritt 2. *Waschen Sie das Auge aus.* Erwärmen Sie eine Flasche steriler Salzlösung, wie man sie zum Auswaschen der Augen verwenden kann (siehe S. 234), indem Sie sie in eine Schüssel mit lauwarmem Wasser stellen, bis sie so warm ist, dass Sie es kaum spüren, wenn Sie sich etwas davon auf das Handgelenk träufeln (ungefähr 37 °C). Spülen Sie nun das Auge Ihres Pferdes (siehe S. 291).

Schritt 3. *Salben Sie das Auge.* Bringen Sie mit Hilfe der Technik für das Einbringen von Augensalben (siehe S. 293) eine dünne Schicht Borsäure oder eine befeuchtende Augensalbe in das Auge, um das Auge feucht zu halten.

Schritt 4. *Sehen Sie sich das Ganze noch einmal an.* Sehen Sie sich fünf Minuten nach Beendigung der Behandlung das Auge des Pferdes noch einmal an, ohne nahe an sein Gesicht heranzukommen oder das Pferdegesicht zu berühren. Ist das Auge nun weit offen und in seiner normalen Position? Wenn Ja, dann lag die Ursache vielleicht in einer Reizung durch Staub, den Sie ausgewaschen haben. Wenn nicht, dann rufen Sie **jetzt gleich** Ihren Tierarzt.

Sie sehen: Anstatt seines normalen, durchsichtigen Aussehens wirkt das Auge des Pferdes milchig – entweder weist es einen weißen Fleck auf oder das gesamte Auge sieht neblig aus.

4-C

Das könnte bedeuten: Ein ernsthaftes Problem innerhalb des Augapfels oder in seiner unmittelbaren Umgebung droht das Sehvermögen des Pferdes zu beeinträchtigen.

MILCHIGES AUGE

CHECKLISTE:

Ist das Auge des Pferdes rot oder zusammengekniffen?

JA → Rufen Sie Ihren Tierarzt **gleich** an – eine Rötung oder das Zusammenkneifen kann auf Augenschmerzen hindeuten. Im Zusammenhang mit einem milchigen Auge weist das auf eine ernsthafte Erkrankung des Auges hin (beispielsweise Hornhautgeschwür, Hornhautabszess, Uveitis/Periodische Augenentzündung oder ein Trauma).

NEIN ↓

Können Sie rote Linien erkennen, die wie Adern aussehen und sich von den äußeren Rändern des Auges her bis in den Augapfel erstrecken?

JA → Rufen Sie **noch heute** Ihren Tierarzt an – die Milchigkeit könnte auf ein Ödem oder auf Narbengewebe aufgrund einer langanhaltenden entzündlichen Augenerkrankung zurückgehen.

NEIN ↓

Hat das Pferd innerhalb der letzten 2 Wochen sein Auge öfters zugekniffen?

JA → Rufen Sie **noch heute** Ihren Tierarzt an – der milchige Zustand könnte darauf hindeuten, dass grauer Star, eine Linsenluxation, ein Ödem oder Narbengewebe infolge einer Augenverletzung oder -erkrankung vorliegt. Die Trübung kann dauerhaft bleiben und das Sehvermögen des Pferdes beeinträchtigen.

NEIN ↓

Ist das Pferd älter als 15 Jahre? Ist sein Allgemeinzustand schlecht (struppiges Fell, mager, schwach)? Säuft es mehr Wasser als sonst? Hat es schlechten Appetit?

JA → Rufen Sie **noch heute** Ihren Tierarzt an, wenn Sie eine dieser Fragen mit Ja beantwortet haben – eine allgemeine Erkrankung oder fortgeschrittenes Alter können das Risiko einer degenerativen Augenerkrankung erhöhen.

NEIN ↓

Rufen Sie Ihren Tierarzt an und machen Sie einen Termin aus.

Sie sehen: Das Pferd scheint Schwierigkeiten beim Sehen zu haben. Es tritt auf Dinge, denen es normalerweise ausweichen würde, es stößt mit Hindernissen zusammen, hebt die Beine höher als sonst oder läuft besonders vorsichtig, es bewegt die Ohren ständig hin und her, als ob es versuchen würde, zu hören, was es nicht sehen kann. (Beachten Sie: die folgende Checkliste kann sich als irreführend erweisen, wenn das, was Sie für eine Beeinträchtigung des Sehvermögens halten, sich als etwas anderes entpuppt, beispielsweise als ein Schwindelgefühl oder geistige Verwirrung. Wenn möglich, sollten Sie Ihren Verdacht mit Hilfe des **Sehschärfetests** erhärten, der auf der nächsten Seite aufgeführt ist. Wenn das Sehvermögen Ihres Pferdes nicht beeinträchtigt ist, blättern Sie in ein Kapitel, das seine Symptome besser beschreibt.)

4-D

SCHLECHTES SEHVERMÖGEN

Das könnte bedeuten: Eine Verletzung oder Erkrankung des Gehirns, oder eine Verletzung oder Erkrankung des Auges selbst. Es bedeutet auch, dass Ihr Pferd leichter als sonst vor einem Geräusch oder einer unerwarteten Berührung erschrickt. Seien Sie auf der Hut und machen Sie Ihr Pferd auf sich aufmerksam, wenn Sie an es herantreten.

CHECKLISTE:

Tränt das betroffene Auge, wird es zugekniffen oder sieht es milchig aus?

JA → Blättern Sie zur **Seite 61, 56 oder 57.**

NEIN ↓

Hat Ihr Pferd in letzter Zeit einen Schlag gegen den Kopf bekommen? (Siehe **Gut zu wissen** auf der gegenüberliegenden Seite.)

JA → Rufen Sie Ihren Tierarzt **gleich** an – es könnte sich um eine Verletzung des Gehirns oder des Sehnervs handeln.

NEIN ↓

War das Pferd während der letzten Woche teilnahmslos, hat es das Futter verweigert, hatte es Fieber oder ist bei ihm eine Krankheit festgestellt worden?

JA → Rufen Sie Ihren Tierarzt **gleich** an – es gibt mehrere Krankheiten, die Blindheit verursachen können. Eine schnelle Behandlung könnte das Sehvermögen Ihres Pferdes wieder herstellen.

NEIN ↓

Führt das Pferd Appaloosas im Stammbaum? Scheint es nur nachts blind zu sein?

JA → Rufen Sie Ihren Tierarzt an und vereinbaren Sie einen Termin, wenn Sie eine dieser Fragen mit Ja beantwortet haben – es könnte sich um Nachtblindheit handeln. Dieses Problem tritt bei Pferden mit Appaloosas im Stammbaum häufiger auf.

NEIN ↓

Rufen Sie Ihren Tierarzt an und machen Sie einen Termin aus.

Sehschärfetest

Diesen Test können Sie benutzen, um festzustellen, ob das Sehvermögen Ihres Pferdes wirklich eingeschränkt ist und ob das Problem eines oder beide Augen betrifft.

1. Verbinden Sie dem Pferd ein Auge, indem Sie ein dickes Polster (beispielsweise eine einmal gefaltete Wegwerf-Windel) über sein Auge legen, und zwar mit der saugfähigen Seite zur Haut hin. Befestigen Sie das Polster mit Klebeband am Halfter.

2. Tragen Sie Kleidung, die nicht raschelt. Lassen Sie das Pferd an einer gut beleuchteten Stelle, an der es nicht abgelenkt wird, von einem Helfer am lockeren Führstrick halten. Stellen Sie sich einen Meter von dem nicht abgedeckten Auge seitlich vom Pferd hin und werfen Sie nacheinander drei Wattebällchen in seine Richtung. Zielen Sie dabei so, dass die Bällchen das Gesicht des Pferdes zwischen Auge und Maul treffen. Ist das Pferd zusammengezuckt, als der erste Ball geflogen kam und noch bevor der Ball das Pferd berührt hat? Hat es versucht, dem zweiten Ball auszuweichen? Hat es den dritten Ball beobachtet? Wenn Ihre Antworten Nein, Nein und Nein lauten, kann das Pferd wahrscheinlich nicht sehen. Wiederholen Sie das Ganze mit dem anderen Auge.

3. Wenn Sie sich immer noch nicht sicher sind, bringen Sie das Pferd wieder in einen gut beleuchteten Bereich und verbinden Sie ihm ein Auge. Nun nehmen Sie es lose an den Führstrick und führen es in Richtung eines Heuballens, den Sie in ungefähr 5 m Entfernung auf den Boden gelegt haben. Gehen Sie energisch drauflos – gehen Sie nicht so langsam, dass das Pferd Zeit hat, den Kopf herunterzunehmen und an dem Ballen zu schnüffeln. Versucht das Pferd, einen Zusammenstoß mit dem Ballen zu vermeiden? Wenn es das nicht tut, kann es den Ballen wahrscheinlich nicht sehen. Verbinden Sie ihm das andere Auge und wiederholen Sie das Ganze.

Gut zu wissen:

Hier sind einige Unfälle aufgelistet, die beim Pferd zu Blindheit führen können.

- Das Pferd ist gestiegen und hat sich nach hinten überschlagen. Häufige Szene: Man hat es angebunden, ans Halfter gewöhnt oder mit dem Lasso mit ihm gearbeitet. Dagegen hat es sich gewehrt und dabei überschlagen. Oder ein Medikament wurde versehentlich in die Halsschlagader gespritzt anstatt in die Halsvene, woraufhin das Pferd sich überschlug.
- Das Pferd ist gestiegen und hat sich den Kopf an einem Deckenbalken, einem Türsturz oder an der Decke des Pferdehängers angeschlagen. Häufige Szene: als es in den Hänger geladen wurde, ging es ihm gut, aber innerhalb von 3 Tagen danach hat es Sehstörungen bekommen.

Noch mehr gut zu wissen:

Weitere Ursachen für Blindheit beim Pferd:

Die Erkrankung	Die Ursache
Vergiftung	• Tragant (Astragalus spec.) • Schimmliger Mais (Leukoencephalomalazie) • Selen
Infektiöse Encephalitis	• Equine EncephalomyelitisGH • Western Equine Encephalomyelitis • Venezuelan Equine Encephalomyelitis • Equine protozoäre Myeloencephalitis • Equines Herpesvirus 1
Allgemeine Erkrankungen	• Druse • Leptospirose • Potomac horse fever • Influenza • Lebererkrankung • Virusbedingte Arterienentzündung des Pferdes • Blutvergiftung • Equines Herpesvirus 1 und 4 • Ansteckende Blutarmut der Einhufer • Brucellose
Krebserkrankungen	• Bösartiges Lymphosarkom • Multiples Myelom • Tumore im Gehirn oder im Auge
Augenerkrankungen	• Uveitis • periodische Augenentzündung • Grauer Star • Degeneration der Hornhaut • Degeneration der Retina • Ablösung der Netzhaut.

(Im Glossar finden Sie detaillierte Beschreibungen.)

Wussten Sie schon ...

Bei Pferden ist die Fähigkeit, Nahes scharf zu stellen, relativ schlecht entwickelt, aber sie haben ein ausgezeichnetes Weit- und Nachtsehvermögen. Als Beutetiere sind Pferde von der Genetik dazu programmiert, weite, offene Räume zu bevorzugen, wo sie die Horizontlinie beobachten können, um Raubtiere zu sehen und vor ihnen zu fliehen.

4-E

AUGENTRÄNEN

Sie sehen: Das Auge des Pferdes tränt. Wässrige Tränen, manchmal gemischt mit einem dickeren Ausfluss, laufen aus dem Augenwinkel und bilden dort eine Kruste.

Das könnte bedeuten: Augenschmerzen, entweder aufgrund eines Problems im Auge selbst oder aufgrund einer Reizung von außen (beispielsweise Staub im Auge). Selbst wenn dieses Problem von außen nur geringfügig ist, könnte das Unbehagen dazu führen, dass das Pferd sich mit dem Auge scheuert oder kratzt, und dadurch könnte es zu ernsthaften Schäden kommen.

CHECKLISTE:

Sehen Sie:
- Blut in der Nähe des Auges oder in den Tränen?
- Einen milchigen oder wolkigen Fleck auf dem Augapfel?
- Fremdkörper auf dem Augapfel oder unter einem der Augenlider?
- Eine Verletzung des Gesichts oder der Gewebe in der Nähe des Augapfels?

JA → Rufen Sie Ihren Tierarzt **gleich** an, wenn Sie eine dieser Fragen mit Ja beantwortet haben – es könnte ein Augentrauma oder eine innere Erkrankung des Auges vorliegen. Um weitere Schäden zu vermeiden, ist wahrscheinlich rasches Handeln nötig. Blättern Sie zu **Während Sie warten** weiter unten.

NEIN ↓

Wird das Auge zugekniffen oder geschlossen gehalten, und zwar selbst dann, wenn Sie keine Anstalten machen, dem Auge zu nahe zu kommen?

JA → Rufen Sie Ihren Tierarzt **gleich** an – wenn das Pferd das Auge zukneift, ohne dass ein äußerer Grund vorliegt, ist das ein Anzeichen für starke Augenschmerzen. Ein selbst zugefügtes Trauma wird dann wahrscheinlicher, und die Behandlung ist schwierig. Blättern Sie zu **Während Sie warten**.

NEIN ↓

Können Sie rund um den Augapfel gerötetes oder geschwollenes Gewebe feststellen?

JA → Rufen Sie Ihren Tierarzt **gleich** an – das Auge selbst ist wahrscheinlich in Ordnung, aber es besteht das Risiko eines selbst zugefügten Traumas. Blättern Sie zu **Während Sie warten**.

NEIN ↓

Reizen Insekten das Auge? Lässt das Pferd es zu, dass Sie das Augenlid öffnen und das Auge behandeln?

JA → Wenden Sie die Eigenbehandlung von der nächsten Seite an, wenn Sie beide Fragen mit Ja beantwortet haben – das Auge könnte durch Fliegen gereizt sein.

NEIN ↓

Rufen Sie Ihren Tierarzt an und machen Sie einen Termin aus.

Was Ihr Tierarzt vielleicht tun wird:

Es kann sein, dass er dem Pferd ein Beruhigungsmittel geben oder eine Betäubung durchführen muss, um das Auge empfindungslos zu machen und es zu immobilisieren. Dadurch wird es einfacher, das Auge gründlich und sicher zu untersuchen und zu behandeln.

Während Sie warten:

1. *Kühlen Sie das Auge.* Legen Sie einen Kühlbeutel (siehe S. 260) zwischen die Lagen eines weichen, sauberen, gefalteten Tuches. Kühlen Sie die entzündeten Gewebe im Augenbereich mit Hilfe der Technik auf S. 79. So lindern Sie die Entzündung, den Schmerz und die Schwellung und entspannen die Muskeln rund um das Auge.

2. *Verbinden Sie das Auge.* Wenn das Pferd das Auge zugekniffen oder versucht hat, sich mit dem Auge zu scheuern, legen Sie mit Hilfe der auf

➪

S. 282 beschriebenen Technik einen gepolsterten Verband an. Dadurch tragen Sie dazu bei, dass das Augenlid geschlossen gehalten wird. (Ein geschlossenes Augenlid erzeugt Wärme und Feuchtigkeit. Wenn das Augenlid offen ist, wird das Pferd häufig blinzeln und das Auge zukneifen, wodurch ein bereits gereiztes Auge noch weiter gereizt wird.) Der Verband schützt das Auge auch vor einem selbst zugefügten Trauma.

3. *Bringen Sie das Pferd in den Stall und hindern Sie es daran, sich am Auge zu scheuern.* Wenn das Auge nicht bandagiert ist, stellen Sie das Pferd in einen dunklen Stall oder schützen Sie es auf andere Art vor Wind, Staub und hellem Licht, weil das sein Auge weiter reizen kann. Füttern Sie unterhalb der Augenhöhe des Pferdes, damit ihm Staub und Spreu nicht in die Augen fallen. Stellen Sie jemanden ab, der das Pferd beobachtet und es daran hindert, sich zu scheuern.

Fremdkörper nicht selbst entfernen!
Wenn Sie Fremdkörper wie lange Haare oder Grashalme, die unter den Augenlidern des Pferdes hervorlugen, selbst herausziehen, können Sie die Hornhaut anritzen. Machen Sie lieber einen Verband über das Auge und rufen Sie Ihren Tierarzt an. Er kann dem Pferd ein Beruhigungsmittel geben und den Blinzelreflex ausschalten, wenn das nötig ist, und dann jegliche Fremdkörper risikolos von der Hornhaut abheben.

Öffnen Sie ein Auge nie mit Gewalt!
Manche Augenverletzungen sind so schwerwiegend, dass der Augapfel aufreißen kann – entweder aufgrund der Schädigung durch die Verletzung selbst oder aufgrund der Tatsache, dass die äußeren Schichten des verletzten Auges durch eine Infektion geschwächt sind. Der Abwehrmechanismus des Pferdes gegen weitere Augenverletzungen – sein Blinzelreflex – ist so stark, dass man ihn nicht überwinden kann, wenn er in vollem Ausmaß aktiviert ist. Wenn Sie trotzdem versuchen, das Auge zu öffnen, könnte das dazu führen, dass ein anfälliger Augapfel aufreißt.

Eigenbehandlung:

Schritt 1. *Säubern Sie die Umgebung des Auges vom angetrockneten Ausfluss.* Feuchten Sie eine saubere Mullkompresse mit so viel handwarmer Salzlösung (siehe S. 240) an, dass sie damit getränkt ist, aber nicht tropft. Legen Sie die Kompresse auf die Tränenspur. Halten Sie sie dort mehrere Sekunden lang oder so lange fest, wie es nötig ist, damit die Kruste aufweicht. Nun wischen Sie den Bereich sauber. Damit verhindern Sie, dass sich unter der Kruste eine Hautreizung bildet, und Sie verringern das Risiko, Fliegen anzuziehen, die die Augen weiter reizen können.

Schritt 2. *Lindern Sie den Schmerz und schützen Sie das Auge.* Bringen Sie mit Hilfe der Technik für das Einbringen von Augensalbe, die auf S. 293 beschrieben ist, einen dünnen Film Borsäure oder eine befeuchtende Augensalbe auf, um den Augenschmerz zu lindern und das Auge des Pferdes feucht zu halten.

Schritt 3. *Sehen Sie sich das Ganze noch einmal an.* Sehen Sie sich das Auge fünf Minuten nach Beendigung der Behandlung noch einmal an: tränt es immer noch? Wenn Ja, dann rufen Sie **jetzt gleich** Ihren Tierarzt.

Ein Tipp:

Um einen Blick auf das schmerzende Auge Ihres Pferdes werfen zu können, ohne es zu berühren oder anderweitig den Blinzelreflex auszulösen, stellen Sie sich einen Meter vom Pferd weg auf die Seite mit dem verletzten Auge. Erzeugen Sie ein Geräusch, für das es sich interessiert (pfeifen oder schnalzen Sie oder schütteln Sie einen Hafereimer). Wenn der Augenschmerz nicht sehr stark ist, wird es das Auge weiter öffnen, um zu sehen, was Sie da haben.

Halten Sie die Fliegen draußen!

Benutzen Sie eine oder mehrere der folgenden Methoden, um die Fliegen von den Augen Ihres Pferdes abzuhalten.

- Legen Sie ihm eine Fliegenmaske an.
- Machen Sie ihm einen Fliegenvorhang, indem Sie mit Knoten versehene Streifen eines dicht gewebten Stoffes mit geringem Baumwollanteil am Genickstück des Halfters befestigen.
- Tragen Sie chemische Fliegenabwehrmittel auf. Nehmen Sie den Fliegenvorhang ab und besprühen Sie ihn in sicherer Entfernung vom Pferd mit einem für Pferde zugelassenen Fliegenmittel. Lassen Sie das Ganze völlig trocknen und bringen Sie es dann wieder an. Beachten Sie: Lassen Sie gebührende Vorsicht walten, wenn Sie Fliegenmittel direkt auf das Gesicht des Pferdes aufbringen, sei es durch Sprühen, Aufstreichen oder Auftupfen.

Sie sehen: Wucherungen oder geschwürige Stellen im Augenbereich. Sie können glatt oder rau sein, auch mit Haut bedeckt, oder sie können roh und blutig aussehen. Sie können nur die Gewebe rund um die Augen betreffen oder auch auf den Augapfel selbst übergreifen.

Das könnte bedeuten: Es könnte ein örtlich begrenztes invasives Geschehen vorliegen, beispielsweise ein Sarkoid oder eine andere Tumorart, die wuchern und das Sehvermögen des Pferdes oder sein Aussehen beeinträchtigen könnte. Einige Typen solcher Tumore können auf andere Körperteile übergreifen.

4-F

Wucherungen oder wunde Stellen AM AUGE

CHECKLISTE:

Handelt es sich bei der Wucherung um eine rote, geschwürige Läsion auf weißer oder rosa Haut im Bereich rund um das Auge?

JA → Rufen Sie **noch heute** Ihren Tierarzt an – es könnte sich um eine Hauterkrankung wie Fotodermatitis oder Plattenepithelkarzinom handeln. Blättern Sie zu **Während Sie warten** weiter unten.

NEIN ↓

Sieht die Wucherung rot, erhaben und klumpig aus und liegt sie in einem Augenwinkel, wo Ober- und Unterlid sich treffen?

JA → Rufen Sie **noch heute** Ihren Tierarzt an – es könnte sich um ein Sarkoid, um ein Plattenepithelkarzinom oder um eine parasitäre Hauterkrankung (Sommerwunden) handeln.

NEIN ↓

Erstreckt die Wucherung sich auf den Augapfel selbst?

JA → Rufen Sie **noch heute** Ihren Tierarzt an – es könnte sich um ein Sarkoid oder um Krebs handeln.

NEIN ↓

Ist das Pferd jünger als drei Jahre? Befinden sich auf den Augenlidern und eventuell an anderen Stellen im Gesicht rosafarbene, warzenähnliche Wucherungen?

JA → Rufen Sie **noch heute** Ihren Tierarzt an, wenn Sie eine dieser Fragen mit Ja beantwortet haben. Er muss die Verdachtsdiagnose auf Warzen beim jungen Pferd bestätigen.

NEIN ↓

Wird das betroffene Auge zusammengekniffen, tränt es oder ist es milchig?

JA → Blättern Sie zu den **Seiten 56, 61 oder 57.**

NEIN ↓

Handelt es sich bei der Wucherung um einen ovalen, glatten Knoten von Erbsengröße, der Verbindung mit der Regenbogenhaut hat (dem farbigen Teil innerhalb des Auges), sitzt der Knoten direkt oberhalb der Pupille und hat er dieselbe Farbe wie die Iris?

JA → Entspannen Sie sich, das ist ein normaler Bestandteil des Auges. Es handelt sich um so genannte Traubenkörner. (Sie finden sich in beiden Augen.)

NEIN ↓

Rufen Sie Ihren Tierarzt an und machen Sie einen Termin aus.

Was Ihr Tierarzt vielleicht tun wird:

Er kann aus der Wucherung eine Probe entnehmen und diese zur Diagnose in ein Labor geben. Dazu können Beruhigungsmittel, eine örtliche Betäubung oder eine Vollnarkose nötig sein.

Während Sie warten:

Schützen Sie das Pferd vor UV-Strahlen. Bringen Sie das Pferd wenn möglich in den Stall, bis eine tierärztliche Untersuchung Läsionen aufgrund von Sonnenempfindlichkeit, also Fotodermatitis oder Hautkrebs, ausschließen kann. Ansonsten legen Sie ihm eine UV-dichte Fliegenmaske an.

Sie sehen: Auf einer Seite des Pferdegesichts scheint das obere Augenlid herunterzuhängen, es hängt quer über das Auge und verleiht dem Pferd ein trauriges Aussehen.

4-G

Das könnte bedeuten: Es handelt sich um ein Problem eines Teils der Nervenversorgung des Kopfes. Dieses zugrunde liegende Problem ist das eigentlich Bedrohliche an der Sache, nicht das herunterhängende Augenlid.

HERUNTERHÄNGENDES AUGENLID

CHECKLISTE:

Zeigt das Pferd Anzeichen wie Appetitlosigkeit, Fieber, Teilnahmslosigkeit, Gewichtsverlust, Schwäche oder Benommenheit?

JA → Rufen Sie Ihren Tierarzt **gleich** an – es könnte sich um eine Allgemeinerkrankung handeln, die das Nervensystem des Pferdes beeinträchtigt; auch Tollwut kommt in Frage. (Siehe **Vorsicht** weiter unten.)

NEIN ↓

Hängt auf derselben Seite wie das Augenlid auch das Ohr herunter? Sind Lippen oder Maul zu einer Seite hin verzogen?

JA → Rufen Sie **noch heute** Ihren Tierarzt an, wenn Sie eine dieser Fragen mit Ja beantwortet haben – es könnte sich um eine Lähmung des Gesichtsnervs handeln (siehe **Gut zu wissen** auf der nächsten Seite). Blättern Sie zu **Während Sie warten** weiter unten.

NEIN ↓

Sehen Sie Schweißflecken an der Ohrbasis, an den Halsseiten oder seitlich am Gesicht? Ist über den inneren Augenwinkel ein blassrosa »Vorhang« (die Nickhaut oder das dritte Augenlid) gezogen)?

JA → Rufen Sie **noch heute** Ihren Tierarzt an, wenn Sie eine dieser Fragen mit Ja beantwortet haben – es könnte sich um eine Schädigung der zum Kopf führenden Nerven handeln, die zum sympathischen Nervensystem gehören.

NEIN ↓

Rufen Sie Ihren Tierarzt an und machen Sie einen Termin aus.

Was Ihr Tierarzt vielleicht tun wird:

Er kann Kopf oder Hals des Pferdes röntgen, wenn er vermutet, dass eine Verletzung dort die Nerven beschädigt hat.

Während Sie warten:

Schützen Sie das betroffene Auge. Eine Verletzung der Gesichtsnerven kann die Tränenproduktion verringern und es Ihrem Pferd erschweren, die Augenlider vollständig zu schließen. Dadurch besteht für den Augapfel das Risiko des Austrocknens. Bringen Sie mit Hilfe der Technik für das Einbringen von Augensalbe, die auf S. 293 beschrieben ist, einen dünnen Film Borsäure oder eine befeuchtende Augensalbe auf, um das Auge des Pferdes feucht zu halten.

VORSICHT

Unter den möglichen Ursachen für eine Erkrankung des Nervensystems befindet sich auch eine seltene, aber berüchtigte: die Tollwut. Gehen Sie kein Risiko ein, sondern ergreifen Sie Vorsichtsmaßnahmen. Siehe S. 34.

Gut zu wissen:

Hier sind einige mögliche Gründe für eine Gesichtsnervenlähmung beim Pferd aufgelistet.

- Stumpfes Trauma gegen die Schädelseite. Mögliche Vorgeschichte: das Pferd hatte sich in der Box verlegen und ist beim Versuch, aufzustehen, mehrfach mit dem Kopf angeschlagen.
- Längeres Liegen. Mögliche Vorgeschichte: das Pferd hat für eine längere Operation eine Vollnarkose erhalten. Dabei wurde der Gesichtsnerv eingeklemmt, was zu Schäden geführt hat, die dauerhaft sein können, aber nicht müssen.
- Druck von harten Gegenständen. Mögliche Vorgeschichte: das Pferd hat flach auf der Seite ausgestreckt auf dem unebenen Boden der Weide geschlafen und dabei ein Halfter getragen. Der Druck eines Metallringes am Halfter hat einen Gesichtsnerv geschädigt.
- Luftsackinfektion. Bestimmte Äste des Gesichtsnervs verlaufen durch die Luftsäcke und können durch eine dort sitzende Infektion geschädigt werden.
- Infektion im Gehirn oder im Rückenmark.

Noch mehr gut zu wissen:

Hier sind einige weitere mögliche Ursachen für eine Schädigung der Gesichtsnerven aufgelistet.

- Verletzung am Hals.
- Intravenöse Injektion. Mögliche Vorgeschichte: das injizierte Medikament ist aus der Vene ausgetreten und in die angrenzenden Gewebe eingedrungen, in denen Nervenfasern verlaufen.
- Schlecht gesetzte oder infizierte intramuskuläre Injektion an der Halsseite.
- Schlundverstopfung. Dadurch kann eine Ausbeulung, eine Entzündung oder eine Infektion rund um das Hindernis in der Speiseröhre entstehen, so dass Druck auf angrenzende, im Hals verlaufende Nerven kommt.
- Eine Verletzung, ein Abszess oder ein Tumor in Gehirn, im Rückenmark oder in der Brust.

Sie sehen: Eine rosafarbene Membran, die wie ein Vorhang wirkt, bedeckt den inneren Augenwinkel des Pferdes bis zu einem Drittel. Sie erstreckt sich in einem Winkel über den Augapfel.

4-H

NICKHAUT IST SICHTBAR

Das könnte bedeuten: Was Sie da sehen, ist eine normale Struktur, das dritte Augenlid, das als Nickhaut bezeichnet wird. Normalerweise liegt sie versteckt im inneren Augenwinkel, wo Ober- und Unterlid zusammentreffen. Es gibt eine ganze Reihe von Ursachen dafür, dass die Nickhaut sich aus ihrem Versteck begibt. Manche sind nicht schlimm und nur vorübergehend (beispielsweise ein oberflächlicher Schmerz wegen Staub im Auge), andere können schwerwiegend und dauerhaft sein (beispielsweise eine Gehirnschädigung).

CHECKLISTE:

Ist die Nickhaut in beiden Augen zu sehen? Zeigt das Pferd Anzeichen von Benommenheit, mangelndem Appetit, Teilnahmslosigkeit oder Fieber? Bewegt es sich steif?

JA → Rufen Sie Ihren Tierarzt **gleich** an, wenn Sie eine dieser Fragen mit Ja beantwortet haben – es könnte sich um eine Erkrankung oder Verletzung des Nervensystems handeln, oder um Tetanus. Siehe **Während Sie warten** unten.

NEIN ↓

Hängt auf derselben Seite das Ohr des Pferdes herunter? Ist sein Maul nach einer Seite hin verzogen?

JA → Rufen Sie Ihren Tierarzt **gleich** an, wenn Sie eine dieser Fragen mit Ja beantwortet haben – es könnte sich um eine Gesichtsnervenlähmung handeln. Blättern Sie zu **Während Sie warten** weiter unten.

NEIN ↓

Wird das betroffene Auge zugekniffen?

JA → Blättern Sie zu **S. 56.**

NEIN ↓

Rufen Sie Ihren Tierarzt an und machen Sie einen Termin aus.

Was Ihr Tierarzt vielleicht tun wird:

Er kann Kopf oder Hals des Pferdes röntgen, wenn er den Verdacht hat, dass eine Verletzung dort bestimmte Nerven geschädigt hat.

Während Sie warten Nr. 1:

1. *Isolieren Sie Ihr Pferd von anderen Pferden, für den Fall, dass es ansteckend sein sollte.* Um zu verhindern, dass eine möglicherweise ansteckende Erkrankung sich ausbreitet, sollten Sie es auf einen Paddock oder in eine Box mit getrennter Wasserversorgung stellen, mindestens 7 m von den anderen Pferden entfernt. Waschen Sie sich die Hände und desinfizieren Sie Ihre Stiefel (siehe S. 230).

2. *Schützen Sie sich.* Ein Pferd mit Tetanus hat zunehmend Probleme, seine Muskeln zu kontrollieren, und könnte sich unerwartet bewegen, weil es spastische Zuckungen hat. Seien Sie vorsichtig und vermeiden Sie es, sich so hinzustellen, dass Sie gefährdet werden können.

3. *Halten Sie das Pferd ruhig.* Schützen Sie Ihr Pferd vor Geräuschen und Aufregung. Pferde mit Tetanus reagieren häufig übermäßig auf Außenreize, indem sie zu Boden fallen, Zuckungen bekommen oder steif werden.

Während Sie warten Nr. 2:

Schützen Sie das betroffene Auge. Eine Verletzung der Gesichtsnerven kann die Produktion von Tränenflüssigkeit einschränken und es ihrem Pferd erschweren, die Augenlider vollständig zu schließen. Dadurch gerät der Augapfel in Gefahr, auszutrocknen. Tragen Sie mit Hilfe der auf S. 293 beschriebenen Technik für die Einbringung von Augensalben einen dünnen Film Borsäure oder eine befeuchtende Augensalbe auf.

KAPITEL 5

Probleme im

KOPF- UND OHRENBEREICH

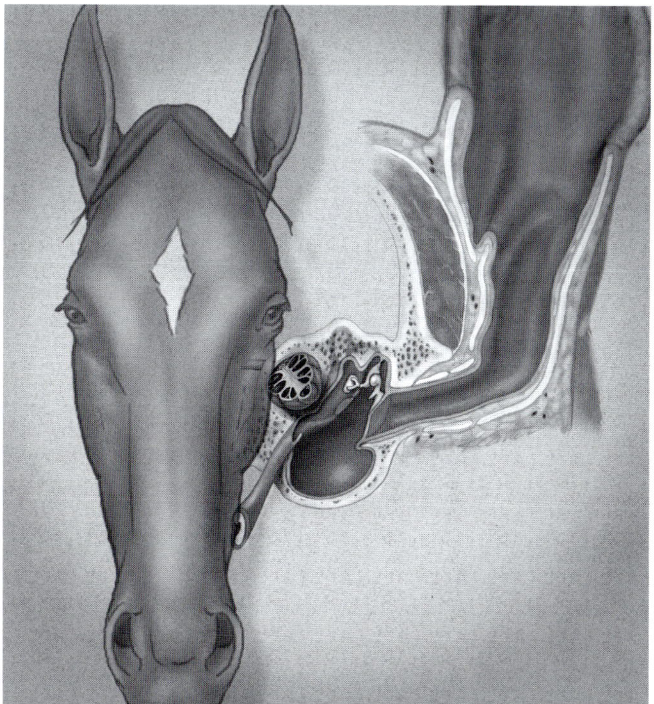

5-A

Sie sehen: Beim Reiten fängt das Pferd plötzlich und heftig an, mit dem Kopf zu schlagen und ihn zu schütteln. Es gibt dafür keinen ersichtlichen Grund wie beispielsweise einen Insektenschwarm.

KOPFSCHÜTTELN

Das könnte bedeuten: Kopfschütteln kann ein Anzeichen für ein medizinisches Problem sein – es ist nicht unbedingt etwas, was Ihr Pferd tut, um sich vor dem Auftrensen und Arbeiten zu drücken.

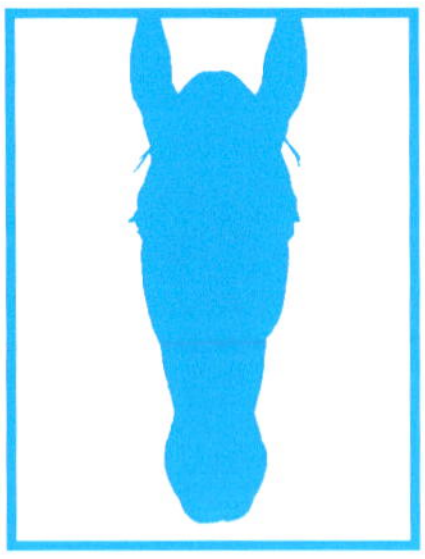

CHECKLISTE:

Wirkt das Pferd benommen? Zeigt es einen ungewöhnlichen Gang? Scheinen seine Gesichtszüge herabzuhängen, oder scheint es zu grinsen? Hält es den Kopf schief? Hält es den Schweif zu einer Seite?

JA → Rufen Sie Ihren Tierarzt **gleich** an, wenn Sie eine dieser Fragen mit Ja beantwortet haben – es könnte sich um eine Enzephalitis handeln.

NEIN ↓

Werden eines oder beide Ohren in einer ungewöhnlichen Stellung gehalten?

JA → Rufen Sie **noch heute** Ihren Tierarzt an. Es könnte sich um eine Infektion des Innenohrs oder um einen Befall mit Ohrmilben handeln.

NEIN ↓

Hat das Pferd sich erst kürzlich von einer Atemwegsinfektion oder von einer anderen allgemeinen Erkrankung erholt? Scheint das Kopfschütteln anzufangen, wenn Sie es aus dem Stall ins Sonnenlicht holen?

JA → Rufen Sie **noch heute** Ihren Tierarzt an, wenn Sie eine dieser Fragen mit Ja beantwortet haben – es könnte sich um eine entzündliche Erkrankung als Folge einer Virusinfektion handeln (Nervenentzündung oder Vasomotorische Rhinitis).

NEIN ↓

Tritt das Kopfschütteln nur auf, wenn das Pferd ein Gebiss im Maul hat? Verhält es sich normal, wenn Sie es mit einem anderen Gebiss oder gebisslos arbeiten?

JA → Rufen Sie **diese Woche** Ihren Tierarzt an. Es könnte sich um ein Zahnproblem handeln.

NEIN ↓

Rufen Sie Ihren Tierarzt an und machen Sie einen Termin aus.

Während Sie warten:

1. *Meiden Sie die Auslöser für das Kopfschütteln.* Wenn Sie einen möglichen Auslöser für das Kopfschütteln herausgefunden haben (beispielsweise Sonnenlicht), helfen Sie Ihrem Pferd, diesen Auslöser zu meiden, bis ein Tierarzt es sich angesehen hat.

2. *Halten Sie den Stress so gering wie möglich.* Wenn das Pferd weitere Anzeichen für eine gestörte Funktion von Nerven zeigt (ungewöhnlicher Gang, Schiefhalten des Kopfes, Benommenheit, Torkeln, Kreislaufen, Körper oder Schweif nach einer Seite hin gebogen), sollten Sie stressende Einflüsse so gering wie möglich halten und das Tier isolieren. Die Isolierung dient dem Schutz des Pferdes und dem Schutz der anderen Tiere vor einer womöglich ansteckenden Erkrankung. Waschen Sie sich die Hände und desinfizieren Sie Ihre Stiefel (siehe S. 230) nachdem Sie Umgang mit Ihrem Pferd hatten und bevor Sie Umgang mit anderen Pferden haben.

Sie sehen: Die Gesichtszüge des Pferdes scheinen herabzuhängen. Dieser Eindruck entsteht, weil ein Augenlid herunterhängt, ein Ohr schlaff hängt, ein Futterbrocken eine Backe ausbeult oder das Maul nach einer Seite gezogen ist.

SCHLAFFHEIT von Maul, Augenlidern oder Ohren

Das könnte bedeuten: Zumindest bedeutet es, dass ein Gesichtsnerv gelähmt ist. Es lässt sich nicht sofort feststellen, ob dieser Zustand dauerhaft ist. Wichtiger ist ohnehin, den Grund für die Lähmung herauszufinden und ob weitere Nerven oder das Gehirn selbst mit betroffen sind.

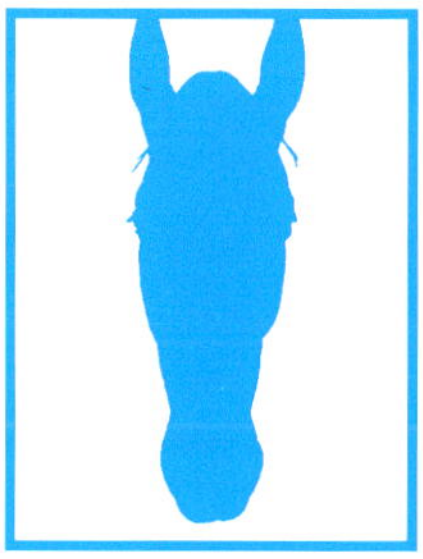

CHECKLISTE:

Verweigert das Pferd das Futter, ist es niedergeschlagen oder hat es Fieber?

JA → Rufen Sie Ihren Tierarzt **gleich** an – es könnte sich um eine Erkrankung handeln, die das Gehirn in Mitleidenschaft gezogen hat (auch Tollwut käme in Frage). Siehe **Vorsicht** und blättern Sie zu **Während Sie warten** auf der nächsten Seite.

NEIN ↓

Geben eines oder mehrere Beine nach, wenn das Pferd läuft? Macht es beim Atmen ein pfeifendes oder schnarchendes Geräusch? Lässt es die Zunge heraushängen?

JA → Rufen Sie Ihren Tierarzt **gleich** an, wenn Sie eine dieser Fragen mit Ja beantwortet haben – es könnte sich um Botulismus oder um eine Bleivergiftung handeln.

NEIN ↓

Hält das Pferd den Kopf schief? Torkelt es oder wirkt es benommen?

JA → Rufen Sie Ihren Tierarzt **gleich** an – es könnte sich um ein Gehirnproblem handeln (auch Tollwut gehört dazu), aber auch um eine Mittel- oder Innenohrentzündung.

NEIN ↓

Ist irgendwelcher Ausfluss aus einer oder beiden Nüstern festzustellen?

JA → Rufen Sie **noch heute** Ihren Tierarzt an – es könnte sich um eine Luftsackinfektion handeln.

NEIN ↓

Scheuert das Pferd sich den Schweif? Zuckt es zusammen, wenn Sie es an der Kruppe oder im Gesicht berühren?

JA → Rufen Sie **noch heute** Ihren Tierarzt an – es könnte sich um eine Nervenerkrankung handeln, die Polyneuritis heißt.

NEIN ↓

Ist das schlaffe Gesicht das einzige Symptom?

JA → Rufen Sie **noch heute** Ihren Tierarzt an – es könnte sich um eine Verletzung eines Gesichtsnervs handeln.

NEIN ↓

Rufen Sie Ihren Tierarzt **jetzt gleich** an.

⇨

VORSICHT

Unter den möglichen Ursachen für eine Erkrankung des Nervensystems befindet sich auch eine seltene, aber berüchtigte: die Tollwut. Gehen Sie kein Risiko ein, sondern ergreifen Sie Vorsichtsmaßnahmen. Siehe S. 34.

Während Sie warten:

1. *Isolieren Sie Ihr Pferd von anderen Pferden, falls es ansteckend sein sollte.* Um zu verhindern, dass eine möglicherweise ansteckende Erkrankung sich ausbreitet, sollten Sie es auf einen Paddock oder in eine Box mit getrennter Wasserversorgung stellen, mindestens 7 m von den anderen Pferden entfernt. Waschen Sie sich die Hände und desinfizieren Sie Ihre Stiefel (siehe S. 230), nachdem Sie Umgang mit Ihrem Pferd hatten und bevor Sie Umgang mit anderen Pferden haben.

2. *Schützen Sie die betroffenen Augen, falls das nötig ist.* Eine Verletzung von Gesichtsnerven kann die Produktion von Tränenflüssigkeit einschränken und es dem Pferd erschweren, die Augenlider vollständig zu schließen. Dadurch gerät der Augapfel in die Gefahr, auszutrocknen. Tragen Sie mit Hilfe der auf S. 293 beschriebenen Technik für die Einbringung von Augensalben einen dünnen Film Borsäure oder eine befeuchtende Augensalbe auf.

Etwas über Botulismus ...

Noch liegen zwar keine wissenschaftlichen Beweise vor, aber bei Pferden hat man die Verfütterung von großen Heuballen mit einem Gewicht von mehr als 200 kg (Quader- und Rundballen, wie sie hauptsächlich in der Rinderfütterung Verwendung finden) mit einem gehäuften Auftreten von Botulismus in Verbindung gebracht. Man nimmt an, dass Bakterien der Art *Clostridium botulinum* in den Ballen eindringen, wenn das Heu Berührung mit dem nassen Boden hat. Diese Bakterien kommen in bestimmten geographischen Gebieten im Boden vor, häufig auch durch im Heu verborgenen Tierkadavern. Pferde, die Heu fressen, in dem Spuren des Botulismustoxins stecken, laufen Gefahr, eine Botulismusvergiftung zu bekommen.

Wenn in Ihrer Gegend schon Fälle von Botulismus vorgekommen sind, können Sie damit rechnen, dass dieser Keim in Ihrem Boden vorkommt. Vermeiden Sie es, Großballen zu verfüttern.

Sie sehen: Das Pferd hält ein Ohr abgewinkelt zur Seite hin.

Das könnte bedeuten: Ein geringfügiges, unkompliziertes Problem wie beispielsweise eine Reizung der Ohrmuschel oder ein schwerwiegendes Problem wie eine Gehirnverletzung.

5-C

OHR
wird zu einer Seite gehalten

CHECKLISTE:

Verweigert Ihr Pferd das Futter, ist es niedergeschlagen oder hat es Fieber?

JA → Rufen Sie Ihren Tierarzt **gleich** an – es könnte sich um eine Enzephalitis handeln. Blättern Sie zu **Während Sie warten** auf der nächsten Seite.

NEIN ↓

Torkelt das Pferd oder wirkt es wie betrunken, wenn es läuft? Hält es den Kopf schief?

JA → Rufen Sie Ihren Tierarzt **gleich** an, wenn Sie eine dieser Fragen mit Ja beantwortet haben – es könnte sich um eine Gehirnverletzung, um Enzephalitis oder um eine tiefliegende Infektion des Innenohres handeln.

NEIN ↓

Hat es in letzter Zeit häufig den Kopf geschüttelt?

JA → Blättern Sie zu **S. 68.**

NEIN ↓

Hängt ein Augenlid herunter? Ist in einer Backe Futter zusammengeschoben? Ist das Maul zu einer Seite hin verzogen?

JA → Blättern Sie zu **S. 64 bzw. S. 69.**

NEIN ↓

Können Sie an der Innenseite der Ohrtüte eine Art bräunliches Wachs erkennen?

JA → Rufen Sie **noch heute** Ihren Tierarzt an – es könnten Ohrmilben sein.

NEIN ↓

Sehen Sie auf der Innenseite der Ohrmuschel Krusten (prüfen Sie das vorsichtig mit dem Daumen)? Verschmilzt die Kruste zu einer dunkelbraunen Flüssigkeit, wenn sie angefeuchtet wird? Lässt das Pferd es zu, dass Sie das Ohr behandeln?

JA → Wenn Sie diese Fragen mit Ja beantwortet haben, wenden Sie die **Eigenbehandlung** von der nächsten Seite an. Es könnte sich um eine Entzündung aufgrund der Stiche von Kriebelmücken handeln.

NEIN ↓

Rufen Sie Ihren Tierarzt an und machen Sie einen Termin aus.

⇨

Während Sie warten:

1. *Isolieren Sie Ihr Pferd von anderen Pferden, für den Fall, dass es ansteckend sein sollte.* Um zu verhindern, dass eine möglicherweise ansteckende Erkrankung sich ausbreitet, sollten Sie es auf einen Paddock oder in eine Box mit getrennter Wasserversorgung stellen, mindestens 7 m von den anderen Pferden entfernt. Waschen Sie sich die Hände und desinfizieren Sie Ihre Stiefel (siehe S. 230), nachdem Sie Umgang mit Ihrem Pferd hatten und bevor Sie Umgang mit anderen Pferden haben.

2. *Schützen Sie das Pferd vor weiteren Verletzungen.* Entfernen Sie alle vorstehenden Gegenstände aus dem Paddock oder der Box und sorgen Sie für möglichst wenig Lärm, damit es nicht erschrickt.

Eigenbehandlung:

(Sehen Sie auf der ***Checkliste*** *nach, ob eine Eigenbehandlung für das schlaffe Ohr Ihres Pferdes in Frage kommt. Wenn die Antworten, die Sie in der Checkliste geben, sich irgendwann während der Eigenbehandlung zum Schlechteren verändern, rufen Sie den Tierarzt.)*

Schritt 1. *Entfernen Sie die Kruste aus dem Ohr.* Feuchten Sie ein sauberes Tuch mit einer Salzlösung an (siehe S. 240), die Sie auf 37 °C erwärmt haben. Das Ganze sollte gerade so warm sein, dass Sie es auf der Innenseite Ihres Handgelenks spüren können. Falten Sie das Tuch viermal, um ein sauberes Bündel zu erhalten. Halten Sie dieses Bündel gegen die Innenfläche der Ohrmuschel und belassen Sie es eine Minute lang dort, um die Kruste aufzulösen. Entfernen Sie das Tuch und wischen Sie sanft nach. Wiederholen Sie das so oft wie nötig, bis die Ohrinnenfläche sauber und glatt ist.

Schritt 2. *Schützen Sie das Pferd vor weiteren Fliegenstichen.* Um zu verhindern, dass Kriebelmücken oder Gnitzen weiterhin das Ohr reizen, überziehen Sie den Bereich mit einer dünnen Schicht Vaseline oder eines Fliegenmittels. Zum weiteren Schutz legen Sie dem Pferd eine Fliegenmaske mit Ohrenkappen an.

Schritt 3. *Machen Sie damit weiter.* Wiederholen Sie Schritt 1 täglich, bis das Ohr nicht mehr verkrustet. Führen Sie Schritt 2 bis zum Ende der Fliegensaison weiter.

Sie sehen: Die Ohrmuschel des Pferdes ist geschwollen und wirkt wie ein Kissen.

5-D

GESCHWOLLENE OHREN

Das könnte bedeuten: Man nennt das ein Ohrhämatom, und die Ursache dafür ist ein Trauma der Ohrmuschel. Wenn es heilt, kommt es häufig vor, dass die Ohrmuschel missgestaltet bleibt, weil das beschädigte Knorpelgewebe schrumpft.

CHECKLISTE:

Sind beide Ohren geschwollen?

JA → Rufen Sie **noch heute** Ihren Tierarzt an – wahrscheinlich beruhen die Schwellungen auf einem Trauma, wie es vorkommen kann, wenn das Pferd versucht, seinen Kopf zwischen zwei Zaunlatten wieder zurückzuziehen.

NEIN ↓

Ist das geschwollene Ohr warm? Schüttelt das Pferd oft den Kopf? Hat es etwas dagegen, sich an dem Ohr berühren zu lassen?

JA → Rufen Sie **noch heute** Ihren Tierarzt an – es könnte sich um Ohrmilben oder eine Mittelohrinfektion handeln, so dass es in Folge zu einem selbst zugefügten Trauma am Ohr gekommen ist.

NEIN ↓

Ist der Eingangsbereich zum Gehörgang geschwollen?

JA → Rufen Sie **noch heute** Ihren Tierarzt an – der Gehörgang sollte gereinigt werden, um eine Ohrinfektion zu vermeiden.

NEIN ↓

Rufen Sie Ihren Tierarzt an und machen Sie einen Termin aus.

Halten Sie die Insekten in Schach ...

Um zu verhindern, dass fliegende Insekten an den Ohren Ihres Pferdes lästig werden, können Sie die folgenden Maßnahmen probieren, die ohne den Einsatz von chemischen Insektenvernichtungsmitteln auskommen:

- Legen Sie ihm handelsübliche Ohrenkappen an, die mit einer Fliegenmaske zusammen benutzt werden können, oder benutzen Sie gleich eine Fliegenmaske mit Ohrenkappen. Fragen Sie bei Ihrem örtlichen Reitsportgeschäft danach oder stöbern Sie in den Pferdesport-Versandkatalogen.
- Alternativ können Sie auch eine dünne Schicht Vaseline auf die Innenfläche der Ohrmuschel auftragen, so dass die Fliegen sich dort nicht gerne festsetzen.

5-E

Sie sehen: Im Gesicht Ihres Pferdes befindet sich ein Loch, aus dem eine Flüssigkeit austritt, das Sie entdeckt haben, nachdem Sie eine Kruste oder einen Pfropfen entfernt haben. Man nennt das eine Fistel.

AUSFLUSS AUS EINER WUNDE im Gesicht

Das könnte bedeuten: Es könnte ein Zeichen für eine ansteckende Erkrankung sein, oder auch das Ergebnis einer tiefen Wunde, die sich infiziert hat. Welcher Grund auch immer vorliegt, das Pferd könnte bleibende Schäden davontragen, wenn es nicht richtig behandelt wird.

CHECKLISTE:

Stammt der Ausfluss aus einem Bereich des Unterkiefers des Pferdes?

JA → Rufen Sie **noch heute** Ihren Tierarzt an – es könnte sich um Druse handeln, aber auch um eine Verletzung oder einen Abszess an einem Zahn des Unterkiefers. Blättern Sie zu **Während Sie warten** weiter unten.

NEIN ↓

Befindet die Öffnung sich hinter der Ganasche, ungefähr 15 cm direkt unterhalb des Ohres? Hat der Ausfluss eine bräunliche Färbung?

JA → Rufen Sie **noch heute** Ihren Tierarzt an, wenn Sie eine dieser Fragen mit Ja beantwortet haben – es könnte sich um eine Verletzung eines der Gänge handeln, die den Speichel in das Pferdemaul leiten.

NEIN ↓

Befindet die Öffnung sich auf oder in der Nähe der Mitte der knochigen Erhebung, die die Vorderfront des Pferdegesichtes bildet (also des Nasenrückens)? Befindet sich dort oder in der Nähe eine Schwellung oder eine Einbuchtung?

JA → Rufen Sie **noch heute** Ihren Tierarzt an – es könnte sich um eine ältere Verletzung handeln, möglicherweise um einen Bruch eines Gesichtsknochens.

NEIN ↓

Befindet die Öffnung sich unterhalb eines Auges? Hat das Pferd übel riechenden Atem oder einen übel riechenden Nasenausfluss (wie faulender Abfall oder wie Mottenkugeln)?

JA → Rufen Sie **noch heute** Ihren Tierarzt an, wenn Sie eine dieser Fragen mit Ja beantwortet haben – es könnte sich um eine Infektion der Nasennebenhöhlen handeln, oder eine Wurzelinfektion an einem der Zähne des Oberkiefers.

NEIN ↓

Befindet die Öffnung sich an einem Ohr oder daneben?

JA → Rufen Sie **noch heute** Ihren Tierarzt an – es könnte sich um eine gutartige Wucherung handeln, die Ohrfistel heißt, oder um eine Infektion des Gehörganges.

NEIN ↓

Rufen Sie Ihren Tierarzt an und machen Sie einen Termin aus.

Was Ihr Tierarzt vielleicht tun wird:

Er kann dem Pferd ein Beruhigungsmittel geben, um leichter eine gründliche und sichere Untersuchung durchführen sowie Zähne und Maul behandeln zu können, falls ein Zahnproblem vermutet wird.

Während Sie warten:

Isolieren Sie Ihr Pferd von anderen Pferden, für den Fall, dass es ansteckend sein sollte. Um zu verhindern, dass eine möglicherweise ansteckende Erkrankung sich ausbreitet, sollten Sie es auf einen Paddock oder in eine Box mit getrennter Wasserversorgung stellen, mindestens 7 m von den anderen Pferden entfernt. Waschen Sie sich die Hände und desinfizieren Sie Ihre Stiefel (siehe S. 230), nachdem Sie Umgang mit Ihrem Pferd hatten und bevor Sie Umgang mit anderen Pferden haben.

Sie sehen: An der Ohrmuschel befindet sich eine Schnittwunde oder eine Risswunde, oder die Spitze fehlt.

5-F

Das könnte bedeuten: Das Ohr könnte dauerhaft missgestaltet bleiben.

FLEISCHWUNDE
am Ohr

CHECKLISTE:

Befinden sich am Ohr Riss- oder Kratzwunden mit unregelmäßigen Wundrändern?

JA → Rufen Sie Ihren Tierarzt **gleich an** – wahrscheinlich muss genäht werden, damit die Wunde nicht bucklig und unregelmäßig verheilt.

NEIN ↓

Ist das Ohr zerfleischt worden, beispielsweise durch Bisse?

JA → Rufen Sie Ihren Tierarzt **gleich an** – wahrscheinlich muss das Ohr operativ versorgt werden, um ein kosmetisch zufrieden stellendes Ergebnis zu erreichen.

NEIN ↓

Ist die Ohrspitze stumpfer geworden, nachdem es draußen unter Null Grad gehabt hatte?

JA → Rufen Sie **noch heute** Ihren Tierarzt an – wahrscheinlich handelt es sich um eine Erfrierung. Erfrorene Ohren können operativ wieder geformt werden, damit sie besser aussehen.

NEIN ↓

Rufen Sie Ihren Tierarzt an und machen Sie einen Termin aus.

Die Sache mit der Ohrmuschel ...

Wenn die Ohrmuschel des Pferdes verletzt ist, sollten Sie sofort einen Tierarzt hinzuziehen, um ein optisch gutes Ergebnis zu erzielen. Der Grund: die Ohrmuschel ist wie ein Sandwich aufgebaut, d. h. eine Lage Knorpel ist zwischen zwei Lagen Haut eingebettet. Bei einer Verletzung füllt der Raum zwischen Knorpel und Haut sich mit Blut, das die Gewebe verzerrt und beim Abheilen Runzeln und Falten hinterlassen kann. Mit der Hilfe eines Fachmannes kann man diese Auswirkung meist minimieren oder sogar ganz vermeiden.

5-G

SCHIEFHALTEN DES KOPFES

Sie sehen: Das Pferd hält den Kopf schief nach einer Seite hin.

Das könnte bedeuten: Es könnte bedeuten, dass an Innenohr oder Gehirn eine Verletzung oder eine Reizung aufgetreten ist.

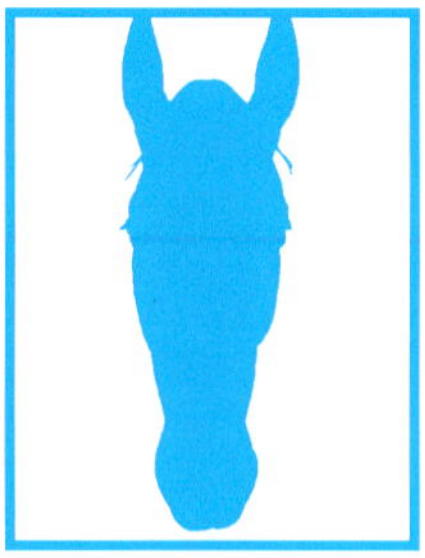

CHECKLISTE:

Verweigert das Pferd das Futter, ist es niedergeschlagen oder hat es Fieber?

JA → Rufen Sie Ihren Tierarzt **gleich** an, wenn Sie eine dieser Fragen mit Ja beantwortet haben – es könnte eine Erkrankung des Gehirns vorliegen, beispielsweise Tollwut. Siehe **Vorsicht** weiter unten und blättern Sie zu **Während Sie warten** weiter unten.

NEIN ↓ Rufen Sie **noch heute** Ihren Tierarzt an, der die Ursache ermitteln und behandeln muss. Blättern Sie zu **Während Sie warten** weiter unten.

Während Sie warten:

1. *Isolieren Sie Ihr Pferd von anderen Pferden, für den Fall, dass es ansteckend sein sollte.* Um zu verhindern, dass eine möglicherweise ansteckende Erkrankung sich ausbreitet, sollten Sie es auf einen Paddock oder in eine Box mit getrennter Wasserversorgung stellen, mindestens 7 m von den anderen Pferden entfernt. Waschen Sie sich die Hände und desinfizieren Sie Ihre Stiefel (siehe S. 230), nachdem Sie Umgang mit Ihrem Pferd hatten und bevor Sie Umgang mit anderen Pferden haben.

2. *Schützen Sie Ihr Pferd vor Unfällen.* Wenn das Pferd Probleme mit dem Gleichgewicht hat, entfernen Sie vorstehende Gegenstände aus der Box oder dem Paddock, halten Sie Haustiere fern und sorgen Sie für eine möglichst geringe Lärmbelastung, damit es nicht erschrickt.

VORSICHT

Unter den möglichen Ursachen für eine Erkrankung des Nervensystems befindet sich auch eine seltene, aber berüchtigte: die Tollwut. Gehen Sie kein Risiko ein, sondern ergreifen Sie Vorsichtsmaßnahmen. Siehe S. 34.

Sie sehen: Das Gesicht oder der Kopf des Pferdes haben eine andere Form als sonst, manchmal ist auch eine Schwellung erkennbar. Wenn Sie den unförmigen Bereich abtasten, fühlt er sich entweder hart an (als wenn es sich um Knochen handeln würde) oder wie geschwollenes Weichteilgewebe.

Das könnte bedeuten: Es gibt mehrere potenziell ernsthafte Probleme, die ein verzerrtes Gesicht bewirken können, und die von einer schweren Fehlernährung bis zum Schlangenbiss reichen.

GESICHT ODER KOPF
geschwollen oder unproportioniert

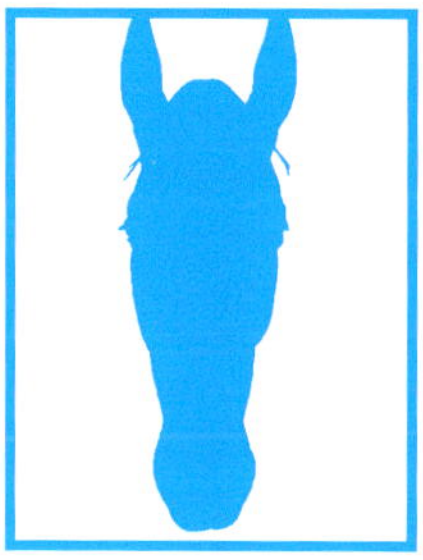

CHECKLISTE:

Befindet die Schwellung sich im Maulbereich? Können Sie zwei kleine Stichwunden oder eine dunkelrote Verfärbung auf einem normalerweise haarlosen Bereich sehen?	JA ➔ Rufen Sie Ihren Tierarzt **gleich** an, wenn Sie eine dieser Fragen mit Ja beantwortet haben – es könnte sich um einen Schlangenbiss handeln oder um die Stiche von Bienen, Wespen oder Ameisen (siehe Insektenstich). Blättern Sie zu **Während Sie warten** auf der nächsten Seite.
NEIN ▼	
Befindet die Schwellung sich über einem knochigen Bereich? Ist sie schmerzhaft? Haben Sie das Gefühl, dass es etwas knistert, wenn Sie den Bereich berühren? Ist er ungewöhnlich warm?	JA ➔ Rufen Sie Ihren Tierarzt **gleich** an, wenn Sie eine dieser Fragen mit Ja beantwortet haben – es könnte sich um einen Bruch von Gesichtsknochen handeln.
NEIN ▼	
Verweigert das Pferd das Futter, ist es niedergeschlagen oder hat es Fieber?	JA ➔ Rufen Sie Ihren Tierarzt **gleich** an – es könnte sich um eine Infektion oder um eine Wucherung in den tieferliegenden Geweben des Pferdekopfes handeln.
NEIN ▼	
Sieht der Pferdekopf auf beiden Seiten vergrößert aus? Stehen die Jochbeine stärker heraus als sonst? Sieht die Nase stärker ramsköpfig aus als sonst? War das Pferd immer wieder lahm, aber nicht immer auf demselben Bein?	JA ➔ Rufen Sie **noch heute** Ihren Tierarzt an, wenn Sie eine dieser Fragen mit Ja beantwortet haben – es könnte sich um Osteodystrophia fibrosa handeln.
NEIN ▼	
Befindet sich eine nässende Wunde auf dem verzerrten Bereich oder in dessen Nähe? Hat das Pferd übel riechenden Nasenausfluss?	JA ➔ Rufen Sie **noch heute** Ihren Tierarzt an, wenn Sie eine dieser Fragen mit Ja beantwortet haben – es könnte sich um eine Infektion einer Zahnwurzel oder der Nasennebenhöhle handeln.
NEIN ▼	

Fortsetzung ➩

Was Ihr Tierarzt vielleicht tun wird:

Er kann dem Pferd ein Beruhigungsmittel geben, um Zähne und Maul gründlicher und sicherer untersuchen zu können, wenn er ein Zahnproblem vermutet.

CHECKLISTE (FORTSETZUNG):

Ist die Schwellung hart, nicht mit Nasenausfluss verbunden und nicht schmerzhaft und liegt sie auf einer Gesichtsseite, ziemlich nahe an der Nase?

JA → Rufen Sie **noch heute** Ihren Tierarzt an – es könnte sich um einen Speichelstein im Ausführungsgang oder einen Tumor des Kieferknochens (verknöcherndes Fibrom) handeln.

NEIN ↓

Rufen Sie Ihren Tierarzt an und machen Sie einen Termin aus.

Während Sie warten:

Kühlen Sie die geschwollenen Weichteile, aber setzen Sie dazu kein Eis ein. Füllen Sie einen einzigen Eiswürfel und 3 Tassen kaltes Leitungswasser in eine 1-Liter-Plastiktüte, die Sie gut verschließen. Legen Sie die Tüte auf den geschwollenen Bereich auf, so dass sie sich an die Konturen des Gesichts anschmiegt. Achten Sie darauf, die Nüstern des Pferdes freizulassen. Auf diese Art verlangsamen Sie die Entzündung und Gewebezerstörung, die bei giftigen Bissen oder Stichen möglich ist, ohne zu riskieren, dass Sie die Gewebe, die ohnehin durch das Eindringen von Giftstoffen belastet sind, noch mit Erfrierungen bedrohen.

Die Sache mit der Zahnpflege ...

Häufig wird fälschlich angenommen, dass es bei einem jungen Pferd unnötig sei, die Zähne nachzusehen. In einer 1994 durchgeführten Studie fand man aber ausgeprägte Verletzungen in den Backen durch scharfe Backenzähne – schmerzhaft genug, um das normale Kauen zu behindern – hauptsächlich bei Pferden vom Fohlenalter bis zum Alter von 7 Jahren. Eine Entzündung des Zahnbetts, die schlechten Atem und frühzeitigen Zahnverlust verursachen kann, kam bei Jungpferden sehr häufig vor, als sie das Alter erreicht hatten, in dem die bleibenden Zähne geschoben werden.

Sie sehen: Eine Verletzung am oberen oder unteren Augenlid des Pferdes.

Das könnte bedeuten: Wenn ein solcher Riss oder Schnitt nicht sorgfältig behandelt wird, könnte der Augapfel ungeschützt bleiben und die Augenlider bei der Heilung falsch zusammenwachsen, so dass es in der Folge zu Irritationen am Auge kommen kann.

RISS AM AUGENLID

CHECKLISTE:

Befindet das Augenlid sich nicht an seiner richtigen Position? Hängt ein Teil des Lids als Lappen herunter? Klaffen die Wundränder auseinander?

JA → Rufen Sie Ihren Tierarzt **gleich** an, wenn Sie eine dieser Fragen mit Ja beantwortet haben – es klingt wie eine Risswunde, die ganz durch das Augenlid hindurchgeht und deswegen genäht werden muss, um ein nicht verformtes Augenlid mit allen Wimpern zu erhalten. Blättern Sie zu **Während Sie warten** weiter unten.

NEIN ↓

Wird das Auge zugekniffen, tränt es oder scheint der Augapfel beschädigt zu sein?

JA → Rufen Sie Ihren Tierarzt **gleich** an – das Auge selbst könnte Schaden genommen haben.

NEIN ↓

Das klingt nach einer oberflächlichen Abschürfung. Lässt das Pferd es zu, dass Sie die Wunde behandeln?

JA → Wenden Sie die **Eigenbehandlung** von weiter unten an.

NEIN ↓

Rufen Sie Ihren Tierarzt an und machen Sie einen Termin aus.

Was Ihr Tierarzt vielleicht tun wird:

Er kann Ihrem Pferd ein Beruhigungsmittel geben oder bestimmte Nerven betäuben, um das Auge gefühllos zu machen und es zu immobilisieren, so dass er gründlich und sicher untersuchen und behandeln kann.

Während Sie warten:

Kühlen Sie das Auge. Um Entzündung, Unbehagen und Schwellung zu verringern und die Muskeln rund um das Auge zu entspannen, legen Sie einen Kühlbeutel (siehe S. 260) zwischen die Lagen eines weichen, sauberen, zusammengefalteten Tuches. Legen Sie den so eingewickelten Kühlbeutel auf das Auge des Pferdes und achten Sie darauf, dass das Ganze keine Falten und Beulen bildet, die zu Unbehagen führen könnten. Legen Sie eine Damenbinde oder ein anderes dickes und weiches Polstermaterial über den Kühlbeutel und befestigen Sie das Ganze mit Klebeband am Halfter, um so das Augenlid mit sanftem Druck geschlossen zu halten. (Eine detaillierte Anleitung finden Sie auf S. 283.)

Eigenbehandlung:

(Sehen Sie auf der ***Checkliste*** *nach, ob eine Eigenbehandlung für die Augenlidverletzung Ihres Pferdes in Frage kommt. Wenn die Antworten, die Sie in der Checkliste geben, sich irgendwann während der Eigenbehandlung zum Schlechteren verändern, rufen Sie den Tierarzt.)*

Schritt 1. *Kühlen Sie die Verletzung.* Legen Sie einen Kühlbeutel (siehe S. 260) zwischen die Lagen eines sauberen Tuches. Legen Sie den eingewickelten Kühlbeutel über die Wunde und achten Sie dabei darauf, dass das Ganze keine Falten und Beulen bildet, die Unbehagen hervorrufen können. Halten Sie das Ganze 5 Minuten lang dort.

Schritt 2. *Säubern Sie die Wunde.* Tränken Sie einen Stapel Mullkompressen oder ein sauberes, zusammengefaltetes Küchentuch mit selbst gemachter Salzlösung (siehe S. 240). Tupfen Sie damit die Wunde ab, bis sie für das Auge sauber erscheint, und ersetzen Sie die Kompressen oder das Tuch, sobald sie verschmutzt erscheinen.

Schritt 3. *Legen Sie einen Verband an.* Tragen Sie eine dünne Schicht einer geeigneten Augensalbe auf (siehe S. 293), die die Wundränder feucht hält und als Schranke für Staub und Insekten dient.

Schritt 4. *Überprüfen Sie den Tetanus-Impfschutz und lassen ihn gegebenenfalls erneuern* (siehe S. 210).

Schritt 5. *Machen Sie damit weiter.* Wiederholen Sie die Schritte 2 und 3 ein- oder zweimal täglich, je nachdem, wie schleimig, schmutzig oder verkrustet die Wunde wird. Fangen Sie mit zweimal am Tag an und reduzieren Sie das auf einmal, wenn die Wunde nur noch leicht verkrustet. Machen Sie weiter, bis die Wunde zwischen den Verbandwechseln sauber und unverkrustet bleibt (3 oder 4 Tage lang).

Ein Auge auf die Wunde …

Die Augenlidverletzung sieht vielleicht nicht gut aus, aber verzweifeln Sie nicht. Das Augenlid wird sehr gut mit Blut versorgt, weshalb solche Wunden normalerweise gut heilen. Das Wichtigste für Sie ist, eventuell entstandene Gewebelappen feucht zu halten, während Sie auf Ihren Tierarzt warten.

KAPITEL 6

Probleme an
DEN BEINEN

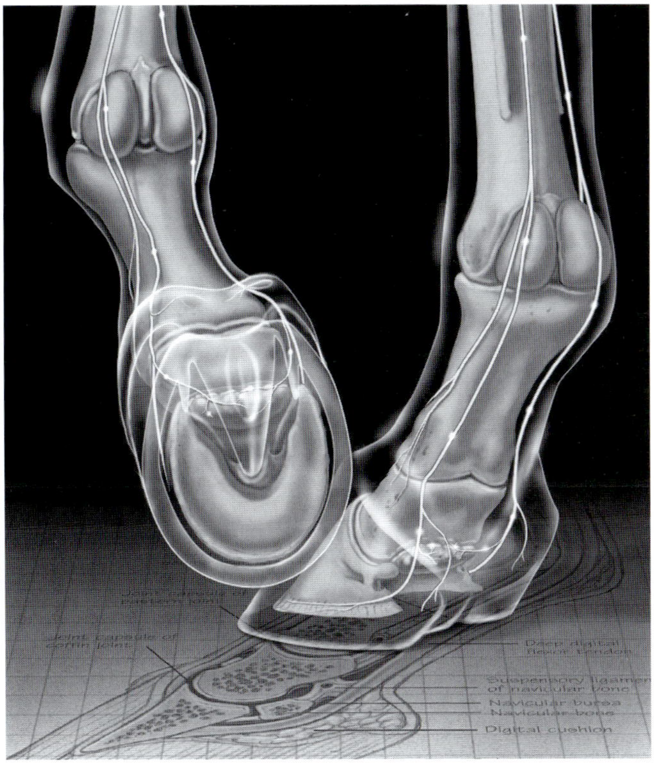

Sie sehen: Eines oder mehrere Pferdebeine sind angeschwollen – Bereiche, die normalerweise nach innen gezogen sind oder flach liegen, sind jetzt nach außen gewölbt und sehen aufgetrieben aus. Wenn Sie auf die Schwellung drücken, fühlt sie sich schwammig an oder federt etwas. Der geschwollene Bereich kann sich wärmer anfühlen, muss aber nicht, und das Pferd kann lahm gehen. Wenn die Schwellung, die Sie sehen, hauptsächlich ein Gelenk betrifft, blättern Sie zur S. 85.

6-A

SCHWELLUNGEN AN DEN BEINEN

Das könnte bedeuten: Es könnte sich um eine Folge schlechter Durchblutung auf Grund von mangelnder Bewegung handeln, kann aber auch ein Zeichen für ein ernsthaftes ursächliches Problem sein, beispielsweise für eine Verletzung von Strukturen innerhalb des Pferdebeins oder für eine Allgemeinerkrankung.

CHECKLISTE:

Verweigert das Pferd sein Futter, ist es niedergeschlagen oder hat es Fieber? Hatte es kürzlich eine Erkältung oder eine andere Infektion der Atemwege?

JA ▶ Rufen Sie Ihren Tierarzt **gleich** an, wenn Sie eine dieser Fragen mit Ja beantwortet haben – es könnte sich um eine Veränderung der Blutgefäße handeln, die durch Bakterien verursacht wird (Gefäßentzündung oder Blutfleckenkrankheit) und einer Allgemeinerkrankung vorausgehen oder folgen kann. (Siehe **Gut zu wissen** S. 84.) Blättern Sie zu **Während Sie warten Nr. 1** auf S. 84.

NEIN ▼

Sind alle 4 Beine betroffen, und zwar auf der ganzen Länge vom Kronrand bis zu den Karpalgelenken (Vorderbeine) und den Sprunggelenken (Hinterbeine)?

JA ▶ Rufen Sie Ihren Tierarzt **gleich** an – es könnte sich um das Frühstadium einer Allgemeinerkrankung handeln, bei der es für andere allgemeine Symptome noch zu früh ist. Es könnte auch ein Anzeichen für Herzprobleme sein. Blättern Sie zu **Während Sie warten Nr. 1.**

NEIN ▼

Ist das Pferd steif oder bewegt es sich nur widerwillig? Hat es als Einstreu Hobel- oder Sägespäne, die Robinie enthalten könnten?

JA ▶ Rufen Sie Ihren Tierarzt **gleich** an, wenn Sie eine dieser Fragen mit Ja beantwortet haben – es könnte sich um eine Vergiftung durch Hobel- oder Sägespäne aus Robinie handeln. Blättern Sie zu **Während Sie warten Nr. 2** auf S. 84.

NEIN ▼

Zeigt das Pferd selbst in Ruhe eine schwere, mühsame Atmung?

JA ▶ Rufen Sie Ihren Tierarzt **gleich** an – es könnte sich um ein Herzproblem handeln.

NEIN ▼

Geht das Pferd lahm?

JA ▶ Blättern Sie zu **S. 87 und 93.**

NEIN ▼

Befinden sich an dem geschwollenen Bein irgendwelche Fleischwunden?

JA ▶ Blättern Sie zu **S. 13.**

NEIN ▼

Fortsetzung ⇨

CHECKLISTE (FORTSETZUNG):

Ist im Bereich des geschwollenen Beins in den letzten 72 Stunden eine Injektion gegeben worden oder eine Verletzung vorgekommen?

JA → Rufen Sie Ihren Tierarzt **gleich** an – es könnte sich um ein malignes Ödem handeln.

NEIN ↓

Hat das Pferd in letzter Zeit Gewicht verloren oder haben Sie Muskelschwund bemerkt? Hat es einen schwachen oder müden Eindruck gemacht?

JA → Rufen Sie **noch heute** Ihren Tierarzt an, wenn Sie eine dieser Fragen mit Ja beantwortet haben – es könnte sich um einen schweren Eiweißmangel handeln.

NEIN ↓

Sind auf Gesicht, Beinen oder Kronrand des Pferdes in letzter Zeit Beulen, Bläschen oder oberflächliche Wunden aufgetreten oder bestehen diese jetzt?

JA → Rufen Sie **noch heute** Ihren Tierarzt an – es könnte sich um eine Allgemeinerkrankung handeln (Pemphigus oder Bläschenbildende Entzündung der Maulschleimhaut).

NEIN ↓

Ist die Schwellung auf eines oder beide Hinterbeine beschränkt? Wehrt sich das Pferd, wenn Sie die Schwellung berühren?

JA → Rufen Sie **noch heute** Ihren Tierarzt an – es könnte sich um Lymphgefäßentzündung oder um eine Sehnenerkrankung handeln, die degenerative Fesselträgerentzündung? heißt.

NEIN ↓

Ist die Schwellung nach dem Arbeiten stärker, oder nach dem Arbeiten und der folgenden Nacht im Stall?

JA → Rufen Sie **noch heute** Ihren Tierarzt an – es könnte sich um eine ungewöhnliche Belastung auf den Sehnen des Pferdes handeln, die ihre Ursache in einem Gebäudefehler, schlechtem Hufbeschlag oder Überbelastung hat. Blättern Sie zu **Während Sie warten Nr. 3** auf der nächsten Seite.

NEIN ↓

Ist die Schwellung nach dem Reiten oder Fahren verschwunden?

JA → Es klingt, als ob bei Ihrem Pferd die Beine »anlaufen« würden, das heißt, dass sie sich mit Flüssigkeit füllen, weil sie aufgrund von zu wenig Bewegung schlecht durchblutet werden. Wenden Sie die **Eigenbehandlung** von der nächsten Seite an.

NEIN ↓

Rufen Sie Ihren Tierarzt an und machen Sie einen Termin aus.

⇨

Während Sie warten Nr. 1:

Isolieren Sie Ihr Pferd von anderen Pferden, für den Fall, dass es ansteckend sein sollte. Um zu verhindern, dass eine möglicherweise ansteckende Erkrankung sich ausbreitet, sollten Sie es auf einen Paddock oder in eine Box mit getrennter Wasserversorgung stellen, mindestens 7 m von den anderen Pferden entfernt. Waschen Sie sich die Hände und desinfizieren Sie Ihre Stiefel (siehe S. 230), nachdem Sie Umgang mit Ihrem Pferd hatten und bevor Sie Umgang mit anderen Pferden haben.

Während Sie warten Nr. 2:

Entfernen Sie die Einstreu, wenn Sie das Problem hier vermuten. Räumen Sie alle Einstreu aus dem Stall und heben Sie nur einen halben Eimer voll auf, damit der Tierarzt, ein Forstwirt, ein Berater von der Universität oder ein anderer Fachmann für die Identifizierung von Hölzern ihn sich ansehen kann. Ersetzen Sie die Einstreu durch ein sicheres Material wie Stroh, Sägespäne aus Kiefer oder Fichte (von denen Sie sicher sind, dass es sich nur um dieses Holz und um nichts anderes handelt) oder Papierschnitzel.

Während Sie warten Nr. 3:

Minimieren Sie die Belastung der verletzbaren stützenden Strukturen. Verringern Sie die Belastung der stützenden Sehnen und Bänder innerhalb der geschwollenen Beine, bis Knochenprobleme entweder ausgeschlossen oder behandelt worden sind: Bewegen Sie das Pferd an der Hand anstatt unter dem Reiter auf ebenem Boden und beschränken Sie die Gangarten auf Schritt und Trab.

Eigenbehandlung:

(Sehen Sie auf der **Checkliste** *nach, ob eine Eigenbehandlung für die angelaufenen Beine Ihres Pferdes in Frage kommt. Wenn die Antworten, die Sie in der Checkliste geben, sich irgendwann während der Eigenbehandlung zum Schlechteren verändern, rufen Sie den Tierarzt.)*

Stellen Sie ein Programm auf, das täglich leichte Bewegung vorsieht. Wenn die Beine anlaufen, so ist das nach Meinung vieler Fachleute die Folge einer eingeschränkten Lymphzirkulation in den Beinen, die auf unzureichende Bewegung der Muskeln zurückzuführen ist. Eine Arbeitseinheit von 15 bis 20 Minuten leichter Arbeit im Schritt und Trab, dazu jeweils 5 Minuten warmreiten und trockenreiten, sollte das Auftreten von angelaufenen Beinen sofort abstellen. Wenn die Schwellungen weiterhin auftreten oder trotz täglicher leichter Bewegung bestehen bleiben, handelt es sich nicht um einen einfachen Fall von angelaufenen Beinen. Rufen Sie Ihren Tierarzt an und machen Sie einen Termin aus.

Gut zu wissen:

Hier sind einige Allgemeinerkrankungen aufgelistet, die ein Anschwellen der Beine verursachen können.

- Bläschenbildende Entzündung der Maulschleimhaut
- Eiweißmangel
- Endotoxämie
- Gefäßentzündung, z. B. Blutfleckenkrankheit
- Herzerkrankungen
- Lymphosarkom
- Pemphigus (Blasenausschlag)
- Virusbedingte Arterienentzündung (Virusarteritis) der Pferde

(Im Glossar finden Sie detaillierte Beschreibungen.)

Sie sehen: Eines oder mehrere Gelenke des Pferdes sind geschwollen. Die Schwellung kann so unauffällig sein, dass man sie kaum bemerkt, oder so stark, dass jeder sie sehen kann. Oft geht das Pferd lahm.

6-B

Das könnte bedeuten: Es ist eine Warnung, dass im Gelenk eine Entzündung vorliegt, die ihren Grund in einer leichten bis schweren Verletzung oder Infektion hat. Ohne die richtige Versorgung kann das zu einer degenerativen Gelenkserkrankung ausarten, die den Gelenkknorpel dauerhaft schädigen kann.

GESCHWOLLENE GELENKE

CHECKLISTE:

Befinden sich im Bereich des geschwollenen Gelenks Fleischwunden? Sehen Sie einen gelblichen, sirupartigen oder wässrigen Ausfluss? Sehen Sie unterhalb des Gelenks weiße, auf das Fell hingetrocknete Streifen?

JA → Rufen Sie Ihren Tierarzt **gleich** an, wenn Sie eine dieser Fragen mit Ja beantwortet haben – die Verletzung kann bis in das Gelenk gehen. In solchen Fällen muss behandelt werden, um eine Infektion zu vermeiden.

NEIN ↓

Geht das Pferd auf dem betreffenden Bein lahm? Zuckt es zusammen oder zieht es das Bein weg, wenn Sie auf das Gelenk drücken? Fühlt das Gelenk sich warm an, wenn Sie es mit demselben Gelenk am anderen Bein vergleichen?

JA → Rufen Sie Ihren Tierarzt **gleich** an, wenn Sie eine dieser Fragen mit Ja beantwortet haben – es könnte sich um eine Kapselentzündung handeln, die ohne weitere Ursache oder nach einer schweren Verletzung von Sehnen, Knochen oder Knorpeln auftreten kann. Blättern Sie zu **Während Sie warten** auf der nächsten Seite.

NEIN ↓

Verweigert das Pferd das Futter, ist es niedergeschlagen oder hat es Fieber? Zeigt es eine Lahmheit, die von einem Bein aufs andere zu wechseln scheint? Sind Hals oder Rücken steif?

JA → Rufen Sie **noch heute** Ihren Tierarzt an, wenn Sie eine dieser Fragen mit Ja beantwortet haben – es könnte sich um Borreliose oder um eine Erkrankung handeln, die der Borreliose sehr ähnlich ist. (Siehe **Gut zu wissen** auf der nächsten Seite.)

NEIN ↓

Ist sowohl am rechten als auch am linken Bein dasselbe Gelenk geschwollen?

JA → Rufen Sie **noch heute** Ihren Tierarzt an – es könnte sich um eine Verletzung aufgrund von Abnutzung handeln, die zur degenerativen Gelenkerkrankung führen kann.

NEIN ↓

Es scheint sich um eine unkomplizierte Gelenkschwellung aufgrund einer Entzündung der inneren Auskleidung des Gelenks zu handeln, eine Synovialitis. Wenden Sie die **Eigenbehandlung** von der nächsten Seite an.

⇨

VORSICHT

Widerstehen Sie der Versuchung, Ihrem Pferd entzündungshemmende Medikamente zu geben, wenn Ihr Tierarzt es nicht angeordnet hat. Wenn Sie Medikamente verabreichen, die die Schwellung und den Schmerz vorübergehend lindern, ohne gleichzeitig Maßnahmen zur Beseitigung der Ursache zu ergreifen, könnten Sie vergessen, dass da noch eine Ursache war, und könnten die normale Arbeit mit ihm wieder aufnehmen. Wenn Sie es weiter arbeiten, können Sie damit aber ernsthaften und womöglich bleibenden Schaden anrichten.

Während Sie warten:

1. *Kühlen Sie das Gelenk.* Suchen Sie sich einen Kühlbeutel (siehe S. 260), der mindestens 5 cm über die Gelenkbegrenzungen hinausreicht. Legen Sie ihn zwischen die Lagen eines sauberen Tuches, legen Sie dieses mittig auf das Gelenk und halten Sie es dort fest. Kühlen Sie 5 Minuten, dann 15 Minuten Pause. Wiederholen Sie diesen Zyklus noch 3 Mal oder bis der Tierarzt eintrifft, je nachdem, was eher der Fall ist.

2. *Machen Sie einen Gelenksverband.* Wenn das Gelenk sich gut bandagieren lässt (Sprunggelenk, Karpalgelenk, Fesselgelenk), legen Sie einen leichten Druckverband an (siehe S. 277). Bringen Sie das Pferd in den Stall, damit der Verband sich nicht lockert.

Eigenbehandlung:

(Sehen Sie auf der **Checkliste** *nach, ob eine Eigenbehandlung für die geschwollenen Gelenke Ihres Pferdes in Frage kommt. Wenn die Antworten, die Sie in der Checkliste geben, sich irgendwann während der Eigenbehandlung zum Schlechteren verändern, rufen Sie den Tierarzt.)*

Schritt 1. *Kühlen Sie das Gelenk.* Begrenzen Sie die Geschwindigkeit, mit der die Entzündung sich ausbreitet, durch das Kühlen des Gelenks. Wenn das Wetter es zulässt, lassen Sie 10 Minuten lang kaltes Wasser aus dem Schlauch über das Gelenk laufen. (Wenn es draußen kalt ist, können Sie diesen Schritt auslassen.) Legen Sie dann einen Kühlbeutel locker auf. (Blättern Sie zu **Während Sie warten, Schritt 1**, auf der linken Seite. Wiederholen Sie den Zyklus viermal.)

Schritt 2. *Bewegen Sie das Pferd und kühlen Sie dann wieder.* Lassen Sie das Pferd an der Hand oder unter dem Reiter 15 Minuten lang Schritt gehen. Wiederholen Sie das innerhalb der nächsten 24 Stunden viermal und lassen Sie dabei zwischen den Spaziergängen jeweils mindestens 4 Stunden (aber nicht mehr als 8 Stunden) verstreichen. Dadurch sorgen Sie dafür, dass die Gelenksflüssigkeit sich überall hin verteilt. Reiten Sie auf ebenem Boden ohne Gefälle und vermeiden Sie enge Wendungen, um keine Belastung auf die Gelenke zu bringen. Kühlen Sie das Gelenk nach jedem Spaziergang wieder und bringen Sie das Pferd in eine Box oder einen kleinen Paddock, in dem es sich nicht viel bewegen kann.

Schritt 3. *Schauen Sie sich das Ganze noch einmal an.* Sehen Sie sich das Gelenk 24 Stunden, nachdem Sie die Schwellung bemerkt und zum ersten Mal behandelt haben, noch einmal gründlich an. Ist es noch sichtbar oder tastbar aufgetrieben? (Wenn Sie sich nicht sicher sind, vergleichen Sie mit dem gleichen Gelenk am gegenüberliegenden Bein.) Wenn immer noch eine Schwellung vorliegt oder wenn die Schwellung von Wärmeentwicklung, Schmerz oder Lahmheit begleitet ist, sollten Sie den Tierarzt rufen. Wenn die Schwellung abgeklungen ist, können Sie Ihr Pferd im Verlauf von 2 Tagen allmählich wieder auf sein normales Arbeitspensum umstellen. Wenn die Schwellung wiederkommt, rufen Sie den Tierarzt.

Gut zu wissen:

Hier sind einige Erkrankungen aufgeführt, die eine Gelenkschwellung oder andere Symptome verursachen können, die denen der Borreliose ähneln.

- »Cauda equina«-Syndrom (Polyneuritis)
- Equine protozoäre Enzephalomyelitis
- Knochenmarksentzündung der Wirbelkörper
- Trauma
- Neurologische Form der Equinen Herpesvirusinfektion.

(Im Glossar finden Sie detaillierte Beschreibungen.)

Sie sehen: Es besteht gar kein Zweifel daran, dass das Pferd lahmt. Auf einer Skala von 0 (alles in Ordnung) bis 5 (unfähig, das Bein zu belasten), würden Sie seine Lahmheit als 3 bis 5 einstufen. Zumindest hinkt es im Trab ständig (siehe Grad und Sitz einer Lahmheit S. 296). Im schlimmsten Falle setzt es den Fuß gar nicht mehr auf den Boden.

6-C

Mäßige bis starke LAHMHEIT

Das könnte bedeuten: Eine innere Struktur im Huf oder im Bein ist geschädigt oder erkrankt. Es könnte eine Prellung sein, die ohne Behandlung von alleine vergehen wird, oder es könnte ein Bruch vorliegen, der eine Operation erforderlich macht. Der Grad der Lahmheit kann für diese beiden Extreme derselbe sein.

CHECKLISTE:

Sehen Sie ein Knochenbruchstück durch die Haut ragen?

JA ➜ Rufen Sie Ihren Tierarzt **gleich** an – hier liegt ein Trümmerbruch vor. Diese Art von Brüchen ist am schwierigsten erfolgreich zu operieren. Es ist eine entschlossene Behandlung nötig, um Ihr Pferd zu retten. Auch Einschläfern könnte in Frage kommen, um sein Leiden abzukürzen.

NEIN

Sieht das Bein des Pferdes unförmig aus oder steht es in einem seltsamen Winkel ab? Befindet sich oberhalb des Karpal- oder des Sprunggelenks eine harte Schwellung? Weigert das Pferd sich, sich zu bewegen, oder bewegt es sich mit starkem Hinken?

JA ➜ Rufen Sie Ihren Tierarzt **gleich** an, wenn Sie eine dieser Fragen mit Ja beantwortet haben – es könnte sich um einen Bruch, eine Verrenkung oder eine schwerwiegende Erkrankung oder Verletzung des Muskels handeln, bei der das Bein ruhig gestellt oder behandelt werden muss, um Infektion und Schock zu vermeiden. Blättern Sie zu **Während Sie warten** auf der nächsten Seite.

NEIN

Befindet sich an dem lahmen Bein eine offene Wunde (ohne dass man einen vorstehenden Knochen sehen würde)?

JA ➜ Rufen Sie Ihren Tierarzt **gleich** an – wahrscheinlich ist eine wichtige anatomische Struktur verletzt. Während Sie warten, sollten Sie zum entsprechenden Kapitel über Verletzungen blättern.

NEIN

Spüren Sie an der Sehne an der Rückseite des Röhrbeins des lahmen Beins vermehrte Wärmeentwicklung, liegt eine Schwellung vor oder schmerzt es? Knickt das Bein ein oder biegt es sich in die falsche Richtung, wenn das Pferd sein Gewicht darauf legt?

JA ➜ Rufen Sie Ihren Tierarzt **gleich** an, wenn Sie eine dieser Fragen mit Ja beantwortet haben – eine Sehne oder ein Band könnte verletzt sein. Blättern Sie zu **Während Sie warten** auf der nächsten Seite.

NEIN

Steht das Pferd mit nach vorne gestreckten Vorderbeinen da? Fühlen die Hufwände der beiden Vorderhufe sich wärmer an als die der Hinterhufe? Spüren Sie, dass in den Vorderfüßen die Mittelfußarterie stärker pulsiert, verglichen mit den Hinterfüßen oder mit anderen Pferden des Stalles?

JA ➜ Rufen Sie Ihren Tierarzt **gleich** an, wenn Sie eine dieser Fragen mit Ja beantwortet haben – es könnte sich um Hufrehe handeln. Blättern Sie zu **Während Sie warten** weiter unten.

NEIN

Fortsetzung ⇨

CHECKLISTE (FORTSETZUNG):

Fühlt die Hufwand an dem lahmen Bein sich wärmer an als an den anderen drei Beinen? Pulsiert die Mittelfußarterie in diesem Huf stärker? Ist das Pferd innerhalb der letzten Woche ausgeschnitten oder beschlagen worden?

JA → Rufen Sie **noch heute** Ihren Tierarzt an, wenn Sie eine dieser Fragen mit Ja beantwortet haben – es könnte sich um einen Sohlenabszess handeln, einen Hufnagel, der zu nahe an der Lederhaut sitzt, ein Problem mit einem Eisen oder um einen Bruch des Hufbeins. Blättern Sie zu **Während Sie warten.**

NEIN ↓

Rufen Sie Ihren Tierarzt an und machen Sie einen Termin aus.

Während Sie warten:

1. *Halten Sie das Pferd ruhig.* Wenn es sich weiter bewegt, kann die Ursache für die Lahmheit noch schlimmer werden. Bringen Sie es an einen Ort, wo ihm nichts passieren kann, und binden Sie es dort an. Stellen Sie ihm, wenn nötig, ein zweites Pferd dazu, damit es nicht aufgeregt herumtrampelt.

2. *Kühlen Sie das Bein.* Wenn Sie problemlos herausfinden können, wo der Schmerz sitzt (siehe S. 297), dann kühlen Sie diesen Bereich, um Schmerzhaftigkeit und Schwellung einzudämmen. Suchen Sie sich einen Kühlbeutel (siehe S. 260), der so groß ist, dass er den betreffenden Bereich auf allen Seiten um mindestens 5 cm überlappt. Legen Sie ihn zwischen die Lagen eines sauberen Tuches, legen Sie dieses mittig auf den Bereich und halten Sie es dort mit der Hand fest, oder legen Sie einen Verband darüber. Lassen Sie den Kühlbeutel 5 Minuten am Pferd, dann machen Sie 15 Minuten Pause. Wiederholen Sie diesen Zyklus noch dreimal oder so oft, bis der Tierarzt kommt, je nachdem, was eher der Fall ist.

3. *Machen Sie einen Stützverband.* Wenn Sie einigermaßen sicher sind, wo das Problem sitzt, legen Sie dort einen Stützverband an. Passen Sie den Verband an den Bereich an, den Sie verbinden wollen, legen Sie eine Polsterlage extra mit ein und achten Sie vor allem darauf, die elastische Lage gleichmäßig und so fest zu wickeln, dass der Verband nicht rutscht. (Wie Sie das genau machen, finden Sie auf S. 269.)

4. *Füttern Sie das Pferd nicht.* Geben Sie kein Futter, sondern nur Wasser, bis der Tierarzt kommt und Hufrehe als Ursache der Lahmheit bestätigen oder ausschließen kann oder bis er entscheiden kann, ob eine sofortige Operation notwendig ist.

VORSICHT

Versuchen Sie nicht, eine Schiene anzulegen, ohne dass Ihr Tierarzt Ihnen dazu geraten hat und Sie praktische Erfahrung im Anlegen eines solchen Gerätes haben. Zwar kann eine Schiene helfen, weitere Verletzungen zu vermeiden, weil ein instabiles Bein damit bewegungslos gehalten werden kann, aber in manchen Fällen macht sie alles nur noch schlimmer. Wenn Sie wissen, wie Sie eine Schiene sinnvoll anlegen müssen, und wenn Ihr Tierarzt die Schiene empfiehlt, nachdem Sie ihm die spezielle Verletzung Ihres Pferdes detailliert beschrieben haben, liegt die Entscheidung bei Ihnen.

Sie sehen: Eine leichte Lahmheit an einem Bein – der Kopf nickt etwas, die Hüften stehen etwas schief oder der Tritt wird etwas verkürzt. Das Ganze ist schwer zu sehen und tritt im Schritt und Trab, auf dem Zirkel oder auf Gefällestrecken nicht die ganze Zeit auf. Vielleicht haben Sie in der Bewegung auch gar keine Lahmheit bemerkt, aber wenn das Pferd steht, stellt es ein Bein die ganze Zeit auf der Zehe ab oder verlagert ständig das Gewicht von diesem Bein weg.

Das könnte bedeuten: Es könnte sich um ein kleineres Problem handeln, das sich von selbst löst, aber es kann auch der Anfang eines größeren Problems sein.

6-D

LEICHTE LAHMHEIT, nur ein Bein betroffen

CHECKLISTE:

- Trägt Ihr Pferd sein Gewicht normal, verlagert aber im Ruhezustand das Gewicht innerhalb weniger Minuten immer wieder von dem Bein weg?
- Zeigt es die Lahmheit ausgeprägter, wenn es auf weichem Boden arbeiten soll?
- Liegt eine ungewöhnliche Erwärmung oder Schwellung in den Weichteilen auf der Hinterseite der Röhrbeine vor?
- Zeigt es Anzeichen von Schmerz, wenn Sie auf die Gewebe an der Rückseite des Röhrbeins drücken?

JA → Rufen Sie Ihren Tierarzt **gleich** an, wenn Sie eine dieser Fragen mit Ja beantwortet haben – es könnte sich um eine Verletzung der Beugesehnen handeln, die sich verschlimmern kann, wenn man zu lange wartet, bis man eine sinnvolle Behandlung einleitet. Blättern Sie zu **Während Sie warten** auf der nächsten Seite.

NEIN ↓

Hat das Pferd innerhalb der letzten 72 Stunden eine Injektion in das lahme Bein oder in dessen Nähe erhalten? Ist die Spritzstelle geschwollen, schmerzhaft oder ungewöhnlich warm?

JA → Rufen Sie Ihren Tierarzt **gleich** an, wenn Sie eine dieser Fragen mit Ja beantwortet haben – es könnte sich um eine Infektion im Muskel handeln (Clostridien-Myositis).

NEIN ↓

Sehen Sie auf dem Bein eine offene Fleischwunde?

JA → Rufen Sie **noch heute** Ihren Tierarzt an – wichtige Stützgewebe könnten verletzt sein. Blättern Sie zum entsprechenden Abschnitt über Wunden, während Sie warten.

NEIN ↓

Liegen am Bein Schwellungen vor, die ein Gelenk mit betreffen?

JA → Blättern Sie zu **S. 85.**

NEIN ↓

Fortsetzung ⇨

CHECKLISTE (FORTSETZUNG):

Fühlt die Hufwand sich ungewöhnlich warm an, wenn Sie mit den anderen Hufen vergleichen? Ist der Kronrand geschwollen (stehen in diesem Bereich die Haare auf)? Stolpert das Pferd im Trab? Ist es in der letzten Woche ausgeschnitten oder beschlagen worden?

JA → Rufen Sie **noch heute** Ihren Tierarzt an, wenn Sie eine dieser Fragen mit Ja beantwortet haben – es könnte sich um ein Problem innerhalb des Hufes handeln, beispielsweise einen Hufnagel, der zu nahe am Leben sitzt, ein Beschlagsproblem, Hufrollenentzündung, Schale, einen Sohlenabszess oder eine Verknöcherung der Strecksehnenansätze am Hufbein.

NEIN ↓

Hat die Lahmheit sich allmählich im Verlauf von 3 Wochen oder länger eingestellt? Ist sie durch Ruhe nicht besser geworden?

JA → Rufen Sie **noch heute** Ihren Tierarzt an, wenn Sie beide Fragen mit Ja beantwortet haben – es könnte sich um ein degeneratives Problem handeln, das chronisch werden kann, wenn es nicht bald diagnostiziert und behandelt wird.

NEIN ↓

Ist Ihr Pferd jünger als 5 Jahre, wird es gut trainiert und zeigt es eine leichte Vorhandlahmheit? Befindet sich an der Vorderseite des Röhrbeins an dem lahmen Bein eine leicht schmerzhafte Schwellung?

JA → Wenn Sie beide Fragen mit Ja beantwortet haben, könnte es sich um einen leichten Fall von Schienbein handeln. Wenden Sie die **Eigenbehandlung** von weiter unten an.

NEIN ↓

Rufen Sie Ihren Tierarzt an und machen Sie einen Termin aus.

Während Sie warten:

1. *Bringen Sie das Pferd in den Stall.* Wenn es sich bewegt, kann sich sein Zustand verschlimmern. Bringen Sie es in eine Box oder einen Paddock und stellen Sie ihm vielleicht noch ein zweites Pferd dazu, damit es sich nicht aufgeregt bewegt.

2. *Kühlen Sie den Huf, die Sehne oder das Gelenk, in dem Sie das Problem vermuten.* Suchen Sie sich einen Kühlbeutel (siehe S. 260), der groß genug ist, um auf allen Seiten um mindestens 5 cm über die Ränder des betroffenen Bereiches überzustehen. Legen Sie ihn zwischen die Lagen eines sauberen Tuches, legen Sie dieses mittig auf den Bereich und halten Sie es dort fest. Kühlen Sie 5 Minuten, dann lassen Sie den Bereich 15 Minuten in Ruhe. Wiederholen Sie diesen Zyklus noch dreimal oder bis Ihr Tierarzt kommt, was auch immer zuerst der Fall ist.

3. *Legen Sie einen Stützverband an.* Wenn Sie sich einigermaßen sicher sind, wo das Problem liegt, legen Sie einen Stützverband an und richten Sie sich dabei nach dem Bereich, den Sie bandagieren wollen. Legen Sie eine Lage Polsterung extra ein und achten Sie besonders darauf, die elastische Lage gleichmäßig und fest genug zu wickeln, damit der Verband nicht rutschen kann. (Wie Sie das genau machen, finden Sie auf S. 269).

4. *Geben Sie dem Pferd kein Futter, wenn Sie eine Hufrehe vermuten.* Geben Sie ihm kein Futter, sondern nur Wasser, bis der Tierarzt kommt und eine Hufrehe als Ursache der Lahmheit bestätigen oder ausschließen kann.

Eigenbehandlung:

*(Sehen Sie auf der **Checkliste** nach, ob eine Eigenbehandlung für die leichte Lahmheit Ihres Pferdes in Frage kommt. Wenn die Lahmheit, die Wärmeentwicklung oder die Schwellung nach 3 Tagen Eigenbehandlung immer noch andauern, oder wenn die Antworten, die Sie in der Check-*

liste geben, sich irgendwann während der Eigenbehandlung zum Schlechteren verändern, rufen Sie den Tierarzt.)

Schritt 1. *Kühlen Sie das »Schienbein«.* Siehe Während Sie warten. Wiederholen Sie den Kühlzyklus weitere viermal. Machen Sie damit zweimal täglich für 3 Tage weiter oder so lange, bis Sie weder Wärmeentwicklung noch Schwellung bemerken können – je nachdem, was kürzer dauert.

Schritt 2. *Bandagieren Sie das »Schienbein«.* Umwickeln Sie den Bereich mit einem hohen Verband (siehe S. 269). Wechseln Sie den Verband täglich und machen Sie damit 3 Tage lang weiter oder so lange, bis weder Wärmeentwicklung noch Schwellung auftreten. Wenn Wärme und Schwellung nach 3 Tagen noch andauern, rufen Sie den Tierarzt.

Schritt 3. *Nehmen Sie das Pferd aus dem Training.* Bringen Sie es mindestens 4 Wochen lang in eine Box oder einen Paddock. Gehen Sie in dieser Zeit täglich zweimal mit ihm an der Hand jeweils 15 Minuten spazieren, um den Blutkreislauf in Gang zu halten und Steifwerden zu verhindern. Fangen Sie dann allmählich wieder mit dem Training an und passen Sie den Trainingsplan so an, dass der Zustand nicht wieder aufflammt. Bauen Sie kürzere Arbeitseinheiten mit ein, die die Beine weniger belasten. Wenn die Lahmheit wiederkehrt, rufen Sie Ihren Tierarzt.

Bandagieren und Sparen

Sie können Ihre ausgemusterten Kniestrümpfe recyceln, indem Sie den Fußteil abschneiden und den Rest als weiche und anschmiegsame Sicherheitsschicht für bandagierte Pferdebeine verwenden. Rollen Sie einen Strumpf auf, streifen Sie ihn über den Pferdehuf und lassen Sie ihn in der Fesselbeuge liegen, während Sie die Bandage anlegen. Dann rollen Sie den Strumpf über die Polsterungslage auseinander. Darüber wickeln Sie die Kompressionslage (auf S. 269 finden Sie eine Anleitung zum Bandagieren).

6-E

LEICHTE LAHMHEIT, zwei oder mehr Beine betroffen

Sie sehen: Steifheit, verkürzte Tritte oder häufige Gewichtsverlagerung im Stehen, als ob das Pferd keine bequeme Position finden würde. (Hilfe zum Erkennen von Lahmheiten finden Sie auf S. 297). Das typische Kopfnicken oder die ungleichmäßige Hüfthaltung werden Sie wahrscheinlich nicht sehen, wenn beide Beine eines Beinpaares (links und rechts) gleich lahm sind – solche Symptome treten nur auf, wenn ein Bein mehr schmerzt als das andere.

Das könnte bedeuten: Es könnte sich um ein geringfügiges Problem handeln, das von selbst wieder verschwindet, aber auch um ein Anzeichen für ein größeres Problem wie beispielsweise eine Allgemeinerkrankung.

CHECKLISTE:

Verweigert das Pferd das Futter, ist es niedergeschlagen oder hat es Fieber? Scheint die Lahmheit von einem Bein zum anderen zu wechseln?

JA → Rufen Sie Ihren Tierarzt **gleich** an, wenn Sie eine dieser Fragen mit Ja beantwortet haben – es könnte sich um eine Allgemeinerkrankung wie Borreliose handeln. Blättern Sie zu **Während Sie warten Nr. 1** auf der gegenüberliegenden Seite.

NEIN ↓

Treten am Rumpf, an der Kruppe oder an den Rückenmuskeln irgendwelche Schwellungen oder eine ungewöhnliche Wärmeentwicklung auf? Wehrt sich das Pferd, wenn Sie mit der Fingerspitze auf einen dieser Bereiche drücken?

JA → Rufen Sie Ihren Tierarzt **gleich** an, wenn Sie eine dieser Fragen mit Ja beantwortet haben – es könnte sich um einen Kreuzverschlag handeln. Blättern Sie zu **Während Sie warten Nr. 2** auf der gegenüberliegenden Seite.

NEIN ↓

Fühlen beide Vorderhufe sich warm an, wenn Sie mit den Hinterhufen vergleichen? Oder fühlen alle 4 Hufe sich ungewöhnlich warm an? Gibt das Pferd die Hufe nicht? Stellt es die Vorderbeine weiter nach vorne heraus als sonst? Ist die Lahmheit oder Bewegungsunwilligkeit größer, wenn es auf einer harten Oberfläche gehen soll? Pulsiert die Mittelfußarterie in den Vorderfüßen stärker, verglichen mit den Hinterfüßen oder mit anderen Pferden des Stalles?

JA → Rufen Sie Ihren Tierarzt **gleich** an, wenn Sie eine dieser Fragen mit Ja beantwortet haben – es könnte sich um das Frühstadium einer Hufrehe handeln. Sie lässt sich umso besser erfolgreich behandeln, je weniger Zeit Sie verstreichen lassen. Blättern Sie zu **Während Sie warten Nr. 2 und Nr. 3.**

NEIN ↓

Erkennen Sie an dem lahmen Bein Schwellungen an einem oder mehreren Gelenken?

JA → Blättern Sie zu **S. 85.**

NEIN ↓

Fortsetzung ⇨

CHECKLISTE (FORTSETZUNG):

Scheint das Pferd einen steifen Hals oder Rücken zu haben, geht es Wendungen, ohne sich zu biegen (wie ein Brett), oder kann es Futter oder Wasser, die es am Boden angeboten bekommt, nur mühsam erreichen?

JA → Blättern Sie zu **S. 191.**

NEIN ↓

Stolpert das Pferd im Schritt oder im Trab?

JA → Rufen Sie **noch heute** Ihren Tierarzt an – es könnte sich um ein Problem innerhalb der Hufe handeln, beispielsweise um eine Hufrollenentzündung oder um Schale. Blättern Sie zu **Während Sie warten Nr. 2 und Nr. 3.**

NEIN ↓

War innerhalb der letzten Woche der Schmied für Ihr Pferd da?

JA → Rufen Sie **noch heute** Ihren Tierarzt an – es könnte ein Problem aufgrund des Ausschneidens oder des Beschlagens vorliegen.

NEIN ↓

Hat die Lahmheit sich allmählich im Verlauf von 3 oder mehr Wochen eingestellt? Ist sie durch Ruhe nicht besser geworden?

JA → Rufen Sie **noch heute** Ihren Tierarzt an – es könnte sich um ein degeneratives Problem handeln, das chronisch werden kann, wenn es nicht frühzeitig diagnostiziert und behandelt wird.

NEIN ↓

Ist das Pferd jünger als 5 Jahre? Wird es gut trainiert? Befindet sich an der Vorderseite der beiden Vorder-Röhrbeine eine leicht schmerzhafte Schwellung?

JA → Wenn Sie alle diese Fragen mit Ja beantwortet haben, könnte es sich um einen leichten Fall von Schienbein handeln. Wenden Sie die **Eigenbehandlung** von S. 90 an.

NEIN ↓

Rufen Sie Ihren Tierarzt an.

Während Sie warten Nr. 1:

Isolieren Sie Ihr Pferd von anderen Pferden, für den Fall, dass es ansteckend sein sollte. Um zu verhindern, dass eine möglicherweise ansteckende Erkrankung sich ausbreitet, sollten Sie es auf einen Paddock oder in eine Box mit getrennter Wasserversorgung stellen, mindestens 7 m von den anderen Pferden entfernt. Waschen Sie sich die Hände und desinfizieren Sie Ihre Stiefel (siehe S. 230), nachdem Sie Umgang mit Ihrem Pferd hatten und bevor Sie Umgang mit anderen Pferden haben.

Während Sie warten Nr. 2:

Bringen Sie Ihr Pferd in den Stall. Durch Bewegung könnte sein Zustand schlimmer werden. Bis zum gegenteiligen Beweis bringen Sie es in eine Box oder einen kleinen Paddock und stellen ihm, falls nötig, ein zweites Pferd daneben, damit es sich nicht aufgeregt bewegt.

Während Sie warten Nr. 3:

1. *Kühlen Sie den Fuß.* Suchen Sie sich einen biegsamen Kühlbeutel (siehe S. 260), der groß genug ist, um ihn um die gesamte Hufwand wickeln zu können (wahrscheinlich brauchen Sie dazu zwei Kühlbeutel). Legen Sie den Kühlbeutel (oder die beiden Kühlbeutel) auf und sichern Sie sie mit einem Verband. Belassen Sie die Kühlbeutel für 5 Minuten am Huf. Wiederholen Sie das alle halbe Stunde oder bis der Tierarzt kommt, je nachdem, was eher eintritt.

2. *Geben Sie dem Pferd kein Futter.* Geben Sie ihm kein Futter, sondern nur Wasser – bis der Tierarzt eintrifft und eine Hufrehe als Ursache der Lahmheit bestätigen oder ausschließen kann.

Sie sehen: Innerhalb der letzten Woche war der Schmied da und hat Ihr Pferd ausgeschnitten oder beschlagen. Nun scheint das Pferd empfindlich an den Hufen zu sein. Es zeigt nur zögerlich den gewohnten Raumgriff, verhält sich möglicherweise auf Steinen oder Felsen empfindlich und geht eventuell eindeutig lahm.

6-F

LAHMHEIT, nachdem der Hufschmied da war

Das könnte bedeuten: Es gibt eine ganze Anzahl von Problemen, die sich nach der Hufpflege an den Hufen oder Beinen eines Pferdes entwickeln können. Schieben Sie nicht allzu schnell Ihrem Schmied die Schuld in die Schuhe. Die Liste der Probleme, die sich aufgrund eines Beschlags ergeben können, wird von Dingen angeführt, die mit mangelhaftem Können oder Beschlagsfehlern nichts zu tun haben. Außerdem sollten Sie sich hüten, voreilig falsche Schlüsse zu ziehen – was Sie da sehen, könnte mit dem Schmiedbesuch überhaupt nichts zu tun haben.

CHECKLISTE:

Bemerken Sie an den Hufwänden der betroffenen Füße eine übermäßige Wärmeentwicklung? Können Sie an diesem Huf ein starkes Pulsieren der Mittelfußarterie spüren, wenn Sie mit den anderen Hufen oder mit den Hufen anderer Pferde des Stalles vergleichen? Zuckt das Pferd zusammen, wenn Sie stark auf die Zehe des betroffenen Fußes drücken? Geht das Pferd lahm?

JA → Rufen Sie Ihren Tierarzt **gleich** an, wenn Sie eine dieser Fragen mit Ja beantwortet haben – es könnte sich um eine Entzündung innerhalb des Hufes handeln, die mit einer Hufrehe, einer Hufrollenentzündung, einem Fall von Strahlfäule, einem zu nahe ans Leben gesetzten Hufnagel oder einem Sohlenabszess zu tun hat.

NEIN ↓

Zeigt das Pferd eine Reaktion, wenn Sie den Zehenbereich des betroffenen Fußes mit der Hufuntersuchungszange abdrücken?

JA → Rufen Sie Ihren Tierarzt **gleich** an – Hufrehe ist eine Möglichkeit, Strahlfäule, Hufrollenentzündung oder ein Sohlenabszess sind weitere.

NEIN ↓

Zeigt das Pferd eine deutliche Lahmheit mit Kopfnicken und schiefer Hüfte?

JA → Blättern Sie zu **S. 87.**

NEIN ↓

Können Sie an den Sehnenscheiden ober- und unterhalb des Fesselgelenks an dem betroffenen Bein eine Schwellung oder Auftreibung feststellen?

JA → Rufen Sie **noch heute** Ihren Tierarzt an – es könnte sich um eine Sehnenscheidenentzündung handeln.

NEIN ↓

Zeigt das Pferd eine Reaktion, wenn Sie mit der Hufuntersuchungszange die frischen Hufnägel abtasten?

JA → Rufen Sie **noch heute** Ihren Tierarzt an – das Pferd könnte durch einen falsch gesetzten Hufnagel »vernagelt« worden sein, d. h. der Nagel ist zu tief gegangen und hat empfindliche Gewebe berührt.

NEIN ↓

Fortsetzung ⇨

Was Ihr Tierarzt vielleicht tun wird:

Er kann den Tetanusschutz Ihres Pferdes überprüfen und evtl. erneuern.

CHECKLISTE (FORTSETZUNG):

Gibt die Sohle des betroffenen Hufes auf Druck mit dem Finger leicht nach? Zuckt das Pferd zusammen, wenn Sie das machen?

JA → Rufen Sie **noch heute** Ihren Tierarzt an – es könnte sich um eine Infektion innerhalb des Hufes handeln, aber auch um eine zu dünne Sohle aufgrund zu starken Ausschneidens, ungenügenden Wachstums oder übermäßiger Abnutzung.

NEIN ↓

Informieren Sie Ihren Schmied über die Situation und halten Sie ihn auf dem Laufenden, was die Krankheitsgeschichte des Pferdes betrifft. Gehen Sie diese Checkliste 3 Tage lang jeden Tag durch. Wenn Ihre Antworten sich ändern oder wenn eine gewisse Empfindlichkeit der Hufe sich nicht bessert, rufen Sie Ihren Tierarzt. Wenn Ihr Tierarzt denkt, dass es hilfreich wäre, organisieren Sie Ihren Schmied zu diesem Termin.

Einblicke in das Hufleben ...

Wenn Ihr Pferd immer (allerdings nur vorübergehend) empfindlich geht, nachdem der Schmied da war, könnte es sein, dass es dünne Sohlen hat. Bitten Sie Ihren Schmied, die Sohlen Ihres Pferdes daraufhin zu überprüfen, ob sie zu dünn sind (oder ob es einen anderen, ernsthafteren Grund für seine Empfindlichkeit gibt). Denken Sie darüber nach, beim Beschlag eine Zwischensohle mit einlegen zu lassen, die gegen den Druck von Steinen schützt.

Sie sehen: Eine Schwellung, eine Beule oder eine andere Deformierung am Sprunggelenk des Pferdes. Manchmal ist eine solche Beule berührungsempfindlich, manchmal beeinträchtigt sie auch den Gang des Pferdes. Selbst wenn sie keinerlei Unbehagen hervorzurufen scheint, gehört sie da nicht hin.

6-G

SCHWELLUNGEN UND BEULEN am Sprunggelenk

Das könnte bedeuten: Es könnte sich um einen reinen Schönheitsfehler handeln. Es könnte ein Alarmzeichen dafür sein, dass das Gelenk Belastungen ausgesetzt ist, die zu einer Verletzung führen können. Es könnte aber auch ein Anzeichen für ein ernsthaftes Problem an Knochen, Muskeln, Sehnen, Bändern oder Gelenken sein. Selbst wenn der Zustand an sich nicht ernsthaft ist, könnte er an der Stelle, an der er auftritt, die normale Bewegungsfähigkeit beeinträchtigen.

CHECKLISTE:

Zeigt das Pferd an dem betroffenen Bein Anzeichen von Lahmheit? Bemerken Sie an der breiten Sehne, die über den Fersenhöcker verläuft, eine teigige Verdickung?

JA → Rufen Sie Ihren Tierarzt **gleich** an, wenn Sie eine dieser Fragen mit Ja beantwortet haben – es könnte sich um eine Verletzung des Stützapparates handeln. Blättern Sie zu **Während Sie warten** auf S. 88.

NEIN ↓

Gibt es eine Fleischwunde, die mit der Beule in Zusammenhang steht?

JA → Blättern Sie zu der **Checkliste,** die für diese Art von Verletzung zutrifft.

NEIN ↓

Befindet sich an der Innenseite des Beins, wo das Sprunggelenk in das Röhrbein übergeht, eine feste Schwellung (von der Konsistenz eines Tennisballs)? Sieht man an der Zehe eine ungewöhnlich starke Abnutzung, die davon herrühren kann, dass die Zehe beim Vorsetzen des Fußes über den Boden gezogen wird?

JA → Rufen Sie **noch heute** Ihren Tierarzt an, wenn Sie eine dieser Fragen mit Ja beantwortet haben – es könnte sich um Spat handeln. Blättern Sie zu **Während Sie warten** auf der gegenüberliegenden Seite.

NEIN ↓

Steht eine weiche Schwellung, die sich wie ein mit Wasser gefüllter Ballon anfühlt, auf beiden Seiten des Sprunggelenks vor?

JA → Rufen Sie **noch heute** Ihren Tierarzt an – es könnte sich um eine Kreuzgalle handeln. Blättern Sie zu **Während Sie warten** auf der gegenüberliegenden Seite.

NEIN ↓

Befindet sich direkt unterhalb des Sprunggelenkes, auf der Außenseite oder Rückseite des Beins, eine teigige Schwellung?

JA → Rufen Sie **noch heute** Ihren Tierarzt an – es könnte sich um eine Hasenhacke handeln. Blättern Sie zu **Während Sie warten** auf der gegenüberliegenden Seite.

NEIN ↓

Fortsetzung ⇨

CHECKLISTE (FORTSETZUNG):

Befindet sich auf dem Fersenhöcker eine wabbelige Schwellung von Golfballgröße, die weder warm noch unangenehm zu sein scheint?

JA → **Rufen Sie noch heute Ihren Tierarzt an – es handelt sich wahrscheinlich um eine Piephacke, die sich zu einer dauerhaften Sache entwickeln kann. Lesen Sie unten Während Sie warten.**

NEIN ↓

Rufen Sie Ihren Tierarzt an und lassen Sie sich beraten.

Während Sie warten:

1. *Machen Sie kalt/warme Wechselanwendungen.* Bereiten Sie eine heiße Bittersalzlösung (so heiß wie ein heißes Bad, also für Ihre Hand noch tolerierbar) nach der Anweisung auf S. 240. Tränken Sie eine Einmalwindel oder ein Geschirrtuch mit der Lösung, falten Sie das Tuch einmal und legen Sie es über die Piephacke. Dort soll es 2 Minuten bleiben. Nehmen Sie nun das Tuch ab und lassen Sie 5 Minuten lang kaltes Wasser aus dem Schlauch (ohne Druck) über das Sprunggelenk laufen. Sie können auch einen Kühlbeutel auflegen (siehe S. 260). Wiederholen Sie diesen heiß-kalt-Zyklus noch dreimal, so dass Sie insgesamt 4 Zyklen durchgeführt haben. Führen Sie diese Behandlung bis zum Tierarzttermin täglich dreimal durch.

2. *Legen Sie einen Breiumschlag auf.* Streichen Sie nach jeder beendeten Wechselanwendung eine dünne Schicht eines handelsüblichen Breiumschlages auf. Benutzen Sie dabei kein Produkt, das Wärme entwickeln oder ziehend wirken soll. Decken Sie die Paste locker mit einer Plastikfolie ab und sichern Sie das Ganze mit einer Bandage, die Sie in Achtertouren um das Gelenk wickeln. Achten Sie darauf, den Verband so um den Bereich des Fersenhöckers herum zu legen, dass dort keine Reibung oder Reizung auftritt. Lassen Sie den Breiumschlag 1 Stunde ziehen und entfernen Sie dann alle Lagen des Umschlags.

3. *Verhindern Sie erneutes Auftreten.* Wenn Ihr Pferd sich wiederholt Traumen im Bereich des Sprunggelenks zufügt, kann keine Behandlung der Welt die dadurch entstehende Piephacke zum Verschwinden bringen. Wenn es gegen die Boxenwände schlägt, bringen Sie es in einen Paddock oder in eine andere Box, wo es nichts gegen seine Nachbarn hat. Wenn es im Hänger ausschlägt, entfernen Sie die Mittelwand oder besorgen Sie sich einen Hänger, in dem das Pferd schräg steht. Wenn es sich die Sprunggelenke aufschürft, weil es auf rutschigem Boden Schwierigkeiten beim Aufstehen hat, überlegen Sie, ob Sie eine andere Einstreu benutzen oder Stallmatten verlegen können, oder stellen Sie es auf die Weide.

Wussten Sie schon …

Wenn man Dimethylsulfoxid (DMSO) mit Wasser mischt (oder auf nasse Haut aufträgt), läuft in der entstehenden Emulsion eine chemische Reaktion ab, die eine ganze Menge Wärme freisetzt. Diese Wärme kann die Haut des Pferdes reizen, vor allem, wenn es sich um ein empfindliches Pferd handelt.

6-H

SCHWELLUNGEN UND BEULEN
am Karpalgelenk

Sie sehen: Eine Schwellung, eine Beule oder eine andere Deformierung am Karpalgelenk des Pferdes. Manchmal ist eine solche Beule berührungsempfindlich, manchmal beeinträchtigt sie auch den Gang des Pferdes. Selbst wenn sie keinerlei Unbehagen hervorzurufen scheint, gehört sie da eindeutig nicht hin.

Das könnte bedeuten: Es könnte sich um einen reinen Schönheitsfehler handeln. Es könnte ein Alarmzeichen dafür sein, dass das Gelenk Belastungen ausgesetzt ist, die zu einer Verletzung führen können. Es könnte aber auch ein Anzeichen für ein ernsthaftes Problem an Knochen, Muskeln, Sehnen, Bändern oder Gelenken sein. Selbst wenn der Zustand an sich nicht ernsthaft ist, könnte er an der Stelle, an der er auftritt, die normale Bewegungsfähigkeit beeinträchtigen.

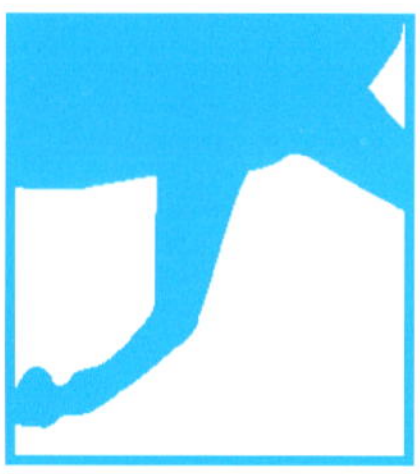

CHECKLISTE:

Zeigt das Pferd eine Lahmheit auf dem betroffenen Bein?

JA → Rufen Sie Ihren Tierarzt gleich an – es könnte sich um eine Verletzung des Karpalgelenks oder seiner Stützgewebe handeln. Blättern Sie zu **Während Sie warten Nr. 1** auf der gegenüberliegenden Seite.

NEIN ↓

Knickt das betroffene Bein im Fesselgelenk weg?

JA → Rufen Sie Ihren Tierarzt gleich an – es könnte sich um eine Verletzung der Sehne handeln, die das Karpalgelenk streckt und das Bein nach vorne bringt (der gemeinsame Zehenstrecker). Blättern Sie zu **Während Sie warten Nr. 2** auf der gegenüberliegenden Seite.

NEIN ↓

Gibt es eine Fleischwunde, die mit der Beule im Zusammenhang steht?

JA → Blättern Sie zur **S. 13,** dort finden Sie die Checkliste, die auf diese Art von Verletzung zutrifft.

NEIN ↓

Ist das Gelenk gleichmäßig geschwollen?

JA → Rufen Sie noch heute Ihren Tierarzt an – es könnte sich um eine Karpalbeule oder um eine Synovialitis handeln. Blättern Sie zu **Während Sie warten Nr. 1.**

NEIN ↓

Rufen Sie **gleich** Ihren Tierarzt an – es könnte sich um eine Karpalbeule oder eine Verletzung der Weichteile im Bereich des Gelenks aufgrund eines Traumas handeln. Blättern Sie zu **Während Sie warten Nr. 1.**

VORSICHT

Widerstehen Sie der Versuchung, Ihrem Pferd entzündungshemmende Medikamente zu geben, wenn Ihr Tierarzt es nicht angeordnet hat. Wenn Sie Medikamente verabreichen, die die Schwellung und den Schmerz vorübergehend lindern, ohne gleichzeitig Maßnahmen zur Beseitigung der Ursache zu ergreifen, könnten Sie vergessen, dass da noch eine Ursache war und könnten die normale Arbeit mit ihm wieder aufnehmen. Wenn Sie es weiter arbeiten, können Sie damit aber ernsthaften und womöglich bleibenden Schaden anrichten.

Während Sie warten Nr. 1:

1. *Kühlen Sie das Karpalgelenk.* Nehmen Sie einen Kühlbeutel (siehe S. 260), der so groß ist, dass er um mindestens 5 cm über das Gelenk hinausragt. Legen Sie ihn zwischen die Lagen eines sauberen Tuches, das Sie mit der Mitte auf das Gelenk legen und dort festhalten. Halten Sie sich an den folgenden Kühlungsplan: 5 Minuten kühlen, 15 Minuten weg mit dem Kühlbeutel. Wiederholen Sie diesen Zyklus noch dreimal oder so lange, bis Ihr Tierarzt eintrifft – je nachdem, was früher der Fall ist.

2. *Verbinden Sie das Gelenk.* Legen Sie einen leichten Druckverband an (siehe S. 274). Bringen Sie das Pferd in den Stall, damit der Verband sich nicht löst.

Während Sie warten Nr. 2:

1. *Bringen Sie das Pferd in den Stall.* Durch Bewegung könnte sein Zustand sich verschlimmern. Bringen Sie es in eine Box oder einen kleinen Paddock und stellen Sie ihm, falls nötig, ein zweites Pferd daneben, damit es sich nicht aufgeregt bewegt.

2. *Kühlen Sie das Gelenk.* Nehmen Sie einen Kühlbeutel (siehe S. 260), der so groß ist, dass er um mindestens 5 cm über den Bereich des Gelenks hinausragt. Legen Sie ihn zwischen die Lagen eines sauberen Tuches, das Sie mit der Mitte auf das Gelenk legen und dort festhalten. Halten Sie sich an den folgenden Kühlungsplan: 5 Minuten kühlen, 15 Minuten weg mit dem Kühlbeutel. Wiederholen Sie diesen Zyklus noch dreimal oder so lange, bis Ihr Tierarzt eintrifft – je nachdem, was früher der Fall ist.

3. *Legen Sie einen Stützverband an.* Stützen Sie das wegknickende Fesselgelenk mit einem hohen Verband. Legen Sie eine Extralage Polstermaterial mit ein und achten Sie besonders darauf, die elastische Lage gleichmäßig und so fest anzulegen, dass der Verband nicht rutschen kann. (Wie Sie das genau machen, finden Sie auf S. 269.)

Wussten Sie schon …

Pferde können die Pferdeversion des »Karpaltunnelsyndroms« bekommen, dieses Fluches der Computerhacker und Musiker beim Menschen. Es betrifft die Gewebe an der Rückseite des Karpalgelenks, also einen Bereich, der mit der Unterseite eines menschlichen Handgelenks vergleichbar ist. Zu den Symptomen gehören Lahmheit (kaum erkennbare bis schwere), Wärmeentwicklung und Anschwellung des Gelenks (vor allem an der Rückseite) und nur widerwilliges Abbeugen des Gelenks, weil dadurch Schmerz entsteht.

6-I

SCHWELLUNGEN UND BEULEN
im unteren Beinbereich

Sie sehen: Eine Schwellung, eine Beule oder eine andere Deformierung am Bein des Pferdes im Bereich zwischen Kronsaum und Sprunggelenk (am Hinterbein) oder Karpalgelenk (am Vorderbein). Diese Beule kann berührungsempfindlich sein und die Bewegung beeinträchtigen. Selbst wenn sie dem Pferd kein Unbehagen bereitet, gehört sie da eindeutig nicht hin.

Das könnte bedeuten: Es könnte sich um einen reinen Schönheitsfehler handeln. Es könnte aber auch ein Anzeichen für ein ernsthaftes Problem an Knochen, Muskeln, Sehnen, Bändern oder Gelenken sein. Selbst wenn der Zustand an sich nicht ernsthaft ist, könnte er an der Stelle, an der er auftritt, die normale Bewegungsfähigkeit beeinträchtigen.

CHECKLISTE:

Zeigt das Pferd am betroffenen Bein eine Lahmheit?

JA → Rufen Sie Ihren Tierarzt **gleich** an – es könnte sich um eine Verletzung an Stützgeweben handeln. Blättern Sie zu **Während Sie warten** auf der gegenüberliegenden Seite.

NEIN ↓

Befindet sich an den Sehnen, die auf der Rückseite des Röhrbeins verlaufen, eine hochgewölbte, feste Verdickung? Ist sie wärmer als normal und schmerzt bei Berührung, obwohl Sie an Ihrem Pferd keine Lahmheit beobachtet haben?

JA → Rufen Sie Ihren Tierarzt **gleich** an, wenn Sie diese beiden Fragen mit Ja beantwortet haben – es könnte sich um das Frühstadium einer Verletzung oder Infektion an einer Beugesehne (Wade) oder ihrer Sehnenscheide handeln.

NEIN ↓

Befindet sich im Bereich der Schwellung eine Fleischwunde?

JA → Blättern Sie zu der **Checkliste,** die zu dieser Art von Verletzung gehört.

NEIN ↓

Befindet sich an den Sehnen, die auf der Rückseite des Röhrbeins verlaufen, eine hochgewölbte, feste Verdickung? Ist diese Verdickung nicht wärmer als normal und zeigt das Pferd keine Anzeichen von Schmerz, wenn Sie fest auf diese Stelle drücken, während Sie das Bein abgewinkelt hochhalten?

JA → Wenden Sie die **Eigenbehandlung Nr. 1** von der gegenüberliegenden Seite an. Es hört sich nach Narbengewebe von einer alten Beugesehnenentzündung an.

NEIN ↓

Sind die Vertiefungen auf beiden Seiten des Röhrbeins, gerade oberhalb des Fesselgelenks, mit einer festen, elastischen Schwellung ausgefüllt?

JA → Rufen Sie **noch heute** Ihren Tierarzt an – es könnte sich um Windgallen handeln, die entstanden sind, weil die Sehnenscheide an dieser Stelle entzündet ist. Wenn die Fessel selbst geschwollen ist, blättern Sie zu S. 85.

NEIN ↓

Fortsetzung ⇨

CHECKLISTE (FORTSETZUNG):

Befindet sich auf der Innen- oder der Außenfläche des Röhrbeins unterhalb von Karpal- oder Sprunggelenk ein fester Knoten von Daumengröße oder kleiner? Ist dieser Knoten berührungsempfindlich und ungewöhnlich warm?

JA → Rufen Sie **noch heute** Ihren Tierarzt an – es könnte sich um eine Verletzung des Griffelbeins handeln.

NEIN ↓

Sehen Sie einen festen Knoten wie oben beschrieben, der aber nicht schmerzt und nicht warm ist?

JA → Das klingt nach einem alten, verknöcherten Überbein. Wenden Sie die **Eigenbehandlung Nr. 2** von der nächsten Seite an.

NEIN ↓

Befindet sich an der Vorderseite des Röhrbeins, auf mittlerer Höhe, eine feste Schwellung, die wie ein glatter Hügel aussieht und die Konsistenz eines Tennisballs hat? Ist sie berührungsempfindlich und ungewöhnlich warm?

JA → Das klingt nach Schienbein. Wenden Sie die **Eigenbehandlung** von S. 90 an.

NEIN ↓

Rufen Sie Ihren Tierarzt an und machen Sie einen Termin aus.

Während Sie warten:

1. *Bringen Sie das Pferd in den Stall.* Gehen Sie davon aus, dass die Ursache für die Schwellung und die Lahmheit sich durch Bewegung verschlimmert. Bringen Sie Ihr Pferd in eine Box oder einen kleinen Paddock und stellen Sie ihm notfalls ein zweites Pferd daneben, damit es sich nicht unruhig bewegt.

2. *Kühlen Sie die Verletzung.* Wenn die Beule mit ungewöhnlicher Wärme oder Schwellung verbunden ist, nehmen Sie einen Kühlbeutel (siehe S. 260), der so groß ist, dass er um mindestens 5 cm über die Schwellung hinausragt. Legen Sie ihn zwischen die Lagen eines sauberen Tuches, das Sie mit der Mitte auf die Schwellung legen und dort festhalten. Halten Sie sich an den folgenden Kühlungsplan: 5 Minuten kühlen, 15 Minuten weg mit dem Kühlbeutel. Wiederholen Sie diesen Zyklus noch dreimal oder so lange, bis Ihr Tierarzt eintrifft – je nachdem, was früher der Fall ist.

Eigenbehandlung Nr. 1:

*(Sehen Sie auf der **Checkliste** nach, ob eine Eigenbehandlung für die alte Sehnenverletzung Ihres Pferdes in Frage kommt. Wenn irgendwann während der Eigenbehandlung die Sehnen wärmer werden, anschwellen oder druckempfindlich sind, wenn Sie sie bei angehobenem Bein abdrücken, rufen Sie den Tierarzt.)*

Schritt 1. *Machen Sie eine kalt-warm-Wechselbehandlung.* Bereiten Sie eine Bittersalzlösung zu (siehe S. 242), die so heiß ist, dass Sie die Finger gerade noch hineinstecken können. Tränken Sie eine Einmalwindel oder ein Geschirrtuch mit der Lösung, falten Sie das Tuch einmal und legen Sie es über die Sehne. Dort soll es 5 Minuten bleiben. Machen Sie es immer wieder nass, damit es heiß bleibt. Nehmen Sie nun das Tuch ab und lassen Sie 5 Minuten lang kaltes Wasser aus dem Schlauch (ohne Druck) über den Bereich laufen. Nun kühlen Sie den Bereich (siehe **Während Sie warten**, Schritt 2, für eine genaue Anleitung.) Halten Sie den Kühlbeutel 5 Minuten lang auf die Sehne. Wiederholen Sie diesen Zyklus (Wärme, kaltes Wasser, Eis) noch einmal und hören Sie mit einer Wärmebehandlung auf. Häufigkeit: 2 Wochen lang zweimal täglich.

Schritt 2. *Machen Sie eine physikalische Therapie.* Diese 3 Schritte sollten Sie nach jeder Wechselbehandlung mit Wärme und Kälte durchführen:

A. Reiben Sie unmittelbar nach der letzten Wärmebehandlung ein Sehnenfluid in die Sehnen ein. Benutzen Sie dazu die Fingerkuppen (bitte keine langen Fingernägel) und massieren Sie in einer 5-minütigen Tiefenmassage die gesamte Länge der Sehnenfasern entlang. Stellen Sie sich vor, dass Sie mit den Finger die Fasern »kämmen«, sie also zerteilen und schön glatt legen. Machen Sie das so fest, wie Sie können, ohne dem Pferd Unbehagen zu verursachen.

B. Wiederholen Sie die 5-minütige Massage und stellen Sie diesmal die Hufspitze des Pferdes auf ein 2,5 cm dickes Brett. (Dadurch wird es einfacher, die Sehnen voneinander zu trennen und zu dehnen). Wenn das Pferd Widerstand leistet (das Bein hochhebt oder es wegzieht), beginnen Sie mit einem 13 mm starken Brett und kürzeren Massageeinheiten, und arbeiten sich zu dem stärkeren Brett und 5-Minuten-Sitzungen vor, bis es das ohne Widerstand zulässt.

C. Führen Sie es auf einem flachen, ebenen harten Boden eine Viertelstunde lang an der Hand.

Schritt 3. *Wenden Sie einen Breiumschlag an.* Bestreichen Sie die Sehne nach dem Spaziergang mit einem handelsüblichen oder einem selbst gemachten Breiumschlag (siehe S. 240). Decken Sie das Ganze locker mit einer Plastikfolie ab und lassen Sie Verbandwatte und eine Bandage folgen. (Eine genaue Anleitung zum Bandagieren finden Sie auf S. 269.) Lassen Sie den Breiumschlag 2 bis 4 Stunden ziehen, entfernen Sie dann alle Verbandlagen und waschen Sie die Paste mit Seife und warmem Wasser gründlich ab. Spülen Sie das Ganze ab und tupfen Sie das Fell trocken. Machen Sie zur Stützung des Beins einen hohen Verband (siehe S. 269), der bis zur nächsten Behandlung am Bein verbleibt.

Schritt 4. *Sehen Sie sich das Ganze 2 Wochen später wieder an.* Ob die Schwellung der Sehne zurückgeht oder nicht, hängt davon ab, wie schwer die ursprüngliche Verletzung war, wie alt sie ist und wie viel Narbengewebe sich entwickelt hat. Erwarten Sie nicht, dass Sie sofort eine deutliche Verbesserung sehen – dazu müssen die wild durcheinanderliegenden Sehnenfasern wieder sauber geordnet werden, und das kann mehrere Wochen dauern. Innerhalb der ersten 2 Wochen wissen Sie aber, dass Sie Fortschritte gemacht haben, wenn die verdickte Sehne sich beweglicher anfühlt und das Pferd die Behandlung aus Schritt 2, die Massage mit höhergestellter Zehe, besser toleriert. Wenn das der Fall ist, machen Sie weitere 2 Wochen mit den Schritten 1 bis 3 weiter. Wenn keine Besserung sichtbar ist, kann es sein, dass die alte Sehnenverletzung sich durch eine weitere Eigenbehandlung nicht bessern wird. (Zu den Alternativen gehören eine Operation, bei der übermäßiges Narbengewebe durchtrennt wird, so dass die neuwachsenden Sehnenfasern die Richtung besser einhalten können, aber auch das (Unter-) Spritzen der Sehne mit verschiedenen Medikamenten. Die Nachsorge sieht ähnlich aus wie die Behandlung, die in den Schritten 1 bis 3 dargestellt ist.)

Achtung: Selbst wenn das Aussehen der Sehne sich verbessert hat, liegen in einer verheilten Sehne Gewebe vor, die schwächer und weniger elastisch sind als das ursprünglich vor der Verletzung vorhandene Gewebe, und das bedeutet, dass die Sehne jetzt anfälliger für Verletzungen ist. Wenn Sie Ihr Pferd im Sport einsetzen, sollten Sie darüber nachdenken, ob Sie ihm nicht weniger anstrengende Aufgaben stellen wollen.

Eigenbehandlung Nr. 2:

(Sehen Sie auf der ***Checkliste*** *nach, ob eine Eigenbehandlung für die verknöcherten Überbeine Ihres Pferdes in Frage kommt. Wenn zu irgendeinem Zeitpunkt während der Behandlung Lahmheit, ungewöhnliche Wärmeentwicklung oder Empfindlichkeit auftritt, rufen Sie den Tierarzt – das Griffelbein könnte gebrochen sein.)*

Beachten Sie: Verknöcherte Überbeine verursachen nur selten eine Lahmheit oder eine mechanische Beeinflussung der normalen Beinfunktion. Man behandelt sie hauptsächlich deswegen, weil man sie als Schönheitsfehler betrachtet. Wenn Ihr Tierarzt der Meinung ist, dass das verknöcherte Überbein Ihres Pferdes kein Problem darstellt und wenn Sie nichts gegen das Aussehen des Beins haben, haben Sie durchaus die Option, gar nichts daran zu tun. Wenn Sie versuchen wollen, das Überbein kleiner und weniger hervorstehend zu bekommen, können Sie es mit der folgenden Behandlung probieren.

Schritt 1. *Machen Sie kalt-warme Wechselanwendungen.* Befolgen Sie Schritt 1 der Eigenbehandlung Nr. 1 (S. 101) und behandeln Sie dabei den Bereich der Griffelbeine. Häufigkeit: zwei Wochen lang zweimal täglich.

Schritt 2. *Legen Sie einen Breiumschlag an.* Befolgen Sie Schritt 3 der Eigenbehandlung Nr. 1 (S. 101), behandeln Sie aber diesmal den Bereich der Griffelbeine.

Schritt 3. *Sehen Sie sich das Ganze nach 2 Wochen wieder an.* Überprüfen Sie, ob die Größe der Verknöcherungen an den Griffelbeinen sich verändert hat. Wenn Sie das Gefühl haben, dass sie kleiner geworden sind, machen Sie mit der Behandlung 2 Wochen lang weiter und sehen Sie sich das Ganze danach wieder kritisch an. Wenn sich nichts getan hat, werden die Überbeine von der Eigenbehandlung wahrscheinlich nicht besser. Das ist aber kein Grund zur Verzweiflung: im Verlauf einiger Monate werden viele stark hervortretende Überbeine von selbst glatter und kleiner.
Eine weitere Behandlungsmöglichkeit ist eine Operation oder eine Umspritzung des Überbeins mit einem Medikament. Die Nachsorge entspricht der oben aufgeführten Behandlung.

Wie man ein Bein zum Schwitzen bringt ...

Anstatt eines Breiumschlages kann man das Bein auch »zum Schwitzen bringen«, um die Schwellung des unteren Beinbereichs bei einem gutartigen Zustand wie angelaufenen Beinen zu reduzieren, aber auch in Fällen, in denen Ihr Tierarzt Ihnen empfiehlt, eine Verletzung mit Wärme zu behandeln. Und so wird's gemacht:

- Bringen Sie eine entsprechende Paste nach der Anweisung Ihres Tierarztes oder nach Etikett auf (oder stellen Sie sich selbst eine her – siehe Rezept auf S. 240).
- Decken Sie den Bereich lose mit einer Küchenfolie ab und legen Sie die Folie glatt an das Pferdebein an.
- Versorgen Sie den Bereich nun mit einem normalen Beinverband. (Wie Sie das machen, finden Sie auf S. 269).
- Als Faustregel gilt, dass eine Wärmepackung 12 Stunden am Bein bleibt, wenn es nicht anders auf dem Etikett steht oder Ihnen vom Tierarzt anders gesagt wird. Danach entfernen Sie die Bandage und spülen das Bein ab. Lassen Sie es nun 12 Stunden »ruhen« und bringen Sie dann eine weitere Wärmepackung für 12 Stunden auf. Wiederholen Sie das so oft wie nötig oder angegeben.

6-J

SCHWELLUNGEN UND BEULEN
im oberen Beinbereich

Sie sehen: Eine Schwellung, eine Beule oder eine andere Deformierung am Bein des Pferdes oberhalb des Sprunggelenks (am Hinterbein) oder des Karpalgelenks (am Vorderbein). Diese Beule kann berührungsempfindlich sein und die Bewegung beeinträchtigen. Selbst wenn sie dem Pferd kein Unbehagen bereitet, gehört sie da eindeutig nicht hin.

Das könnte bedeuten: Es könnte sich um einen reinen Schönheitsfehler handeln. Es könnte ein Tumor sein. Es könnte aber auch ein äußeres Anzeichen für ein ernsthaftes Problem an Knochen, Muskeln, Sehnen, Bändern oder Gelenken sein. Selbst wenn der Zustand an sich nicht ernsthaft ist, könnte er an der Stelle, an der er auftritt, die normale Bewegungsfähigkeit beeinträchtigen.

CHECKLISTE:

Zeigt das Pferd auf dem betroffenen Bein Anzeichen von Lahmheit?
JA → Blättern Sie zu **S. 87 bis 90.**

NEIN ↓

Betrifft die Schwellung das Ellenbogen- oder das Kniegelenk?
JA → Blättern Sie zu **S. 85.**

NEIN ↓

Befindet sich auf der Beule eine Fleischwunde oder eine Abschürfung?
JA → Blättern Sie zu der **Checkliste,** die für diese Art von Verletzung zutrifft.

NEIN ↓

Wehrt sich das Pferd, wenn Sie das betroffene Bein abbeugen?
JA → Rufen Sie **noch heute** Ihren Tierarzt an – es könnte sich um eine Verletzung des Knochens oder der Stützgewebe im Gelenk oder im Gelenksbereich handeln.

NEIN ↓

Steht die Beule im Zusammenhang mit einem verdickten oder haarlosen Bereich am Ellbogengelenk?
JA → Rufen Sie **noch heute** Ihren Tierarzt an – es könnte sich um eine Stollbeule handeln.

NEIN ↓

Befindet sich unter der Haut an der Außenseite des Gelenks, kurz unterhalb des Kniegelenks, ein harter, schmerzloser Knoten?
JA → Rufen Sie **noch heute** Ihren Tierarzt an – es könnte sich um eine tumorähnliche Wucherung handeln, die Calcinosa circumscripta heißt.

NEIN ↓

Bewegt der Knoten sich, wenn Sie die Haut des Pferdes verschieben?
JA → Blättern Sie zu **S. 142** und **S. 151.**

NEIN ↓

Fortsetzung ⇨

CHECKLISTE (FORTSETZUNG):

Besteht die Beule aus einer weichen bis harten Schwellung (wie ein mit Wasser gefüllter Ballon oder ein Tennisball) über einem stark bemuskelten Bereich, beispielsweise an Kruppe, Oberschenkel, Brust oder Schulter und tritt dort weder Wärmeentwicklung noch Schmerz auf?

JA → **Das klingt nach einem Hämatom oder einem Serom. Wenn es sich wie ein mit Wasser gefüllter Ballon anfühlt und größer als ein Hockeypuck ist, rufen Sie noch heute Ihren Tierarzt, der vielleicht das Blut abfließen lassen kann, so dass das Ganze schneller abheilt. Ansonsten wenden Sie die Eigenbehandlung von weiter unten an.**

NEIN ↓

Rufen Sie Ihren Tierarzt an und machen Sie einen Termin aus.

Eigenbehandlung:

(Sehen Sie auf der ***Checkliste*** *nach, ob eine Eigenbehandlung für die Beule im oberen Beinbereich Ihres Pferdes in Frage kommt. Wenn die Antworten, die Sie in der Checkliste geben, sich irgendwann während der Eigenbehandlung zum Schlechteren verändern, rufen Sie den Tierarzt.)*

Schritt 1. *Kühlen Sie den Bereich und wenden Sie Druck an, um die Blutung unter der Haut zu stillen.* Nehmen Sie einen Kühlbeutel (siehe S. 260), der so groß ist, dass er um mindestens 5 cm über die Ränder der Beule hinausragt. Legen Sie ihn direkt auf die Haut und drücken Sie fast so stark, dass Sie Ihr Pferd damit aus dem Gleichgewicht bringen. (Bitten Sie einen Helfer, von der anderen Seite zu drücken, damit das Pferd ruhig stehen kann.) Halten Sie das Eis 20 Minuten lang am Pferd, dann 5 Minuten ruhen lassen. Wiederholen Sie das noch zweimal mit frischen Kühlbeuteln.

Schritt 2. *Bringen Sie Ihr Pferd in den Stall, damit sich so in Ruhe ein Gerinnungsherd bilden kann, der die Blutung zum Stillstand bringt.* Sperren Sie das Pferd für die nächsten 12 Stunden in eine Box oder einen kleinen Paddock, wo es frisches Gras oder Heu findet und einen Kollegen hat, damit es sich nicht aufgeregt bewegt.

Schritt 3. *Stimulieren Sie den Bereich, um die Auflösung der Blut- oder Serumansammlung anzuregen.* Das tun Sie am folgenden Tag:
- Legen Sie eine mit heißem (für die Haut erträglichem) Wasser gefüllte Wärmflasche auf die Schwellung und halten Sie sie 5 Minuten lang dort.
- Lassen Sie sofort für 5 Minuten einen Kühlbeutel folgen.
- Lassen Sie darauf 2 Minuten anregender Massage mit einem Gummistriegel folgen, um die Gewebe zu erweichen und die Durchblutung zu fördern.
- Wiederholen Sie diesen Zyklus noch zweimal, so dass Sie pro Sitzung 3 solcher Zyklen durchlaufen.
- Häufigkeit: zweimal täglich.

Schritt 4. *3 Tage oder länger nach der Verletzung sollten Sie überlegen, ob Bewegung hilfreich wäre, um die Durchblutung zu verbessern und die Narbenbildung im Rahmen zu halten.* Verschaffen Sie dem Pferd unmittelbar nach Durchführung von Schritt 3 Bewegung. Mit einem Pferd, das normalerweise nicht geritten wird, gehen Sie 5 Minuten lang Schritt, dann 15 Minuten lang abwechselnd Schritt und Trab, und zum Abkühlen noch einmal 10 Minuten lang Schritt. Mit einem Pferd, das regelmäßig trainiert wird, machen Sie 50 % weniger als sonst.

Schritt 5. *Machen Sie damit weiter.* Wiederholen Sie die Schritte 1 bis 4 so lange, bis der Bereich sich wieder normal anfühlt. Das kann bis zu 6 Wochen dauern, je nach Schwere und Alter des Hämatoms oder Seroms zu dem Zeitpunkt, zu dem Sie mit der Behandlung angefangen haben. (Je älter es ist, desto länger braucht es, um sich aufzulösen.)

6-K

WEGKNICKEN
eines Beins

Sie sehen: Eines oder mehrere Pferdebeine scheinen nachzugeben oder wegzuknicken, als ob es sehr schwach wäre oder nicht richtig funktionieren würde.

Das könnte bedeuten: Wenn das Pferd nicht gerade ein starkes Beruhigungsmittel erhalten hat (solche Mittel können ein Pferd wie betrunken erscheinen lassen), dann kann das bedeuten, dass ein Problem am Nervensystem oder in den Stützgeweben (Muskeln, Sehnen, Bändern, Knochen) des betroffenen Beins vorliegt.

CHECKLISTE:

Tritt das Problem an mehr als einem Bein auf? Sehen Sie ein herabhängendes Ohr oder Augenlid, oder hängt das Maul herunter? Ist die Nickhaut sichtbar?

JA → Rufen Sie Ihren Tierarzt **gleich** an, wenn Sie eine dieser Fragen mit Ja beantwortet haben – es könnte sich um eine Nervenerkrankung oder eine allgemeine Schwäche handeln. (Siehe **Gut zu wissen** auf der gegenüberliegenden Seite.) Siehe auch VORSICHT weiter unten, und blättern Sie zu **Während Sie warten** weiter unten.

NEIN ↓

Tritt das Problem nur an einem Bein auf?

JA → Rufen Sie Ihren Tierarzt **gleich** an – es könnte sich um eine Verletzung an Stützgeweben oder an der Nervenversorgung des Beins handeln. Blättern Sie zu **Während Sie warten.**

Während Sie warten:

1. *Schützen Sie sich.* Bei einer solchen Gehstörung passiert es leicht, dass das Pferd sich auf eine unerwartete Art und Weise bewegt. Seien Sie vorsichtig und bringen Sie sich nicht selbst in eine Position, in der das Pferd auf Sie treten, Sie umwerfen oder Sie am Kopf treffen kann.

2. *Schützen Sie Ihr Pferd.* Das Pferd kann sich selbst schwere Schäden zufügen, wenn es das Gefühl hat, sich bewegen zu müssen. Wenn es ohne Sicherheitsrisiko möglich ist, legen Sie ihm an Ort und Stelle ein Halfter an und halten Sie es dort, bis der Tierarzt eintrifft. Oder lassen Sie es, falls möglich, von einem Helfer halten, während Sie mobile Paddock-Gitter rund um das Pferd herum aufbauen, um es vor anderen Pferden zu schützen.

VORSICHT

Zu den möglichen Ursachen für eine Erkrankung des Nervensystems, die zu Fehlfunktionen der Nerven führt, gehört auch eine seltene, aber berüchtigte: Tollwut. Ergreifen Sie Vorsichtsmaßnahmen. Siehe S. 34.

Gut zu wissen:

Hier finden Sie einige mögliche Ursachen für das Nachgeben oder Wegknicken von Pferdebeinen:

Infektionskrankheiten	Nichtinfektiöse Erkrankungen	Verletzungen und anatomische Besonderheiten
• Enzephalomyelitis • Equines Herpesvirus 1 • Ansteckende Blutarmut der Einhufer • Equine Protozoen-Myeloenzephalitis • Tollwut *Detaillierte Beschreibungen finden Sie im Glossar.*	• Botulismus • Störungen im Elektrolythaushalt • Herzerkrankungen • Periodische Lähmung durch Hyperkalämie (HYPP) • Bleivergiftung • Infarkt • Tumore	• Sehr steile Fesselung • Brüche • Kopftrauma • Nervenschädigungen • Epiphysitis • Bänderriss • Sehnenriss • Rückenmarkstrauma • Sehnenverkürzung • Muskelriss

6-L

HINTERBEIN
hakt ein

Sie sehen: Wenn Sie zu der Zeit im Sattel gesessen haben, können Sie nur schwer sagen, was passiert ist. Das Pferd geht normal im Schritt oder Trab und dann kippt plötzlich die Hüfte auf einer Seite ab oder es verharrt mitten in der Schrittbewegung eines Hinterbeins. Wenn Sie zugesehen haben, können Sie sehr deutlich erkennen, was passiert ist: Das Hinterbein hat normal nach vorne gegriffen, die Last des Körpergewichts aufgenommen und das Pferd nach vorne bewegt und wurde dann nach hinten ausgestreckt – und in dieser vollständig gestreckten Position ist es einen Moment lang eingerastet.

Das könnte bedeuten: Entweder ist ein Band in der Nähe der Kniescheibe (im Kniebereich am Hinterbein) verlängert oder hat sich verschoben, oder das Pferd hat nicht genügend Muskelkraft im oberen Bereich des Hinterbeins.

CHECKLISTE:

Ist das Pferd relativ schlecht in Form, beispielsweise weil das Training erst angefangen hat? Ist das das erstemal, dass so etwas passiert ist?

JA → Das klingt nach einer Kniescheiben-Fixation. Wenden Sie die **Eigenbehandlung** von weiter unten an.

NEIN ↓ Rufen Sie Ihren Tierarzt an und machen Sie einen Termin aus. Eine Behandlung kann nötig sein, um eine Entzündung oder eine fehlerhafte Länge oder Position eines Bandes zu korrigieren, das die Kniescheibe stabilisiert. Blättern Sie zu **Während Sie warten** auf der nächsten Seite.

Während Sie warten:

Schränken Sie die Bewegungsmöglichkeiten des Pferdes ein. Es ist nicht gut für das Pferd, wenn das Bein immer wieder einrastet. Deswegen sollten Sie alle Bewegungen meiden, die zu diesem Einrasten führen können, bis Ihr Tierarzt Ihnen weitere Ratschläge geben kann. Wenn das bedeutet, dass Sie das Pferd in einen kleinen Paddock oder in eine Box bringen müssen, tun Sie das.

Eigenbehandlung:

(Sehen Sie auf der ***Checkliste*** *nach, ob eine Eigenbehandlung für die Kniescheibenfixation Ihres Pferdes in Frage kommt. Wenn die Antworten, die Sie in der Checkliste geben, sich irgendwann während der Eigenbehandlung zum Schlechteren verändern, rufen Sie den Tierarzt.)*

Überprüfen Sie die Haltung und den Trainingsplan des Pferdes.

• Wenn das Pferd jünger als drei Jahre ist, bringen Sie es auf die Weide und lassen Sie ihm noch etwas Zeit zum Wachsen, bevor Sie es wieder reiten. Dass es noch nicht genügend ausgewachsen ist, ist wahrscheinlich der Hauptgrund für seine mangelnde Muskelentwicklung.

• Bitten Sie Ihren Tierarzt oder einen Tierernährungsfachmann, die Ration Ihres Pferdes zu überprüfen und Anpassungen vorzuschlagen, wenn in bestimmten Bereichen ein Mangel vorliegt.

• Wenn Ihr Pferd älter als 3 Jahre ist, geben Sie ihm eine Ruhepause von 2 Tagen und lassen Sie sich von Ihrem Tierarzt beraten, ob eine kurze Behandlung mit einem entzündungshemmenden Mittel durchgeführt werden sollte. Diese beiden Maßnahmen wirken sich günstig aus, wenn die Kniescheibenbänder durch wiederholtes Einrasten der Kniescheibe entzündet und geschwollen sind. (Ein geschwollenes Band wird eher wieder einrasten, selbst wenn die Muskelkraft verbessert werden konnte.)

• Lassen Sie sich von einem Pferdeausbilder beraten und entwerfen Sie ein regelmäßiges und kontrollierbares Übungsprogramm, mit dem Sie den

Allgemeinzustand Ihres Pferdes verbessern können und dabei vor allem Kraft in den Muskeln des Oberschenkels aufbauen. Arbeit in hügeligem Gelände (sowohl bergauf als auch bergab) ist besonders wirkungsvoll, wenn es darum geht, Muskeln an der Hinterhand aufzubauen. Wenn Sie sich im Sattel Ihres Pferdes nicht sicher fühlen, nehmen Sie es als Handpferd mit oder arbeiten Sie es an der Hand. (Wenn das Bein beim Longieren einrastet, stellen Sie gegebenenfalls auf Arbeiten an der Doppellonge auf der Geraden um.)

• Wenn die Kniescheibe nach 1 Woche eines Muskelaufbauprogramms immer noch einrastet, hören Sie mit dem Programm auf. Rufen Sie Ihren Tierarzt, damit er den Beschlag und die Fitness Ihres Pferdes beurteilt und entscheidet, ob ein Korrekturbeschlag, Injektionen im Bereich des Bandes oder eine Operation nötig sind.

Frage …

Was ist die Ursache dafür, dass die Gelenke beim Pferd (und bei Ihnen) manchmal knacken?

Antwort …

Es gibt eine ganze Anzahl von Theorien darüber. Die bekannteste lautet folgendermaßen: ungefähr 15 % der Gelenksflüssigkeit bestehen aus gelösten Gasen, hauptsächlich aus Kohlendioxid. Wenn ein Gelenk sich bewegt oder von außen bewegt wird, sinkt plötzlich der Druck im Gelenk. Ein gewisser Prozentsatz des gelösten Gases geht in seinen gasförmigen Zustand über und sammelt sich zu einer Gasblase, die platzt. Das ist nicht schmerzhaft, und die meisten Wissenschaftler meinen, dass es im Gelenk keinerlei Probleme hervorruft.

6-M

Sie sehen: Das Pferd bewegt sich steif und macht langsame, kurze Schritte.

STEIFE BEWEGUNGEN

Das könnte bedeuten: Wenn es sich dabei nur um einen Muskelkater am Tag nach einer starken Belastung handelt, kann das völlig normal sein. Ansonsten kann es sich dabei aber um ein Anzeichen von Schmerz, einer Muskelerkrankung oder einer Allgemeinerkrankung handeln.

CHECKLISTE:

Verweigert das Pferd das Futter, ist es niedergeschlagen oder hat es Fieber?

JA → Rufen Sie Ihren Tierarzt **gleich** an – es könnte sich um eine Allgemeinerkrankung mit dem Frühsymptom Muskelsteife/Muskelkater handeln. (Siehe **Gut zu wissen**). Blättern Sie zu **Während Sie warten** weiter unten.

NEIN ↓

Zeigt das Pferd Anzeichen von Lahmheit? Irgendwelche ungewöhnlichen Schwellungen? Gibt es Körperbereiche, die auf Fingerdruck schmerzhaft reagieren? Sind irgendwelche Muskeln angespannt und hart? Schwitzt das Pferd?

JA → Rufen Sie Ihren Tierarzt **gleich** an, wenn Sie eine dieser Fragen mit Ja beantwortet haben – es könnte sich um eine Verletzung oder Erkrankung des Rückenmarks handeln, eine Muskelerkrankung oder eine Lahmheit, die beide Seiten betrifft. Blättern Sie zu **Während Sie warten.**

NEIN ↓

Hat das Pferd innerhalb der letzten 24 Stunden eine anstrengende Leistung erbracht oder ist es länger als 4 Stunden im Hänger transportiert worden? Ist sein Appetit normal? Trinkt es die normale Wassermenge? Äpfelt es die normale Menge? Ist es an der Umwelt interessiert?

JA → Wenden Sie die **Eigenbehandlung** von der gegenüberliegenden Seite an, wenn Sie alle diese Fragen mit Ja beantwortet haben – das klingt nach einem normalen Muskelkater.

NEIN ↓

Rufen Sie Ihren Tierarzt **gleich** an, wenn Sie eine dieser Fragen mit Nein beantwortet haben – es könnte sich um die Frühsymptome einer Allgemein- oder Muskelerkrankung handeln.

Während Sie warten:

1. *Isolieren Sie Ihr Pferd von anderen Pferden, für den Fall, dass es ansteckend sein sollte.* Um zu verhindern, dass eine möglicherweise ansteckende Erkrankung sich ausbreitet, sollten Sie es auf einen Paddock oder in eine Box mit getrennter Wasserversorgung stellen, mindestens 7 m von den anderen Pferden entfernt. Waschen Sie sich die Hände und desinfizieren Sie Ihre Stiefel (siehe S. 230), nachdem Sie Umgang mit Ihrem Pferd hatten und bevor Sie Umgang mit anderen Pferden haben.

2. *Schränken Sie seine Bewegungsfreiheit ein.* Bis zur Stellung einer endgültigen Diagnose müssen Sie annehmen, dass sich der Zustand Ihres Pferdes durch Bewegung verschlechtern kann. Bewegen Sie es nicht, wenn es nicht unbedingt notwendig ist.

Eigenbehandlung:

(Sehen Sie auf der ***Checkliste*** *nach, ob eine Eigenbehandlung für den Muskelkater Ihres Pferdes in Frage kommt. Wenn die Antworten, die Sie in*

der Checkliste geben, sich irgendwann während der Eigenbehandlung zum Schlechteren verändern, rufen Sie den Tierarzt.)

Führen Sie das Pferd im Schritt. Geben Sie ihm einen Tag mit nur leichter Bewegung, aber keinen Stehtag. Duschen Sie es warm ab, striegeln Sie es energisch mit einem Gummistriegel und lassen Sie es eine Stunde im Schritt gehen. Wenn Sie das zweimal am Tag machen, lockern Sie die verkrampften Muskeln, verbessern die Durchblutung und steigern das Wohlbefinden des Pferdes.

Gut zu wissen:

Hier sind einige mögliche Gründe für steife Bewegungen:

- Borreliose
- Degenerative Fesselträgerentzündung
- Hufrehe
- Hufrollenentzündung
- Kreuzverschlag
- Muskelkater nach Anstrengungen
- Periodische Lähmung durch Hyperkaliämie
- Rückenschmerzen
- Tetanus
- Viruserkrankungen

(Im Glossar finden Sie detaillierte Beschreibungen.)

Die Sache mit den Senioren ...

Wenn ein Pferd allmählich in die Reihen der älteren Mitbürger vordringt, wird es anfälliger für Verletzungen und Krankheiten, weil die Beweglichkeit geringer wird und das Immunsystem nachlässt. Außerdem kann es in der Herdenhierarchie an Status verlieren. Wenn das Alter sich allmählich in abnehmendem Wohlbefinden bemerkbar macht, verändert sich die soziale Nische eines Pferdes und das merken rangniedere Herdenmitglieder. Dadurch wird der Boden für Konflikte (und Verletzungen) bereitet, weil jüngere Pferde das ältere immer mehr herausfordern, um auf der Rangleiter aufzusteigen. Wenn Sie sehen, dass Ihr Pferd immer häufiger in solche Rangkämpfe verwickelt wird, sollten Sie es aus der Gesellschaft aufstiegswütiger Unruhestifter herausnehmen, bevor es zu Verletzungen kommt.

Sie sehen: Das Pferd hebt den einen Fuß oder das eine Bein nicht so hoch wie normal, wenn es dieses Bein nach vorne bringt, so dass der Fuß über den Boden schlurft.

6-N

NACHSCHLEIFEN EINES FUSSES

Das könnte bedeuten: Es könnte ein Anzeichen für ein Problem am Nervensystem sein, das entweder zentral liegt (also an Gehirn oder Rückenmark) oder in den Nerven des Beins selbst. Es könnte aber auch bedeuten, dass das Bein schmerzhaft ist und das Pferd herausgefunden hat, dass es weniger wehtut, wenn es das Bein nicht so hoch anhebt wie sonst.

CHECKLISTE:

Verweigert das Pferd das Futter, ist es niedergeschlagen oder hat es Fieber? Sehen Sie ein herabhängendes Ohr oder Augenlid oder hängt das Maul herunter? Ist die Nickhaut sichtbar?

JA → Rufen Sie Ihren Tierarzt **gleich** an, wenn Sie eine dieser Fragen mit Ja beantwortet haben – es könnte sich um eine Erkrankung oder Verletzung des Gehirns, des Rückenmarks oder bestimmter Nerven handeln. Blättern Sie zu **Während Sie warten** weiter unten.

NEIN ↓

Gibt es irgendwelche Anzeichen für ein Trauma?

JA → Rufen Sie Ihren Tierarzt **gleich** an – es könnte eine Verletzung an lebenswichtigen Strukturen an Beinen, Rückenmark oder Kopf vorliegen. Blättern Sie zu **Während Sie warten.**

NEIN ↓

Gibt es Bereiche, die geschwollen oder warm erscheinen oder die auf Fingerdruck schmerzempfindlich sind?

JA → Rufen Sie **noch heute** Ihren Tierarzt an – es könnte sich um eine Verletzung oder Erkrankung von Stützgeweben im Bein oder im Fuß handeln.

NEIN ↓

Rufen Sie **noch heute** Ihren Tierarzt an und machen Sie einen Termin aus.

Während Sie warten:

1. *Isolieren Sie Ihr Pferd von anderen Pferden, für den Fall, dass es ansteckend sein sollte.* Um zu verhindern, dass eine möglicherweise ansteckende Erkrankung sich ausbreitet, sollten Sie es auf einen Paddock oder in eine Box mit getrennter Wasserversorgung stellen, mindestens 7 m von den anderen Pferden entfernt. Waschen Sie sich die Hände und desinfizieren Sie Ihre Stiefel (siehe S. 230), nachdem Sie Umgang mit Ihrem Pferd hatten und bevor Sie Umgang mit anderen Pferden haben.

2. *Schränken Sie seine Bewegungsfreiheit ein.* Bis zur Stellung einer endgültigen Diagnose müssen Sie annehmen, dass Ihr Pferd in einem Zustand ist, der durch Bewegung verschlechtert werden kann. Bewegen Sie es nicht, wenn es nicht unbedingt notwendig ist.

Sie sehen: Beim Gehen scheint das Pferd einen oder beide Hinterfüße stärker auf dem Boden aufzusetzen, als das sonst der Fall ist, so dass beim Auftreffen ein klatschendes Geräusch entsteht. Bei der Betrachtung von der Seite scheint es das Bein höher als sonst anzuheben, bevor es das Bein auf den Boden schmettert.

6-0

Das könnte bedeuten: Eine Erkrankung der Muskeln oder des Teils des Nervensystems, der diese Muskeln kontrolliert.

AUFSTAMPFEN DES HINTERFUSSES beim Laufen

CHECKLISTE:

Hat das Pferd in letzter Zeit stark an Gewicht verloren? Zieht es die Hinterfüße beim Gehen nach innen, so dass sie oft in Berührung mit der Fessel des anderen Hinterbeins kommen? Befinden sich innen an den Fesselgelenken oberflächliche Verletzungen?

JA → Rufen Sie **noch heute** Ihren Tierarzt an, wenn Sie eine dieser Fragen mit Ja beantwortet haben – es könnte sich um eine Erkrankung des Nervensystems handeln, die Equine degenerative Myeloenzephalopathie.

NEIN ↓

Schlägt das Pferd gerne aus? Wird es in einer Art eingesetzt, in der die Hinterbeine extrem belastet werden, also beispielsweise in Westerndisziplinen wie Cutting oder Reining, oder in Distanzwettkämpfen über zerklüftetes, hügeliges Gelände?

JA → Rufen Sie **noch heute** Ihren Tierarzt an, wenn Sie eine dieser Fragen mit Ja beantwortet haben – es könnte sich um eine Erkrankung der Muskeln am hinteren Oberschenkel handeln oder um einen Hahnentritt.

NEIN ↓

Ist die ungewöhnliche Gangart aufgetreten, bevor das Pferd 2 Jahre alt war? Tauchen in seinem Stammbaum Morgans auf?

JA → Rufen Sie Ihren Tierarzt **diese Woche** an, wenn Sie eine dieser Fragen mit Ja beantwortet haben – es könnte sich um eine erbliche Nervenstörung handeln, die NAD.

NEIN ↓

Rufen Sie Ihren Tierarzt an und machen Sie einen Termin aus.

NOTIZEN

KAPITEL 7

Probleme an DEN HUFEN

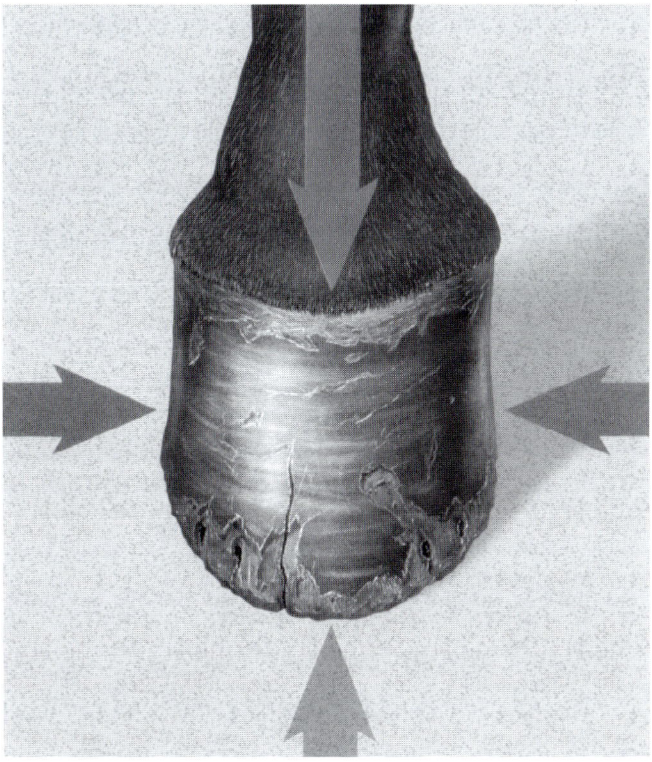

7-A

RISS IN DER HUFWAND

Sie sehen: In der Hufwand des Pferdes befindet sich ein Riss. Er kann am Kronrand beginnen und den Eindruck erwecken, nach unten weiterzulaufen, oder er kann am Boden beginnen und nach oben weiterlaufen. Er kann auch ungefähr parallel zum Boden verlaufen oder im Winkel quer über die Hufwand. Er kann sehr schmal sein, aber auch so breit, dass ein Stück der Hufwand zu fehlen scheint.

Das könnte bedeuten: Es könnte sich um einen unbedeutenden Riss handeln, der aufgrund eines Zusammenstoßes zwischen Huf und einem Stein entstanden ist; wenn der Huf das nächste Mal ausgeschnitten wird, wird der Riss einfach weggeraspelt. Ein Riss kann aber auch eine ernsthafte Sache sein, je nach Tiefe des Risses. Wenn er sich bis ins lebende Gewebe erstreckt, könnte dieses verunreinigt (und damit infiziert) werden. Wenn er groß genug ist, kann die Hufwand unstabil werden (so dass sie leicht noch weiter aufklafft).

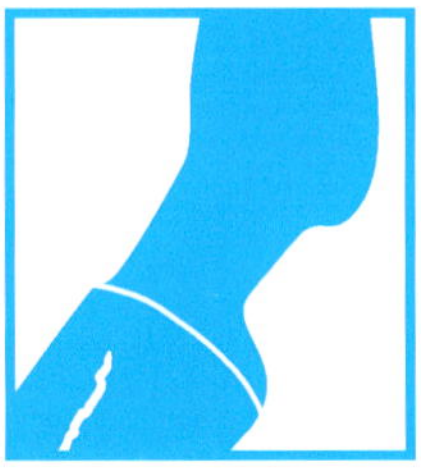

CHECKLISTE:

Geht das Pferd auf diesem Bein lahm? Zuckt es zusammen, wenn Sie in der Nähe des Risses fest auf die Hufwand drücken? Können Sie in dem betroffenen Fuß eine starke Pulsation der Mittelfußarterie spüren, wenn Sie mit den anderen Füßen oder mit anderen Pferden des Stalles vergleichen?

JA → Rufen Sie **noch heute** Ihren Tierarzt an, wenn Sie eine dieser Fragen mit Ja beantwortet haben – die Anzeichen deuten darauf hin, dass der Riss tief, instabil oder infiziert ist. Blättern Sie zu **Während Sie warten** auf der gegenüberliegenden Seite.

NEIN ↓

Ist der Kronsaum betroffen?

JA → Rufen Sie **noch heute** Ihren Tierarzt an – der Riss muss vielleicht adaptiert werden, um eine zukünftige Deformierung des Hufes zu vermeiden. Blättern Sie zu **Während Sie warten.**

NEIN ↓

Sind die Hufe des Pferdes trocken und brüchig und brechen immer leicht aus? Verliert es nach dem Beschlagen häufig die Eisen, so als ob die Hufwände keinen Nagel halten könnten? Machen Mähnen- und Schweifhaar einen brüchigen Eindruck, brechen diese Haare ständig?

JA → Rufen Sie **noch heute** Ihren Tierarzt an, wenn Sie eine dieser Fragen mit Ja beantwortet haben – seine Ration könnte einen Mangel an bestimmten Mineralstoffen aufweisen, die für ein gesundes Hufwachstum unerlässlich sind. Es könnte aber auch einen Giftstoff aufgenommen haben, der das Wachstum von Haar und Hufhorn beeinträchtigt.

NEIN ↓

Rufen Sie **noch heute** Ihren Schmied an – die Hufe des Pferdes müssen so ausgeschnitten werden, dass es plan auffußt, und möglicherweise müssen sie beschlagen werden.

Was Ihr Tierarzt vielleicht tun wird:

Er wird wahrscheinlich den Tetanus-Impfschutz überprüfen oder erneuern.

Während Sie warten:

1. *Säubern Sie den Huf.* Stellen Sie das Pferd auf einen festen, sauberen Untergrund wie Beton oder Holz (sauberes, gemähtes Gras oder sauberer Schnee sind akzeptable Alternativen) und kratzen Sie die Hufe zunächst aus. Dann säubern Sie den Huf mit einer Bürste mit steifen Borsten (aber nicht mit einer Drahtbürste) und achten dabei darauf, von dem Riss weg zu bürsten.

2. *Legen Sie einen Hufschuh an.* Packen Sie den Huf mit einem sauberen Hufschuh aus Gummi oder Plastik ein oder improvisieren Sie einen Hufschuh aus Verbandsmaterial (siehe S. 265).

3. *Schränken Sie die Bewegungsmöglichkeiten des Pferdes ein.* Um den Huf besser sauber halten zu können, bringen Sie das Pferd in einen sauberen, trockenen Bereich ohne lose Einstreu und losen Schmutz, der sich in den Hufspalten festsetzen kann. Ein kleiner, gemähter Graspaddock wäre ideal.

Von Bürsten und Borsten ...

Wenn Sie zur Reinigung der Hufsohle eine Drahtbürste benutzen, sollten Sie sich das vielleicht noch einmal überdenken. Die sehr steifen Borsten können die weichen Gewebe des Strahls leicht durchdringen und beschädigen. Eine Gemüsebürste mit Plastikborsten, wie sie in den meisten Supermärkten erhältlich ist, ist ebenso wirkungsvoll und längst nicht so gefährlich.

7-B

Löcher, Quetschungen oder schwarze Flecken in der HUFSOHLE

Sie sehen: beim Säubern von Hufsohle und Strahlbereich fällt Ihnen ein Loch auf. Das kann ein Nagelloch sein, ein Bereich mit einer Druckstelle (erkennbar an einer dunkelroten Verfärbung oder einem Blutfleck unter der Sohlenoberfläche), oder ein schwarzer Fleck.

Das könnte bedeuten: Es kommt auf die Ursache der Läsion an, auf die Tiefe und die Richtung.

Was Ihr Tierarzt vielleicht tun wird:

- **Er kann lokal betäuben oder eine Vollnarkose geben, wenn er vermutet, dass etwas tief in den Fuß eingedrungen ist. So ist es leichter, die Läsion gründlich zu untersuchen und zu behandeln. (Die Behandlung könnte eine operative Wundversorgung beinhalten, bei der das gesamte verschmutzte Gewebe entfernt wird.)**
- **Er wird den Tetanus-Impfschutz überprüfen, wenn er eine Stichwunde oder eine Infektion vermutet.**

CHECKLISTE:

Befindet das Loch sich im Strahlgewebe oder in den Strahlfurchen?

JA → Rufen Sie Ihren Tierarzt **gleich** an – eine Verletzung in diesem Bereich bedroht lebenswichtige Strukturen.

NEIN ↓

Tritt aus der Wunde Blut, Eiter oder bernsteingelbe Flüssigkeit aus?

JA → Rufen Sie Ihren Tierarzt **gleich** an – es könnte sich um eine tiefe Stichverletzung handeln, die lebenswichtige Strukturen innerhalb des Hufes bedroht. Blättern Sie zu **Während Sie warten Nr. 1** auf der gegenüberliegenden Seite.

NEIN ↓

Geht das Pferd auf dem betroffenen Bein lahm? Zuckt es zusammen, wenn Sie in der Nähe der Läsion auf den Huf drücken? Fühlt irgendein Bereich des Hufes sich wärmer an oder pulsiert dort die Mittelfußarterie stärker, verglichen mit den anderen Hufen oder mit den Hufen anderer Pferde im Stall? Stehen die Haare im Bereich des Kronsaumes seltsam ab (ein Zeichen für eine Schwellung in diesem Bereich)?

JA → Rufen Sie Ihren Tierarzt **gleich** an, wenn Sie eine dieser Fragen mit Ja beantwortet haben – die Anzeichen sprechen für eine Entzündung oder Infektion innerhalb des Hufes, die sich auf lebenswichtige Strukturen erstrecken kann.

NEIN ↓

Liegen die Schenkelenden des Hufeisens so, dass sie Druck auf die Hufsohle bringen anstatt auf die Hufwand?

JA → Rufen Sie noch heute Ihren Schmied an – es könnte sich um das Frühstadium einer Steingalle handeln. Blättern Sie zu **Während Sie warten Nr. 2** auf der gegenüberliegenden Seite.

NEIN ↓

Wenden Sie die Eigenbehandlung von der nächsten Seite an.

Während Sie warten Nr. 1:

1. *Legen Sie einen Breiumschlag um den Huf an.* Machen Sie einen Breiumschlag (siehe S. 129), um die Infektion herauszuziehen und den Huf aufzuweichen, während Sie darauf warten, dass der Tierarzt eintrifft.

2. *Legen Sie einen Hufschuh an.* Ziehen Sie dem Pferd einen Hufschuh aus Gummi oder Plastik an oder verbinden Sie den Huf. Bringen Sie das Pferd in eine Box oder einen Paddock, damit der Hufschuh sauber bleibt und nicht verrutscht.

Während Sie warten Nr. 2:

1. *Nehmen Sie das Hufeisen ab.* Wenn Sie die richtigen Werkzeuge dahaben und wissen, wie man ein Eisen abnimmt (siehe S. 304) und der Schmied erst später kommen kann, nehmen Sie das Eisen selbst ab, um den Druck auf die sich entwickelnde Steingalle[GH] zu verringern.

2. *Legen Sie einen Hufschuh an.* Ziehen Sie dem Pferd einen Hufschuh aus Gummi oder Plastik an oder legen Sie vorübergehend einen Hufverband an (siehe S. 265), um so zu verhindern, dass die unberaspelten Hufkanten ausbrechen. Bringen Sie das Pferd in eine Box oder einen Paddock, damit der Hufschuh sauber bleibt und nicht verrutscht.

Eigenbehandlung:

(Sehen Sie auf der ***Checkliste*** *nach, ob eine Eigenbehandlung für die Hufverletzung Ihres Pferdes in Frage kommt. Wenn die Antworten, die Sie in der Checkliste geben, sich irgendwann während der Eigenbehandlung zum Schlechteren verändern, rufen Sie den Tierarzt.)*

Schritt 1. *Säubern Sie den Huf.* Bringen Sie das Pferd an einen sauberen Platz mit ebenem, festem Boden, beispielsweise den betonbefestigen Waschplatz. Kratzen Sie den Huf aus und schneiden Sie dann rund um die Läsion eine papierdünne Schicht Sohle weg. Benutzen Sie dazu ein sauberes, scharfes Hufmesser und nehmen Sie damit kleine Löckchen von dem alten, verschmutzten oder fleckigen Hufgewebe weg, so dass frisches, sauberes Gewebe übrig bleibt. Säubern Sie immer wieder den Boden, damit Ihr Arbeitsbereich frei von losem Schmutz bleibt.

Schritt 2. *Schneiden Sie die Läsion frei.* Säubern Sie das Hufmesser, indem Sie es in eine Desinfektionslösung tauchen (siehe S. 232) und dann mit einer sauberen Mullkompresse trockenwischen. Schneiden Sie nun die Läsion vorsichtig ebenso aus, wie Sie eine dunkle Stelle in einer Kartoffel wegschneiden würden, die Sie gerade schälen. Nehmen Sie bei jedem Schnitt nur eine papierdünne Schicht weg und gehen Sie in jedem Bereich nicht tiefer als drei solcher Schnitte. Wenn die Läsion in einer Tiefe von drei Schnitten immer noch vorhanden ist, hören Sie auf – wenn jemand tiefer geht, sollte es der Tierarzt sein. Rufen Sie ihn **heute noch** an und machen Sie einen Termin aus, damit er diese tiefer gehende Stichwunde untersuchen kann. Blättern Sie zu **Während Sie warten Nr. 1** weiter links.

Ein Tipp:

Nehmen Sie nicht mehr Sohlengewebe weg, als ein Kartoffelschäler bei einem einzigen Zug über eine Möhre abnehmen würde.

Sie sehen: Ein Hufeisen ist locker geworden: es wackelt, oder Sie können ein klapperndes oder klatschendes Geräusch hören, wenn der entsprechende Huf auf den Boden gesetzt wird. Manchmal ist das Eisen nicht nur locker, sondern ist verzogen und sitzt falsch.

7-C

LOCKERES EISEN

Das könnte bedeuten: Wenn das Eisen sich von selbst abzieht, kann es eine ganze Menge Hufwand mit herausbrechen, so dass unter Umständen nicht genügend Hufwand übrig bleibt, um das Pferd wieder beschlagen zu können. Das kann Ihnen nicht nur Ihre Pläne in puncto Reiten oder Turnier verderben, sondern das Pferd auch lahm gehen lassen. Wenn das Eisen noch am Huf sitzt, aber schief gezogen wurde, können vorstehende Ränder oder Nägel die anderen Beine des Pferdes verletzen oder in der Sohle des betroffenen Hufs eine Stichverletzung hervorrufen.

CHECKLISTE:

Geht das Pferd auf dem betroffenen Bein lahm?

JA → Rufen Sie Ihren Tierarzt **gleich** an – das Pferd könnte sich durch einen Fehltritt den Huf oder ein Gelenk verletzt haben. Blättern Sie zu **Während Sie warten** weiter unten.

NEIN ↓

Sitzt das Eisen nicht mehr in seiner normalen Position am Huf, weil es verzogen ist?

JA → Rufen Sie **gleich jetzt** Ihren Schmied an – wenn das Eisen nicht richtig sitzt, kann es den Huf und die anderen Beine verletzen. Blättern Sie zu **Während Sie warten.**

NEIN ↓

Sitzt das Eisen am Huf noch in der richtigen Position?

JA → Rufen Sie **noch heute** Ihren Schmied an – selbst wenn das Eisen nicht neu aufgeschlagen werden muss, müssen zumindest die Nagelniete nachgezogen werden. Blättern Sie zu **Während Sie warten.**

NEIN ↓

Während Sie warten:

1. *Wenn das Eisen schief sitzt, nehmen Sie es ab.* Um zu verhindern, dass der Huf und die anderen Beine des Pferdes Schaden erleiden, kneifen Sie die Nagelnieten ab und nehmen das Eisen ab. Befolgen Sie dazu die Anweisungen zur Vermeidung weiterer Schäden am Huf (siehe S. 304).

2. *Schützen Sie den Huf.* Schützen Sie die Hufkanten mit einem Hufschuh aus Gummi oder Plastik oder mit einem selbst gemachten Verband aus Gewebeband (siehe S. 265).

3. *Schränken Sie die Bewegung des Pferdes ein.* Bringen Sie das Pferd in einen eingezäunten Bereich mit weichem Untergrund, wo es sich nicht viel bewegen kann und die Hufränder nicht ausbrechen können, beispielsweise einen kleinen Graspaddock ohne Steine oder eine gut eingestreute Box.

VORSICHT

In Plastik-Hufschuhen kann sich nach lediglich 2 Stunden bereits Feuchtigkeit ansammeln, die die Hufwände schwächen kann. Wenn das Pferd dann neu beschlagen wird, ist die Wahrscheinlichkeit größer, dass die Nägel nicht halten. Wenn der Huf stinkt und schwammig wird, müssen Sie den Hufschuh abnehmen. Säubern Sie ihn mit Seifenwasser und wischen Sie ihn mit Alkohol durch. Lassen Sie den Hufschuh und den Pferdehuf an der Luft trocknen, bevor Sie den Hufschuh wieder anlegen. Wiederholen Sie das so oft wie nötig, bis Hilfe eintrifft.

Sie fühlen: Die Hufwände des Pferdes fühlen sich wärmer an als sonst.

Das könnte bedeuten: Das ist eines der Hauptanzeichen für Hufrehe, kann aber auch auf andere Probleme innerhalb des Hufes hindeuten.

7-D

WARME HUFE

CHECKLISTE:

Bewegt das Pferd sich steif, als ob es auf Eis laufen müsste? Will es sich eigentlich gar nicht bewegen? Verlagert es das Gewicht auf die Hinterbeine, wenn es sich vorwärts bewegt? Streckt es in der Ruhe die Vorderbeine vor die Schultern?

JA → Rufen Sie Ihren Tierarzt **gleich** an, wenn Sie eine dieser Fragen mit Ja beantwortet haben – es könnte sich um Hufrehe handeln. Blättern Sie zu **Während Sie warten** auf der nächsten Seite.

NEIN ↓

Ist Ihnen aufgefallen, dass das Pferd nicht gefressen hat, niedergeschlagen war oder Fieber hatte?

JA → Rufen Sie Ihren Tierarzt **gleich** an – es könnte sich um das Frühstadium einer Hufrehe handeln. Blättern Sie zu **Während Sie warten.**

NEIN ↓

Ist innerhalb der letzten 3 Tage die Ration des Pferdes verändert worden oder hat es mehr als sonst gefressen?

JA → Rufen Sie Ihren Tierarzt **gleich** an – es könnte sich um das Frühstadium einer Hufrehe handeln. Blättern Sie zu **Während Sie warten.**

NEIN ↓

Sind beide Vorderfüße oder alle vier Füße warm? Können Sie an den betroffenen Füßen das Pulsieren der Mittelfußarterie stark spüren, wenn Sie mit den anderen Füßen oder mit denen anderer Pferde im Stall vergleichen?

JA → Rufen Sie Ihren Tierarzt **gleich** an, wenn Sie eine dieser Fragen mit Ja beantwortet haben – es könnte sich um das Frühstadium einer Hufrehe handeln. Blättern Sie zu **Während Sie warten.**

NEIN ↓

Ist nur ein Huf übermäßig warm?

JA → Rufen Sie **noch heute** Ihren Tierarzt an – es könnte sich um eine Infektion, Verletzung oder Erkrankung in dem betroffenen Huf handeln.

NEIN ↓

Ist das Pferd innerhalb der letzten Stunde geritten oder anderweitig bewegt worden? Steht es in der heißen Sonne? Sind Ihre eigenen Hände kalt?

JA → Sehen Sie sich diese Checkliste in einer Stunde noch einmal an.

NEIN ↓

Rufen Sie **noch heute** Ihren Tierarzt an.

⇨

Während Sie warten:

1. *Schränken Sie die Bewegungsmöglichkeiten des Pferdes ein.* Bringen Sie es in eine kleine (3 x 3 m) Box oder in einen Paddock mit weichem Untergrund. Wenn es sich steif bewegt, sich gar nicht bewegen will, das Gewicht auf die Hinterbeine verlagert oder eine ausgesprochen starke Pulsation der Mittelfußarterie aufweist, bewegen Sie es gar nicht. Umzäunen Sie es, wo es steht, indem Sie tragbare Zaunelemente oder eine improvisierte Umzäunung verwenden. Oder bleiben Sie einfach bei ihm, bis der Tierarzt kommt.

Um zu vermeiden, dass ohnehin geschädigte Gewebe auch noch einen Blut- und Sauerstoffmangel erleiden, dürfen Sie die 5-minütige Kühlzeit nicht überschreiten und das halbstündige Intervall zwischen den Kühlzeiten nicht verkürzen. Versuchen Sie auch nicht, intensiver zu kühlen, indem Sie die Hufe beispielsweise in einen Eimer mit Eiswasser stellen.

2. *Füttern Sie das Pferd nicht.* Bieten Sie ihm nur Wasser an. Sie sollten Ihrem Pferd kein Futter, egal was, geben, bis der Tierarzt eine Hufrehe aus-schließen kann, die möglicherweise durch bestimmte Futtermittel entstanden ist oder davon verschlimmert werden kann.

3. *Kühlen Sie die Hufe.* Ziehen Sie die überschüssige Wärme aus den Hufen, indem Sie biegsame Kühlbeutel (siehe S. 260) um die Hufwände wickeln – 5 Minuten lang pro halbe Stunde.

Der Patient im Stall

Wenn ein Pferd in einem Zustand ist, der es erfordert, dass man es von seinen Herdenkollegen isoliert und es zur Bewegungseinschränkung verdammt, können Sie die folgenden Tipps ausprobieren, um das Ganze für alle Beteiligten so stressfrei wie möglich zu halten:

- Errichten Sie zwischen dem betroffenen Pferd und dem Anblick und den Geräuschen seiner Kameraden eine Barriere. (Sie können beispielsweise Heu oder Stroh außer Reichweite des Pferdes zu einer Mauer aufstapeln.) Ein isoliertes Pferd überwindet seine Trennungsangst meist leichter, wenn es seine Kollegen weder sehen noch hören kann.
- Geben Sie dem Pferd weniger oder gar kein Kraftfutter, solange es eingesperrt bleiben muss. (Fragen Sie Ihren Tierarzt, wie viel Sie ihm noch geben sollten.) Die zusätzliche Energie aus dem Kraftfutter macht sich nicht nur in steigendem Gewicht bemerkbar, sondern auch in gesteigerter Lebhaftigkeit, so dass das Eingesperrtsein für das Pferd noch schwieriger wird – und für Sie auch.
- Geben Sie ihm den Großteil seines Nährstoffbedarfs in Form von Raufutter guter Qualität, beispielsweise als Wiesenheu. Damit wird praktisch sein gesamter Nährstoffbedarf abgedeckt, und gleichzeitig kann es seine müßigen Stunden mit Kautätigkeit füllen.
- Um sicherzustellen, dass das Pferd ausreichend Wasser aufnimmt, stellen Sie ihm einen Salzleckstein oder loses Salz bereit und achten Sie darauf, dass jederzeit frisches Wasser bereitsteht.

7-E

Hartnäckige HAUTWUNDEN AN DEN BALLEN

Sie sehen: Die Haut an und um die Hufballen, oft auch die Rückseite der Fesseln (an einem oder mehreren Beinen), ist rot, eingerissen, geschwollen, entzündet, es sickert Flüssigkeit aus oder es bilden sich Krusten. Der Bereich kann berührungsempfindlich sein.

Das könnte bedeuten: Es könnte ein Frühsymptom für eine tumorähnliche Hauterkrankung sein, die eine Operation erforderlich macht, oder es könnte eine aggressive Infektion vorliegen, die chronisch werden kann, wenn sie nicht baldmöglichst behandelt wird.

CHECKLISTE:

Geht das Pferd lahm?

JA → Rufen Sie **noch heute** Ihren Tierarzt an – das Hautproblem könnte sich auf tieferliegende Gewebeschichten erstrecken oder es könnte sich um eine Abschürfung aufgrund eines Sturzes oder Fehltritts handeln.

NEIN ↓

Ist der Kronsaum geschwollen (so dass rund um den Kronsaum die Haare aufstehen)?

JA → Rufen Sie **noch heute** Ihren Tierarzt an – wenn eine Infektion des Kronsaums vorliegt, kann künftiges Hufwachstum zu bleibender Verformung führen.

NEIN ↓

Haben Sie beobachten können, dass eine der Verletzungen sich in den letzten Tagen rasch ausgebreitet hat, wie ein Tumor, und dabei über die Hautoberfläche hinausragt?

JA → Rufen Sie **noch heute** Ihren Tierarzt an – es könnte sich um eine Hauterkrankung wie Pythiosis oder Mauke handeln, die eine Operation erforderlich machen kann, bei der die Wucherungen entfernt werden.

NEIN ↓

Wahrscheinlich handelt es sich um Mauke oder um eine bakteriell bedingte Haarbalgentzündung. Lässt Ihr Pferd Sie zur Behandlung an den betreffenden Bereich heran?

JA → Wenden Sie die **Eigenbehandlung** von weiter unten an.

NEIN ↓

Rufen Sie Ihren Tierarzt noch **noch heute** und machen Sie einen Termin aus.

Was Ihr Tierarzt vielleicht tun wird:

- **Er muss dem Pferd vielleicht ein Beruhigungsmittel verabreichen oder bestimmte Nerven betäuben, um leichter untersuchen und behandeln zu können, wenn der Zustand schmerzhaft ist.**
- **Vielleicht muss er eine Gewebeprobe von der Läsion (auch von mehreren Stellen) an ein Labor schicken, um eine endgültige Diagnose stellen zu können.**

Eigenbehandlung:

*(Sehen Sie auf der **Checkliste** nach, ob eine Eigenbehandlung für die Ballenverletzung Ihres Pferdes in Frage kommt. Wenn die Antworten, die Sie in der Checkliste geben, sich irgendwann während der Eigenbehandlung zum Schlechteren verändern, rufen Sie den Tierarzt.)*

Schritt 1. *Weichen Sie die verdickte Haut und die Krusten auf und säubern Sie den Bereich.* Tragen Sie eine erweichende Salbe oder einen Umschlag auf (siehe S. 236 und 240) und lassen Sie das Ganze über Nacht einwirken. Nun waschen Sie den Bereich gründlich mit einem schäumenden Mittel aus, wie es für Akne beim Menschen eingesetzt wird – solche Mittel enthalten 10 % Benzoylperoxid. Lassen Sie den Schaum 10 Minuten lang auf die betroffene Haut einwirken, bevor Sie ihn

⇨

gründlich abspülen. Trocknen Sie den Bereich mit einem Tuch ab und lassen Sie ihn an der Luft gänzlich trocknen, bevor Sie mit Schritt 2 weitermachen.

Schritt 2. *Scheren Sie den Bereich.* Scheren Sie den betroffenen Bereich und 1 cm darüber hinaus mit einer elektrischen Schermaschine mit einem sauberen, scharfen Kurzschnittmesser. Gehen Sie vorsichtig vor, damit Sie nicht in die Haut schneiden, und achten Sie darauf, dass der Scherkopf nicht zu heiß wird.

Schritt 3. *Tragen Sie eine Salbe auf.* Bestreichen Sie alle betroffenen Hautbezirke mit einer dünnen Schicht einer Salbe, die Povidon-Jod enthält (siehe S. 236). Legen Sie keinen Verband an, es sei denn, das wäre unbedingt notwendig, um die Gewebe sauber zu halten. Solche Hauterkrankungen heilen besser, wenn die Luft herankann.

Schritt 4. *Schränken Sie die Bewegungsfreiheit des Pferdes ein.* Halten Sie das Pferd die nächsten 2 oder 3 Wochen in einer sauberen, trockenen Umgebung. Bei trockenem Wetter ist ein gemähter Graspaddock ideal. Muss das Pferd im Stall bleiben, so ist eine peinlich sauber gehaltene Box mit einem Gummibodenbelag, die überhaupt nicht oder mit zerkleinertem Büropapier eingestreut wird (nicht mit Zeitungspapier, das Druckerschwärze enthält), ideal. Lassen Sie die Finger von Hobelspänen, Sägemehl, Stroh oder Heu – diese Materialien enthalten Bakterien und können sich auf die empfindliche Haut anhaften und sie durchdringen.

Schritt 5. *Machen Sie damit weiter.* Wiederholen Sie die Schritte 1 und 3 ein- oder zweimal täglich (je nachdem, wie verkrustet der Bereich zwischen den Säuberungen wird, oder wie viel Flüssigkeit aus den Geweben austritt). Rechnen Sie innerhalb von 3 Tagen mit einer Besserung. Die Heilung sollte innerhalb von 2 bis 4 Wochen abgeschlossen sein; in schweren Fällen kann es auch länger dauern.

Schritt 6. *Sehen Sie sich das Ganze alle 3 Tage kritisch an.* Wenn die Haut nicht stetig besser wird, kann es sein, dass die Entzündung oder Infektion zu tief liegt, als dass eine äußerliche Behandlung bis dorthin reichen könnte. Rufen Sie Ihren Tierarzt, damit er Ihre Diagnose bestätigt und Sie bei der Behandlung unterstützt – wahrscheinlich mit einer systemischen (im ganzen Körper wirkenden) Medikamentengabe.

Sie sehen: Rohe, blumenkohlähnliche Wucherungen im Fesselbereich des Pferdes. Sie können rosa, grau, grünlich, schwarz oder in einer Kombination davon gefärbt sein. Flüssigkeit tritt daraus aus, und das Ganze wölbt sich wie wildes Fleisch über die Hautoberfläche hinaus. Es kann sein, dass Sie einen fauligen Geruch wie von verfaulendem Fleisch bemerken. Zwei oder mehr Füße können betroffen sein.

Das könnte bedeuten: Ein zerstörerischer, aggressiver Keim ist in die Haut des Pferdes eingedrungen.

7-F

Tumorähnliche WUCHERUNG an Vorder- oder Rückseite der FESSEL

CHECKLISTE:

Befindet die Wucherung sich an der Rückseite der Fessel?

JA → Rufen Sie **noch heute** Ihren Tierarzt an – es könnte sich um Mauke oder um Pythiosis handeln. Beide Erkrankungen können eine Operation erfordern.

NEIN ↓

Befindet die Wucherung sich im Seitenbereich der Fesseln oder vorne, oder betrifft sie auch den Kronsaum? Versucht das Pferd, sich an diesen Stellen zu kratzen?

JA → Rufen Sie **noch heute** Ihren Tierarzt an, wenn Sie eine dieser Fragen mit Ja beantwortet haben – es könnte sich um Pythiosis oder eine tiefgehende Pilz- oder Bakterieninfektion handeln.

NEIN ↓

Rufen Sie Ihren Tierarzt **noch heute** an und machen Sie einen Termin aus.

Was Ihr Tierarzt vielleicht tun wird:

Er kann eine Probe des entarteten Gewebes zur Diagnostizierung an ein Labor einschicken.

Auf der Hut vor Pythiosis

Im Frühstadium kann man die Pythiosis mit wildem Fleisch verwechseln. Im Unterschied zum wilden Fleisch juckt Pythiosis aber sehr stark und wird mit der Zeit kreuz und quer von eitergefüllten Kanälen und gelblich-grauen Gewebehügeln durchzogen. Unbehandelte Läsionen können sich auf Knochen und Gelenke ausbreiten. Wenn eine Läsion Ihres Pferdes, die Sie für wildes Fleisch halten, sich also nicht bessert, lassen Sie Ihren Tierarzt noch einmal einen Blick darauf werfen, um Pythiosis auszuschließen. Dazu kann eine Biopsie nötig sein.

7-G

HUFSOHLE
faulig/schmierig

Sie sehen oder riechen: Während Sie die Hufe auskratzen, bemerken Sie, dass die gummiartigen Gewebe des Strahls und der tiefen Furchen daneben faulig-weich sind und stinken. Das Pferd geht nicht unbedingt vorsichtig oder lahm.

Das könnte bedeuten: Die weichen Gewebe der Hufsohle sind infiziert. Das kann mit einer längeren Schlechtwetterperiode, mit Schlamm oder mit Schmutz in der Umgebung des Pferdes zusammenhängen

CHECKLISTE:

Ist der Strahl in den betroffenen Hufen kleiner als in den normalen Hufen? Weist das schmierige Zeug eine gräulich-schwärzliche Färbung auf? Scheint das Pferd es nicht zu mögen, wenn man ihm die Strahlfurchen sauber macht?

JA → Das klingt nach Strahlfäule. Wenn Ihr Pferd etwas dagegen hat, Sie an die betroffenen Gewebe heranzulassen, oder wenn Ihnen dabei komisch im Magen wird, rufen Sie **noch heute** Ihren Tierarzt an. Ansonsten wenden Sie die **Eigenbehandlung** von weiter unten an.

NEIN ↓

Ist der Strahl in den betroffenen Hufen größer als in den normalen Hufen und hat er zusätzliche Huckel und Falten, als ob er ständig wachsen würde? Sieht das schmierige Zeug aus wie grauer Hüttenkäse?

JA → Das klingt nach Hufkrebs. Wenn Ihr Pferd etwas dagegen hat, Sie an die betroffenen Gewebe heranzulassen, oder wenn Ihnen dabei komisch im Magen wird, rufen Sie **noch heute** Ihren Tierarzt an. Ansonsten wenden Sie die **Eigenbehandlung** an.

Was Ihr Tierarzt vielleicht tun wird:

Es kann sein, dass er dem Pferd ein Beruhigungsmittel verabreichen oder eine lokale Betäubung setzen muss, um so den infizierten Bereich einmal gründlich säubern zu können, weil in schweren Fällen eine Strahlfäule sehr tief reicht und schmerzhaft sein kann.

Eigenbehandlung:

(Sehen Sie auf der ***Checkliste*** *nach, ob eine Eigenbehandlung für die Infektion Ihres Pferdes in Frage kommt. Wenn die Antworten, die Sie in der Checkliste geben, sich irgendwann während der Eigenbehandlung zum Schlechteren verändern, rufen Sie den Tierarzt.)*

Schritt 1. *Säubern Sie den Huf.* Pulen Sie den Teil des erkrankten oder abgestorbenen Gewebes, der sich leicht entfernen lässt, mit einem stumpfen Hufmesser heraus und tauchen Sie dabei das Messer immer wieder in eine Desinfektionslösung (siehe S. 232). Nun bürsten Sie den betroffenen Bereich und die angrenzende Hufsohle mit einer Gemüse- oder Spülbürste mit Nylonborsten aus und verwenden dabei nacheinander zwei verschiedene Desinfektionsmittel: erst eine phenol-haltige Lösung in empfohlener Verdünnung und dann eine povidon-Jod-haltige Lösung, die Sie mit Wasser so weit verdünnen, bis sie die Farbe von schwachem Tee hat. Spülen Sie den Bereich zwischen der Anwendung der beiden Mittel gut ab. Wiederholen Sie das, bis der Huf sauber aussieht und sauber riecht.

Schritt 2. *Desinfizieren Sie den Huf.* Gießen Sie eine Jodoformäther- oder Povidon-Jod-haltige Lösung auf die frisch gesäuberten Gewebe. Halten Sie das Bein angebeugt, mit der Hufsohle nach oben, während die Desinfektionslösung einwirkt. Sobald sie eingezogen ist, wiederholen Sie das Ganze mit ca. 50 ml der phenol-haltigen Lösung.

Schritt 3. *Bitten Sie Ihren Schmied um ein Treffen.* Rufen Sie Ihren Schmied und bitten Sie ihn, dass er das Pferd ausschneidet, auf plane Fußung achtet und das Pferd beschlägt, falls es bisher unbeschlagen war. (Durch das Beschlagen kommt der erkrankte Fuß weiter vom Boden weg, so dass er besser trocknen kann.)

Schritt 4. *Passen Sie die Haltung Ihres Pferdes an.* Damit seine Füße trocken bleiben, bringen Sie das Pferd in einem sauberen, gemähten Graspaddock, einem sauberen Laufstall oder einer großen Box mit Stroh- oder Papiereinstreu unter, die peinlich sauber gehalten wird.

Schritt 5. *Seien Sie gewissenhaft und sehen Sie sich das Ganze regelmäßig kritisch an.* Wiederholen Sie die Schritte 1 und 2 zweimal am Tag und bewerten Sie den erzielten Erfolg: sieht man normal aussehendes Gewebe? Wird der Geruch weniger? Ist der Fuß weniger empfindlich? Wenn Sie nach einer Woche keine deutliche Besserung sehen, rufen Sie den Tierarzt. Wahrscheinlich muss das Pferd noch gründlicher ausgeschnitten und dazu sediert oder betäubt werden; vielleicht braucht es auch systemische Antibiotika. Wenn Sie eine Besserung sehen können, machen Sie weiter mit der Behandlung. Bis zur völligen Heilung können 4 bis 6 Wochen vergehen.

Tarnung ist alles ...

Hufkrebs wird oft fälschlich als Strahlfäule diagnostiziert. Diese weit weniger gefährliche Erkrankung erfordert eine andere Behandlung. Hufkrebs, der wie Strahlfäule behandelt wird, wird sich wahrscheinlich nicht bessern und in manchen Fällen sogar erst recht ausbreiten. Wenn bei Ihrem Pferd die Diagnose »Strahlfäule« gestellt wurde, an den Weichteilen des betroffenen Hufes aber durch die Behandlung keine Besserung erkennbar ist, rufen Sie Ihren Tierarzt, damit er sich das Ganze noch einmal ansieht.

7-H

Schwellung oder Nässen am KRONSAUM

Sie sehen: Eine Schwellung am Kronsaum an einem oder mehreren Hufen, so dass das Fell dort vom Körper absteht, anstatt flach anzuliegen. Manchmal erkennt man dort auch Feuchtigkeit oder das offensichtliche Abfließen einer übel riechenden Flüssigkeit.

Das könnte bedeuten: Normalerweise bedeutet es, dass im Huf eine Infektion (Abszess) vorliegt, die gerade dabei ist, sich einen Abflusskanal durch den Kronsaum zu schaffen. Wenn mehrere Hufe betroffen sind, könnte das bedeuten, dass eine Allgemeinerkrankung vorliegt.

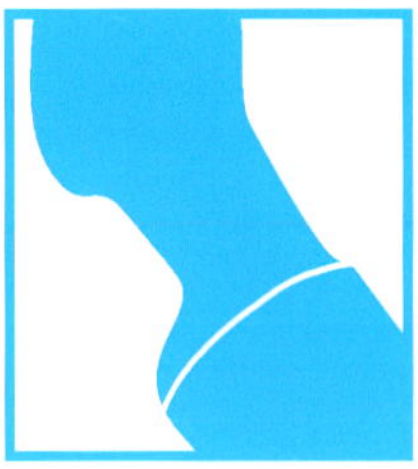

CHECKLISTE:

Ist mehr als ein Huf von einer Schwellung des Kronsaumrandes betroffen? Befinden sich an der Innenseite der Lippen, am Zahnfleisch oder an der Zunge Wunden oder Bläschen?	JA	Rufen Sie Ihren Tierarzt **gleich** an – es könnte sich um eine Stomatits vesicularis handeln. Blättern Sie zu **Während Sie warten Nr. 1** weiter unten.
NEIN		
Liegt nur an weißen Beinen eine Schwellung vor? Ist die weiße oder rosafarbene Haut, die an den Kronsaumrand angrenzt, ebenfalls geschwollen, verdickt oder verkrustet?	JA	Rufen Sie Ihren Tierarzt **gleich** an – es könnte sich um eine Fotodermatitis handeln. Blättern Sie zu **Während Sie warten Nr. 2** weiter unten.
NEIN		
Geht das Pferd lahm?	JA	Rufen Sie **noch heute** Ihren Tierarzt an – es könnte sich um einen Sohlenabszess handeln.
NEIN		
Sehen Sie Feuchtigkeit, eine Öffnung oder andere Anzeichen dafür, dass aus dem Kronsaumrand eine Flüssigkeit abfließt?	JA	Wenden Sie die **Eigenbehandlung** von der gegenüberliegenden Seite an.

Während Sie warten Nr. 1:

Isolieren Sie Ihr Pferd. Wenn mehr als ein Huf betroffen ist und das Pferd Bläschen oder Wunden im Maul hat – selbst wenn keine anderen Krankheitsanzeichen zu sehen sind – besteht die entfernte Möglichkeit, dass es die ansteckende Krankheit der Stomatitis vesicularis hat. Diese Erkrankung ist jedoch in Europa sehr selten. Um zu verhindern, dass diese Erkrankung sich ausbreitet, sollten Sie es auf einen Paddock oder in eine Box mit getrennter Wasserversorgung stellen, mindestens 7 m von den anderen Pferden entfernt. Waschen Sie sich die Hände und desinfizieren Sie Ihre Stiefel (siehe S. 230), nachdem Sie Umgang mit Ihrem Pferd hatten und bevor Sie Umgang mit anderen Pferden haben.

Während Sie warten Nr. 2:

Bringen Sie das Pferd in den Stall. Die Fotodermatitis wird durch Sonnenlicht auf heller Haut ausgelöst. Um das Pferd vor weiteren Schmerzen zu bewahren, sollten Sie es in eine Box oder einen Laufstall bringen.

Eigenbehandlung:

*(Sehen Sie auf der **Checkliste** nach, ob eine Eigenbehandlung für die Kronsaumläsion Ihres Pferdes in Frage kommt. Wenn die Antworten, die Sie in der Checkliste geben, sich irgendwann während der Eigenbehandlung zum Schlechteren verändern, rufen Sie den Tierarzt.)*

Schritt 1. *Säubern Sie den betroffenen Hautbezirk.* Um zu vermeiden, dass die geschwollene oder geschwächte Haut im Bereich des Kronsaumes sich infiziert, besprühen Sie den Bereich mit kaltem Wasser aus dem Schlauch oder mit Salzlösung aus einer Sprühflasche (siehe S. 240), bis sie sauber und frei von Krusten ist. Trocknen Sie den Bereich mit einem Tuch ab.

Schritt 2. *Säubern Sie die Hufunterseite.* Kratzen Sie die Sohle, den Bereich der weißen Linie, den Strahl und die Strahlfurchen aus und bürsten Sie den Schmutz ab.

Schritt 3. *Legen Sie einen Breiumschlag an.* Klemmen Sie sich den gesäuberten Huf zwischen die Beine und legen Sie einen Breiumschlag (siehe S. 240) auf Sohle, Strahl, Strahlfurchen und Kronsaum an. (Streichen Sie die Schicht ungefähr so dick auf wie Nutella auf eine Scheibe Brot.) Legen Sie über den gesamten Huf bis hoch zum Fesselgelenk einen Hufverband (siehe S. 265).

Schritt 4. *Achten Sie darauf, wie viel Bewegung das Pferd erhält.* Um die Blutversorgung des Fußes zu verbessern und gleichzeitig den Verband vor dem Durchscheuern zu schützen, führen Sie das Pferd drei- bis viermal jeweils 10 Minuten lang auf weichem Boden (beispielsweise auf einer gemähten Wiese) spazieren. Bringen Sie es dann in eine gut eingestreute Box.

Schritt 5. *Machen Sie damit weiter.* Wiederholen Sie die Schritte 1 bis 4 jeden Tag, bis keine Flüssigkeit mehr aus dem Kronsaum dringt und auf der Haut in der Nähe des Kronsaums keine Verkrustungen mehr sichtbar werden – normalerweise dauert das ungefähr eine Woche. Wenn länger als eine Woche Flüssigkeit austritt, der Huf sich irgendwann warm anfühlt oder das Pferd Anzeichen einer Lahmheit zeigt, rufen Sie den Tierarzt. Von der Infektion können wichtige Strukturen betroffen sein, und es kann nötig werden, dass der Abszess umfangreicher behandelt werden muss. Dazu kann auch ein operativer Eingriff mit Sedierung, örtlicher Betäubung oder Vollnarkose gehören, und auch der Einsatz systemischer Antibiotika.

Sie sehen: Die Pferdehufe brechen aus und zeigen Risse, wenn das Pferd barfuß geht, so dass Sie es beschlagen müssen. Aber seine trockenen, brüchigen Hufe scheinen die Nägel nicht halten zu können, und es verliert ständig die Eisen und bricht sich dabei noch mehr Hufwand heraus.

7-I

TROCKENE, BRÜCHIGE HUFE

Das könnte bedeuten: Es kann bedeuten, dass das Pferd einen Nährstoffmangel hat. Es kann aber auch bedeuten, dass es einen Giftstoff aufgenommen hat, der das Hufwachstum beeinträchtigt. Trockene, brüchige Hufe können auch bedeuten, dass in der Hufwand eine unterschwellige Infektion vorliegt.

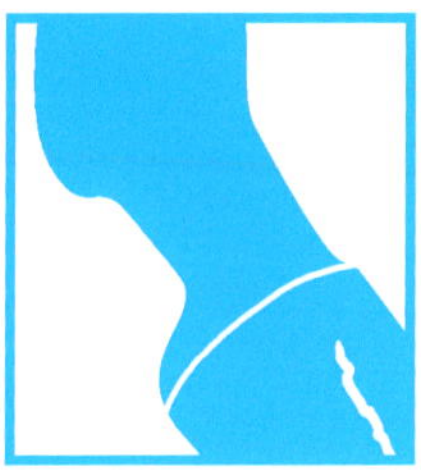

CHECKLISTE:

Ist das Pferd in einem schlechten Allgemeinzustand: dünn, mit mangelnder Bemuskelung oder Ausdauer, ungesund aussehend?

JA → Rufen Sie **noch heute** Ihren Tierarzt an – es könnte sich um einen Nährstoffmangel handeln, der von zu geringer Menge oder Qualität der Ration herrührt, aber auch von einer inneren Erkrankung, die die Fähigkeit des Pferdes zur Verdauung oder zur Absorption von Nährstoffen beeinträchtigt.

NEIN ↓

Ist das Fell des Pferdes trocken und glanzlos? Brechen die Mähnenhaare? Ist der Schweif dünn und »abgeknabbert«?

JA → Rufen Sie **noch heute** Ihren Tierarzt an – es könnte sich um eine Selenvergiftung handeln.

NEIN ↓

Ist das Hufhorn des Pferdes krümelig oder pulverig? Riechen die Hufe faulig? Sind die weißen Linien voller Löcher und schwarzer Stellen? Fühlen die Hufe sich schwammig an?

JA → Rufen Sie **noch heute** Ihren Tierarzt an, wenn Sie eine dieser Fragen mit Ja beantwortet haben – es könnte sich um eine Infektion in der Hufwand handeln.

NEIN ↓

Wenn Sie den Huf von unten betrachten, ist dann die Hufwand (der Teil außerhalb der weißen Linie) dünner als bei einem Pferd gleicher Größe mit gesunden Hufen?

JA → Wenden Sie die **Eigenbehandlung** von weiter unten an.

NEIN ↓

Rufen Sie Ihren Tierarzt an und machen Sie einen Termin aus.

Eigenbehandlung:

(Sehen Sie auf der ***Checkliste*** *nach, ob eine Eigenbehandlung für die trockenen und brüchigen Hufe Ihres Pferdes in Frage kommt. Wenn die Antworten, die Sie in der Checkliste geben, sich irgendwann während der Eigenbehandlung zum Schlechteren verändern, rufen Sie den Tierarzt.)*

Schritt 1. *Überprüfen Sie die Fütterung.* Lassen Sie die Gesamtration Ihres Pferdes von einem Fütterungsexperten überprüfen und achten Sie dabei besonders auf die Spurenelemente, die Menge und Qualität des Eiweißes und die essentiellen Aminosäuren. Wenn das Pferd zu fett ist, bitten Sie

Ihren Tierarzt oder den Ernährungsexperten um Ratschläge, wie Sie eine Ration zur Gewichtsabnahme gestalten sollen, so dass die schwachen Hufe weniger belastet werden, während die Allgemeinernährung besser wird.

Schritt 2. *Überprüfen Sie die Haltungsbedingungen des Pferdes und nehmen Sie, falls nötig, Änderungen vor.* Wenn die derzeitige Umgebung des Pferdes für seine Hufe ungesund ist – jede Menge Steine, oder tiefliegende, nasse Böden – dann bringen Sie es in einen eingefriedeten Bereich, der eben, trocken und weich ist. Ein sauberer, gemähter Graspaddock wäre ideal. Begrenzen Sie anstrengende Bewegung, die die Füße belastet. Sorgen Sie lieber dafür, dass das Pferd beweglich bleibt und seine Durchblutung in Ordnung ist, indem Sie täglich Spaziergänge auf gutem Geläuf mit ihm unternehmen.

Schritt 3. *Suchen Sie sich einen guten Hufschmied und lassen Sie ihn regelmäßig kommen.* Lassen Sie die Hufe alle drei Wochen von einem kompetenten Schmied überprüfen, der das Pferd so ausschneiden, plan stellen und falls nötig so beschlagen kann, dass seine Hufe besser zusammenhalten.

Schritt 4. *Bessern Sie die ausgewogene Ration mit Futterzusätzen auf.* Wenn Sie die Ration des Pferdes so angepasst haben, dass alle Nährstoffe in einem ausgewogenen Verhältnis zueinander stehen, geben Sie zusätzlich die folgenden Nährstoffe in Form eines marktgängigen Ergänzungsfuttermittels dazu, das speziell für Pferde mit schlechtem Hufhorn gedacht ist: die Aminosäuren Lysin und DL-Methionin, und das Vitamin Biotin.

Wussten Sie schon …

Wenn Sie überlegen, ob Sie Ihrem Pferd zur Stärkung seines Hufhorns ein Biotin-Ergänzungsfuttermittel geben wollen, dann suchen Sie eines aus, das die Aminosäuren DL-Methionin und Lysin enthält, damit das Biotin optimal wirken kann. Wenn Sie sich nicht sicher sind, lesen Sie das Etikett.

NOTIZEN

KAPITEL 8

HAUT- UND FELLPROBLEME

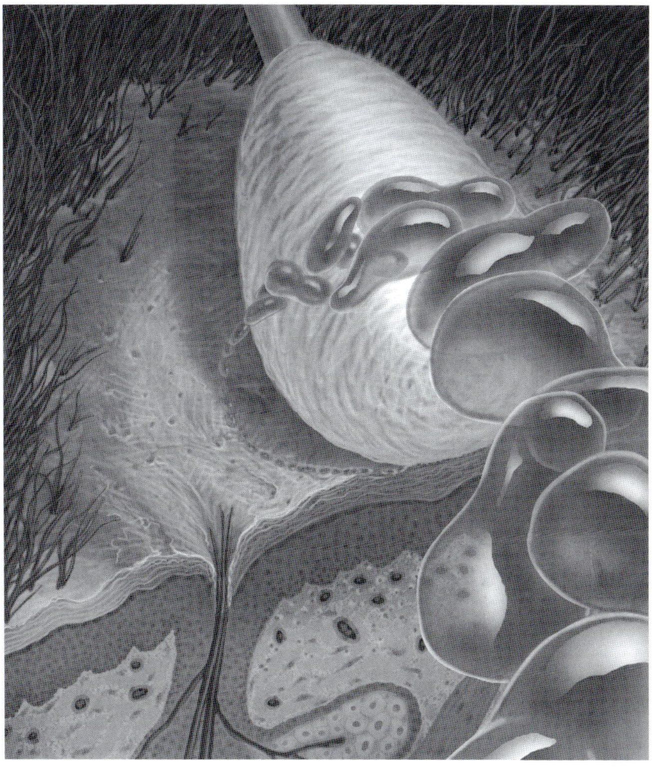

8-A

Sie sehen: Das Fell des Pferdes sieht struppig und glanzlos aus, obwohl Sie gründlich putzen.

Fell stumpf oder struppig oder kein FELLWECHSEL

Das könnte bedeuten: Es kann ein Anzeichen für ein ernsthaftes zugrunde liegendes Problem sein.

CHECKLISTE:

Ist das Fell des Pferdes ungewöhnlich lang? Hat es Stellen mit langem Fell an den Beinen, am Widerrist, der Brust oder der Kruppe?

JA → Rufen Sie **noch heute** Ihren Tierarzt an, wenn Sie eine dieser Fragen mit Ja beantwortet haben – es könnte sich um ein Problem mit der Schilddrüse oder der Hirnanhangsdrüse handeln.

NEIN ↓

Ist das Pferd mager und dünn? Finden sich in seinem Mist ungekaute Getreidekörner? Ist es länger als 6 Monate her, dass sein Kot auf Wurmeier untersucht wurde? Wird es nur selten oder unregelmäßig entwurmt?

JA → Rufen Sie **noch heute** Ihren Tierarzt an, wenn Sie eine dieser Fragen mit Ja beantwortet haben – es könnte sich um eine Mangelernährung aufgrund einer schlecht ausgewogenen Ration handeln, um ein Zahnproblem oder um Parasitenbefall.

NEIN ↓

Rufen Sie Ihren Tierarzt an und machen Sie einen Termin aus.

Fette Fakten ...

Wenn das Haarkleid Ihres Pferdes stumpf ist, obwohl das Pferd ansonsten gesund ist, denken Sie einmal darüber nach, ob Sie seiner Ration Fett hinzufügen wollen, um sein Fell zum Glänzen zu bringen. Die essentiellen Fettsäuren im Fett sind für die normale Funktion der Talgdrüsen unerlässlich, so dass die Zufütterung von Öl eine wunderbare Methode ist, Fell zum Glänzen zu bringen. Achten Sie aber sorgfältig auf das Körpergewicht Ihres Pferdes, denn Fett ist auch gut fürs Zunehmen! (Schlagen Sie auf S. 206 nach, wie Sie der Ration Ihres Pferdes Fett hinzufügen können, ohne ein Risiko einzugehen.)

Sie sehen: Teile der Haut des Pferdes, die früher dunkel gefärbt war, fangen an, rosa Flecken zu zeigen, die man am besten sehen kann, wenn das Pferd nass ist.

Das könnte bedeuten: Ein Verlust der Hautpigmentierung kann die Folge einer tiefgehenden Hautverletzung sein, also einer Fleischwunde, einer Verbrennung oder eines operativen Eingriffes wie der Kryochirurgie. Man vermutet, dass dieser Zustand bei manchen Pferden auch ererbt ist, aber diese Vermutung ist noch nicht bestätigt. Außerdem sieht man einen solchen Pigmentverlust manchmal auch im Zusammenhang mit Allgemeinerkrankungen wie Schilddrüsenproblemen, Anämie, Diabetes und Tumoren der Hirnanhangsdrüse.

8-B

VERLUST DER HAUT-PIGMENTIERUNG

(Scheckhaut)

CHECKLISTE:

Verweigert das Pferd das Futter, ist es niedergeschlagen oder hat es Fieber? → JA: Rufen Sie **noch heute** Ihren Tierarzt an – es könnte sich um eine Anämie, eine Schilddrüsenerkrankung oder Diabetes handeln.

NEIN

Scheuert oder kratzt das Pferd sich in dem betroffenen Bereich? → JA: Blättern Sie zu **S. 140.**

NEIN

Ist die Haut in dem unpigmentierten Bereich schuppig oder verkrustet? → JA: Blättern Sie zu **S. 138.**

NEIN

Ist das Fell des Pferdes stumpf oder struppig, oder hat es Probleme beim Fellwechsel? → JA: Blättern Sie zu **S. 134.**

NEIN

Rufen Sie Ihren Tierarzt **im Laufe der Woche** an und fragen Sie um Rat.

Sie sehen: Im Fell des Pferdes fehlen Haare – entweder an einer einzigen Stelle, oder an größeren Stellen, oder auch in einem mottenzerfressenen Muster über den ganzen Körper verteilt. Bei genauerem Hinsehen sind die Haare abgebrochen oder auch nicht, und die Haut in den haarlosen Bereichen kann gereizt erscheinen, was aber nicht sein muss.

8-C

HAARAUSFALL

Das könnte bedeuten: Zumindest handelt es sich um ein kosmetisches Problem. Es kann aber auch auf ein ernsthaftes tieferreifendes Problem hindeuten.

Was Ihr Tierarzt vielleicht tun wird:

Er kann Hautgeschabsel oder eine Biopsie an ein Labor einschicken, um eine gesicherte Diagnose zu erhalten.

CHECKLISTE:

Scheuert oder kratzt sich das Pferd?
JA → Blättern Sie zu **S. 140.**

NEIN

Findet der Haarverlust an einer Stelle statt, an der die Haut vorher beschädigt wurde, also beispielsweise auf einer verheilten Fleischwunde?
JA → Wahrscheinlich handelt es sich um einen permanten Haarverlust, der etwas mit der Narbenbildung zu tun hat und narbenbedingter Haarausfall heißt. Rufen Sie Ihren Tierarzt an und lassen Sie sich beraten.

NEIN

Tritt der Haarausfall hauptsächlich an Mähne und Schweif auf?
JA → Rufen Sie **noch heute** Ihren Tierarzt an – es könnte sich um eine chronische Selenvergiftung handeln.

NEIN

Ist der haarlose Bereich schuppig?
JA → Blättern Sie zu **S. 138.**

NEIN

Tritt der Haarausfall hauptsächlich an Kopf und Hals auf? Schwitzt das Pferd weniger als andere Pferde mit dem gleichen Trainingsplan und dem gleichen Umfeld?
JA → Blättern Sie zu **S. 149,** wenn Sie eine dieser Fragen mit Ja beantwortet haben – es könnte sich um eine Anhydrose handeln.

NEIN

Zittert das Pferd, wenn das Wetter sich abkühlt? Hatte es schon Anfälle von Kreuzverschlag oder Hufrehe? Hat es häufig angelaufene Beine?
JA → Blättern Sie zu **S. 149,** wenn Sie eine dieser Fragen mit Ja beantwortet haben – sie mögen zusammenhanglos erscheinen, aber jede für sich könnte ein Anzeichen für ein Problem mit der Schilddrüse sein.

NEIN

Fällt das Haar in kleinen Büscheln aus und befindet sich am Grunde eines jeden Büschels eine Kruste? Fällt das Haar in kreisförmigen, unterschiedlich großen Bereichen aus, die sich in der Sattel- oder Gurtlage oder im Bereich des Halfters befinden?
JA → Blättern Sie zu **S. 138.**

NEIN

Fortsetzung ⇨

CHECKLISTE (FORTSETZUNG):

Findet der Haarausfall in strichförmigen Bereichen am Hals und an den Körperseiten statt?

JA → Rufen Sie **noch heute** Ihren Tierarzt an – es könnte sich um linearen Haarausfall handeln.

NEIN ↓

Rufen Sie Ihren Tierarzt **noch heute** an und machen Sie einen Termin aus.

Pro und Contra Eindecken ...

Der Haarverlust Ihres Pferdes kann auch seine Fähigkeit beeinträchtigen, im Winter warm und trocken zu bleiben und sich im Sommer vor der Sonne zu schützen. Wenn das Risiko eines Sonnenbrandes besteht, halten Sie es tagsüber im Stall und bringen Sie es nachts auf die Koppel. Wenn das Wetter kühler ist und Sie meinen, dass Ihr Pferd sich mit einer Decke wohler fühlen würde, besprechen Sie sich zuerst mit Ihrem Tierarzt. Der Stoff auf der Haut kann manche Hautprobleme verschlimmern.

8-D

Blätternde, verkrustete oder schuppige HAUT

Sie sehen: Wenn Sie die Haut des Pferdes berühren, fühlen Sie Schorf und Krusten. Wenn Sie es striegeln, kommen Schuppen zum Vorschein.

Das könnte bedeuten: Es könnte ein Zeichen für ein ernsthaftes zugrunde liegendes Problem sein.

CHECKLISTE:

Scheuert oder kratzt das Pferd sich an den betroffenen Bereichen?
JA → Blättern Sie zu **S. 140.**

NEIN

Ist das Problem auf den Fesselgelenks-, den Fesselbeugen- oder den Ballenbereich der Beine beschränkt?
JA → Blättern Sie zu **S. 123** – es könnte sich um Mauke handeln.

NEIN

Ist das Problem auf rosafarbene bzw. auf haarlose Haut beschränkt?
JA → Rufen Sie **noch heute** Ihren Tierarzt an – es könnte sich um eine Überempfindlichkeit gegen Sonnenlicht handeln.

NEIN

Ist das Pferd ein reiner Appaloosa oder eine Appaloosa-Kreuzung? Befinden sich an verschiedenen Stellen seines Körpers Pickel oder Bläschen?
JA → Rufen Sie **noch heute** Ihren Tierarzt an, wenn Sie eine dieser Fragen mit Ja beantwortet haben – es könnte sich um Pemphigus handeln.

NEIN

Lassen sich die Haare büschelweise leicht auszupfen und bleibt dabei eine offene Stelle zurück?
JA → Das klingt nach Dermatophilose. Wenden Sie die **Eigenbehandlung** von weiter unten an.

NEIN

Ist die Sattellage betroffen?
JA → Das klingt nach Trichophytie. Wenden Sie die **Eigenbehandlung** von weiter unten an und ergreifen Sie Vorsichtsmaßnahmen, um zu verhindern, dass die Krankheit auf Sie selbst oder auf andere Tiere übertragen wird. Wenn Sie sich nicht damit anfreunden können, den Pilz selbst zu behandeln, rufen Sie **noch heute** Ihren Tierarzt an.

Was Ihr Tierarzt vielleicht tun wird:

Er kann eine Biopsie an ein Labor einschicken, um seine Vermutung auf Pemphigus zu bestätigen, oder er kann eine Pilzkultur anlegen (normalerweise dauert es ungefähr eine Woche, bis man einen Trichophytieverdacht bestätigen kann).

Eigenbehandlung:

*(Sehen Sie auf der **Checkliste** nach, ob eine Eigenbehandlung für die Hauterkrankung Ihres Pferdes in Frage kommt. Wenn die Antworten, die Sie in der Checkliste geben, sich irgendwann während der Eigenbehandlung zum Schlechteren verändern, rufen Sie den Tierarzt.)*

Schritt 1. *Weichen Sie die Krusten auf und lockern Sie sie.* Tragen Sie ein Mittel zum Aufweichen von Krusten (siehe S. 240) großzügig auf die betroffenen Hautbezirke auf. Lassen Sie es 1 bis 2 Stunden lang einwirken.

Schritt 2. *Wenden Sie ein medizinisches Bad an.* Machen Sie das Pferd nass. Schäumen Sie es mit einem Shampoo auf Povidon-Jod-Basis ein (die normalen Desinfektionslösungen sind nicht geeignet, weil sie nicht schäumen), oder benutzen sie ein geeignetes Medikament, das Sie von Ihrem Tierarzt bekommen können. Lassen Sie den Schaum 10 Minuten lang einwirken. Dann spülen Sie das Ganze gründlich ab und entfernen dabei so viele von den Krusten oder losen Haarbüscheln wie möglich. (Wenn es zu kalt ist, um das Pferd komplett zu baden, können Sie auch nur die betroffenen Bereiche behandeln.)

Schritt 3. *Halten Sie die Haut trocken, geben Sie ihr frische Luft und Sonnenschein.* Halten Sie die Haut so trocken, wie die Umstände es zulassen, decken Sie das Pferd nicht unnötig ein und bringen Sie es so viel wie möglich an die frische Luft und an die ultraviolette Strahlung aus dem Sonnenschein. Diese Maßnahmen können helfen, ansteckende Mikroorganismen in der Haut einzudämmen.

Schritt 4. *Machen Sie damit weiter, und sehen Sie sich das Ganze noch einmal kritisch an.* Wiederholen Sie den Schritt 2 eine Woche lang jeden Tag. Machen Sie danach zweimal pro Woche weiter, bis die Läsionen abgeheilt sind. Wenn Sie nach 3 Tagen keine deutliche Verbesserung feststellen können, rufen Sie Ihren Tierarzt an und machen Sie einen Termin aus.

Wussten Sie schon ...

Ein Pferd kühlt ab, wenn Schweiß von seinem Körper verdunstet. Wenn es so stark schwitzt, dass mehr abtropft als verdunstet, oder wenn die Luftfeuchtigkeit so hoch ist, dass keine Verdunstung stattfindet, führen die Flüssigkeit und die Elektrolyte, die mit dem Schweiß abgegeben werden, nicht zu einem Kühleffekt – sie werden einfach verschwendet.

Sie sehen: Das Pferd scheuert und kratzt sich immer wieder.

8-E

HAUTJUCKEN

Das könnte bedeuten: Es handelt sich wahrscheinlich nicht um eine lebensbedrohliche Sache. Aber das Jucken kann sehr stark sein und bei dem Versuch, sich Erleichterung zu verschaffen, kann das Pferd Fell, Haut und wichtige Körperteile in der Nähe der juckenden Stelle beschädigen (beispielsweise die Augen oder Gelenke). Wenn das Jucken ein Anzeichen für eine ansteckende Hauterkrankung ist, besteht die Gefahr, dass die Erkrankung sich auf andere Pferde ausbreitet.

CHECKLISTE:

Können Sie deutlich abgesetzte, glatte Erhebungen sehen, die wie Nesselsucht oder Striemen aussehen und über denen die Haut nicht beschädigt ist? Macht das Pferd einen ängstlichen Eindruck, atmet es schnell oder pfeifend?

JA → Rufen Sie Ihren Tierarzt **gleich** an, wenn Sie eine dieser Fragen mit Ja beantwortet haben – es könnte sich um eine schwere allergische Überempfindlichkeitsreaktion handeln.

NEIN ↓

Ist die Jahreszeit noch zu kühl für stechende Insekten? Können Sie »sich bewegende Hautschuppen« sehen, wenn Sie die Haut mit einem Vergrößerungsglas betrachten?

JA → Rufen Sie **noch heute** Ihren Tierarzt an – es könnte sich um Läuse handeln.

NEIN ↓

Sind nur einige wenige rote oder nässende oberflächliche Verletzungen zu sehen?

JA → Rufen Sie **noch heute** Ihren Tierarzt an – es könnte sich um Pythiosis handeln.

NEIN ↓

Scheuert das Pferd sich hauptsächlich an der Schweifwurzel?

JA → Das klingt nach Pfriemenschwänzen, einer Wurmart. Wenden Sie die **Eigenbehandlung** (Schritte 3, 5 und 6) von der gegenüberliegenden Seite an.

NEIN ↓

Scheuert das Pferd sich hauptsächlich im unteren Beinbereich?

JA → Das klingt nach Fußräude. Wenden Sie die **Eigenbehandlung** (Schritte 4, 5 und 6) an.

NEIN ↓

Liegt die betroffene Haut hauptsächlich am Unterbauch?

JA → Das klingt nach Onchozerkose. Wenden Sie die **Eigenbehandlung** (Schritte 3, 4, 5 und 6) an.

NEIN ↓

Ist die juckende Haut verkrustet oder schuppig? Ist es die Jahreszeit für Fliegen?

JA → Wenn Sie beide Fragen mit Ja beantwortet haben, klingt es nach Insektenstichen. Wenden Sie die **Eigenbehandlung** (Schritte 1, 2, 5 und 6) an.

NEIN ↓

Rufen Sie Ihren Tierarzt an und machen Sie einen Termin aus.

Was Ihr Tierarzt vielleicht tun wird:

Er kann Hautparasiten unter dem Mikroskop identifizieren.

Eigenbehandlung:

(Sehen Sie auf der ***Checkliste*** *nach, ob eine Eigenbehandlung für das Hautjucken Ihres Pferdes in Frage kommt. Wenn die Antworten, die Sie in der Checkliste geben, sich irgendwann während der Eigenbehandlung zum Schlechteren verändern, rufen Sie den Tierarzt.)*

Schritt 1. *Sorgen Sie für möglichst wenig stechende Insekten in der Umgebung des Pferdes.* Wenn stechende Insekten ein Problem darstellen, können Sie folgendes ausprobieren:

- Lagern Sie den Mist und alles, was Sie aus der Einstreu ausgemistet haben, mindestens 150 m vom Stall oder Paddock entfernt.
- Entwässern Sie Stellen, die ständig feucht sind, weil sich dort die Insekten entwickeln.
- Setzen Sie Insektenköder oder Fressfeinde der Insekten ein, um die Schadinsekten in Schach zu halten.
- Setzen Sie im Stall feinmaschige Fliegenfenster ein, die die Fliegen draußen halten.
- Installieren Sie Ventilatoren, die für bessere Schweißverdunstung sorgen und schwache Fliegen regelrecht hinausblasen.

Schritt 2. *Sorgen Sie für möglichst wenige stechende Insekten am Körper des Pferdes.*

- Tragen Sie 3 Tage lang täglich ein für Pferde zugelassenes Insektizid auf, danach 3 Wochen lang zweimal pro Woche, um so die Larvenstadien der Parasiten mit abzutöten (die meisten Insektizide töten nur die ausgewachsenen Hautparasiten ab).
- Setzen Sie an den Tagen, an denen Sie keine Insektizidbehandlung machen, für Pferde zugelassene Fliegenabwehrmittel ein.
- Benutzen Sie das Schweißmesser, wenn das Pferd schwitzt, und halten Sie das Pferd sauber (Schweiß und Schmutz ziehen Schadinsekten an).
- Legen Sie Ihrem Pferd eine Fliegenmaske und eine Fliegendecke an.
- Bringen Sie Ihr Pferd tagsüber in den Stall und lassen Sie es nachts auf die Weide, weil dann weniger stechende Insekten unterwegs sind.

Schritt 3. *Bekämpfen Sie Ektoparasiten, die von Blut leben.* Geben Sie dem Pferd nach Absprache mit Ihrem Tierarzt ein Entwurmungsmittel auf der Basis von Ivermectin oder Moxidectin, je nach Körpergewicht (siehe S. 222) des Pferdes und in der Dosis, die auf der Verpackung angegeben ist.

Schritt 4. *Bekämpfen Sie die Hautparasiten an den betroffenen Stellen.* Wenn Milben zum Problem werden (wie bei der Fußräude), dann tragen Sie ein für Pferde zugelassenes Insektizid, das Sie vom Tierarzt erhalten, nach der Anweisung auf der Verpackung direkt auf den betroffenen Bereich auf. Machen Sie das 3 Tage lang täglich und dann 3 Wochen lang zweimal pro Woche, so dass auch die Jugendstadien der Parasiten abgetötet werden, wenn sie ins Erwachsenenstadium übergehen. Setzen Sie an den Tagen zwischen den Insektizidbehandlungen Abwehrmittel gegen Insekten ein.

Schritt 5. *Verschaffen Sie der gereizten Haut Linderung.* Baden Sie die betroffenen Bereiche mit einem milden Pferdeshampoo, um Schorf und Bakterien, die Reizungen auslösen können, zu entfernen und die entzündete Haut zu kühlen.

Nach dem Bad tragen Sie ein juckreizstillendes und insektenabwehrendes Medikament auf die entsprechenden Stellen auf, beispielsweise Zaubernuss (als Einzelpräparat oder in einer marktgängigen Aufbereitung), Kieselzinkerz-Lösung, oder Zinkoxidpaste. Wenn die Haut des Pferdes trocken und schuppig ist, geben Sie auf diese Schicht noch ein erweichendes Produkt, beispielsweise eine Lösung aus Badeöl (1 : 3 mit Wasser verdünnt und mit einer Sprühflasche aufgetragen).

Schritt 6. *Entfernen Sie Schuppen und Schorf.* Bei verkrusteter, schuppiger und blättriger Haut scheren Sie die betroffenen Bereiche bis in den Bereich mit gesunder Haut hinein. Dadurch entfernen Sie die Bakterien, die in den Haaren leben, und verhindern die Ansammlung von Serum oder von Krusten, die weitere Bakterien und Insekten anziehen würden.

Sie sehen: Das Pferd weist unter der Haut eine oder mehrere Beulen auf. Diese Beulen können Erbsengröße haben oder so groß wie eine Hand sein.

8-F

SCHWELLUNGEN, BEULEN ODER WARZEN
an Haut oder Ohren

Das könnte bedeuten: Es handelt sich zumindest um ein kosmetisches Problem. Es könnte andeuten, dass an diesen Stellen eine Infektion oder eine Verletzung vorliegt, es könnte aber auch andeuten, dass eine ernsthafte Allgemeinerkrankung vorliegt.

CHECKLISTE:

Können Sie mehrere, klar abgegrenzte und glatte Erhebungen sehen, die wie Nesselausschlag oder Striemen aussehen und die von unbeschädigter Haut bedeckt sind? Wirkt das Pferd ängstlich, atmet es schnell oder pfeifend?

JA → Rufen Sie Ihren Tierarzt **gleich** an, wenn Sie eine dieser Fragen mit Ja beantwortet haben – es könnt-e sich um einen Nesselausschlag oder eine schwere, allergische Überempfindlichkeitsreaktion handeln. Während Sie warten, blättern Sie zu **S. 151.**

NEIN ↓

Befindet die Beule sich an einer Stelle, an der innerhalb der letzten 3 Tage eine Injektion gesetzt wurde?

JA → Blättern Sie zu **S. 144.**

NEIN ↓

Fühlt die Beule sich wärmer an als die umgebenden Gewebe? Zuckt das Pferd zusammen, wenn Sie die Beule berühren?

JA → Rufen Sie **noch heute** Ihren Tierarzt an – es könnte sich um eine tiefgehende Prellung oder um einen Abszess handeln.

NEIN ↓

Befindet der betroffene Bereich sich im unteren Beinbereich? Ist er offen oder geschwürig? Hat er etwas mit einer früheren Verletzung zu tun?

JA → Rufen Sie **noch heute** Ihren Tierarzt an, wenn Sie eine dieser Fragen mit Ja beantwortet haben – es könnte sich um wildes Fleisch oder Pythiosis handeln.

NEIN ↓

Ist die Beule schon zwei Wochen oder länger da und macht keine Anstalten, heilen zu wollen? Liegt sie an der Schweifwurzel, im Afterbereich, an den Genitalien oder den Augen? Sind anderswo weitere Beulen aufgetaucht?

JA → Rufen Sie **noch heute** Ihren Tierarzt an, wenn Sie 2 oder mehr dieser Fragen mit Ja beantwortet haben – es könnte sich um einen Tumor, ein Sarkoid, eine Zyste oder um Hautdasseln handeln.

NEIN ↓

Fühlt die Beule sich weich an (wie ein mit Wasser gefüllter Ballon), als ob sie mit einer Flüssigkeit gefüllt wäre? Ist sie kleiner als Ihre geöffnete Handfläche?

JA → Das klingt nach einem kleinen, oberflächlichen Bluterguss oder Serom. Wenden Sie die **Eigenbehandlung** von S. 105 an.

NEIN ↓

Fortsetzung ⇨

CHECKLISTE (FORTSETZUNG):

Fühlt die Beule sich weich an (wie ein mit Wasser gefüllter Ballon), als ob sie mit einer Flüssigkeit gefüllt wäre? Ist sie größer als Ihre geöffnete Handfläche?

JA → Rufen Sie **noch heute** Ihren Tierarzt an – das klingt nach einem großen Bluterguss oder Serom, der oder das vielleicht drainiert werden muss.

NEIN ↓

Sind die Beulen von beiger, rosa oder brauner Farbe und kommen sie in gehäuft rund um das Maul des Pferdes (jünger als 3 Jahre) vor?

JA → Rufen Sie Ihren Tierarzt an und machen Sie einen Termin aus, wenn Sie eine dieser Fragen mit Ja beantwortet haben – es klingt nach Warzen beim jungen Pferd.

NEIN ↓

Sind die Beulen kalkweiß und flach und treten sie gehäuft in der Ohrmuschel Ihres erwachsenen Pferdes auf?

JA → Das klingt nach Ohrplaque – man nimmt an, dass das eine Viruserkrankung ist, die von Stechfliegen übertragen wird. Diese Erscheinung stellt kein Gesundheitsproblem dar, und es gibt auch keine Behandlung außer der Vorbeugung (benutzen Sie Mittel zur Fliegenabwehr).

NEIN ↓

Rufen Sie Ihren Tierarzt an und machen Sie einen Termin aus.

Lästige Insekten in Schach halten …

Probieren Sie die folgenden Tipps aus, mit denen Sie stechenden Insekten das Leben schwer machen können:

- Baden Sie das Pferd jede Woche, um Schweißrückstände zu entfernen. Schweiß zieht beißende und stechende Insekten magnetisch an und trägt allgemein dazu bei, dass die Haut juckt.
- Sprühen Sie das Pferd wenn nötig mit einer Lösung aus 1 Teil Badeöl und 3 Teilen Wasser ein. Machen Sie das mindestens ein Mal am Tag – diese Mischung ist völlig ungiftig.
- Legen Sie dem Pferd eine Fliegendecke und eine Fliegenmaske mit Ohrenkappen an.
- Sorgen Sie dafür, dass Ihr Pferd an einem schattigen, luftigen Ort stehen kann, wenn die Fliegen aktiv sind. Viele stechende Insekten sind hauptsächlich dann unterwegs, wenn es heiß und sonnig ist.
- Lassen Sie das Pferd tagsüber im Stall und bringen Sie es nachts auf die Koppel, wenn die Fliegen weniger aktiv sind.

8-G

Sie sehen: Das Pferd hat innerhalb der letzten 72 Stunden eine Spritze bekommen, und nun ist die Spritzstelle heiß, geschwollen und berührungsempfindlich.

Warme Schwellung an einer SPRITZSTELLE

Das könnte bedeuten: Es kann sich um eine geringgradige Entzündung handeln, aber auch um eine lebensbedrohliche, falls das Muskelgewebe mit bestimmten Bakterien infiziert ist, den *Clostridien.*

CHECKLISTE:

Ist der geschwollene Bereich in den letzten 12 Stunden größer geworden? Verweigert das Pferd das Futter, oder hat es Fieber?

JA → **Rufen Sie Ihren Tierarzt gleich an, wenn Sie eine dieser Fragen mit Ja beantwortet haben – es könnte sich um eine Clostridien-Myositis handeln.**

NEIN ↓

Das klingt nach einer örtlich beschränkten entzündlichen Reaktion und nicht nach einer Infektion. Wenden Sie die **Eigenbehandlung** von weiter unten an.

Eigenbehandlung:

(Sehen Sie auf der ***Checkliste*** *nach, ob eine Eigenbehandlung für die heiße Schwellung Ihres Pferdes in Frage kommt. Wenn die Antworten, die Sie in der Checkliste geben, sich irgendwann während der Eigenbehandlung zum Schlechteren verändern, rufen Sie den Tierarzt.)*

Schritt 1. *Kühlen Sie den Bereich.* Nehmen Sie einen Kühlbeutel (siehe S. 260), der so groß ist, dass er um mindestens 5 cm über den Bereich der Schwellung hinausragt. Legen Sie ihn zwischen die Lagen eines sauberen Tuches, das Sie mit der Mitte auf die Wunde legen und dort festhalten. Kühlen Sie 5 Minuten lang. Wiederholen Sie das alle 15 Minuten, insgesamt 6 Mal.

Schritt 2. *Massage und leichte Bewegung.* Massieren Sie den Bereich sanft mit den Fingerspitzen und reiben Sie dabei in der Richtung, in die die Muskelfasern verlaufen. Gehen Sie mit dem Pferd an der Hand spazieren, um den Blutkreislauf anzuregen.

Schritt 3. *Überprüfen Sie immer wieder.* Überprüfen Sie den Zustand des Pferdes mindestens alle 4 Stunden: ist die Schwellung größer, wärmer oder empfindlicher geworden? Zeigt das Pferd einen kranken Allgemeinzustand – verliert es den Appetit, wirkt es niedergeschlagen, bekommt es Fieber? Wenn Sie eines dieser Anzeichen beobachten, rufen Sie Ihren Tierarzt **jetzt** an.

Spritzologie:

Jedes Mal, wenn ein Medikament per intramuskulärer Injektion verabreicht wird, kann es zu einer Clostridien-Myositis kommen. Clostridien sind in der Umgebung des Pferdes überall vorhanden – im Boden, im Staub, in den Pferdeäpfeln, und auf der Haut. Wenn durch den Einstich der Nadel Bakterien in das Gewebe hineingetragen werden, kann eine Infektion die Folge sein, die zum Absterben von Geweben, zum Schock und schließlich zum Tod führen kann. Eine Behandlung kann erfolgreich sein, aber der Schlüssel dazu ist, dass das Problem frühzeitig erkannt und behandelt wird, noch bevor der Schock eingesetzt hat. Die bei weitem beste Methode besteht darin, eine Clostridien-Myositis überhaupt zu vermeiden, indem Sie einige einfache Regeln befolgen, falls Sie Ihrem Pferd nicht-antibiotische Injektionen geben.

1. Benutzen Sie immer für jedes Pferd und für jede neue Injektion eine brandneue Kanüle (Nadel) und eine ebensolche Spritze. Benutzen Sie selbst dann eine Kanüle oder eine Spritze nicht noch einmal, wenn dasselbe Pferd mehr als eine Injektion bekommt.

2. Benutzen Sie ein hautfreundliches, wirksames Desinfektionsmittel, um damit die Haut abzuwischen, bevor Sie die Kanüle einstechen. (Wie Sie einen Bereich desinfizieren, finden Sie auf S. 253).

3. Wenn die Kanüle auf ein Blutgefäß kommt (siehe S. 253), ziehen Sie sie wieder heraus, bevor Sie die Dosis eingespritzt haben. Nehmen Sie eine frische Kanüle und probieren Sie es an einer anderen Stelle noch einmal. Freigesetztes Blut im Gewebe kann als Energiequelle für Bakterien dienen, die durch eine Stichwunde in das Gewebe eintreten.

Ein Wort zur Vorsicht ...

Injektionen sind nicht die einzige Möglichkeit, wie ein Pferd eine Clostridien-Myositis bekommen kann. Die Verursacher, die *Clostridien*-Bakterien, vermehren sich in tiefen Wunden, wo sie keine Luft abbekommen. (Auch die Verursacher von Tetanus gehören in diese Familie der »Lufthasser«.) Auch Stichwunden in Muskeln und verschmutzte Einschnitte wie bei einer Kastration können zu einer Clostridien-Myositis führen. Zu den frühen Anzeichen gehören Schwellung, Schmerzhaftigkeit oder Lahmheit; zu den ersten Anzeichen einer fortgeschrittenen Clostridien-Myositis gehören Niedergeschlagenheit und Appetitverlust.

8-H

Sie sehen: Die Haut an einem oder mehreren Beinen des Pferdes ist gereizt und verkrustet und juckt.

VERKRUSTETE STELLEN an den Beinen

Das könnte bedeuten: Es kann sich um eine Infektion oder um Parasitenbefall der Haut handeln. Es könnte aber auch ein sichtbares Zeichen für ein ernsthaftes inneres Problem sein.

CHECKLISTE:

Sind nur weiße Beine betroffen?

JA → Rufen Sie **noch heute** Ihren Tierarzt an – es könnte sich um ein inneres Problem handeln, einer Fotodermatitis. Blättern Sie zu **Während Sie warten** auf der gegenüberliegenden Seite.

NEIN ↓

Befinden die betroffenen Bereiche sich ausschließlich an den Vorderseiten der hinteren Röhrbeine?

JA → Das klingt nach Röhrbeinkeratose. Wenden Sie die **Eigenbehandlung Nr. 1** von weiter unten an.

NEIN ↓

Stampft das Pferd mit dem betroffenen Bein auf, scheuert es sich daran oder knabbert es daran herum?

JA → Das klingt nach einer Hautreizung durch eine Infektion oder einen Parasitenbefall, also beispielsweise nach Fußräude, Haarbalgentzündung, Dermatophilose oder Mauke. Wenden Sie die **Eigenbehandlung Nr. 2** von der gegenüberliegenden Seite an.

NEIN ↓

Es könnte sich um die Glatzflechte handeln, die auch auf Menschen, Haustiere und andere Pferde übertragbar ist. Wenn Sie damit nicht so gut zurechtkommen, rufen Sie noch heute Ihren Tierarzt. Ansonsten wenden Sie die **Eigenbehandlung Nr. 3** von der gegenüberliegenden Seite an.

Was Ihr Tierarzt vielleicht tun wird:

Er kann eine kleine Biopsieprobe zur Stellung der endgültigen Diagnose an ein Labor einschicken.

Während Sie warten:

Schützen Sie die gereizte Pferdehaut vor Sonneneinstrahlung. Tragen Sie auf die betroffenen Bereiche ein feuchtigkeitsspendendes Sonnenschutzmittel auf oder bringen Sie das Pferd in einen Stall.

Eigenbehandlung Nr. 1:

Schritt 1. *Weichen Sie die betroffenen Bereiche mit einem Medikament ein, das das überschüssige Keratin entfernt.* Säubern Sie die Beine durch Abspritzen mit kaltem Wasser. Tupfen Sie die Beine trocken und tragen Sie dann eine Aknecreme oder ein Aknegel für Menschen auf, das 10 % Benzoylperoxid enthält (siehe S. 235). Decken Sie das Ganze mit einem Verband ab und sperren Sie das Pferd 2 Stunden lang in eine Box oder einen Paddock.

Schritt 2. *Waschen Sie die betroffenen Bereiche mit einem medizinischen Shampoo.* Entfernen Sie die Verbände von den Beinen, machen Sie die Beine nass und schäumen Sie die betroffenen Bereiche mit einem Shampoo auf der Basis von Povidon-Jod oder mit einer veterinärmedizinischen Waschlösung ein.

Schritt 3. *Lindern Sie die entzündeten Gewebe.* Tupfen Sie die gesäuberten Gewebe mit einer Mullkompresse ab, die Sie in Zaubernusslösung (Hammamelis) getränkt haben.

Schritt 4. *Verändern Sie die Haltungsbedingungen Ihres Pferdes, falls dies nötig ist.* Bringen Sie es in eine Umgebung, in der die Haut seiner Beine nicht gereizt wird. Wenn beispielsweise das Gras auf Ihrer Weide hoch steht oder mit harten Stängeln durchsetzt ist, bringen Sie das Pferd auf eine saubere, gemähte Weide.

Schritt 5. *Machen Sie damit weiter.* Wiederholen Sie die Schritte 1 bis 3 ein- bis zweimal am Tag, je nachdem wie es nötig ist, um die Beine krustenfrei zu halten. Wenn es sich bei seiner Hauterkrankung wirklich um Verhornungen am Röhrbein handelt, ist der Grund nicht bekannt und die betroffene Haut neigt dazu, übermäßig stark auf einfache Reizungen zu reagieren. Sie werden also keine Heilung herbeiführen können, sondern nur mit der Krankheit umgehen und ihre Auswirkungen minimieren können.

Eigenbehandlung Nr. 2:

Schritt 1. *Weichen Sie die verdickte Haut und die Krusten auf.* Tragen Sie auf die betroffenen Bereiche ein Mittel zum Aufweichen von Krusten (siehe S. 240) großzügig auf. Belassen Sie das Ganze ein bis zwei Stunden auf dem Bein.

Schritt 2. *Wenden Sie ein medizinisches Bad an.* Machen Sie Ihr Pferd nass. Schäumen Sie es mit einem Shampoo auf Povidon-Jod-Basis oder einer medizinischen Waschlöschung ein und belassen Sie den Schaum 10 Minuten auf der betroffenen Haut. Spülen Sie das Ganze gründlich ab. Trocknen Sie das Bein mit einem Tuch und lassen Sie es an der Luft vollständig trocknen, bevor Sie mit Schritt 3 weitermachen (wenn es zu kalt ist, um Ihr Pferd zu baden, behandeln Sie nur die betroffenen Bereiche und trocknen Sie sie danach mit einem Tuch oder einem Föhn).

Schritt 3. *Scheren Sie den Bereich.* Scheren Sie den Bereich bis einen Zentimeter in das nicht betroffene Gewebe mittels einer elektrischen Schermaschine mit einem scharfen, sauberen Scherblock aus. Achten Sie dabei darauf, dass Sie nicht in die Haut schneiden und dass der Scherblock nicht zu heiß wird.

Schritt 4. *Bekämpfen Sie Ektoparasiten.* Tragen Sie ein für Pferde zugelassenes Insektizid auf, das gegen die Erreger der Fußräude wirkt, die Milbe *Chorioptes equi.*

Schritt 5. *Versorgen Sie den Bereich.* Decken Sie eine halbe Stunde nach dem Auftragen des Insektizids alle betroffenen Oberflächen mit einer verdünnten Povidon-Jod-haltigen Lösung ab. Die Lösung sollte die Farbe von schwachem Tee haben; verwenden Sie eine Sprühflasche, die Sie auf Feinzerstäubung einstellen. Legen Sie keinen Verband an, wenn es nicht unbedingt nötig ist, um die Gewebe sauber zu halten.

Schritt 6. *Schränken Sie die Bewegungsmöglichkeiten Ihres Pferdes ein.* Halten Sie Ihr Pferd für die nächsten zwei bis drei Wochen in einem Bereich, der sauber und trocken ist. Bei trockenem Wetter ist ein gemähter Graspaddock ideal. Wenn Sie Ihr Pferd in den Stall bringen müssen, ist eine saubere Box mit einer Gummimatte ohne Einstreu, oder mit einer Einstreu aus geschreddertem Büropapier (besser als Zeitungspapier, das Druckerschwärze enthält) ideal. Meiden Sie Hobelspäne, Sägespäne und Stroh oder Heu, weil darin Bakterien enthalten sind und diese Materialien in die empfindliche Haut hineinstechen können.

Schritt 7. *Machen Sie damit weiter.* Wiederholen Sie die Schritte 1, 2 und 5 ein- bis zweimal am Tag, je nachdem, wie verkrustet oder schleimig der Bereich zwischen zwei Wundversorgungen wird. Tragen Sie immer wieder das Insektizid nach der Anweisung auf dem Etikett auf. Erwarten Sie, innerhalb von drei Tagen eine Verbesserung sehen zu können. Die Heilung sollte zwei bis vier Wochen (in schweren Fällen auch länger) dauern.

Schritt 8. *Sehen Sie sich das Ganze alle drei Tage kritisch an.* Wenn die Wärmeentwicklung, Schwellung, Rötung, Schmerzhaftigkeit und Verkrustung nicht ständig besser werden, kann es sein, dass die Liste der vorläufigen Diagnosen auf die Erkrankung Ihres Pferdes nicht zutrifft. Es kann auch sein, dass die Entzündung oder Infektion bei Ihrem Pferd so tief sitzt, dass sie mit äußerlicher Behandlung nicht zu erreichen ist. Rufen Sie Ihren Tierarzt.

Eigenbehandlung Nr. 3:

Führen Sie alle Schritte für die Eigenbehandlung Nr. 2 aus, aber lassen Sie das Insektizid weg.

Sie sehen: An den Stellen, an denen die Haut Ihres Pferdes hellfarbig bzw. rosafarbig ist, erscheint sie gelblich. Je nach der normalen Färbung können zu diesen Bereichen der Maulbereich, weiße Beine, der Kronsaum sowie Penis und Scheide gehören.

8-I

GELBLICH VERFÄRBTE HAUT

Das könnte bedeuten: Was Sie sehen, könnte eine Gelbsucht sein, was auf eine Lebererkrankung hindeuten könnte.

CHECKLISTE:

Verweigert das Pferd sein Futter, ist es niedergeschlagen oder hat es Fieber?

JA → Rufen Sie Ihren Tierarzt **gleich** an – es könnte sich um ein ernsthaftes Problem wie eine Lebererkrankung, eine Vergiftung, eine Anämie oder eine innere Blutung handeln. Blättern Sie zu **Während Sie warten** weiter unten.

NEIN ↓

Erscheint das weiße in den Augen des Pferdes oder sein Zahnfleisch gelblich?

JA → Blättern Sie zu **S. 54.**

NEIN ↓

Tritt aus der Haut in dem betroffenen Bereich eine Flüssigkeit aus oder ist sie verkrustet?

JA → Blättern Sie zu **S. 138.**

NEIN ↓

Wischen Sie mit einem feuchten, weißen Tuch über die Haut Ihres Pferdes. Wird das Tuch gelb?

JA → Es handelt sich um Pollen. Sie können aufhören, sich Sorgen zu machen.

NEIN ↓

Rufen Sie Ihren Tierarzt an und machen Sie einen Termin aus.

Während Sie warten:

Isolieren Sie Ihr Pferd von anderen Pferden, für den Fall, dass es ansteckend sein sollte. Um zu verhindern, dass eine möglicherweise ansteckende Erkrankung sich ausbreitet, sollten Sie es auf einen Paddock oder in eine Box mit getrennter Wasserversorgung stellen, mindestens 7 m von den anderen Pferden entfernt. Waschen Sie sich die Hände und desinfizieren Sie Ihre Stiefel (siehe S. 230), nachdem Sie Umgang mit Ihrem Pferd hatten und bevor Sie Umgang mit anderen Pferden haben.

Sie sehen: Das Pferd schwitzt nicht so, wie es das normalerweise tut. Selbst wenn es draußen heiß ist und das Pferd schwer arbeitet, scheint kein Schweiß zu kommen, oder nur spärlich und an bestimmten Stellen. Deswegen braucht das Pferd auch lange, um wieder abzukühlen.

8-J

Verringerte SCHWEISS-PRODUKTION

Das könnte bedeuten: Eine verringerte Fähigkeit zum Schwitzen heißt Anhydrose. Dieser Zustand kann dazu führen, dass das Pferd sich gefährlich überhitzt, und zwar vor allem dann, wenn es in einer heißen, feuchten Umgebung lebt und gearbeitet wird oder wenn es im Leistungssport eingesetzt ist.

CHECKLISTE:

Wird Ihr Pferd in körperlich anstrengendem Sport eingesetzt?

JA → Rufen Sie **noch heute** Ihren Tierarzt an, um die Diagnose der Anhydrose bestätigen zu lassen, so dass Sie entsprechend planen können. Blättern Sie zur **Eigenbehandlung** weiter unten.

NEIN → Rufen Sie Ihren Tierarzt an und machen Sie einen Termin aus, um sich die Diagnose auf Anhydrose bestätigen zu lassen. Blättern Sie zur **Eigenbehandlung.**

Eigenbehandlung:

(Sehen Sie auf der ***Checkliste*** *nach, ob eine Eigenbehandlung für das Schwitzproblem Ihres Pferdes in Frage kommt. Wenn die Antworten, die Sie in der Checkliste geben, sich irgendwann während der Eigenbehandlung zum Schlechteren verändern, rufen Sie den Tierarzt.)*

Schritt 1. *Wählen Sie die Zeiten, zu denen Sie mit Ihrem Pferd arbeiten, strategisch aus.* Meiden Sie anstrengende Aktivitäten, wenn die Summe aus Umgebungstemperatur und relativer Luftfeuchtigkeit die Zahl 70 überschreitet (Beispiel: 27 °C, 50 % Luftfeuchtigkeit; 27 + 50 = 77.) Wenn Sie in einem heißen, feuchten Klima regelmäßig mit Ihrem Pferd arbeiten, überlegen Sie sich, ob Sie die Arbeit auf kühlere Tageszeiten, wie den frühen Morgen oder den späten Abend, legen können.

Vermeiden Sie die Verwendung von antibiotikahaltigen Pudern, Sprays oder Salben, wenn Sie nicht vorher mit Ihrem Tierarzt gesprochen haben. Der wahllose Gebrauch von Antibiotika, egal in welcher Form, kann das Wachstum hartnäckiger Bakterien begünstigen, die gegen die Antibiotika resistent sind.

Schritt 2. *Sorgen Sie für künstlichen Schweiß.* Helfen Sie Ihrem Pferd beim Abkühlen, wenn ihm warm ist (Rektaltemperatur 39 °C und höher), indem Sie es befeuchten und für Luftbewegung sorgen, die die Verdunstung erleichtert. Tupfen Sie es dazu mit einem Geschirrtuch ab, das Sie mit Wasser von Raumtemperatur oder kühler (aber nicht kalt) getränkt haben, und konzentrieren Sie sich dabei auf die Bereiche hinter und zwischen den Ohren, an der Stirn, der Halsunterseite im Bereich der Drosselvene, die Stellen hinter den Ellenbogen, und den Genital- und Unterbauchbereich. Stellen Sie es an einer Stelle in den Schatten, an der ein leichtes Lüftchen weht, oder an der Sie einen Ventilator dazustellen können, der die Verdunstung erleichtert. Machen Sie es alle 5 Minuten wieder nass – oder auch früher, wenn es schneller abgetrocknet ist. Machen Sie damit weiter, bis seine Temperatur unter 38 °C liegt.

Schritt 3. *Stellen Sie sicher, dass seine Futterration die Sache nicht noch verschlimmert.* Die

Was Ihr Tierarzt vielleicht tun wird:

Er kann einen Hauttest vornehmen, um damit seine Diagnose zu bestätigen.

These konnte zwar noch nicht wissenschaftlich untersucht werden, aber einige Wissenschaftler glauben, dass Mineralstoffmängel in der Ration das Risiko, eine Anhydrose zu entwickeln, erhöhen können. Auf jeden Fall erzeugen bestimmte Futtermittel mehr Wärme als andere. Lassen Sie die Ration Ihres Pferdes von einem Tierernährungsfachmann überprüfen und ändern Sie, was nötig ist.

Schritt 4. Denken Sie über ein Ergänzungsfutter nach. Denken Sie darüber nach, ob Sie nicht ein Vitamin B-Ergänzungsfuttermittel einsetzen wollen, das Tyrosin, Kobalt und Niacin enthält. Noch fehlen kontrollierte Untersuchungen, aber eingeschränkte klinische Versuche haben ergeben, dass bei anhydrotischen Pferden nach 1-wöchiger Verfütterung dieses Ergänzungsfuttermittels das Schwitzen wieder einsetzte.

Salz zum Schwitzen ...

Versuchen Sie es einmal mit der folgenden Eigenbehandlung für Ihr anhydrotisches Pferd:

Geben Sie ihm täglich 4 Esslöffel (aufgeteilt auf 2 Portionen) eines Spezialsalzes, das zur Hälfte aus Kaliumchlorid und zur Hälfte aus Natriumchlorid, also normalem Kochsalz, besteht. (Solche Produkte, eine Mischung aus normalem Salz und Kaliumchlorid, das zur Stimulierung des Schwitzens nötig ist, erhalten Sie in Drogerien und Reformhäusern. Ersetzen Sie es nicht durch ein Produkt, das zu 100 % aus Kaliumchlorid besteht.)

Achten Sie einige Tage lang auf eine Verbesserung der Schwitzfähigeit (die Wirkung stellt sich mit der Zeit ein). Widerstehen Sie der Versuchung, sich ausschließlich auf diese Behandlung zu verlassen. Ihr Pferd muss speziell gepflegt werden, um zu verhindern, dass es sich überhitzt.

Ganz cool bleiben ...

Wenn Ihr Pferd unter Anhydrose leidet, braucht es unter Umständen selbst dann Hilfe zum Abkühlen, wenn es nichts tut. Prüfen Sie bei warmem oder sonnigem Wetter häufig nach, ob Sie Anzeichen einer erhöhten Atemfrequenz finden (das ist eines der ersten Anzeichen für Hitzestress). Wenn die Atemfrequenz ansteigt, bringen Sie das Pferd in den Schatten, machen Sie es mit kühlem Wasser nass und stellen Sie es vor einen Ventilator.

Sie sehen: Unter der Haut des Pferdes erhebt sich ein ganzer Wald von glatten, linsen- bis erbsengroßen Beulen. Normalerweise fängt das an der Halsseite an, in schweren Fällen treten die Erhebungen bald auch im Gesicht, an der Brust und im oberen Bereich der Vorderbeine auf. Bei zunehmender Verbreitung können sie zu großen, teigigen Schwellungen zusammenfließen. Wenn man auf die Mitte einer solchen Schwellung drückt, bleibt vorübergehend eine Vertiefung.

8-K

NESSELAUSSCHLAG

Das könnte bedeuten: Nesselausschlag, ein Anzeichen für eine allergische Reaktion. Das Pferd könnte etwas gefressen haben, von etwas gestochen worden sein, etwas eingeatmet haben, oder ein Medikament bekommen haben. Ob Ihnen das bekannt ist oder nicht – die Ursache ist etwas, mit dem das Pferd schon früher Kontakt gehabt haben muss. Ein Nesselausschlag ist potenziell gefährlich, weil er Ihnen sagt, dass das Pferd gegenüber dem Allergen überempfindlich geworden ist, so dass sein Körper irgendwann dadurch auf dieses Allergen reagieren könnte, dass er eine Art von allergischem Wutanfall bekommt – er könnte also eine oft tödliche Ganzkörperreaktion zeigen, die man Anaphylaxie nennt. Ein Pferd mit einer anaphylaktischen Reaktion kann innerhalb weniger Stunden sterben.

CHECKLISTE:

Gibt das Pferd pfeifende Atemgeräusche von sich, atmet es schnell oder bläht es die Nüstern beim Atmen?

JA → Rufen Sie Ihren Tierarzt **gleich** an – es könnte sich um eine anaphylaktische Reaktion handeln. Blättern Sie zu **Während Sie warten** auf der nächsten Seite.

NEIN ↓

Verhält das Pferd sich ängstlich, ohne dass ein Grund erkennbar wäre?

JA → Rufen Sie Ihren Tierarzt **gleich** an – es könnte sich um eine anaphylaktische Reaktion handeln. Blättern Sie zu **Während Sie warten.**

NEIN ↓

Gibt der Bauch des Pferdes besonders viele Geräusche von sich (siehe S. 173)? Sind seine Pferdeäpfel weicher als sonst? Zeigt es irgendwelche Kolikanzeichen?

JA → Rufen Sie Ihren Tierarzt **gleich** an – es könnte sich um eine anaphylaktische Reaktion handeln. Blättern Sie zu **Während Sie warten.**

NEIN ↓

Würden Sie gerne herausfinden, auf was das Pferd reagiert hat? Haben Sie es für eine Veranstaltung gemeldet, die es wegen seines Nesselausschlages wahrscheinlich verpassen wird?

JA → Rufen Sie **noch heute** Ihren Tierarzt an – ein Hauttest oder detektivische Arbeit könnten das Allergen identifizieren. Ein verschreibungspflichtiges Medikament (Antihistamineika oder Korticosteroide) könnten den Rückgang des Ausschlags beschleunigen.

NEIN ↓

Versuchen Sie, die Allergenbelastung in der Umgebung des Pferdes zu minimieren. Blättern Sie zur **Eigenbehandlung** von der nächsten Seite.

➪

Während Sie warten:

1. *Schützen Sie sich selbst.* Wenn Ihr Pferd ängstliches Verhalten an den Tag legt – ruhelos herumläuft, wiehert, die Augen weit aufreißt, die Nüstern bläht – dann ist sein Urteilsvermögen eingeschränkt, und es könnte Sie verletzen, ohne das zu wollen. Gehen Sie nicht nahe an das Pferd heran, wenn es nicht sein muss, und wenn es doch sein muss, seien Sie besonders vorsichtig.

2. *Verbessern Sie die Lüftung.* Wenn Ihr Pferd Probleme beim Atmen hat, lassen Sie ihm frische Luft zukommen. Die Angst, die viele Pferde mit einer anaphylaktischen Reaktion zeigen, beruht zum Großteil auf Panik, weil sie schlecht atmen können.

3. *Rufen Sie sich alle potenziellen Allergene ins Gedächtnis.* Denken Sie zurück: können Sie sich an irgendetwas erinnern, das diese allergische Reaktion ausgelöst haben könnte? Ein Futterwechsel? Ein Wechsel auf eine andere Weide? Wurden irgendwelche Medikamente, Wurmmittel, Impfungen oder Vitaminprodukte verabreicht? Wurden irgendwelche kosmetischen oder therapeutischen Substanzen auf die Haut aufgetragen? Haben Sie beißende oder stechende Insekten bemerkt? Berichten Sie Ihrem Tierarzt von allen Ihren Vermutungen.

Überprüfen Sie den Zeitplan und die Dopingbestimmungen für die Veranstaltungen, auf die Sie mit Ihrem Pferd gehen wollen. Es könnte aufgrund der verwendeten Medikamente disqualifiziert werden.

Beim Pferd scheint der Einsatz von Kortikosteroiden mit einem erhöhten Hufreherisiko verbunden zu sein. Die Entscheidung, bei Ihrem Pferd Kortikosteroide einzusetzen, sollte gemeinsam getroffen werden, nachdem Sie mit Ihrem Tierarzt über die potenziellen Vor- und Nachteile gesprochen haben.

Eigenbehandlung:

(Sehen Sie auf der ***Checkliste*** *nach, ob eine Eigenbehandlung für den Nesselausschlag Ihres Pferdes in Frage kommt. Wenn die Antworten, die Sie in der Checkliste geben, sich irgendwann während der Eigenbehandlung zum Schlechteren verändern, rufen Sie den Tierarzt.)*

Schritt 1. Verringern Sie den Eiweißanteil in der Ration des Pferdes auf die Menge, die von der GEH vorgeschlagen wird (siehe »Schaufelweise Eiweiß«). Wenn sein Raufutter hauptsächlich aus Klee besteht, gehen Sie zu Gras über.

Schritt 2. *Verringern Sie die potenziellen Allergene in der Umgebung Ihres Pferdes.* Beispiele:

- Gehen Sie von Heu zu einem Alleinfutter über, um den Staub zu reduzieren. Oder feuchten Sie das Heu direkt vor dem Verfüttern an.
- Gehen Sie von Hobelspänen, Sägemehl oder Stroheinstreu zu geschreddertem Papier über, das weniger staubt.
- Gehen Sie von der Stallhaltung und Heufütterung zur Weidehaltung über, um die Lüftung zu verbessern und die Staubbelastung zu verringern.
- Gehen Sie von der Hallenarbeit zur Arbeit auf dem Platz oder im Gelände über, wo es weniger staubt.
- Säubern Sie den Stall des Pferdes von Spinnenweben, Wespen- oder Hornissennestern und anderen beißenden oder stechenden Insekten.
- Schalten Sie den Kontakt mit chemischen Stoffen ganz aus, minimieren sie ihn oder wechseln Sie auf andere Stoffe (Insektizide, Fellglanzsprays usw.).

SCHAUFELWEISE EIWEISS

Eiweißaufnahme für ein 500-kg-Pferd, in Gramm pro Tag, nach den Empfehlungen der GEH:

Nicht arbeitendes ausgewachsenes Pferd	320
Wachsendes Pferd	
(Absetzer)	540
(Jährling)	485
(Zweijähriger im Training)	445
Turnierpferd	400–480
Spitzen-Sportpferd	480–630

Sie sehen: Das Pferd hat Blasen oder eine offene Stelle im Ellenbogenbereich, wo der Sattelgurt gerieben hat.

Das könnte bedeuten: Ein Gurtdruck kann sich infizieren oder einen kleinen operativen Eingriff erfordern, der dazu beiträgt, dass angesammeltes Serum, Blut oder Eiter besser abfließen können. Sie werden jegliche Pläne, das Pferd zu satteln, so lange zurückstellen müssen, bis die Stelle ausgeheilt ist.

8-L

GURTDRUCK

CHECKLISTE:

Können Sie unterhalb der offenen Stelle unter der Haut eine flüssigkeitsgefüllte Tasche sehen und fühlen, die sich nicht von selbst entleeren kann? Weigert das Pferd sich, Sie an diese Stelle heranzulassen? Riecht diese Stelle widerlich?

JA → Rufen Sie **noch heute** Ihren Tierarzt an, wenn Sie eine dieser Fragen mit Ja beantwortet haben – die Stelle könnte eine operative Drainage oder eine Infektionsbehandlung erfordern.

NEIN ↓

Wenden Sie die **Eigenbehandlung** von weiter unten an.

Eigenbehandlung:

(Sehen Sie auf der ***Checkliste*** *nach, ob eine Eigenbehandlung für den Gurtdruck Ihres Pferdes in Frage kommt. Wenn die Antworten, die Sie in der Checkliste geben, sich irgendwann während der Eigenbehandlung zum Schlechteren verändern, rufen Sie den Tierarzt.)*

Schritt 1. *Kühlen Sie die Verletzung.* Nehmen Sie einen Kühlbeutel (siehe S. 260), der so groß ist, dass er um mindestens 5 cm über die Wundränder hinausragt. Legen Sie ihn zwischen die Lagen eines sauberen Tuches, das Sie mit der Mitte auf die Wunde legen und dort 5 Minuten lang festhalten.

Schritt 2. *Scheren Sie den Bereich der Verletzung.* Nachdem Sie mit dem Kühlen fertig sind, scheren Sie die Haare auf der Verletzung und bis 3 cm darüber hinaus mit einem scharfen, sauberen Feinkamm an der Maschine. Achten Sie sorgfältig darauf, nicht in die Haut zu schneiden, und lassen Sie den Scherblock nicht heiß werden. Wenn Ihr Pferd langes Fell hat, scheren Sie auch alle Haare ab, die in den Bereich der Verletzung hineinhängen.

Schritt 3. *Säubern Sie die Wunde und kühlen Sie wieder.* Benutzen Sie einen Gartenschlauch, eine saubere Sprühflasche oder eine 50-ml-Spritze mit einer stumpfen rosa Kanüle (siehe S. 256) und berieseln Sie damit die Verletzung mit sauberem, kühlem Wasser oder mit selbst gemachter Salzlösung (siehe S. 240). Machen Sie das eine ganze Minute lang oder so lange, bis die Gewebe für das Auge sauber erscheinen – je nachdem, was länger dauert. Wiederholen Sie Schritt 1.

Schritt 4. *Versorgen Sie die Wunde.* Um die Schwellung und angesammeltes Blut/Serum/Eiter herauszuziehen, und um die Wunde trocken und insektenfrei zu halten, tragen Sie eine dünne Schicht einer zusammenziehenden Erste-Hilfe-Salbe auf, beispielsweise Zinksalbe. Wenn Serumtropfen durch diese Schicht »hindurchschwitzen«, decken Sie die Haut unterhalb der Wunde mit Vaseline ab. So perlt das Serum ab, anstatt sich anzusammeln, wodurch es Bakterien und Insekten anziehen würde.

Schritt 5. Überprüfen oder erneuern Sie den Tetanusimpfschutz (siehe S. 210).

Schritt 6. Machen Sie damit weiter. Wiederholen Sie die Schritte 3 und 4 ein- oder zweimal täglich,

Was Ihr Tierarzt vielleicht tun wird:

Er kann ein Beruhigungsmittel oder ein Schmerzmittel verabreichen, um die Läsion leichter gründlich untersuchen und behandeln zu können.

je nachdem, wie schmutzig oder verkrustet die Wunde zwischen zwei Säuberungen wird. Wiederholen Sie das so lange, bis die Wunde trocken und glatt bleibt.

Schritt 7. Bringen Sie kein Sattelzeug auf den betroffenen Bereich, bis die Wunde völlig abgeheilt ist. Verändern Sie den Trainingsplan Ihres Pferdes und reiten Sie ohne Sattel, longieren Sie, nehmen Sie es als Handpferd mit, lassen Sie es in der Führmaschine laufen oder lassen Sie es schwimmen, bis die neue Haut den Defekt vollständig abdeckt. Das kann je nach Tiefe der Verletzung 2 bis 4 Wochen dauern.

Einige Tipps zum Scheren ...

Behalten Sie die folgenden Sicherheitsmaßnahmen im Hinterkopf, wenn Sie an Ihrem Pferd mit einer elektrischen Schermaschine arbeiten:

- Scheren Sie nur trockenes Fell. Wenn Sie einen nassen Bereich scheren, gehen Sie und Ihr Pferd das Risiko ein, einen elektrischen Schlag zu bekommen. Wenn der Bereich bereits nass geworden ist, trocknen Sie ihn mit einem Tuch ab und lassen Sie ihn an der Luft vollständig trocknen, bevor Sie anfangen zu scheren.
- Schließen Sie die Schermaschine nur an eine fachmännisch installierte und mit einer Sicherung versehene Steckdose an. Wenn nun an der Maschine etwas nicht in Ordnung ist, wird die Stromzufuhr zur Steckdose unterbrochen und die Maschine ausgeschaltet.
- Stellen Sie sich beim Scheren auf einen trockenen Untergrund, so dass das Risiko eines elektrischen Schlages geringer ist.

KAPITEL 9

Veränderungen am
KOT DES PFERDES

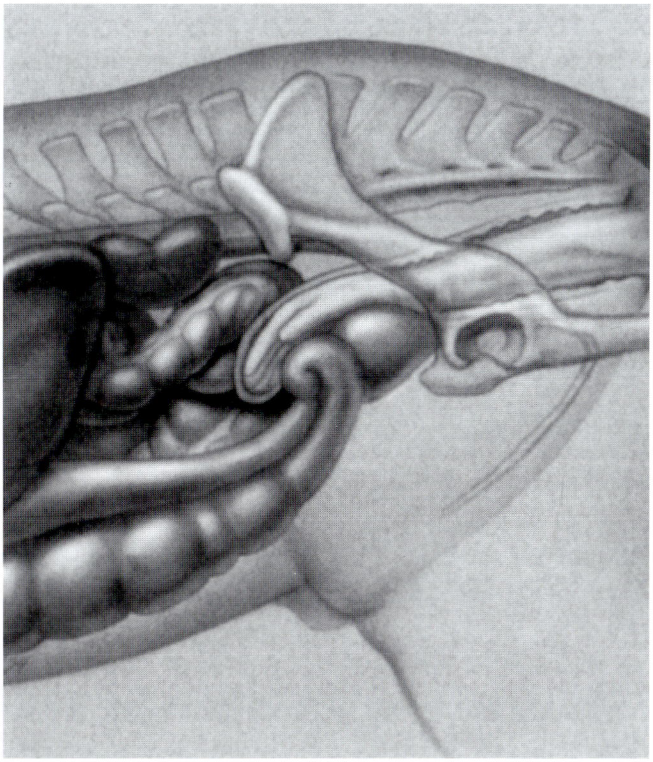

Sie sehen: Stark riechender, wässriger Pferdemist liegt in formlosen Pfützen auf dem Boden, ist an die Wände gespritzt oder an Schweif, Schenkeln und Sprunggelenken des Pferdes angetrocknet.

9-A

DURCHFALL

Das könnte bedeuten: Massive Verluste an Flüssigkeit, Elektrolyten und Eiweiß können so schnell auftreten, dass das Pferd damit nicht zurechtkommt und sich nicht anpassen kann. Das Ergebnis: Austrocknung und ein entgleister Elektrolythaushalt. Der Eiweißgehalt im Blut des Pferdes kann so weit absinken, dass Beine und Unterbauch durch Ödeme anschwellen.

CHECKLISTE:

Atmet das Pferd schnell, oder bläht es bei jedem Atemzug die Nüstern? Macht es ohne ersichtlichen Grund einen ängstlichen Eindruck? Sehen oder fühlen Sie viele kleine Erhebungen unter seiner Haut?

JA ▸ Rufen Sie Ihren Tierarzt **gleich** an, wenn Sie eine dieser Fragen mit Ja beantwortet haben – es könnte sich um eine anaphylaktische Reaktion oder eine Art von Schock handeln. Während Sie warten, blättern Sie zu **Während Sie warten** auf der gegenüberliegenden Seite.

NEIN ▾

Zeigt das Pferd irgendwelche Anzeichen von Kolik (siehe S. 176)?

JA ▸ Rufen Sie Ihren Tierarzt **gleich** an, damit er die Ursache der Kolik diagnostizieren und behandeln kann. Während Sie warten, blättern Sie zu **S. 178.**

NEIN ▾

Setzt das Pferd mehr als einmal pro Stunde wässrigen Kot ab? Ist seine Umgebung (Wände, Zäune usw.) mit wässrigem Mist bespritzt? Ist der Mist schwarz oder sieht er blutig aus?

JA ▸ Rufen Sie Ihren Tierarzt **gleich** an, wenn Sie eine dieser Fragen mit Ja beantwortet haben – das Pferd ist in Gefahr auszutrocknen, Elektrolytmangel oder einen Schock zu bekommen. Blättern Sie zu **Während Sie warten.**

NEIN ▾

Setzt das Pferd schon seit drei Tagen oder länger Kot von kuhfladenartiger bis wässriger Konsistenz ab, und das mit leicht erhöhter Häufigkeit (1 bis 1½ so oft wie sonst)?

JA ▸ Rufen Sie **noch heute** Ihren Tierarzt an – das klingt nach chronischem Durchfall. Blättern Sie zu **Während Sie warten.**

NEIN ▾

Setzt das Pferd nur gelegentlich ungewöhnlich wässrige Pferdeäpfel ab, wenn es Angst hat oder sich aufregt?

JA ▸ Wahrscheinlich handelt es sich lediglich um vorübergehend wässrige Pferdeäpfel aufgrund der Aufregung. Sie müssen nichts tun, es sei denn das Absetzen dieser weichen Äpfel dauert über mehr als eine Stunde an. (In diesem Falle wiederholen Sie die Checkliste.)

NEIN ▾

Rufen Sie Ihren Tierarzt an und lassen Sie sich beraten oder machen Sie einen Termin aus.

Der Durchfall Ihres Pferdes könnte auf Sie übertragbar sein. Ergreifen Sie die folgenden Vorsichtsmaßnahmen:

1. Waschen Sie sich die Hände gründlich mit Wasser und Seife, nachdem Sie mit Ihrem Pferd oder mit Gegenständen umgegangen sind, die mit dem Kot verschmutzt waren (Kleidung, Stiefel, Handschuhe, Einstreu usw.).
2. Halten Sie Hände, Handschuhe und Ärmel von Ihrem Gesicht fern.
3. Halten Sie Ihr Pferd von Kindern unter einem Jahr und von Personen mit einem angegriffenen Immunsystem fern.
4. Gehen Sie zum Arzt, wenn Sie oder ein Familienmitglied Anzeichen von Krankheit zeigen, selbst wenn es sich dabei nicht um Durchfall handelt.
5. Nehmen Sie Ihre Haustiere nicht mit in den Stall. Mitglieder Ihrer Familie könnten sich infizieren, wenn sie Kontakt mit einem Haustier haben, das mit dem infizierten Mist in Berührung gekommen ist.

Während Sie warten:

1. *Isolieren Sie Ihr Pferd von anderen Pferden, da es unter einer ansteckenden Durchfallerkrankung leiden könnte.* Um zu verhindern, dass eine möglicherweise ansteckende Erkrankung sich ausbreitet, sollten Sie es auf einen Paddock oder in eine Box mit getrennter Wasserversorgung stellen, mindestens 7 m von den anderen Pferden entfernt. Waschen Sie sich die Hände und desinfizieren Sie Ihre Stiefel (siehe S. 230), nachdem Sie Umgang mit Ihrem Pferd hatten und bevor Sie mit anderen Pferden in Berührung kommen.

Warnung: Einem akuten Durchfall beim erwachsenen Pferd folgt oft ein »Nachbeben« – Hufrehe. Selbst wenn das Pferd derzeit keinerlei Anzeichen von Hufrehe zeigt, werden Sie zusammen mit Ihrem Tierarzt eine Entscheidung darüber treffen müssen, ob Sie vorsichtshalber dagegen behandeln wollen.

2. *Nehmen Sie dem Pferd sein Futter weg.* Um zu vermeiden, dass der Zustand eines ohnehin gereizten Darmtrakts sich weiter verschlimmert, entfernen Sie den Hafer aus der Krippe und das Heu aus der Raufe; nehmen Sie auch die Einstreu aus der Box, falls das Pferd sie frisst. (Es ist nicht ungewöhnlich, dass ein Pferd mit Darmproblemen Stroh oder Sägespäne frisst.)

3. *Geben Sie dem Pferd die Gelegenheit, seinen Flüssigkeits- oder Elektrolytmangel freiwillig wieder teilweise auszugleichen.* Stellen Sie ihm 3 20-Liter-Eimer mit frischem Wasser von Raumtemperatur hin, die Sie wie folgt präpariert haben:
- einen Eimer mit Wasser und sonst nichts
- einen Eimer mit einem Elektrolytzusatz speziell für Pferde (befolgen Sie die Anweisungen auf dem Etikett)
- einen Eimer, in den Sie ca. 150 g Natriumbikarbonat mit eingemischt haben.

9-B

Harte, kleine PFERDEÄPFEL

Sie sehen: Der Mist des Pferdes besteht aus Äpfeln, die kleiner und härter als sonst sind.

Das könnte bedeuten: Dieser Mist ist zu trocken. Je trockener der Mist, desto größer ist die Gefahr, dass im Verdauungstrakt eine Verstopfungskolik auftritt.

CHECKLISTE:

Zeigt das Pferd irgendwelche Anzeichen von Kolik (siehe S. 176)?

JA → Rufen Sie Ihren Tierarzt **gleich** an, damit er die Kolikursache diagnostizieren und behandeln kann. Während Sie warten, blättern Sie zu **S. 178.**

NEIN ↓

Hat das Pferd blutunterlaufene Augen? Hat es in letzter Zeit Gewicht verloren? Ist sein Mist mit weißen, wurmähnlichen oder schleimigen Streifen überzogen?

JA → Rufen Sie **noch heute** Ihren Tierarzt an – es könnte sich um eine chronische Darm- oder Allgemeinerkrankung handeln.

NEIN ↓

Blättern Sie zur **Eigenbehandlung** weiter unten.

Eigenbehandlung:

*(Sehen Sie auf der **Checkliste** nach, ob eine Eigenbehandlung für den trockenen Mist Ihres Pferdes in Frage kommt. Wenn die Antworten, die Sie in der Checkliste geben, sich irgendwann während der Eigenbehandlung zum Schlechteren verändern, rufen Sie den Tierarzt.)*

Schritt 1. *Bieten Sie dem Pferd frisches Trinkwasser in einem sauberen Behälter an.* Wenn es draußen kalt ist oder plötzlich deutlich kälter als bisher geworden ist, bieten Sie ihm noch einen zweiten Eimer an, in den Sie warmes Wasser (49 °C) gegeben haben. Prüfen Sie die Temperatur mit einem Thermometer.

Schritt 2. *Ermuntern Sie das Pferd zum Saufen.* (siehe S. 226.)

Schritt 3. *Bewegen Sie ihr Pferd.* Um die Darmbewegung und den Durst anzuregen, gehen Sie mit dem Pferd an der Hand spazieren, nehmen Sie es auf einen ruhigen Geländeritt im Schritt oder bringen Sie es zusammen mit einem Stallkameraden in einen Paddock, jeweils für mindestens 20 Minuten. Bieten Sie ihm während der Arbeit alle 10 Minuten Wasser von Raumtemperatur an.

Schritt 4. *Achten Sie auf die Anzeichen einer Verschlechterung.* Sehen Sie sich die Pferdeäpfel im Hinblick auf Konsistenz und Gesamtmenge genau an (siehe S. 196). Wenn innerhalb von 8 bis 12 Stunden keine Verbesserung eintritt, oder wenn Sie irgendwann wieder Schleim, Kolikanzeichen oder verminderten Kotabsatz bemerken, rufen Sie sofort den Tierarzt.

Welche Ursachen hat harter, trockener Kot?

1. Langsame Darmbewegung **2.** Dehydratation **3.** Eine teilweise Blockade des Darms.

Sie sehen: Steine, Schmutz, Strohschnüre, Schrauben und Muttern, Glasstücke oder andere Fremdkörper im Pferdemist.

9-C

FREMDKÖRPER im Kot

Das könnte bedeuten: Wenn keine weiteren Fremdkörper da sind, die immer noch ihren Weg durch die Eingeweide des Pferdes nehmen (oder darin verklemmt sind), dann sehen Sie im Mist den Beweis dafür, dass das Problem bereits gelöst ist. Ansonsten nehmen Sie die Fremdkörper als ein Zeichen dafür, dass es bald Ärger geben könnte.

CHECKLISTE:

Zeigt das Pferd irgendwelche Anzeichen von Kolik (siehe S. 176)?

JA → Rufen Sie Ihren Tierarzt **gleich** an, damit er die Kolikursache diagnostiziert und behandelt. Während Sie warten, blättern Sie zu **S. 178.**

NEIN ↓

Hat der Fremdkörper einen oder mehrere Vorsprünge oder scharfe Kanten? Handelt es sich um ein längliches Objekt wie eine Schnur, Strohkordel, einen Stock oder ein Stück Draht? Haftet an dem Objekt Blut oder ein dunkler, teerartiger Rückstand?

JA → Rufen Sie Ihren Tierarzt **gleich** an, wenn Sie eine dieser Fragen mit Ja beantwortet haben – eine Untersuchung auf Schäden an den Eingeweiden und evtl. eine Behandlung sind nötig.

NEIN ↓

Sind Sie sicher, dass das Pferd alles ausgeschieden hat? Sind Sie sicher, dass die Fremdkörper nicht aus seinen Eingeweiden kommen, es sich also beispielsweise um einen Enterolithen handelt?

JA → Rufen Sie **noch heute** Ihren Tierarzt an – Diagnose oder Behandlung sind nötig, um die Darmpassage zu beschleunigen.

NEIN ↓

Rufen Sie Ihren Tierarzt noch heute an und lassen Sie sich beraten oder machen Sie einen Termin aus.

Gut zu wissen:

Hier sind einige häufige Ursachen für Fremdkörper im Pferdemist aufgelistet.

- **Nicht essbare Gegenstände:** solche Fremdkörper kann das Pferd unabsichtlich mit aufnehmen, wenn es vom Boden frisst; das Material kann versehentlich in Fertigfutter mit eingearbeitet worden sein, oder das Pferd kann es aus Neugier gefressen haben.
- **Steine (Enterolithen):** sie werden von den Därmen des Pferdes um einen kleinen Fremdkörperkern gebildet. Diese Steine bestehen aus Mineralstoffen und können in der Größe von winzigen Steinchen zu Brocken von Grapefruitgröße reichen.

NOTIZEN

KAPITEL 10

Probleme am HARN- UND GESCHLECHTSSYSTEM

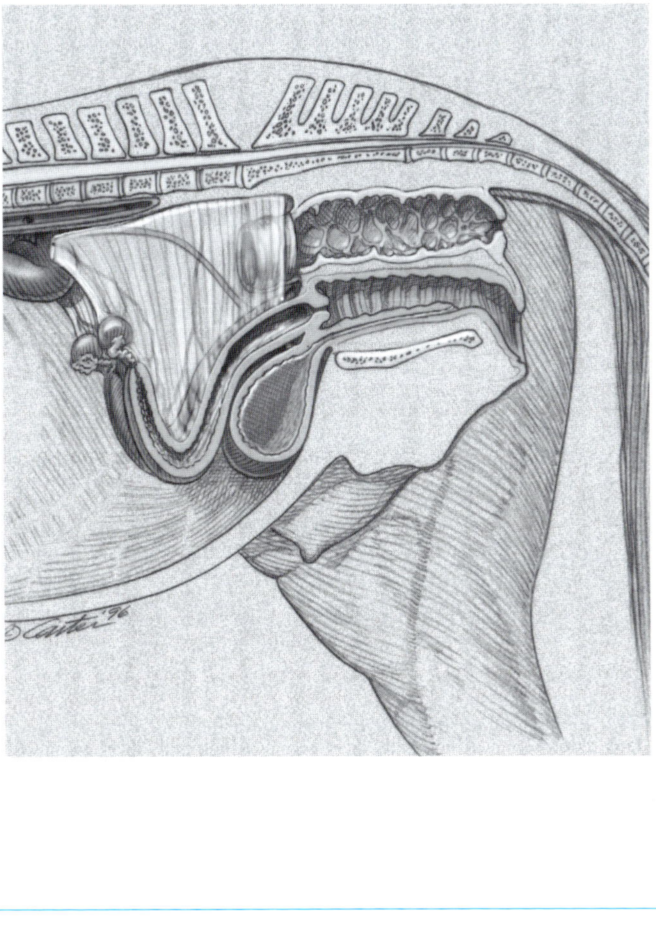

10-A

WUNDE STELLE ODER SCHWELLUNG an oder in der Nähe der GENITALIEN

Sie sehen: Eine Beule – sie kann mit glatter, normaler Haut bedeckt sein, oder sie kann offen sein – im Genitalbereich des Pferdes oder in der Nähe davon. Vielleicht bemerken Sie die Beule nicht einmal, bis Ihr Wallach urinieren muss, und da ist sie plötzlich: ein rosafarbener, hässlich aussehender Knoten an der Penisspitze. Oder Sie sehen die Schwellung nur, wenn Ihre Stute galoppiert, weil sie dann zwischen den Schamlippen wie eine rosa Seifenblase herausragt. Wenn das Pferd anhält, ist sie nicht mehr zu sehen.

Das könnte bedeuten: Es könnte sich um eine Wucherung handeln, die da nicht hingehört, oder um eine lokale entzündliche Reaktion.

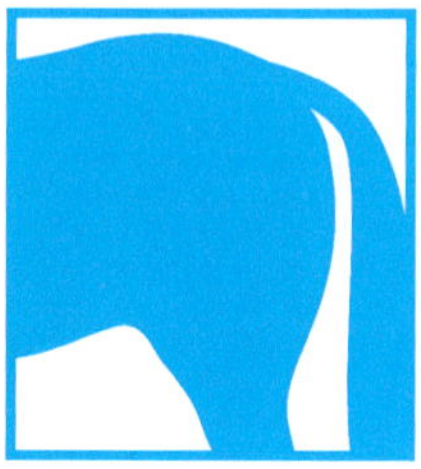

CHECKLISTE:

Befindet die Beule sich an Penis oder Präputium Ihres Wallachs oder Hengstes? Oder im Bereich der haarlosen rosa Haut rund um After und Scheide? Sieht sie geschwürig oder offen aus?

JA → Rufen Sie **noch heute** Ihren Tierarzt an, wenn Sie eine dieser Fragen mit Ja beantwortet haben – es könnte sich um eine krebsartige Wucherung handeln, aber auch um Parasitenbefall.

NEIN ↓

Befindet der Knoten sich im Bereich von After oder Scheide des Pferdes oder an der Unterseite der Schweifrübe? Ist das Pferd ein Schimmel?

JA → Rufen Sie **diese Woche** Ihren Tierarzt – es könnte sich um Melanome handeln.

NEIN ↓

Ist die Beule rosafarben und an der Scheide Ihrer Jungstute zu sehen, wenn sie galoppiert, aber verschwunden, wenn das Pferd stehen bleibt?

JA → Entspannen Sie sich – das ist das Jungfernhäutchen. Wenn Sie vorhaben, mit der Stute zu züchten, rufen Sie Ihren Tierarzt an und machen Sie einen Termin aus, damit er nachsieht, ob das Jungfernhäutchen sich weit genug geöffnet hat.

NEIN ↓

Sehen Sie eine wunde oder offene Stelle in der Nähe von After und Innenschenkeln des Pferdes? Sind die Haare an der Schweifrübe fransig und abgebrochen?

JA → Es könnte sich um Pfriemenschwänze handeln. Das Pferd hat sich selbst blutig gescheuert, weil es versucht hat, sich den juckenden After zu kratzen. Wenden Sie die **Eigenbehandlung** von der gegenüberliegenden Seite an.

NEIN ↓

Rufen Sie Ihren Tierarzt an und machen Sie einen Termin aus.

Eigenbehandlung:

(Sehen Sie auf der ***Checkliste*** *nach, ob eine Eigenbehandlung für die Läsion Ihres Pferdes in Frage kommt. Wenn die Antworten, die Sie in der Checkliste geben, sich irgendwann während der Eigenbehandlung zum Schlechteren verändern, rufen Sie den Tierarzt.)*

1. *Entwurmen Sie Ihr Pferd.* Wählen Sie ein Mittel aus, das mehr als 95 % der Pfriemenschwänze (Oxyuris equi) abtötet. Verabreichen Sie das Mittel je nach Körpergewicht des Pferdes (siehe S. 222) und nach den Anweisungen auf dem Etikett.

2. *Behandeln Sie die Abschürfungen.* Sehen Sie sich die offenen Stellen genau an, ob Fremdkörper (beispielsweise Holzsplitter vom Scheuern an Holz) oder Bläschen von chemischen Verätzungen (vom Scheuern an behandeltem Holz) zu sehen sind. Behandeln Sie die Verletzungen nach den Anweisungen in den entsprechenden Kapiteln.

Tipps zur Schweifpflege ...

Bis ein Schweifhaar zur vollen Länge gewachsen ist, dauert es etwa 2 Jahre. Wenn ein Pferd sich also den Schweif scheuert, kann das langfristige Konsequenzen für sein Aussehen und seine Fähigkeit Fliegen zu verscheuchen haben. Sind die Haare an der Schweifrübe abgebrochen, können Sie die folgenden Pflegetipps ausprobieren, um das Aussehen des Schweifes zu verbessern. (Und sprechen Sie mit Ihrem Tierarzt, um die Ursachen für das Schweifscheuern herauszufinden und etwas dagegen zu tun.)

- Waschen Sie den gesamten Schweif mit einem milden Shampoo, um Krusten und Schmutz zu entfernen.
- Spülen Sie den Schweif gründlich aus. In das letzte Spülwasser geben Sie 50 ml weißen Essig auf 4 Liter kühles Wasser, um damit die Seifenreste zu neutralisieren.
- Weichen Sie die Schweifrübe mit einer Zaubernusslösung (Hammamelis) ein, um gereizte Haut zu beruhigen. Spülen Sie diese Lösung nicht mehr aus.
- Tragen Sie ein Schweifpflegemittel nach den Anweisungen auf dem Etikett auf und arbeiten Sie das Produkt an der Basis der Schweifhaare in die Haut ein.
- Legen Sie eine Schweifbandage an, wobei Sie alle Haare so glätten, dass sie flach liegen. Die Bandage muss eng genug sitzen, um nicht zu rutschen, aber locker genug, dass Sie an jeder Stelle einen Finger einschieben können. Lassen Sie die Bandage am Schweif, bis die Haare getrocknet sind.
- Nehmen Sie die Schweifbandage ab und glätten Sie die Haare. Benutzen Sie dazu einen grobzahnigen Kamm oder die Finger.

Sie sehen: Der Penis Ihres Hengstes oder Wallachs bleibt länger ausgeschachtet als sonst.

10-B

HERAUSHÄNGENDER PENIS

Das könnte bedeuten: Es kann bedeuten, dass das Pferd den Penis nicht mehr in das Präputium (den »Schlauch« unter dem Bauch) zurückziehen kann, und der Penis in Gefahr ist, ernsthaft verletzt zu werden. Es kann auch bedeuten, dass das Pferd sich ganz allgemein krank oder schwach fühlt. Oder es kann ein Zeichen für ein Problem am Penis selbst oder im Harnapparat sein.

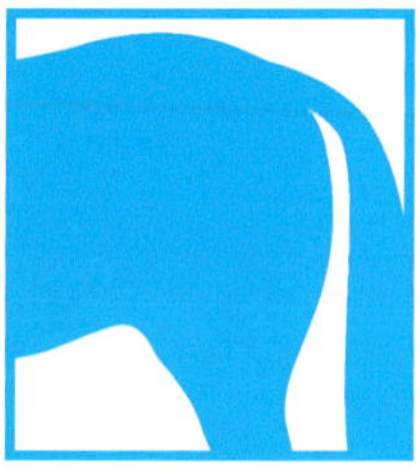

CHECKLISTE:

Hat das Pferd innerhalb der letzten halben Stunde ein Beruhigungsmittel bekommen?

JA → Warten Sie noch eine Stunde. Es kommt häufig vor, dass ein Pferd den Penis herabhängen lässt, wenn es entspannt ist oder Medikamente bekommen hat.

NEIN ↓

Hat das Pferd innerhalb der letzten drei Tage ein Beruhigungsmittel bekommen?

JA → Rufen Sie Ihren Tierarzt **gleich** an – es könnte sich um eine Penislähmung aufgrund der Reaktion auf bestimmte Beruhigungsmittel handeln. Blättern Sie zu **Während Sie warten Nr. 1** auf der gegenüberliegenden Seite.

NEIN ↓

Sieht der Penis des Pferdes geschwollen aus? Wirkt die Öffnung des Präputiums so, als liege sie eng um den Penis und schnüre ihn vielleicht ein? Befinden sich auf dem Penis oberflächliche Wunden?

JA → Rufen Sie Ihren Tierarzt **gleich** an, wenn Sie eine dieser Fragen mit Ja beantwortet haben – es könnte sich um eine Paraphimose handeln, die sofort behandelt werden muss, um ernsthafte Schäden zu vermeiden. Blättern Sie zu **Während Sie warten.**

NEIN ↓

Verweigert das Pferd das Futter, ist es niedergeschlagen oder hat es Fieber? Schwitzt es, speichelt es, tritt es ruhelos von einem Fuß auf den anderen oder zittert es? Tröpfelt aus seinem Penis Harn? Klafft sein After auf?

JA → Rufen Sie Ihren Tierarzt **gleich** an, wenn Sie eine dieser Fragen mit Ja beantwortet haben – es könnte sich um Botulismus, Kolik oder eine Erkrankung des Nervensystems (beispielsweise Polyneuritis) handeln. Blättern Sie zu **Während Sie warten.**

NEIN ↓

Steht das Pferd gestreckt da, als wolle es gerade urinieren? Uriniert es dann aber doch nicht oder nur kleine Mengen und das öfter als sonst? Befindet sich Blut im Urin? Befindet sich Blut an der Penisspitze?

JA → Rufen Sie Ihren Tierarzt **gleich** an, wenn Sie eine dieser Fragen mit Ja beantwortet haben – es könnte sich um eine Verlegung oder Infektion der Harnröhre oder der Blase handeln, oder um eine Kolik. Während Sie warten, blättern Sie zu **S. 178.**

NEIN ↓

Rufen Sie **noch heute** Ihren Tierarzt an.

Während Sie warten:

1. *Halten Sie den Schaden in Grenzen.* Außer wenn Ihr Pferd Anzeichen einer schweren Kolik (siehe S. 176) zeigt, sollten Sie es in eine schattige Box oder einen Laufstall bringen, wo das Risiko geringer ist, dass der Penis durch Insekten, ungewolltes Schlagen, Verschmutzung und Kontakt mit Gegenständen, die eine raue Oberfläche haben, gereizt oder traumatisiert wird. (Wenn das Pferd sich aufgrund von Kolikschmerzen hinlegen und wälzen will, könnte das Einsperren in einen Stall das Risiko einer Verletzung erhöhen. Bringen Sie es in diesem Fall in einen offenen Bereich mit weichem Boden, beispielsweise in einen kleinen Paddock.) Wenn es Gleichgewichtsstörungen hat, entfernen Sie herausstehende Gegenstände aus dem Bereich und beschränken Sie die Geräuschkulisse, damit es nicht erschrickt.

2. *Isolieren Sie Ihr Pferd von anderen Pferden, da es eine ansteckende Krankheit haben könnte.* Um zu verhindern, dass diese Erkrankung sich ausbreitet, sollten Sie es auf einen Paddock oder in eine Box mit getrennter Wasserversorgung stellen, mindestens 7 m von den anderen Pferden entfernt. Waschen Sie sich die Hände und desinfizieren Sie Ihre Stiefel (siehe S. 230), nachdem Sie Umgang mit Ihrem Pferd hatten und bevor Sie Umgang mit anderen Pferden haben.

Sagen Sie Stopp ...

Hengste sind anfälliger für eine medikamentenbedingte Penislähmung als Wallache. Man glaubt, dass das mit der Anwesenheit des Hormons Testosteron zusammenhängt. Wenn Ihr Wallach ein Kryptorchide ist (also ein Klopphengst, bei dem ein Hoden im Bauch-oder Leistenraum liegt) und dieser Hoden nicht entfernt wurde, produziert dieser Hoden Testosteron und das Risiko, dass der Einsatz eines phenothiazinhaltigen Medikaments eine Penislähmung hervorruft, ist erhöht. Zu diesen Medikamenten gehört Azepromazin. Es wäre wichtig, eine solche Information auf der Stalltafel dieses Pferdes an einer ins Auge fallenden Stelle zu vermerken – für den Fall, dass es einmal behandelt werden muss, wenn Sie nicht erreichbar sind. Schreiben Sie einfach »Kein Azepromazin!«.

10-C

URIN ODER HARN LASSEN UNGEWÖHNLICH

Sie sehen: Der Harn des Pferdes hat eine ungewöhnliche Farbe oder das Pferd verhält sich beim Harn lassen anders (es nimmt zum Beispiel öfter die Haltung dafür ein oder für längere Zeit, produziert dabei aber eine geringere Menge als sonst).

Das könnte bedeuten: Im Harnapparat des Pferdes liegt ein Problem vor. Auch ein Problem auch anderswo im Körper kann Symptome hervorrufen, die denjenigen für Schmerzen im Harnapparat ähneln.

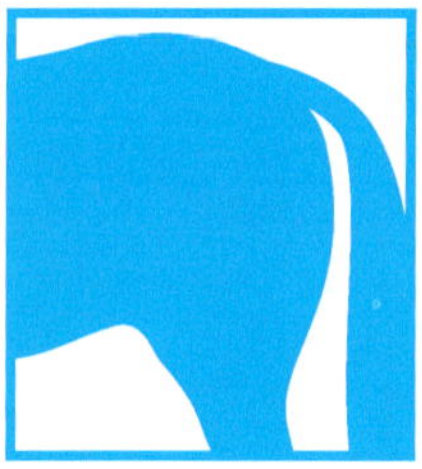

CHECKLISTE:

Versucht das Pferd öfter und länger als sonst zu harnen (stellt es sich in der gestreckten Stellung zum Harn lassen hin) und tröpfelt dabei nur ein schwacher Urinstrahl heraus?

JA → Rufen Sie Ihren Tierarzt **gleich** an – es könnte sich um eine Kolik handeln, aber auch um eine Verlegung der Harnwege, die tödlich verlaufen kann, wenn sie nicht frühzeitig behandelt wird.

NEIN ↓

Nimmt das Pferd die typische Haltung zum Harn lassen öfter ein als üblich? Lässt es dabei den Harn jedes Mal ganz normal ab (normaler Druck, Harn fließt frei heraus), wobei die Gesamtmenge vielleicht geringer ist als sonst?

JA → Rufen Sie Ihren Tierarzt **gleich** an, wenn Sie beide Fragen mit Ja beantwortet haben – es könnte sich um eine Infektion der Harnwege handeln.

NEIN ↓

Tröpfelt bei dem Pferd Urin selbst dann heraus, wenn es gar nicht versucht, zu harnen?

JA → Rufen Sie Ihren Tierarzt **gleich** an – es könnte sich um eine Verletzung oder Erkrankung des Nervensystems handeln, beispielsweise eine Rückenmarksverletzung, das Cauda-Equina-Syndrom, neurologische Rhinopneumonitis oder eine Sorghumvergiftung.

NEIN ↓

Ist der Harn des Pferdes rötlich gefärbt oder blutig? Falls das Pferd eine Stute ist: ist ihr Schweif mit Blut befleckt?

JA → Rufen Sie Ihren Tierarzt **gleich** an, wenn Sie eine dieser Fragen mit Ja beantwortet haben – es könnte sich um eine Infektion, um Harnsteine oder einen Tumor in Niere oder Blase oder um Krampfadern in der Scheide handeln.

NEIN ↓

Ist der Harn des Pferdes kaffeebraun? Haben Sie beobachtet, wie das Pferd Harn von dieser Farbe abgelassen hat?

JA → Rufen Sie Ihren Tierarzt **gleich** an, wenn Sie diese beiden Fragen mit Ja beantwortet haben – das Pferd könnte einen Muskelschaden erlitten haben (entweder durch eine Verletzung oder durch eine Muskelerkrankung wie Kreuzverschlag), es könnte auch eine Art von Anämie haben oder einen Giftstoff aufgenommen haben.

NEIN ↓

Fortsetzung ⇨

CHECKLISTE (FORTSETZUNG):

Sehen Sie im Schnee rote, orangefarbene oder braune Harnflecken, konnten aber nicht direkt beobachten, dass das Pferd Harn mit einer solch ungewöhnlichen Färbung abgelassen hat?

JA → Machen Sie mit dieser Checkliste weiter – wenn Sie keine weiteren Anzeichen dafür sehen, dass etwas nicht stimmt, könnte es sich um eine normale Farbveränderung handeln, die auftreten kann, wenn sich der Harn des Pferdes mit dem Schnee vermischt.

NEIN ↓

Produziert das Pferd mehr Harn oder säuft es mehr Wasser als sonst? Ist sein Fell stumpf, übermäßig lang oder wird es nicht gewechselt?

JA → Rufen Sie **noch heute** Ihren Tierarzt an, wenn Sie eine dieser Fragen mit Ja beantwortet haben – es könnte sich um eine Nierenerkrankung oder ein Problem mit der Hirnanhangsdrüse handeln.

NEIN ↓

Sieht der Harn des Pferdes cremig oder sahnig aus?

JA → Rufen Sie **noch heute** Ihren Tierarzt an. Bei Pferden sieht der Harn oft cremig oder sahnig auf, je nach seinem Gehalt an Eiweiß, Kalzium und Schleim (was normal ist), und bei Stuten auch je nach Stadium im Rossezyklus. Bei einer Niereninfektion kann allerdings Eiter im Harn auftreten. Wenn das also das erste Mal ist, dass Sie cremig aussehenden Harn beobachten, rufen Sie Ihren Tierarzt.

Wussten Sie schon …

Eine Besonderheit der Pferde ist die Art, wie ihr Körper mit überschüssigem Kalzium fertig wird: während andere Tiere den Überschuss mit dem Kot ausscheiden, verarbeiten Pferde es in den Nieren und scheiden es mit dem Harn aus. Dadurch wird aber auch der Weg für die Bildung von Nieren- und Blasensteinen bereitet. Das ist auch einer der Gründe dafür, warum die in Amerika so beliebte Luzerne (die mehr Kalzium enthält als andere Raufutterarten) nicht unbedingt die beste Wahl als Raufutterquelle für Pferde ist.

NOTIZEN

KAPITEL 11

VERSCHIEDENE SYMPTOME

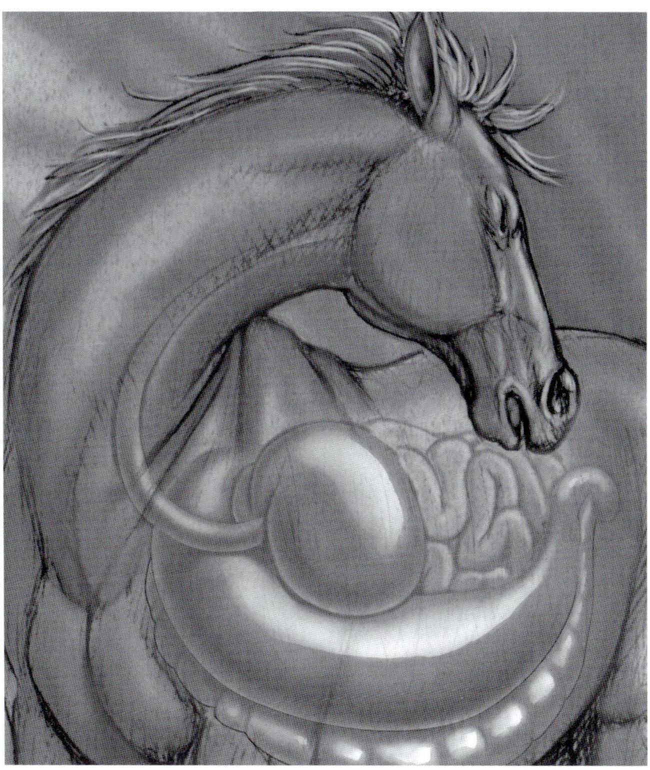

11-A

FIEBER

Sie sehen: Sie meinen, dass das Pferd sich ungewöhnlich warm anfühlt oder niedergeschlagen aussieht, und Sie haben seine Temperatur gemessen und bemerkt, dass es tatsächlich Fieber hat – die Temperatur ist höher als normal (siehe S. 199 und »Fieber oder nicht« auf der nächsten Seite).

Das könnte bedeuten: Das kann ein Anzeichen für eine Infektionskrankheit sein, eine Reaktion auf ein Medikament oder ein Hitzschlag.

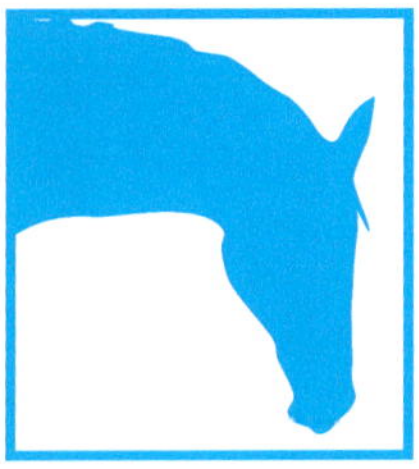

CHECKLISTE:

Messen Sie die Temperatur des Pferdes noch einmal und benutzen Sie dazu ein anderes Thermometer. Immer noch Fieber?

NEIN → Es wird Zeit für ein neues Thermometer!

JA ↓

Ist das Pferd innerhalb der letzten Stunde geritten oder gefahren worden oder ist es auf der Weide frei gelaufen?

JA → Führen Sie das Pferd zum Abkühlen eine halbe Stunde lang im Schritt und messen Sie die Temperatur noch einmal. Immer noch erhöht? Wenn ja, machen Sie mit dieser Checkliste weiter.

NEIN ↓

Ist es draußen heiß? Steht das Pferd in der Sonne? Schwitzen andere Pferde, während Ihr Pferd das nicht tut? Beträgt die Summe aus Umgebungstemperatur und relativer Luftfeuchtigkeit mehr als 70?

JA → Rufen Sie Ihren Tierarzt **gleich** an, wenn Sie 2 oder mehr dieser Fragen mit Ja beantwortet haben —es könnte sich um einen Hitzschlag oder eine Anhydrose handeln. Blättern Sie zu **Während Sie warten** auf der gegenüberliegenden Seite.

NEIN ↓

Handelt es sich um eine Stute, die innerhalb der letzten 72 Stunden gefohlt hat? Oder innerhalb der letzten 2 Monate?

JA → Rufen Sie Ihren Tierarzt **gleich** an, wenn Sie eine dieser Fragen mit Ja beantwortet haben – es könnte sich um eine akute Gebärmutterentzündung oder eine Laktationstetanie handeln.

NEIN ↓

Ist das Pferd innerhalb der letzten 24 Stunden geimpft oder mit anderen Medikamenten behandelt worden?

JA → Rufen Sie Ihren Tierarzt **gleich** an – es könnte sich um eine leichte Reaktion auf einen Lebendimpfstoff handeln, aber auch um eine gefährliche Reaktion, die maligne Hyperthermie heißt.

NEIN ↓

Hatte das Pferd innerhalb der letzten 3 Wochen Kontakt zu einem kranken Pferd?

JA → Rufen Sie **noch heute** Ihren Tierarzt an – das Pferd könnte sich eine Infektion zugezogen haben.

NEIN ↓

Rufen Sie Ihren Tierarzt an, lassen Sie sich beraten und machen Sie einen Termin aus.

Während Sie warten:

Kühlen Sie das Pferd ab. Wenn die Umgebungstemperatur 27 °C oder mehr beträgt, tupfen Sie das Pferd mit einem Handtuch ab, das Sie mit Wasser von Raumtemperatur oder kühler (aber nicht kalt) getränkt haben, und konzentrieren Sie sich dabei auf die Bereiche hinter und zwischen den Ohren, an der Stirn, der Halsunterseite im Bereich der Drosselvene, die Bereiche hinter den Ellenbogen, und den Genital- und Unterbauchbereich. Nehmen Sie auf keinen Fall einen Wasserschlauch und duschen Rumpf und Rücken des Pferdes mit eiskaltem Wasser ab. Dabei würden sich die Blutgefäße in diesen Muskeln zusammenziehen und das Gewebe wäre nicht mehr ausreichend durchblutet. Das Pferd würde langsamer abkühlen und es könnte zu Muskelkrämpfen oder sogar zu Kreuzverschlag kommen. Stellen Sie es an einer Stelle in den Schatten, an der ein leichtes Lüftchen weht, oder an der Sie einen Ventilator dazu stellen können, der die Verdunstung erleichtert. Machen Sie es alle 5 Minuten wieder nass – oder auch früher, wenn es schneller abgetrocknet ist.

Fieber oder nicht …

Fieber tritt dann auf, wenn der Hypothalamus des Pferdes, der die Körpertemperatur regelt, seinen »Thermostaten« so einstellt, dass er eine höhere Temperatur toleriert, bevor er die Kühlmechanismen einschaltet. Dadurch wird der Körper in die Lage versetzt, Eindringlinge zu bekämpfen, indem er eine heiße, unwirtliche Umgebung schafft – der Körper versucht buchstäblich, die Eindringlinge auszubrennen. Die Körpertemperatur ist auch ein guter Indikator für den Gesundheitszustand des Pferdes. Wenn Sie das Gefühl haben, dass mit Ihrem Pferd etwas nicht stimmt, wird Ihr Tierarzt Sie wahrscheinlich als erstes fragen »Haben Sie mal Fieber gemessen?«. Hier ist aufgelistet, was die gemessenen Temperaturen bedeuten.

Temperatur	Mögliche Ursache
40,5 oder höher	Ernsthafte Virusinfektion; Hitzschlag
38,5 bis 40,5	Erwärmung nach einer Anstrengung; in der Ruhe: Schmerz, Entzündung oder leichte Infektion
37,4 bis 38,5	Normal
36,2 bis 37,4	Leichter bis mäßiger Schock; Unterkühlung
unter 36,2	Schwerer Schock

11-B

WÄLZEN

Sie sehen: Das Pferd wälzt sich.

Das könnte bedeuten: Es könnte sein, dass das Pferd sich am Rücken kratzt, sich zum Schutz vor Insekten mit Staub eindeckt oder sich das juckende Fell ausreibt. Es könnte aber auch ein Anzeichen für Kolikschmerz sein.

CHECKLISTE:

Steht das Pferd wieder auf, nachdem es sich gewälzt hat? Schüttelt es sich wie ein nasser Hund, nachdem es aufgestanden ist? Grast es danach weiter? Oder beobachtet es, wenn es in einem Auslauf oder in der Box ist, mit Interesse (gespitzte Ohren, wache Augen) seine Umgebung?

JA → Wenn Sie zwei oder mehr dieser Fragen mit Ja beantwortet haben, können Sie sich entspannen – es war wahrscheinlich ein ganz normales Wälzen, mit dem ein Pferd sich den Rücken kratzt. Sehen Sie in 10 Minuten noch einmal nach ihm.

NEIN ↓ Rufen Sie Ihren Tierarzt **gleich** an – es könnte sich um eine Kolik handeln. Während Sie warten, blättern Sie zu **S. 178.**

Wenn das Pferd vor lauter Fliegen verrückt spielt …

Häufiges Wälzen bei einem Pferd, das keine Kolik hat, könnte ein Zeichen dafür sein, dass die Fliegen ihm zusetzen. Das Wälzen im Staub oder im Schlamm ist eine uralte Pferdemethode zur Abwehr von Insektenangriffen. Um Ihrem Pferd zu helfen, die Oberhand zu behalten, ohne zu womöglich giftigen Abwehrmitteln oder Insektiziden greifen zu müssen, probieren Sie die folgenden Tipps aus:

- Baden Sie das Pferd ungefähr jede Woche, um Schweißrückstände zu entfernen. (Schweiß zieht beißende und stechende Insekten magisch an und trägt ganz allgemein dazu bei, dass die Haut juckt.)
- Sprühen Sie das Pferd so oft wie nötig mit einer Lösung aus 1 Teil Badeöl und 3 Teilen Wasser ein. Machen Sie das mindestens einmal am Tag – diese Mischung ist völlig ungiftig.
- Legen Sie dem Pferd eine Fliegendecke und eine Fliegenmaske mit Ohrenkappen an.
- Sorgen Sie dafür, dass Ihr Pferd an einem schattigen, luftigen Ort stehen kann, wenn die Fliegen aktiv sind. Viele stechende Insekten sind hauptsächlich dann unterwegs, wenn es heiß und sonnig ist.
- Lassen Sie das Pferd tagsüber im Stall und bringen Sie es nachts auf die Koppel, wenn die Fliegen weniger aktiv sind.

Sie hören: Der Pferdebauch gurgelt so laut, dass Sie es aus mehreren Schritten Entfernung hören können. Wenn Sie mit einem Stethoskop (siehe S. 201) den Bauch abhören, hören Sie das Gurgeln und Gluckern fast ständig, egal, an welcher Stelle des Bauches Sie horchen. Vielleicht gehen auch mehr Winde ab als sonst.

Das könnte bedeuten: Es ist möglich, dass man bei einem Pferd jede Menge Gurgel- und Gluckergeräusche hört, wenn es gerade gefressen hat und seine Eingeweide das Futter und die Verdauungsflüssigkeiten durchmischen und durch den Darmtrakt bewegen. Laute Darmgeräusche können allerdings andeuten, dass in den Eingeweiden zu eifrig gearbeitet wird und zu viel Flüssigkeit vorliegt. Gründe dafür sind unter anderem, dass es eine zu große Mahlzeit bekommen hat, dass das Pferd etwas Giftiges, Reizendes oder zu Nahrhaftes gefressen hat; oder dass es sich eine Darminfektion zugezogen hat. Wenn vermehrt Winde abgehen, kann das bedeuten, dass sich Bakterienbesiedelung des Pferdedarmes verändert, entweder aufgrund einer Infektion oder weil das Pferd irgendwie an den Hafersack geraten ist und sich überfressen hat.

11-C

ÜBERMÄSSIGE DARMGERÄUSCHE

oder große Gasproduktion

CHECKLISTE:

Sind die Pferdeäpfel, die das Pferd innerhalb der letzten Stunde produziert hat, auf irgendeine Art ungewöhnlich?

JA → Blättern Sie zu **S. 156** und zu **S. 158.**

NEIN ↓

Hat das Pferd Fieber?

JA → Blättern Sie zu **S. 170.**

NEIN ↓

Zeigt das Pferd Anzeichen von Kolik (siehe S. 176)?

JA → Blättern Sie zu **S. 178.**

NEIN ↓

Hatte das Pferd innerhalb der letzten 24 Stunden Zugang zu einem Futterautomaten, zur Futterkammer, zu Giften, einer größeren Menge Klee, kaltem Trinkwasser nach einem anstrengenden Training, einer üppigen Weide oder Giftpflanzen oder wurde sein Futter umgestellt?

JA → Rufen Sie Ihren Tierarzt **gleich** an, wenn Sie eine dieser Fragen mit Ja beantwortet haben – Anzeichen von Unbehagen können sich so spät zeigen, dass die Behandlung nicht mehr wirksam werden kann.

NEIN ↓

Hat das Pferd innerhalb der letzten 2 Tage irgendwelche Medikamente erhalten? Sehen oder fühlen Sie unter seiner Haut eine ganze Anzahl von kleinen Beulen, die Ihnen vorher nicht aufgefallen sind?

JA → Rufen Sie Ihren Tierarzt **gleich** an, wenn Sie eine dieser Fragen mit Ja beantwortet haben – es könnte sich um eine anaphylaktische Reaktion handeln. Blättern Sie zu **Während Sie warten** auf S. 152.

NEIN ↓

Fortsetzung ⇨

CHECKLISTE (FORTSETZUNG):

Hatte das Pferd innerhalb der letzten 3 Wochen Kontakt mit anderen Pferden, die kürzlich Salmonellose oder eine nicht näher spezifizierte Dickdarmentzündung hatten?

JA → Rufen Sie **noch heute** Ihren Tierarzt an – es könnte sich um das Frühstadium einer Darminfektion handeln.

NEIN ↓

Gehen Sie diese Checkliste in einer Stunde noch einmal durch. Immer noch zu viel Gegluckere? Rufen Sie Ihren Tierarzt an und lassen Sie sich beraten oder machen Sie einen Termin aus.

Wussten Sie schon …

Eine der häufigsten Ursachen für Verdauungsstörungen und Koliken ist eine zu schnelle Umstellung der Fütterung. Wenn Sie eine Veränderung bei der Kraftfutterration vornehmen, dann führen Sie das neue Futter ganz allmählich ein. Als Faustregel gilt, dass Sie am ersten Tag nicht mehr als eine halbe Tasse des neuen Futters dazugeben sollten, die Sie auf die zwei oder drei Mahlzeiten des Tages aufteilen. Erhöhen Sie diese Menge allmählich und in kleinen Schritten, so dass es drei Wochen oder noch länger dauert, bis Sie vollständig auf das neue Futter umgestellt haben.

Sie sehen: Das Pferd hat seine Ration nicht oder nicht ganz gefressen. Vielleicht hat es das Heu gefressen, zumindest teilweise, aber das Kraftfutter übrig gelassen. Vielleicht hat es auch gar nicht gefressen.

Das könnte bedeuten: Es könnte auf ein einfaches Problem hindeuten. Es kommt recht häufig vor, dass ein Pferd unbeabsichtigt in seine Krippe äpfelt, so dass das Kraftfutter ihm nicht mehr schmeckt. Es können auch Nagetiere oder Vögel in die Krippe geraten sein, während das Pferd auf der Weide war, so dass unappetitliche Kotreste ins Kraftfutter geraten sind. Ein echter Appetitverlust kann allerdings wirklich eines der ersten Anzeichen dafür sein, dass es dem Pferd nicht gut geht. Futterverweigerung ist ein Symptom, das man niemals ignorieren sollte.

11-D

FUTTER-VERWEIGERUNG

CHECKLISTE:

Hat das Pferd Fieber?

JA → Rufen Sie Ihren Tierarzt **gleich** an – es könnte sich um das Frühstadium einer Virus- oder Bakterienerkrankung handeln. Blättern Sie zu **Während Sie warten** weiter unten.

NEIN ↓

Zeigt das Pferd Interesse am Futter – gespitzte Ohren, wache Augen – und weigert sich dann, zu fressen, auch wenn andere Pferde dasselbe Futter fressen (so dass also mit dem Futter an sich alles in Ordnung ist)?

JA → Rufen Sie Ihren Tierarzt **gleich** an – es könnte sich um ein Problem handeln, das Schmerzen beim Fressen verursacht (ein infizierter Zahn, Verletzungen im Maul oder eine Kieferverletzung). Oder es ist dem Pferd nicht möglich zu fressen, da es beispielsweise ein Nervenproblem oder Tetanus hat.

NEIN ↓

Rufen Sie Ihren Tierarzt **gleich** an – es könnte sich um eine Kolik handeln. (Blättern Sie zu **S. 176.**)

Während Sie warten:

Isolieren Sie Ihr Pferd von anderen Pferden, da es möglicherweise eine ansteckende Erkrankung hat. Um zu verhindern, dass die Erkrankung sich ausbreitet, sollten Sie es auf einen Paddock oder in eine Box mit getrennter Wasserversorgung stellen, mindestens 7 m von den anderen Pferden entfernt. Waschen Sie sich die Hände und desinfizieren Sie Ihre Stiefel (siehe S. 230), nachdem Sie Umgang mit Ihrem Pferd hatten und bevor Sie andere Pferde anfassen.

Sie sehen: Symptome aus der Checkliste für Koliksymptome, die Sie auf der nächsten Seite finden. (Informationen darüber, wie Sie das Verhalten des Pferdes und die Körperwerte interpretieren müssen, finden Sie auf den S. 196 und 198.)

11-E

KOLIK

Das könnte bedeuten: »Kolik« ist keine Diagnose, sondern lediglich eine Ansammlung von Symptomen, die normalerweise »Bauchweh« bedeuten. Von wenigen Ausnahmen abgesehen, bedeutet Kolikschmerz immer, dass im Verdauungssystem des Pferdes ein Problem vorliegt. Die Schwere dieses Problems wird nicht unbedingt durch die Heftigkeit des Schmerzes angezeigt, den Sie in einem bestimmten Augenblick beobachten können. Ein Pferd, das Kolikschmerzen 3. Grades zeigt, ist vielleicht kurz davor, eine harmlose Gasblase entweichen zu lassen und wird danach wieder in Ordnung sein – aber es kann auch auf dem Weg zu höhergradigen Schmerzen und zum endotoxischen Schock sein. Im Moment haben Sie keine Möglichkeit zu wissen, in welche Richtung die Kolik sich entwickeln wird.

CHECKLISTE:

Beschränken die Symptome des Pferdes sich derzeit auf Schmerzen 1. Grades?

JA → Rufen Sie Ihren Tierarzt **gleich** an – es könnte sich um die ersten Stadien einer Kolik handeln, aber auch um spätere Stadien, wenn der Dickdarm betroffen ist (dabei bemerkt man oft nur geringgradige Anzeichen, wobei die Erkrankung nicht weniger ernsthaft sein muss). Blättern Sie zu **Während Sie warten** auf S. 178.

NEIN ↓

Zeigt das Pferd Symptome, die über den 2. Grad nicht hinausgehen?

JA → Rufen Sie Ihren Tierarzt **gleich** an – eine rasche Behandlung kann verhindern, dass noch mehr Endotoxine durch die Wände der betroffenen Darmabschnitte aufgenommen werden. Blättern Sie zu **Während Sie warten.**

NEIN ↓

Haben die Symptome des Pferdes Grad 3 erreicht?

JA → Rufen Sie Ihren Tierarzt **gleich** an – das Pferd zeigt die ersten Anzeichen einer Vergiftung durch die Absorption von Endotoxinen. Blättern Sie zu **Während Sie warten.**

NEIN ↓

Haben die Symptome des Pferdes Grad 4 erreicht?

JA → Rufen Sie Ihren Tierarzt **gleich** an – die Anzeichen sprechen für ein Kreislaufversagen aufgrund des endotoxischen Schocks. Blättern Sie zu **Während Sie warten.**

NEIN ↓

Haben die Symptome des Pferdes Grad 5 erreicht?

JA → Rufen Sie Ihren Tierarzt **gleich** an – schnelle, entschlossene und intensive Behandlung sind nötig, um das Leben Ihres Pferdes zu retten.

Was Ihr Tierarzt vielleicht tun wird:

Es kann sein, dass er eine Bauchpunktion durchführen muss. Dabei nimmt er eine Probe der Flüssigkeit, die sich frei im Bauchraum befindet, indem er eine Nadel durch die Wand des Unterbauches führt. Eine Analyse dieser Flüssigkeit kann hilfreich sein, um die Prognose für das Pferd aufzustellen und zu entscheiden, ob eine Operation helfen kann.

Überblick über die Symptome von Koliken

Sie sehen	Kolikschmerz 1. Grades (leicht)	Kolikschmerz 2. Grades (mäßig)	Kolikschmerz 3. Grades (heftig, im Frühstadium	Kolikschmerz 4. Grades (heftig, fortgeschritten)	Kolikschmerz 5. Grades (heftig, besorgniserregend)
Haltung des Pferdes	Schläfrig; verhält sich fast normal, wenn es angeregt wird.	Geistesabwesend; wird aufmerksam, wenn etwas los ist, danach aber wieder abwesend.	Unruhig; wird nur kurz aufmerksam, wenn etwas los ist.	Vom Schmerz in Anspruch genommen; nimmt seine Umgebung nicht wahr.	Wie erstarrt; reagiert nicht.
Steht oder liegt?	Steht oder legt sich ruhig hin.	Legt sich immer wieder hin und steht wieder auf.	Legt sich gelegentlich hin und wälzt sich.	Lässt sich ohne Vorwarnung zu Boden fallen.	Liegt; will nicht aufstehen.
Mögliche Anzeichen für Schmerz	Häufiges Gähnen möglich.	Schweifschlagen; Halsrecken; Umdrehen nach dem Bauch; Scharren; Aufstampfen mit den Hinterfüßen.	Schwitzen; Schlagen nach dem Bauch; Beißen nach den Flanken.	Schlägt wild um sich.	Nimmt den Schmerz anscheinend nicht mehr wahr.
Puls	45 bis 50 Herzschläge pro Minute.	50 bis 55 Herzschläge pro Minute.	55 bis 65 Herzschläge pro Minute.	65 bis 100 Herzschläge pro Minute.	Mehr als 100 Herzschläge oder unregelmäßiger Puls.
Farbe des Zahnfleisches	Normal bis etwas blass.	Normal bis intensiv rosa.	Rötlich oder bläulich.	Schmutzfarben.	Weiß bis schmutzfarben.
Kapillarfüllzeit	Normal (1 bis 1½ Sekunden).	1½ bis 2 Sekunden.	2 bis 3 Sekunden.	3 Sekunden oder länger.	Über 3 Sekunden.
Darmgeräusche	Unterschiedlich; bei »klickenden« Gasgeräuschen Tierarzt rufen.	Unterschiedlich; bei »klickenden« Gasgeräuschen Tierarzt rufen.	Unterschiedlich; bei »klickenden« Gasgeräuschen Tierarzt rufen.	Normalerweise keine; kurzes Blubbern und Klicken manchmal hörbar.	Normalerweise keine; kurzes Blubbern und Klicken manchmal hörbar.

Beachten Sie: zwischen den Anzeichen für die verschiedenen Grade kann eine gewisse Überlappung auftreten. ⇨

Ein unwahrer Mythos:

Ein Pferd mit Kolik muss geführt werden.

Tatsache ist: bei einer leichten bis mäßigen Kolik kann es Ihrem Pferd helfen, wenn Sie es führen, weil dann Gasblasen leichter entweichen können und verrutschte Darmschlingen vielleicht wieder in die korrekte Position gleiten. Wenn Ihr Pferd aber nur den einen Gedanken kennt, sich hinlegen zu wollen, ist es nicht sehr hilfreich, wenn Sie es mit der Gerte schlagen, treten oder anbrüllen, damit es aufsteht und weiterläuft. Sie bringen dadurch nur noch mehr Stress in eine ohnehin belastende Situation und zwingen das Pferd, Energie zu verschwenden, die es eigentlich braucht, damit es ihm wieder besser gehen kann. Wenn das Gehen dem Pferd zu helfen scheint, sich besser zu fühlen, dann gehen Sie mit ihm. Wenn es aber ein einziger Kampf wird, das Pferd auf den Füßen zu halten, lassen Sie es sich hinlegen. Wenn es ruhig liegen bleibt, ist das ja nur gut. Wenn das Pferd unbedingt um sich schlagen will, wird keine körperliche Züchtigung es davon abhalten, und Sie könnten verletzt werden, wenn Sie es versuchen. Tun Sie lieber, was Sie können, um das Pferd vor Verletzungen zu schützen (ohne sich dabei selbst zu verletzen). Machen Sie mit dem Abschnitt **Während Sie warten** weiter unten weiter.

Während Sie warten:

Kolik 1. Grades. *Entfernen Sie alles Futter.* Nehmen Sie das Kraftfutter aus der Krippe und das Heu aus der Raufe; entfernen Sie die Einstreu, falls das Pferd sie frisst (es ist nicht unüblich, dass ein Pferd mit leichten Bauchschmerzen Stroh oder Sägespäne frisst). Lassen Sie ihm das Wasser da.

Kolik 2. bis 5. Grades. *Wenn das Pferd sich wälzen oder um sich schlagen will, schützen Sie es (und seine menschlichen Pfleger).*

- Um zu verhindern, dass das Pferd sich selbst verletzt und um zu verhindern, dass seine Pfleger verletzt werden: Streuen Sie den Stall mit besonders tiefer Einstreu frisch ein und legen Sie entlang der Stallwände 1 oder 2 Lagen Heu- oder Strohballen aus. Entfernen Sie alles, was in die Box ragt und sich entfernen lässt (abschraubbare Raufen, Eimer).
- Eine weitere Möglichkeit wäre, das Pferd in eine Reithalle oder auf einen Graspaddock zu bringen, nachdem Sie alle Geräte oder Hindernisse darauf entfernt haben.
- Ersetzen Sie das normale Stallhalfter durch ein gepolstertes (beispielsweise ein mit Fleece gefüttertes Reisehalfter), damit die Metallbeschläge des Halfters keine Gesichtsnerven beschädigen, falls das Pferd hinfällt.
- Wenn das Pferd nicht um sich schlägt (sonst ist es zu gefährlich für Sie), bringen Sie gepolsterte Transportgamaschen an seinen Beinen an und legen Sie ihm einen gepolsterten Kopfschutz an, falls es daran gewöhnt ist.
- Wenn Sie es ohne Gefährdung Ihrer Person machen können, prüfen Sie Puls, Atemfrequenz und Kapillarfüllungszeit alle 5 Minuten und geben Sie die Daten Ihrem Tierarzt.
- Wenn Ihr Pferd versichert ist (gegen Tod oder für den Krankheitsfall), rufen Sie Ihren Versicherungsagenten an und berichten Sie ihm von der Kolik. Befassen Sie sich vor dem Ernstfall mit der Versicherungspolice, damit Sie genau wissen, welche Bedingungen Sie erfüllen müssen.

Sie sehen: Vielleicht bewegt das Pferd sich langsamer als sonst. Vielleicht ist es weniger an dem interessiert, was in seinem Umfeld vorgeht. Auf der Weide wirken seine Versuche, bei der Herde zu bleiben, halbherzig. Bei entsprechenden Anlässen wacht es einmal auf, fällt dann aber schnell in seinen neutralen Zustand zurück, ist nicht an seiner Umgebung interessiert und zieht sich vom Herdenleben zurück. Wenn es alleine ist, scheint es ihm völlig zu reichen, mit hängender Unterlippe und tiefem Kopf still dazustehen, die Augenlider halb geschlossen, als ob es furchtbar müde wäre. Bei dieser Gelegenheit zahlt es sich aus, wenn Sie wissen, wie Ihr Pferd sich normalerweise verhält (siehe S. 196).

11-F

Apathisches, niedergeschlagenes VERHALTEN

Das könnte bedeuten: Es kann ein Anzeichen dafür sein, dass das Pferd leichte bis mäßige körperliche Schmerzen hat und dadurch abgelenkt ist. Es kann sich aber auch um das handeln, was es zu sein scheint: Teilnahmslosigkeit aufgrund eines Problems im Gehirn.

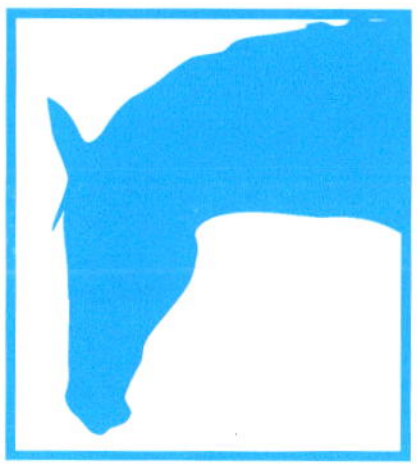

CHECKLISTE:

Hat das Pferd Fieber?

JA → Rufen Sie Ihren Tierarzt **gleich** an – es könnte sich um eine ansteckende Erkrankung handeln. Blättern Sie zu **Während Sie warten Nr. 1** auf der nächsten Seite.

NEIN ↓

Erkennen Sie Anzeichen für ein Trauma – Verletzungen, Schwellungen, Lahmheit oder reagiert das Pferd unwillig wenn Sie mit dem Finger Druck ausüben? Weigert das Pferd sich, sich zu bewegen? Hält es den Kopf schief? Ist der Schweif zu einer Seite hin gezogen?

JA → Rufen Sie Ihren Tierarzt **gleich** an, wenn Sie diese Fragen mit Ja beantwortet haben – es könnte sich um starke Schmerzen, Verwirrung oder einen Verlust des Gleichgewichts aufgrund einer Verletzung oder Erkrankung handeln. Blättern Sie zu **Während Sie warten Nr. 2** auf der nächsten Seite.

NEIN ↓

Ist der Bauch des Pferdes beim Abhören ungewöhnlich laut oder ungewöhnlich leise? Sind Zahnfleischfarbe oder Kapillarfüllzeit ungewöhnlich? Hat es einen schnelleren Puls als sonst? Weniger Appetit? Schwitzt es?

JA → Rufen Sie Ihren Tierarzt **gleich** an, wenn Sie eine dieser Fragen mit Ja beantwortet haben – es könnte eine Kolik sein. Während Sie warten, blättern Sie zu **S. 178.**

NEIN ↓

Schlurft das Pferd beim Gehen? Zittert es? Torkelt es, als ob es betrunken wäre?

JA → Rufen Sie Ihren Tierarzt **gleich** an, wenn Sie eine dieser Fragen mit Ja beantwortet haben – es könnte sich um einen Schwächezustand aufgrund einer Verletzung oder Erkrankung handeln. Blättern Sie zu **Während Sie warten Nr. 2.**

NEIN ↓

Fortsetzung ⇨

CHECKLISTE (FORTSETZUNG):

Sehen Sie sich das Pferd in einer Viertelstunde noch einmal an. Erkennen Sie eine Besserung? Zeigt es positive Zeichen wie Fressen, Saufen, Äpfeln oder Schweifschlagen zum Verjagen von Fliegen?

JA → Sehen Sie sich die Situation noch einmal kritisch an. Wenn alles in Ordnung zu sein scheint, entspannen Sie sich. Vielleicht ist gar nichts gewesen oder es ist von selbst besser geworden. Sehen Sie in den nächsten Stunden öfters nach dem Pferd, um sicherzugehen.

NEIN ↓

Wenn Sie irgend etwas Ungewöhnliches feststellen, blättern Sie zum entsprechenden Kapitel und rufen Sie Ihren Tierarzt.

Während Sie warten Nr. 1:

Isolieren Sie Ihr Pferd von anderen Pferden, um zu verhindern, dass eine möglicherweise ansteckende Erkrankung sich ausbreitet. Sie sollten es auf einen Paddock oder in eine Box mit getrennter Wasserversorgung stellen, mindestens 7 m von den anderen Pferden entfernt. Waschen Sie sich die Hände und desinfizieren Sie Ihre Stiefel (siehe S. 230), nachdem Sie Umgang mit Ihrem Pferd hatten und bevor Sie Umgang mit anderen Pferden haben.

VORSICHT

Unter den möglichen Ursachen für eine Erkrankung des Nervensystems befindet sich auch eine seltene, aber berüchtigte: die Tollwut. Gehen Sie kein Risiko ein, sondern ergreifen Sie Vorsichtsmaßnahmen. Siehe S. 34.

Während Sie warten Nr. 2:

1. *Vermeiden Sie es, das Pferd zu bewegen (es sei denn Ihr Tierarzt rät Ihnen, das zu tun).* Wenn das Pferd schwach ist, ihm schwindlig ist oder es Schmerzen hat, kann erzwungene Bewegung deutlichen Schaden anrichten. Wenn es irgendwie möglich ist, sperren Sie das Pferd ein, indem Sie bewegliche Zaunelemente um es herum aufstellen oder bleiben Sie bei ihm, bis der Tierarzt kommt. Bringen Sie ihm frisches Wasser, denn es kann sein, dass es nicht aus eigener Kraft an Wasser gelangen konnte.

2. *Schützen Sie sich selbst.* Ein schwaches Pferd oder eines, dem schwindlig ist, kann ohne Vorwarnung taumeln oder fallen. Bleiben Sie aufmerksam und außer Reichweite.

Sie sehen: Ihr Pferd verliert an Gewicht oder weist eine schlechtere körperliche Verfassung auf. (Wie Sie Gewicht oder körperliche Verfassung Ihres Pferdes beurteilen, finden Sie auf S. 224.)

GEWICHTSVERLUST

Das könnte bedeuten: Die zugrunde liegenden Probleme können von so einfachen Dingen wie unzureichender Menge oder Qualität der Futterration für den derzeitigen Bedarf bis hin zum Krebs reichen.

CHECKLISTE:

Treffen zwei oder mehr der folgenden Aussagen zu?
- Man sieht die Rippen des Pferdes.
- Die Wirbel stehen heraus.
- An der Schweifrübe steht ein knochiger Vorsprung heraus.
- Das Fell sieht struppig aus.
- Es sieht seit 4 Wochen oder länger zu mager aus.

JA → Dieser Gewichtsverlust ist vermutlich ungesund. Machen Sie mit dieser Checkliste weiter.

NEIN ↓

Hat das Pferd sein Maul im Futter, ohne das Futter wirklich ins Maul zu nehmen, als ob es nicht fressen könnte? Hängen die Gesichtszüge herunter oder zeigt es eine Grimasse? Fällt ihm Futter wieder aus dem Maul oder aus den Nüstern?

JA → Rufen Sie Ihren Tierarzt **gleich** an, wenn Sie eine dieser Fragen mit Ja beantwortet haben – es könnte ein Problem am Nervensystem vorliegen. Siehe **Vorsicht** auf S. 183.

NEIN ↓

Hat das Pferd weniger Appetit als sonst? Wirkt es niedergeschlagen? Hat es Fieber?

JA → Rufen Sie **noch heute** Ihren Tierarzt an, wenn Sie eine dieser Fragen mit Ja beantwortet haben – das Pferd könnte unter chronischen Schmerzen oder einer chronischen Erkrankung leiden.

NEIN ↓

Hat das Pferd während der letzten zwei Monate schmerzlindernde Medikamente bekommen?

JA → Rufen Sie **noch heute** Ihren Tierarzt an – bei der Verwendung vieler schmerzstillender Medikamente kann es zu Entzündungen und Geschwüren im Verdauungsapparat des Pferdes kommen.

NEIN ↓

Ist an den Pferdeäpfeln etwas ungewöhnlich?

JA → Blättern Sie zu **S. 155**.

NEIN ↓

Fortsetzung ⇨

CHECKLISTE (FORTSETZUNG):

Frisst das Pferd langsamer als sonst? Hält es beim Fressen den Kopf schief? Haben Sie Heuwickel beobachten können? Sind seine Pferdeäpfel mit ganzen Getreidekörnern durchsetzt?

JA → Rufen Sie **noch heute** Ihren Tierarzt an, wenn Sie eine dieser Fragen mit Ja beantwortet haben – es könnte sich um ein Zahn- oder Kieferproblem handeln. Blättern Sie zu S. 34.

NEIN ↓

Können Sie allen folgenden Aussagen beipflichten?

- Das Pferd wird genauso gefüttert wie letztes Jahr um dieselbe Zeit und damals war sein Gewicht in Ordnung.
- Das Pferd arbeitet genauso viel wie letztes Jahr um diese Zeit, und damals war sein Gewicht in Ordnung.
- Andere Pferde, die dieselbe Ration erhalten, sehen gut aus.
- Es hat Zugang zu so viel frischem Wasser, wie es nur will.

JA → Lassen Sie die Ration des Pferdes von einem Fachmann für Pferdefütterung überprüfen und ändern. Er wird dabei Alter, Arbeitsbelastung und Körperzustand des Pferdes berücksichtigen. Machen Sie mit dieser Checkliste weiter.

NEIN ↓

Wird das Pferd in der Gruppe gefüttert oder getränkt?

JA → Beobachten Sie die Gruppe zur Fütterungszeit. Wenn es nötig ist, füttern oder tränken Sie das Pferd getrennt von den anderen, um Futterneid und Stress zu vermeiden. Machen Sie mit dieser Checkliste weiter.

NEIN ↓

Treffen irgendwelche der folgenden Aussagen zu?

- Es ist länger als 6 Monate her, dass eine Kotprobe des Pferdes von einem Tierarzt auf Wurmeier überprüft wurde.
- Die Weide oder der Paddock, auf dem das Pferd steht, wird oder wurde innerhalb der letzten 20 Jahre stark von Pferden, Ponys, Eseln oder Maultieren beweidet.
- Ihr Pferd hat innerhalb der letzten 3 Monate einige Zeit in einem anderen Stall verbracht.

JA → Lassen Sie eine frische Kotprobe auf Parasitenbefall untersuchen.

NEIN ↓

Wenden Sie die unten aufgeführte **Eigenbehandlung** an. Wenn innerhalb von 6 Wochen keine Besserung zu sehen ist, rufen Sie Ihren Tierarzt an und machen Sie einen Termin aus.

Eigenbehandlung:

*(Sehen Sie auf der **Checkliste** nach, ob eine Eigenbehandlung für den Gewichtsverlust Ihres Pferdes in Frage kommt. Wenn die Antworten, die Sie in der Checkliste geben, sich irgendwann während der Eigenbehandlung zum Schlechteren verändern, rufen Sie den Tierarzt.)*

Schritt 1. *Vernichten Sie Endoparasiten (Parasiten im Körper).* Entwurmen Sie mit Ivermectin oder Moxidectin nach Körpergewicht des Pferdes (siehe S. 222) und nach der Anleitung auf dem Etikett. Besprechen Sie, ob Sie ein wiederholt zu verabreichendes Medikament wie Pyranteltartrat einsetzen wollen.

Schritt 2. *Erhöhen Sie die Kalorien, ohne die Kohlenhydrataufnahme zu erhöhen.* Unter der Annahme, dass Sie die Checkliste durchgearbeitet haben und sowohl ein körperliches Problem als auch eine Fehlernährung bei Ihrem Pferd ausscheidet, ist es möglich, dass das Pferd einfach mehr Kalorien braucht. Bieten Sie ihm Heu guter Qualität zur freien Aufnahme an. Geben Sie eine Woche lang zweimal täglich je ½ Tasse Pflanzenöl über sein normales Kraftfutter und beobachten Sie dabei den Kot. Wenn innerhalb dieser Woche die Pferdeäpfel nicht weicher werden, können Sie alle 2 Tage einen Esslöffel Öl mehr pro Tag geben, bis das Pferd zweimal am Tag je ½ Tasse Öl bekommt.

VORSICHT

Unter den möglichen Ursachen für eine Erkrankung des Nervensystems befindet sich auch eine seltene, aber berüchtigte: die Tollwut. Gehen Sie kein Risiko ein, sondern ergreifen Sie Vorsichtsmaßnahmen. Siehe S. 34.

Wenn der Mist des Pferdes irgendwann weicher wird, gehen Sie mit der Ölmenge wieder auf das vorherige Niveau zurück. Sehen Sie sich den Körperzustand des Pferdes nach 6 Wochen noch einmal kritisch an. Wenn Sie keine Verbesserung sehen, machen Sie einen Termin mit Ihrem Tierarzt aus. (Beachten Sie, dass die Kraftfuttermenge unverändert bleibt – das Ziel ist, die Kalorienmenge zu erhöhen, ohne die Menge an Kohlenhydraten unverhältnismäßig zu erhöhen, um so Erkrankungen zu vermeiden, die mit einem Überschuss an Kohlenhydraten einhergehen, also beispielsweise Hufrehe und Kolik.)

Die Sache mit den Senioren ...

Wenn ein Pferd allmählich zu den Senioren zählt, wird es anfälliger für Verletzungen und Krankheiten, weil die Beweglichkeit geringer wird und das Immunsystem nachlässt. Außerdem kann es in der Herdenhierarchie an Status verlieren. Wenn das Alter sich allmählich in sinkendem Wohlbefinden bemerkbar macht, verändert sich die soziale Nische eines Pferdes, und das merken rangniedere Herdenmitglieder. Dadurch wird der Boden für Konflikte (und Verletzungen) bereitet, weil jüngere Pferde das ältere immer öfter herausfordern, um auf der Rangleiter aufzusteigen. Wenn Sie sehen, dass Ihr Pferd immer häufiger in solche Rangkämpfe verwickelt wird, sollten Sie es von diesen Unruhestiftern trennen, bevor es zu Verletzungen kommt.

NOTIZEN

KAPITEL 12

Verschiedene Symptome, die zu UNGEWÖHNLICHEN BEWEGUNGEN führen

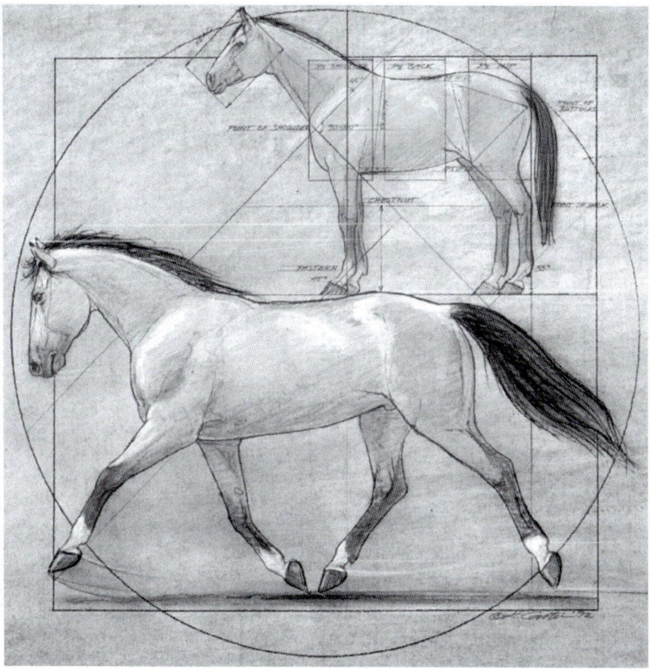

12-A

ABNORMALE BEWEGUNGEN

Sie sehen: Das Pferd zeigt einen seltsamen Gang. Vielleicht torkelt es, als ob es betrunken sei, schlurft kraftlos oder hebt die Beine zu hoch an und schlägt sie mit Schwung wieder auf den Boden.

Das könnte bedeuten: Die Ursache dieses Problems könnte in den Muskeln oder Nerven zu finden sein. Auch vererbliche Erkrankungen wie z. B. die periodische Lähmung durch Hyperkaliämie, die bei manchen Quarter Horses auftritt, können solche Bewegungsstörungen verursachen.

CHECKLISTE:

Erscheint das Pferd geistig abnormal (wirkt es verrückt oder ziellos, läuft ständig im Kreis, ist aufgeregt oder reagiert überhaupt nicht)?

JA → Rufen Sie Ihren Tierarzt **gleich** an – es könnte sich um eine Verletzung oder Schwellung des Gehirns oder eine Vergiftung handeln. Blättern Sie zu **S. 190.** Siehe **Vorsicht** auf S. 34.

NEIN ↓

Verweigert das Pferd das Futter, ist es niedergeschlagen oder hat es Fieber?

JA → Rufen Sie Ihren Tierarzt **gleich** an – es könnte sich um eine ansteckende Erkrankung handeln. Blättern Sie zu **Während Sie warten Nr. 1** auf der gegenüberliegenden Seite.

NEIN ↓

Fällt der Gang des Pferdes durch ständig oder immer stärker durchzuckende/gesteigerte oder torkelnde/geschwächte Bewegungen auf?

JA → Rufen Sie Ihren Tierarzt **gleich** an – es könnte sich um ein Problem der Nerven oder Muskeln oder um eine Vergiftung handeln.

NEIN ↓

Ist mehr als ein Bein betroffen?

JA → Rufen Sie Ihren Tierarzt **gleich** an – es könnte sich um ein Rückenmarksproblem handeln.

NEIN ↓

Ist nur ein Bein betroffen?

JA → Rufen Sie Ihren Tierarzt **gleich** an – es könnte sich um eine Verletzung oder Erkrankung eines Nervs handeln.

NEIN ↓

Beobachten Sie bei dem Pferd deutlich Perioden, in denen es schwach ist, stolpert und die Muskeln zittern, aber zwischen diesen Anfällen ist es normal? Führt es den Quarterhorsehengst Impressive im Stammbaum?

JA → Rufen Sie Ihren Tierarzt **gleich** an, wenn Sie eine dieser Fragen mit Ja beantwortet haben – es könnte sich um eine periodische Lähmung durch Hyperkaliämie handeln. Blättern Sie zu **Während Sie warten Nr. 2** auf der gegenüberliegenden Seite.

NEIN ↓

Rufen Sie **noch heute** Ihren Tierarzt an.

Während Sie warten Nr. 1:

Isolieren Sie Ihr Pferd von anderen Pferden, da es möglicherweise eine ansteckende Erkrankung hat, die sich ausbreiten könnte. Stellen Sie es auf einen Paddock oder in eine Box mit getrennter Wasserversorgung, mindestens 7 m von den anderen Pferden entfernt. Waschen Sie sich die Hände und desinfizieren Sie Ihre Stiefel (siehe S. 230), nachdem Sie Umgang mit Ihrem Pferd hatten und bevor Sie Umgang mit anderen Pferden haben.

Während Sie warten Nr. 2:

Die meisten Anfälle der periodischen Lähmung durch Hyperkaliämie sind nur vorübergehend, aber ein schwerer Anfall kann tödlich enden.

1. *Verringern Sie den Stress für das Pferd.* Bringen Sie das Pferd in eine ruhige Box oder in einen Paddock, in dem keine Gegenstände herumliegen.

2. *Füttern Sie das Pferd nicht.* Anfälle können durch Futtermittel ausgelöst werden, die Kalium enthalten. Falls der Tierarzt ungefähr noch eine Stunde brauchen wird, bis er da ist, stellen Sie dem Pferd Wasser bereit, aber kein Futter.

Gut zu wissen:

Hier finden Sie einige mögliche Gründe für ungewöhnliche Bewegungsabläufe beim Pferd aufgeführt.

Die Erkrankung	Die Ursache
Verletzungen	• Gefäßthrombose • Fibrosierende Myopathie • Missbildung der Wirbelsäule • Rückenmarkstrauma • Schädeltrauma • Trauma peripherer Nerven
Krankheiten	• EEE • Equine degenerative Myelenzephalopathie • Equine protozoäre Myeloencephalopathie • Equines Herpesvirus 1 • Fibrosierende Myopathie • Gehirnabszess • Hahnentritt • Lebererkrankungen • parasitäre Hirnerkrankung • Polyneuritis • Spinale Ataxie • Tollwut • Venezuelan equine encephalomyelitis • Western equine encephalomyelitis
Gifte	• Adlerfarn • Arsen • Blei • Botulismus • Organischer Phosphor • Strychnin • Tragant • Wolfsmilch
Krebs	• Adenom der Hirnanhangsdrüse • Lymphosarkom • Wuchernde Tumore

(Im Glossar und in Kapitel 19 finden Sie detaillierte Beschreibungen.)

12-B

Sie sehen: Das Pferd liegt und kann nicht selbst aufstehen.

FESTLIEGENDES PFERD

Das könnte bedeuten: Das Pferd könnte so liegen, dass ein Hindernis es daran hindert aufzustehen (siehe gegenüberliegende Seite). Es könnte auch krank oder verletzt sein, so dass es nicht in der Lage ist, die komplexen und anstrengenden Bewegungsabläufe auszuführen, die erforderlich sind, um wieder auf die Füße zu kommen.

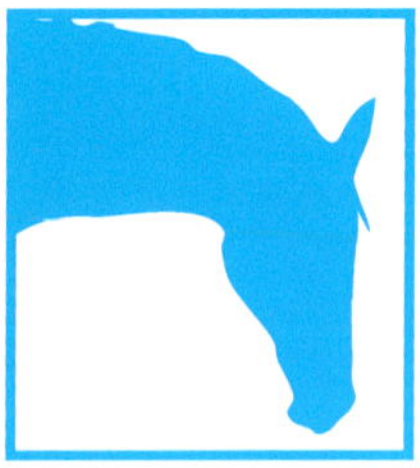

CHECKLISTE:

Scheint das Pferd geistig nicht ganz in Ordnung zu sein – schwach oder niedergeschlagen und anscheinend gar nicht beunruhigt über die Tatsache, dass es immer noch liegt?

JA → Rufen Sie Ihren Tierarzt **gleich** an – es könnte sich um eine schwere Verletzung oder Erkrankung handeln, welche die Schwäche oder den veränderten Geisteszustand hervorruft. Blättern Sie zu **Während Sie warten** weiter unten und beachten Sie **Vorsicht** auf S. 34.

NEIN ↓

Sehen Sie etwas, was auf eine schwere Verletzung hindeutet, die das Pferd am Aufstehen hindert (äußere Wunden, verrenktes oder seltsam geformtes Bein, Gelenkschwellungen)?

JA → Rufen Sie Ihren Tierarzt **gleich** an – egal, ob die Verletzung die Ursache oder eine Auswirkung des Liegens ist; mit jedem vergeblichen Aufstehversuch können noch mehr Verletzungen entstehen. Blättern Sie zu **Während Sie warten.**

NEIN ↓

Ist das Pferd von dem Hindernis befreit, wegen dem es nicht aufstehen konnte, und ist keine Verletzung sichtbar, die es am Stehen hindern würde, aber seine Aufstehversuche schlagen trotzdem fehl?

JA → Rufen Sie Ihren Tierarzt **gleich** an – es kann sich um eine Muskel- oder Nervenverletzung handeln, die durch das lange Liegen entstanden ist. Blättern Sie zu **Während Sie warten.**

NEIN ↓

Liegt das Pferd aufgrund eines Hindernisses in der Box fest oder hat es sich in seiner Box eingekeilt und kann nicht aufstehen?

JA → Wenden Sie die **Eigenbehandlung** von der gegenüberliegenden Seite an.

NEIN ↓

Rufen Sie Ihren Tierarzt **gleich** an – je länger das Pferd liegt, desto mehr kann passieren.

Während Sie warten:

1. *Schützen Sie das Pferd vor Verletzungen, die es sich selbst zufügt.* Wenn ein Pferd lange liegt, treten häufig Verletzungen an Kopf und Augen auf, weil das Pferd den Kopf herumreißt und damit gegen den Boden oder die Wände schlägt, wenn es vergeblich versucht, aufzustehen. Wenn Sie für Ihr Pferd einen Kopfschutz besitzen (siehe S. 331) und ihn anlegen können, ohne sich selbst zu gefährden, tun Sie das. Alternativ dazu können Sie die Umgebung polstern: streuen Sie mit weichem Material dick ein und stellen Sie Heu- oder Strohballen um das Pferd herum auf.

2. *Halten Sie das Pferd warm.* Wenn der Geisteszustand des Pferdes verändert ist, unternimmt es wahrscheinlich nur geringe Anstrengungen aufzustehen und könnte sich unterkühlen, vor allem dann, wenn es draußen kalt ist. Umgeben Sie es mit einer dicken Schicht Einstreu und decken Sie es mit einer Wolldecke zu.

Eigenbehandlung:

*(Sehen Sie auf der **Checkliste** nach, ob eine Eigenbehandlung für Ihr liegendes Pferd in Frage kommt. Wenn die Antworten, die Sie in der Checkliste geben, sich irgendwann während der Eigenbehandlung zum Schlechteren verändern, rufen Sie den Tierarzt.)*

Schritt 1. *Besorgen Sie sich Hilfe.* Holen Sie sich zwei oder mehr kräftige Helfer.

Schritt 2. *Machen Sie die Kraftprobe.* Wenn Sie und Ihre Helfer zusammen kräftig genug sind, versuchen Sie, das Pferd an Mähne und Schweif von der Wand wegzuziehen (ohne sich damit ein Rückenproblem einzuhandeln). Springen Sie dann schnell aus dem Weg, damit Sie nicht verletzt werden, wenn das Pferd aufsteht.

Schritt 3. *Holen Sie sich Seile.* Wenn Sie für den Schritt 2 nicht genügend Kraft haben, oder wenn Sie diesen Schritt durchgeführt haben und das Pferd immer noch nicht aufstehen kann (und Sie keinen Grund dafür erkennen können), dann kann es sein, dass das Pferd so lange gelegen hat, dass die unten liegenden Beine »eingeschlafen« sind und Sie das Pferd erst einmal umdrehen müssen. Holen Sie sich zwei stabile, weiche Seile von jeweils mindestens 7 m Länge (Sie können auch zwei Führstricke mit den freien Enden zusammenbinden, um ein Seil zu erhalten).

Schritt 4. *Anlegen der Seile.* Stellen Sie sich hinter die Wirbelsäule des Pferdes, also auf die Seite, auf der Sie nicht von strampelnden Beinen gefährdet werden können. Lehnen Sie sich quer über den Körper des Pferdes und legen Sie jeweils eine Schlaufe unter eines der untenliegenden Beine. Ziehen Sie dann die Seile so weit am Bein herauf, bis Sie deutlich oberhalb des Sprunggelenks (Hinterbein) bzw. des Karpalgelenks (Vorderbein) liegen.

Schritt 5. *Rollen Sie das Pferd herum.* Stellen Sie an jedes Seil ein oder zwei Personen, die alle gleichzeitig an beiden Seilen ziehen, um das Pferd herumzurollen. Das ist nicht ganz einfach, aber eine kräftige Person oder zwei durchschnittlich kräftige Leute schaffen es durchaus. Vorsicht: Achten Sie darauf, dass Sie nicht von Hufen getroffen werden, wenn das Pferd herumrollt. Achten Sie aufmerksam auf das Pferd und seien Sie jederzeit bereit, sich aus der Gefahrenzone zu begeben, während es aufsteht.

Definition: Wann hat ein Pferd sich verlegt?

Ein Pferd hat sich verlegt, wenn es körperlich in der Lage wäre, aufzustehen, durch äußere Umstände aber trotzdem nicht aufstehen kann. Weil das Körpergewicht eines Pferdes auf eine bestimmte Weise verteilt ist, muss es zum Aufstehen eine bestimmte Reihenfolge einhalten:

Schritt 1: Es muss sich in Brustlage begeben und die Hinterbeine hinter sich anziehen.
Schritt 2: Es muss die Vorderbeine vor sich ausstrecken.
Schritt 3: Es muss mit Kopf und Hals als Schwungmasse ausholen, während es gleichzeitig mit den Hinterbeinen drückt, um die Hinterhand nach oben zu bringen, und sich dabei mit den Vorderfüßen abstützt.

Die typische Szene, die zum Verlegen führt, sieht so aus: die Box ist frisch eingestreut und lädt das Pferd geradezu ein, sich zu wälzen. Es legt sich hin, rollt sich auf den Rücken, um sich genüsslich kratzen zu können – und rollt auf die andere Seite, wo die Beine gegen die Wand zu liegen kommen. Nun kann es sich nicht mehr in die Position bringen, aus der es aufstehen kann.

12-C

UNGEWÖHNLICHE GEISTIGE VERFASSUNG

Sie sehen: Die geistige Verfassung Ihres Pferdes ist nicht normal. Vielleicht ist es niedergeschlagen, reagiert auf nichts, schaut in den Himmel oder wandert ziellos herum. Vielleicht ist es auch übernervös, aufgedreht, rollt die Augen und hat Angst vor unsichtbaren Raubtieren. Es kann im Kreis laufen, den Kopf gegen die Wand drücken, gegen Gegenstände laufen, ohne ersichtlichen Grund wiehern oder Sie angreifen.

Das könnte bedeuten: Es liegt ein Problem des Gehirns vor, das auch mit schneller und geeigneter Behandlung nicht immer zu lösen ist.

Vorsicht

Wenn ein Pferd plötzlich geistig »abzuschalten« scheint, müssen Sie immer auch an Tollwut denken. Gehen Sie kein Risiko ein, ergreifen Sie Vorsichtsmaßnahmen. (Siehe S. 34.)

CHECKLISTE:

Hat das Pferd Fieber?

JA → Rufen Sie Ihren Tierarzt **gleich** an – es könnte sich um eine ansteckende Erkrankung handeln. Siehe **Vorsicht** weiter unten; Blättern Sie zu **Während Sie warten** weiter unten.

NEIN ↓

Verbringt das Pferd immer mehr Zeit im Liegen? Wird das ungewöhnliche Verhalten im Lauf der Zeit deutlicher?

JA → Rufen Sie Ihren Tierarzt **gleich** an, wenn Sie eine dieser Fragen mit Ja beantwortet haben – es könnte sich um ein sich ausdehnendes Problem des Hirns des Pferdes handeln, beispielsweise um eine Schwellung aufgrund einer kürzlich erlittenen Verletzung. Blättern Sie zu **Während Sie warten.**

NEIN ↓

Kommt es bei diesem Pferd vor, dass es in der einen Minute normal ist und in der nächsten Minute plötzlich zu Boden sackt, weil es anscheinend eingeschlafen ist, oder zeigt es ohne ersichtlichen Grund ungewöhnliches Verhalten?

JA → Rufen Sie Ihren Tierarzt **gleich** an – es könnte sich um Narkolepsie handeln oder um eine epileptische Erkrankung.

NEIN ↓

Tritt das ungewöhnliche Verhalten immer dann auf, wenn Sie das Pferd entwurmt haben?

JA → Rufen Sie Ihren Tierarzt **gleich** an – es könnte sich um einen wandernden Parasiten handeln, der sich in das Nervensystem verirrt hat (parasitäre Enzephalopathie).

NEIN ↓

Rufen Sie Ihren Tierarzt **gleich** an – es könnte sich um eine Lebererkrankung, eine Störung des Elektrolythaushalts, eine Vergiftung, ein Herzproblem oder ein Trauma handeln.

Während Sie warten:

1. *Isolieren Sie Ihr Pferd von anderen Pferden, um zu verhindern, dass eine möglicherweise ansteckende Erkrankung sich ausbreitet.*

2. *Schützen Sie Ihr Pferd.* Entfernen Sie alles aus der Umgebung des Pferdes, das in seinen Stall hineinragt und mit dem es zusammenstoßen könnte, und beschränken Sie Stress und Lärm auf ein Minimum, damit es sich nicht aufregt.

Sie sehen: Man merkt, dass das Pferd nicht so beweglich ist wie sonst. Vielleicht weigert es sich, auf einer bestimmten Hand anzugaloppieren, oder seine Gänge sind abgehackter als sonst und die Schritte sind verkürzt. Vielleicht biegt es Hals oder Körper nicht gerne und geht statt dessen mit steifem Körper wie eine Wetterfahne durch die Ecken und Wendungen. Manche Pferde weigern sich, den Kopf zu senken, um aus einer niedrigen Krippe zu fressen oder einem Eimer zu trinken. Wenn Sie dieses Pferd satteln oder Hals oder Rücken putzen wollen, zuckt es vielleicht zusammen, drückt den Rücken hoch oder legt die Ohren an.

Das könnte bedeuten: Schmerzen oder Steifheit in Hals oder Rücken, deren Ursache in einer Verletzung oder Erkrankung von Knochen, Muskeln oder Nerven an oder um die Wirbelsäule liegt. Die Ursache kann aber auch eine Krankheit sein, die innere Organe betrifft (beispielsweise eine Nierenerkrankung).

12-D

STEIFER ODER SCHMERZENDER HALS
und/oder Rücken

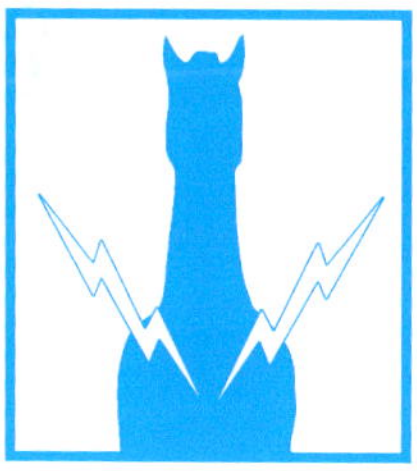

CHECKLISTE:

Verweigert das Pferd das Futter, ist es niedergeschlagen oder hat es Fieber?

JA → Rufen Sie Ihren Tierarzt **gleich** an – es könnte sich um eine innere Erkrankung handeln. Blättern Sie zu **Während Sie warten Nr. 1** auf der nächsten Seite.

NEIN ↓

Wurde dem Pferd innerhalb der letzten 3 Tage ein Medikament injiziert oder ist es geimpft worden? Ist die Injektionsstelle ungewöhnlich warm, leicht schmerzhaft und geschwollen und wird stündlich schlimmer?

JA → Rufen Sie Ihren Tierarzt **gleich** an, wenn Sie beide Fragen mit Ja beantwortet haben – es könnte sich um eine Infektion an der Injektionsstelle handeln (Clostridien-Myositis). Während Sie warten, blättern Sie zu **S. 144.**

NEIN ↓

Wurde das Pferd innerhalb der letzten 3 Tage mit einem Medikament gespritzt oder ist es geimpft worden? Ist die Injektionsstelle ungewöhnlich warm, leicht schmerzhaft und geschwollen, wird aber nicht stündlich schlimmer?

JA → Das klingt nach einer normalen entzündlichen Reaktion in Folge einer Impfung oder Medikamenteninjektion. Lassen Sie sich von Ihrem Tierarzt beraten, und blättern Sie zu **Während Sie warten Nr. 2** auf der nächsten Seite.

NEIN ↓

Sieht man die Nickhäute des Pferdes? Sehen Sie Anzeichen für eine kürzlich zugezogene Fleischwunde oder Infektion? Hat das Pferd Schwierigkeiten, Futter ins Maul zu nehmen, zu kauen oder zu schlucken? Macht es bei tieferen Atemzügen ungewöhnliche Geräusche?

JA → Rufen Sie Ihren Tierarzt **gleich** an, wenn Sie eine dieser Fragen mit Ja beantwortet haben – es könnte sich um Tetanus handeln.

NEIN ↓

Fortsetzung ⇨

CHECKLISTE (FORTSETZUNG):

Sieht man dem Gang des Pferdes etwas an? Torkelt es, als ob es betrunken wäre? Leben Sie in einer Gegend mit selenarmem Boden? Ist das Pferd 1 bis 3 Jahre alt?

JA → Rufen Sie Ihren Tierarzt **gleich** an, wenn Sie eine dieser Fragen mit Ja beantwortet haben – es könnte sich um eine Erkrankung der Knochen, Muskeln oder Nerven des Halses handeln, aber auch um eine Wachstums- oder Entwicklungsstörung dieser Region (beispielsweise eine Fohlenataxie).

NEIN ↓

Scheinen die Symptome im Verlauf einer Trainingsstunde besser zu werden?

JA → Rufen Sie **noch heute** Ihren Tierarzt an – es könnte sich um Gelenksentzündung handeln.

NEIN ↓

Wehrt das Pferd sich gegen Fingerdruck entlang oder seitlich der Wirbelsäule?

JA → Rufen Sie **noch heute** Ihren Tierarzt an – es könnten Kissing Spines vorliegen.

NEIN ↓

Rufen Sie Ihren Tierarzt an und machen Sie einen Termin aus.

Während Sie warten Nr. 1:

Isolieren Sie Ihr Pferd von anderen Pferden um zu verhindern, dass eine möglicherweise ansteckende Erkrankung sich ausbreitet. Sie sollten es auf einen Paddock oder in eine Box mit getrennter Wasserversorgung stellen, mindestens 7 m von den anderen Pferden entfernt. Waschen Sie sich die Hände und desinfizieren Sie Ihre Stiefel (siehe S. 230), nachdem Sie Umgang mit Ihrem Pferd hatten und bevor Sie Umgang mit anderen Pferden haben.

Während Sie warten Nr. 2:

Erleichtern Sie dem Pferd die Futter- und Wasseraufnahme. Steifheit und Schmerzen an einer Impfstelle können es für das Pferd schmerzhaft machen, den Kopf zum Fressen oder Saufen zu senken. Stellen Sie ihm beides höher, damit es ohne Schmerzen herankommt. (Beachten Sie: wenn Sie danach feststellen, dass das Pferd kein Interesse am Futter zeigt, fangen Sie mit der Checkliste noch einmal am Anfang an und überdenken Sie Ihre Antworten kritisch.)

TEIL II

SELBST AKTIV WERDEN – TECHNIKEN FÜR DIE VERSORGUNG VON PFERDEN

KAPITEL 1

DAS TYPISCHE VERHALTEN

des eigenen Pferdes ermitteln

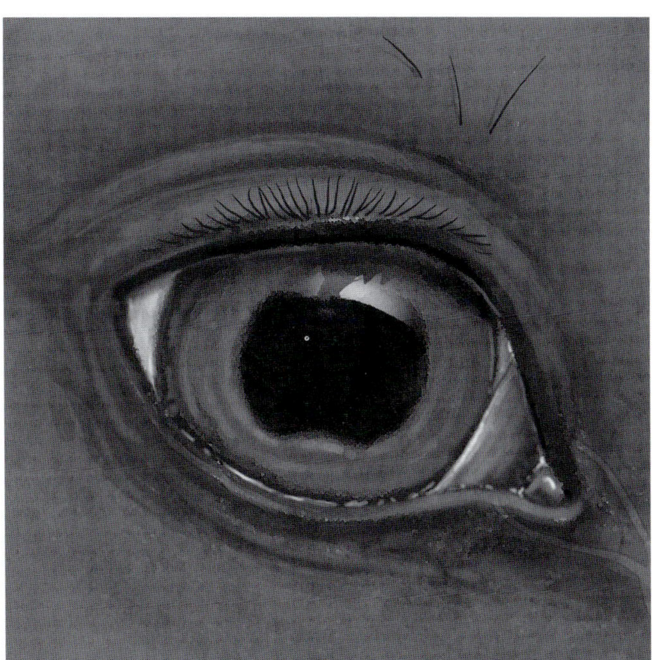

1 DAS TYPISCHE VERHALTEN DES EIGENEN PFERDES ERMITTELN

Sie finden hier eine Liste, auf der das typische Verhalten eines durchschnittlichen Pferdes festgehalten ist – Verhalten, das Ihnen zeigen kann, wie es Ihrem Pferd geht. Füllen Sie die Spalte für das individuelle Verhalten Ihres eigenen Pferdes aus. Dann kopieren Sie die Tabelle und hängen Sie sie an einen Ort, wo sie leicht gesehen wird. Machen Sie jedes Mal, wenn Sie Ihr Pferd sehen, eine geistige Bestandsaufnahme. Wenn Sie ungewöhnliches Verhalten beobachten, blättern Sie zu den typischen Werten (S. 197). Wenn Sie aufgrund Ihrer Beobachtungen überzeugt sind, dass ein Problem vorliegt, sehen Sie bei den entsprechenden Symptomen in Teil 1 nach.

Typisches Verhalten

Wo zu beobachten	**Normales Pferd**	**Beispiel**	**Ihr Pferd**
Weide	Bleibt bei der Herde	*Immer am Rand der Herde*	
Weide	Grast mit der Herde	*Grast, wenn die anderen auch fressen.*	
Weide	Hält einen Mittagsschlaf	*Hält sein Nickerchen um 11.30 Uhr*	
Box, Weide, Paddock	Legt sich zum Mittagsschlaf hin	*Legt sich normalerweise nicht hin*	
Box oder Paddock	Frisst Krippe und Raufe leer	*Frisst Kraftfutter und gutes Heu ganz auf, lässt die groben Stängel übrig*	
Box oder Paddock	Beobachtet, was draußen vorgeht, über den Zaun oder durchs Fenster	*Webt an der Boxentür oder läuft am Zaun auf und ab*	
Fressen in der Gruppe	Frisst, wenn es laut Rangordnung an der Reihe ist	*Herdenchef: frisst als erstes*	
An der Tränke	Säuft normalerweise nach dem Fressen	*Säuft nach der Kraftfutteraufnahme und nach Benutzung des Lecksteins*	
An der Tränke	Säuft 40 bis 60 Liter pro Tag	*Säuft 45 bis 50 Liter pro Tag*	
Beim Laufen lassen	Wälzt sich 1- bis 2-mal pro Tag und schüttelt sich danach	*Wälzt sich, wenn es nass geworden ist, wenn die Fliegen es belästigen und nach der Arbeit; schüttelt sich danach*	
Box oder Paddock	Äpfelt pro Tag 8- bis 12-mal	*Äpfelt 5-mal pro Nacht, 5-/6-mal im Laufe des Tages*	

KAPITEL 2

Normale

PULS-, ATMUNGS- UND TEMPERATURWERTE

und andere wichtige Daten

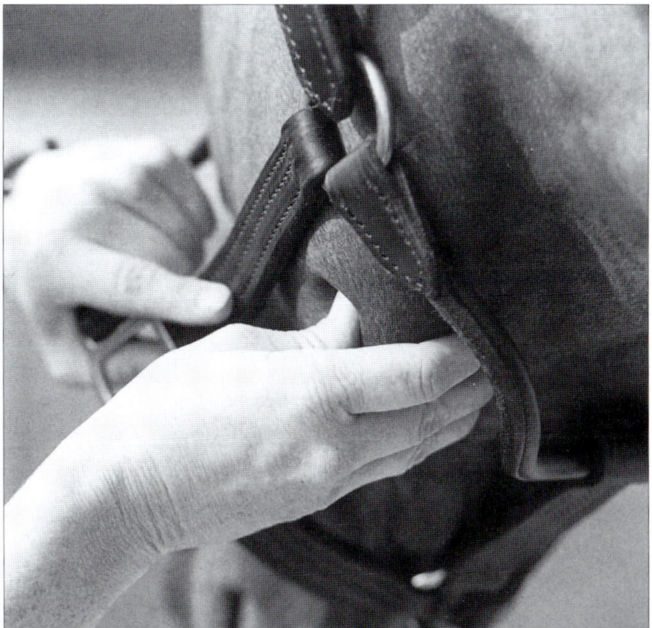

2 TYPISCHE WERTE FÜR DIE PAT-MESSUNG UND ANDERE WICHTIGE DATEN

In diesem Abschnitt finden Sie schrittweise Anleitungen für die Ermittlung der Normalwerte (**P**uls, **A**tmung, **T**emperatur) und anderer wichtiger Daten Ihres Pferdes. Vergleichen Sie die von Ihnen ermittelten Werte mit der Tabelle auf der gegenüberliegenden Seite. Teilen Sie ungewöhnliche Werte Ihrem Tierarzt mit, wenn Sie ihn anrufen, weil Sie ein Problem vermuten. Wenn Sie wissen, welche Werte normal sind und welche Sie derzeit ermittelt haben, kann das Ihrem Tierarzt helfen zu entscheiden, wie schnell Ihr Pferd seine Hilfe braucht.

Vorsicht

Lassen Sie ein Thermometer niemals unbeaufsichtigt im After stecken, auch dann nicht, wenn es »zur Sicherheit« eine Schnur mit einer Klammer daran besitzt. Wenn das Pferd sich mit dem Hinterteil an einer Wand scheuert, kann es das Thermometer abbrechen und sich dabei am After verletzen oder giftiges Quecksilber freisetzen. Es dauert nur 2 Minuten oder weniger, bis Sie die Temperatur ablesen können. Bleiben Sie bei Ihrem Pferd und halten Sie das Thermometer ständig fest.

Ermitteln der Körpertemperatur beim Pferd

Schütteln Sie das Glasthermometer herunter oder aktivieren Sie das Digitalthermometer. Schmieren Sie die Spitze mit ein wenig Gleitcreme oder mit Vaseline ein. Heben Sie den Schweif des Pferdes an und schieben Sie das Thermometer vorsichtig etwa 5 cm tief in den After. Lassen Sie zur Stabilisierung Ihren Handballen am Innenschenkel des Pferdes liegen, so dass Sie das Thermometer an seinem Platz halten können. Lassen Sie den Schweif los, wenn das Pferd unruhig wird (sein Gewicht verlagert, die Schweifrübe einklemmt oder mit dem Schweif schlägt). Manche Pferde tolerieren das Thermometer besser, wenn man den Schweif loslässt. Bis Sie ein Glasthermometer ablesen können, dauert es etwa 2 Minuten; das Digitalthermometer meldet sich nach etwa 30 Sekunden mit einem Piepton.

Welche Art von Thermometer?

- **Glasthermometer: Kostenpunkt ca. 5 bis 10 DM, oft im Reitsportgeschäft zu bekommen, ansonsten im Veterinärkatalog oder in der Apotheke. Eine Schlaufe am Ende dient zur Befestigung einer Schnur mit einer Wäscheklammer, damit das Thermometer nicht so leicht verloren geht.**
- **Digitalthermometer: Kostenpunkt ca. 8 bis 20 DM, erhältlich in Apotheken und Drogerien oder aus dem Veterinärkatalog. Nehmen Sie eines, das durch einen Piepton anzeigt, dass die Messung beendet ist, und das anzeigt, wann die Batterie zur Neige geht.**

Tipp 1: *Die Normaltemperatur des Pferdes ist morgens am niedrigsten; am Nachmittag liegt sie bis zu 1 °C höher. Die Temperatur ist vom Wetter unabhängig, es sei denn, das Pferd würde zittern oder schwitzen. Um die typischen Werte zu ermitteln, schreiben Sie sich eine Woche lang die ermittelte Temperatur für morgens, mittags und abends auf und bilden Sie dann für die Werte einer Tageszeit den Mittelwert.*

Tipp 2: *Reiten oder Fahren verursacht einen Anstieg der Körpertemperatur – sie kann bis auf 41 °C steigen. Es kann bis zu 2 Stunden dauern, bis die Temperatur wieder auf den Normalwert zurückgegangen ist. Wenn Sie feststellen wollen, ob erhöhte Temperatur auf eine Erkrankung oder auf das Training zurückzuführen ist, messen Sie jede Viertelstunde.*

Tipp 3: *Halten Sie ein weiteres Thermometer bereit. Wenn Sie einen ungewöhnlichen Wert ermitteln, messen Sie noch einmal mit dem zweiten Thermometer, um den ersten Messwert zu bestätigen und einen technischen Fehler auszuschließen.*

Typisches Verhalten

Körperwert	normaler Bereich	Ungewöhnliche Befunde und mögliche Ursachen	Werte Ihres Pferdes
Temperatur	37,5 – 38,9 °C	*Niedriger:* Unterkühlung, Schock; *höher:* Infektion, Hitzschlag, Muskelarbeit.	6 Uhr: Mittag: 18 Uhr:
Puls	30 – 44 Schläge pro Minute	*Niedriger:* gute sportliche Verfassung, Herzproblem, Vergiftung, Unterkühlung, Schock; *höher:* Muskelarbeit, Schmerz, Fieber, Hitzschlag, Schock, Herzproblem, Angst.	
Atemfrequenz	10 – 15 Atemzüge pro Minute	*Niedriger:* sportliche Verfassung, Unterkühlung, Schock, Medikamentenwirkung; *höher:* Muskelarbeit, Schmerz, Fieber, Hitzschlag, Störung des Elektrolythaushalts, Schock, Atemwegsinfektion.	
Darmgeräusche	Ein langes, rollendes Gurgeln mit kürzeren Knistergeräuschen dazwischen; Zeitraum ohne Töne nicht länger als 2 Minuten.	*Ruhiger als sonst:* Darmbewegung verlangsamt oder zum Erliegen gekommen, oft bei Krankheit oder Kolik. *Mehr Geräusche als sonst:* Hunger, Verdauungstätigkeit nach Futteraufnahme, Nervosität, Darmentzündung. *Hohe, knallende Geräusche mit ruhigeren Perioden dazwischen:* Gasansammlung (oft Anzeichen für Kolik).	
Pulsation der Mittelfußarterie	Nicht sehr deutlich, schwierig zu ertasten	*Kein Puls:* könnte normal sein oder auf schlechte Durchblutung hindeuten. *Deutlicher oder starker Puls:* könnte auf verschiedene Hufprobleme hindeuten, z. B. Hufrehe oder einen Abszess.	
Farbe des Zahnfleisches	Blassrosa bis Kaugummirosa	*Weißlich:* könnte auf Anämie oder Schock hindeuten. *Leuchtend rosa:* könnte auf Krankheit, Vergiftung oder Schock deuten oder normal sein, wenn das Pferd gerade bewegt wurde. *Ziegelrot, blau oder schmutzfarben:* könnte auf Vergiftung oder Schock deuten.	
Kapillarfüllzeit	1 – 2 Sekunden	*Schneller als sonst:* lässt auf erhöhten Blutdruck schließen, z. B. nach der Arbeit, aber auch bei Aufregung oder Angst. *Langsamer als sonst:* kann auf Krankheit, Vergiftung oder Schock hindeuten.	

Welche Art von Stethoskop?

- **Littman-Stethoskop: Kostenpunkt 40 bis 60 DM, zu beziehen über Kataloge für Veterinärbedarf. Wird mit zwei Trichtern, einem schmalen und einem breiten, geliefert. Benutzen Sie den breiten. Die Schläuche, die die Trichter mit den Ohrstöpseln verbinden, sind in verschiedenen Längen erhältlich. Für die Benutzung am Pferd ist der längste Schlauch der beste, weil Sie dann den Trichter tief hinter den Ellenbogen des Pferdes schieben können, ohne auch Ihren Kopf dort hineinstecken zu müssen. Mit dem breiten Trichter müssen Sie auch nicht so genau zielen, um Herzfrequenz, Atem- oder Darmgeräusche abhören zu können.**
- **Hewlett-Packard-Stethoskop: Kostenpunkt 60 bis 130 DM, zu beziehen über Kataloge für Veterinärbedarf. Der Trichter ist schmaler und länger als bei den Littmann-Stethoskopen, so dass in einem kleineren Bereich die Geräusche deutlicher gehört werden können. Die Schläuche, die den Trichter mit den Ohrstöpseln verbinden, sind im allgemeinen kürzer als es zum Abhören des Herzens beim Pferd praktisch wäre.**

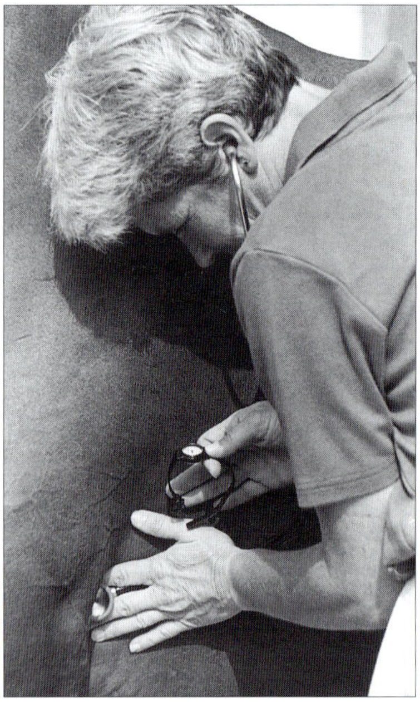

Abhören des Herzens (Ermittlung der Herzfrequenz) mit dem Stethoskop.

Ermittlung der Herzfrequenz beim Pferd

Nehmen Sie eine Armbanduhr mit Sekundenzeiger oder mit digitaler Anzeige. Stellen Sie sich an die linke Seite des Pferdes in Richtung zum linken Ellbogen, wie auf der Abbildung links gezeigt. Legen Sie den Trichter des Stethoskops hinter den Ellbogenhöcker und drücken Sie ihn vorsichtig in die Vertiefung hinter dem Ellbogen. Sie sollten den Herzschlag als ein zweiteiliges »Lub-Dub«-Geräusch hören können – zählen Sie die beiden zusammen als einen Herzschlag. Zählen Sie die Anzahl der Herzschläge in einem Zeitraum von 15 Sekunden und nehmen Sie diesen Wert mal 4, um die Anzahl der Schläge pro Minute zu erhalten.

Ermittlung der Pulsfrequenz mit den Fingern

Halten Sie das Pferd mit einer Hand am Halfter fest und legen Sie die Fingerspitzen der anderen Hand an die Unterseite des Kieferknochens, unterhalb der Backe. So können sie die Arterie erfühlen, die unter dem Kiefer und quer über den Knochen verläuft (siehe Abb. links). (Tipp: die Arterie fühlt sich ziemlich fest an und hat einen halb so großen Durchmesser wie ein Bleistift. Wenn Sie die Finger am Kieferknochen entlang vor und zurück bewegen, können Sie spüren, wie die Arterie vor und zurück rutscht.) Sobald Sie die Arterie gefunden haben, versuchen Sie zu spüren, wie der Herzschlag des Pferdes das Blut durch die Arterie bewegt. Zählen Sie die Anzahl der Pulsschläge innerhalb von 15 Sekunden und multiplizieren Sie diesen Wert mit 4, um die Anzahl der Schläge pro Minute zu erhalten.

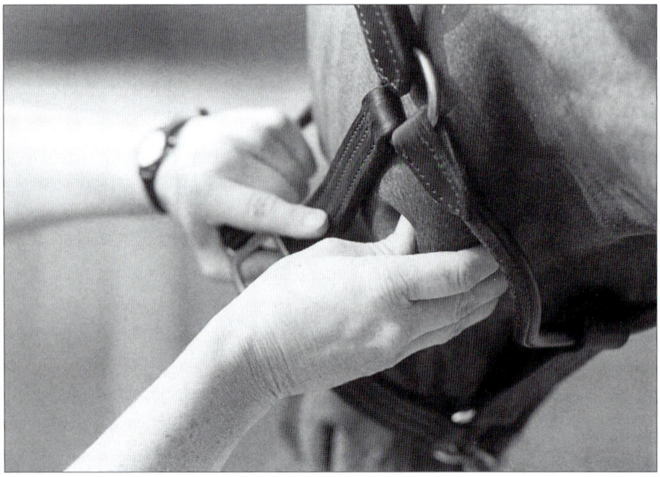

Ermittlung der Pulsfrequenz mit den Fingern.

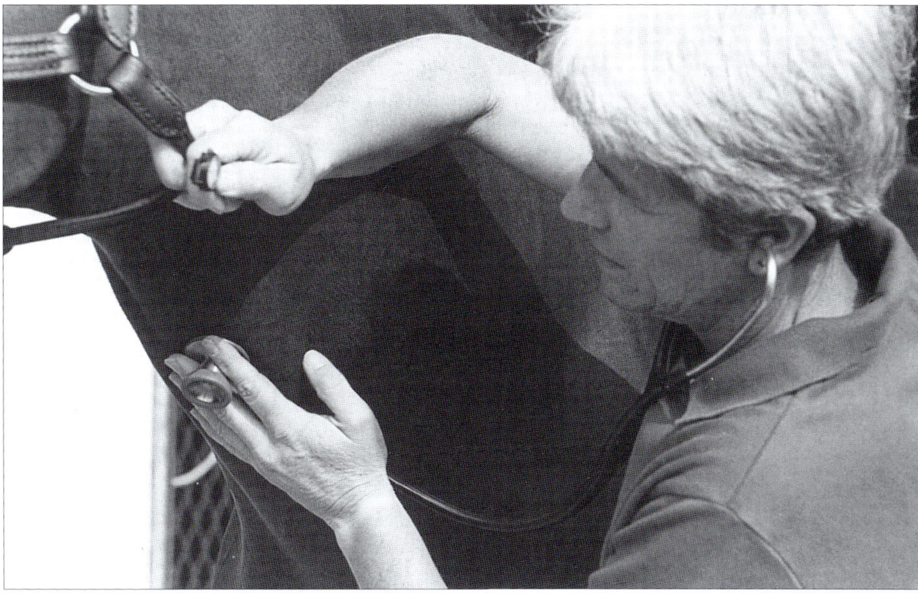

Ermittlung der Atemfrequenz mit dem Stethoskop.

Ermittlung der Atemfrequenz beim Pferd

Legen Sie den Trichter des Stethoskops von vorne an den Unterhals des Pferdes, und zwar etwa 15 bis 20 cm unterhalb des Kehlganges (siehe Abb. oben). Sie können hören, wie die Luft beim Ein- und Ausatmen am Stethoskop vorbeiströmt. Zählen Sie die Anzahl der Atemzüge in einem Zeitraum von 15 Sekunden und multiplizieren Sie diese Zahl mit 4, um die Anzahl der Atemzüge pro Minute zu erhalten.

Tipp: *Wenn Sie kein Stethoskop besitzen, können Sie die Atemfrequenz wie folgt ermitteln:*

- *Beobachten Sie, wie der Brustkorb oder die Flanken sich mit jedem Atemzug heben und senken. Bei einem gesunden Pferd sollte in Ruhe kaum eine äußerliche Bewegung durch das Atmen sichtbar sein.*
- *Beobachten Sie die Bewegung der Nüstern bei jedem Atemzug, oder halten Sie einen Spiegel vor die Pferdenüstern und beobachten Sie, wie sich mit jedem Atemzug ein Atemschleier darauf bildet. Bei einem gesunden Pferd sollte in Ruhe kaum ein Blähen der Nüstern zu bemerken sein. (Beachten Sie: das Pferd kann an dem Spiegel schnüffeln und dadurch eine künstlich erhöhte Atemfrequenz aufweisen.)*

Abhören der Darmgeräusche beim Pferd

Teilen Sie sich den Pferdebauch in fünf Abschnitte ein: Flanke oben, Flanke unten, Bauch oben (zwischen Flanke und Rippen), Bauch unten, und Mittellinie (seitlich der Linie, die den Unterbauch in eine linke und eine rechte Hälfte teilt). Drücken Sie das Stethoskop fest an in jeden dieser Abschnitte und hören Sie mindestens 30 Sekunden lang ab – je länger, desto besser. Es ist normal, dass zwischen zwei langen Darmgeräuschen bis zu 2 Minuten lang Ruhe herrscht. Wenn Sie nicht lange genug abhören, könnten Sie fälschlicherweise denken, dass keine Darmgeräusche zu hören sind. ➪

Kapillarfüllzeit: Drücken Sie den Finger kräftig auf …

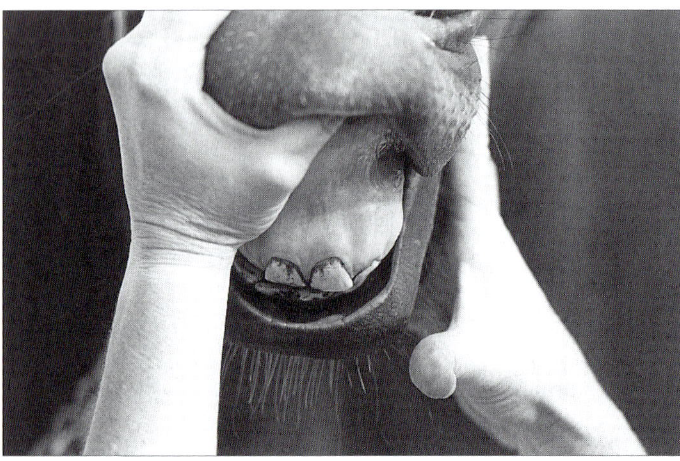

… und heben Sie ihn dann wieder ab.

Ertasten der Pulsation der Mittelfußarterie beim Pferd

Gehen Sie neben dem Vorderbein des Pferdes, mit dem Gesicht in Richtung Kruppe, in die Hocke. Legen Sie die Fingerspitzen außen ans Fesselbein (zwischen dem Fesselgelenk und dem Kronsaum). Versuchen Sie, den Puls in der Arterie zu spüren, die dort entlang verläuft. Eine normale Pulsation der Mittelfußarterie ist kaum zu erfühlen. Sie zählen hier nicht die Pulsschläge, sondern ermitteln die Stärke der Pulsation.

Überprüfen der Schleimhautfarbe und der Kapillarfüllzeit beim Pferd

Heben Sie die Oberlippe des Pferdes an und sehen Sie sich die Farbe des Zahnfleisches an. Um die Kapillarfüllzeit zu überprüfen, drücken Sie mit einem Finger auf das Zahnfleisch, so dass das Blut in diesem Bereich herausgedrückt wird (Abb. links oben). Dann zählen Sie mit, wie viele Sekunden es dauert, bis die normale Farbe sich wieder einstellt (Abb. links).

KAPITEL 3

FÜTTERUNGS-EMPFEHLUNGEN RATIONS-EMPFEHLUNGEN

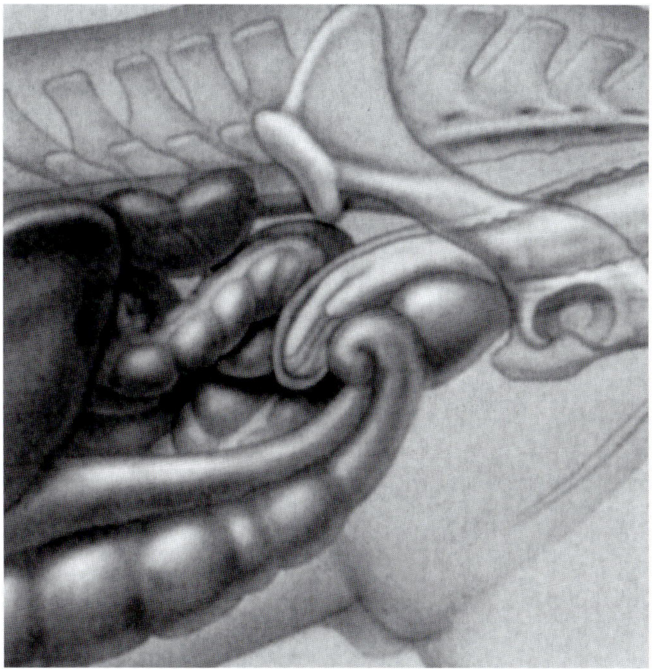

3 FÜTTERUNGSEMPFEHLUNGEN RATIONSEMPFEHLUNGEN

Eine unausgewogene Fütterung kann zu Fettleibigkeit, Gewichtsverlust, Kolik, Hufrehe, schlechtem Zustand von Fell und Hufen, schlechter Leistung, ungestümem Verhalten, Muskelerkrankungen und höherer Krankheitsanfälligkeit führen. Kann die richtige Fütterung diese Schreckgespenster vertreiben? Die beste Quelle für detaillierte Hilfe auf diesem Gebiet ist Ihr Tierarzt, der Ihnen helfen kann, eine Ration für die einzigartigen Bedürfnisse Ihres Pferdes aufzustellen, oder der Sie an einen Fachmann oder eine Fachfrau auf dem Gebiet der Pferdefütterung verweisen kann.

Sie finden hier zunächst drei Beispielrationen für ein »durchschnittliches« ausgewachsenes Pferd. (Arbeiten Sie mit Ihrem Tierarzt zusammen eine Ration für Zuchtstuten, Jungpferde oder ältere Pferde aus.) Keine dieser Rationen wird für Ihr Pferd ganz perfekt passen, weil es in seinen Aktivitäten und seinen körperlichen Bedürfnissen einzigartig ist, aber alle drei Rationen sind aus Raufuttern und Getreidearten zusammengesetzt, die in der Pferdefütterung häufig eingesetzt werden und überall leicht erhältlich sind. Die Komponenten innerhalb einer Ration wurden sorgfältig so angepasst, dass sie nahe an die Ernährungsempfehlungen herankommen, die von der Deutschen Gesellschaft für Ernährungsphysiologie (GEH) herausgegeben werden.

Drei Beispielsrationen für ein durchschnittliches ausgewachsenes Pferd

Pferd: Bajazzo, ein siebenjähriger Warmblutwallach im Training (Körperform: 6/10 Punkte, siehe S. 221).
Gewicht: 510 kg.
Training: leichte Arbeit in der Bahn und im Gelände; 3 bis 4 Dressurprüfungen pro Jahr. 4 Tage pro Woche wird er 45 Minuten bis 1 Stunde lang geritten.

Ration 1 (Gesamtmenge pro Tag, auf 2 bis 3 Mahlzeiten aufzuteilen)	Raufutter (% des Körpergewichts)	Eiweiß (g)	Kalzium (g)	Phosphor (g)
8 kg »Pferde«-Wiesenheu (5 % Eiweiß, 0,3 % Ca, 0,15 % P)	1,6	400	24	12
1,5 kg Haferkörner (13 % Eiweiß, 0,1 % Ca, 0,4 % P)	vernachlässigbar	195	1,5	6
Salzleckstein, evtl. zusätzlich Vitamine.	vernachlässigbar	vernachlässigbar	—	—
GESAMT	1,3	595	26	18
Empfehlung der GEH für ausgewachsene Pferde bei leichter Arbeit	1–2	320–400	263	15

Ration 2 **(Gesamtmenge pro Tag, auf 2 bis 3 Mahlzeiten aufzuteilen)**	**Raufutter (% des Körpergewichts)**	**Eiweiß (g)**	**Kalzium (g)**	**Phosphor (g)**
2 kg Grascobs (13,4 % Eiweiß, 0,7 % Ca, 0,4 % P)	0,4	268	14	8
4,5 kg »Pferde«-Wiesenheu (5 % Eiweiß, 0,3 % Ca, 0,15 % P)	0,9	225	13,5	7
3 kg Haferstroh (1 % Eiweiß, 0,3 % Ca, 0,14 % P)	0,6	30	9	4
Salzleckstein, evtl. P-haltiges Mineralfutter	—	—	—	—
GESAMT	1,9	523	36,5	19
Empfehlung der GEH für ausgewachsene Pferde bei leichter Arbeit	1–2	320–400	26	15

Heu sollte geschnitten werden, bevor die Gräser voll aufgeblüht sind, damit die Nährstoffe die optimale Verdaulichkeit aufweisen. Es sollte nicht länger als 1 Jahr gelagert sein, weil die Qualität selbst dann nachlässt, wenn das Heu in einer trockenen Scheune gelagert wird. Es sollte sauber sein, weder Schimmel noch Schmutzteile enthalten und so wenig wie möglich stauben. (Heu ist immer staubig, aber es sollte keine Staubwolke aufsteigen, wenn man eine Scheibe vom Ballen abnimmt.)

Ration 3 **(Gesamtmenge pro Tag, auf 2 bis 3 Mahlzeiten aufzuteilen)**	**Raufutter (% des Körpergewichts)**	**Eiweiß (g)**	**Kalzium (g)**	**Phosphor (g)**
6 kg »Pferde«-Wiesenheu (5 % Eiweiß, 0,3 % Ca, 0,15 % P)	1,1	300	18	9
2,0 kg Maiskörner (7 % Eiweiß, 0,04 % Ca, 0,32 % P)	vernachlässigbar	140	0,8	6,4
1 Portion vitaminisiertes Mineralfutter, angepasst für die Bodenart und für Pferde bei Ca-armer Fütterung	vernachlässigbar	vernachlässigbar	10	0
GESAMT	1,1	440	28,8	15,4
Empfehlung der GEH für ausgewachsene Pferde bei leichter Arbeit	1–2	320–400	26	15

➩

Ihr ausgewachsenes Pferd ist also gesund, aber zu mager?

Hier finden Sie einige Tipps, wie Sie es zum Zunehmen bringen können:

Um das Gewicht Ihres Pferdes zu erhöhen, erhöhen Sie den Fettanteil des Futters, ohne dabei mehr Eiweiß (Belastung von Leber und Nieren) oder mehr Kohlenhydrate (Risikofaktor für Hufrehe, Myositis und Kolik) zu verfüttern. Dazu können Sie dem Kraftfutter Pflanzenöl oder Maiskeimöl hinzufügen.

- Mischen Sie zunächst, eine Woche lang, zweimal am Tag je 2 Esslöffel Öl in eine kleine Kraftfutterportion.
- In der zweiten Woche erhöhen Sie die Ölmenge auf 3 Esslöffel zweimal am Tag.
- Erhöhen Sie weiterhin jede Woche die Ölmenge um jeweils einen Esslöffel pro Mahlzeit, bis das Pferd bis zu 200 ml (16 Esslöffel) zweimal pro Tag erhält (also 400 ml pro Tag). Wenn Sie merken, dass die Pferdeäpfel deutlich weicher werden, verringern Sie die Ölmenge um einen Esslöffel und bleiben bei dieser Portion.

Wenn Sie mit dem Gewicht Ihres Pferdes zufrieden sind, verringern Sie die Ölmenge so weit, dass das Gewicht gehalten wird.

Wussten Sie schon ...

Von allen Getreidearten, die in der Pferdefütterung eingesetzt werden (Hafer, Gerste, Weizen, Mais) ist Hafer das Getreide, das die wenigsten Verdauungsprobleme verursacht, weil Hafer viel Rohfaser enthält und die Stärke leicht abgebaut und verdaut werden kann. Mais ist für Pferde am schwersten zu verdauen.

7 Faustregeln

1. Wählen Sie als Fütterungsgrundlage Raufutter guter Qualität, also Wiesenheu oder Weidegras. Vermeiden Sie es, Ihrem Pferd die Tagesration in ein oder zwei großen Mahlzeiten vorzulegen, die schnell gefressen sind. Pferde sind von der Natur umherziehende Pflanzenfresser, immer ein Schritt und Grasen, ein Schritt und Grasen, so dass das Verdauungssystem rund um die Uhr damit beschäftigt ist, rohfaserreiches Futter zu verdauen. Ein Pferd bleibt hungrig, frisst zu schnell und riskiert Schlundverstopfungen, Verdauungsstörungen und Kolik, wenn es nur ein oder zwei große Mahlzeiten pro Tag erhält. Bieten Sie ihm täglich 1 bis 2 Prozent seines Körpergewichts als Raufutter (Heu oder Gras) an, damit sein Verdauungstrakt optimal funktionieren kann. Für ein Pferd von 500 kg sind das 10 bis 20 kg Raufutter.

2. Lassen Sie Heu oder Weidegras bei einem anerkannten landwirtschaftlichen Labor untersuchen (fragen Sie Ihren Tierarzt, welches Labor er empfehlen kann). Auf diese Art können Sie gezielt Kraftfutter und Mineralfutter aussuchen, die die Nährstofflücken füllen, die vom Raufutter her geblieben sind, und riskieren keine Überversorgung.

3. Setzen Sie nur dann mehr Kraftfutter ein, wenn Sie die Energieversorgung oder das Körpergewicht ihres Pferdes erhöhen wollen. (Im Kasten weiter oben finden Sie einen anderen Vorschlag wie Sie das Gewicht Ihres Pferdes erhöhen können.) Setzen Sie Getreide nicht ein um den Nährstoff-, Vitamin- und Mineralstoffgehalt des Raufutters auszugleichen. Benutzen Sie dazu lieber ein Zusatzfutter mit Mineralien und Vitaminen, das so zusammengestellt wurde, dass es für Pferde, die diese Art von Raufutter erhalten, geeignet ist.

4. Wenn Sie Getreide oder getreidehaltiges Kraftfutter füttern, darf das Gewicht der Getreideportion niemals das Gewicht der Heuration oder des Grundfutters übersteigen. Füttern Sie mehr, so riskieren Sie Hufrehe, Kolik und andere Erkrankungen, die mit übermäßigem Kraftfuttereinsatz einhergehen. Geben Sie dem Pferd auch niemals mehr als 2,5 kg Kraftfutter pro Mahlzeit – der Magen des Pferdes ist zu klein, um mehr zu schaffen.

5. Wenn Sie in der Ration Getreide einsetzen und das Pferd keinen Weidegang hat, geben Sie ihm zuerst das Heu. Dadurch wird der erste Hunger gestillt und es schlingt das Kraftfutter nicht so herunter. Außerdem wird die Passagezeit des Futters durch den Darmtrakt verlangsamt, so dass das Risiko von Verdauungsstörungen und Koliken sinkt.

6. Wenn Sie auf ein neues Futter umstellen, müssen Sie diesen Wechsel langsam im Verlauf von 2 Wochen oder mehr durchführen. Dadurch haben die Bakterien im Darm des Pferdes genügend Zeit, sich anzupassen, so dass Verdauungsstörungen und Koliken vermieden werden.

7. Stellen Sie jederzeit sauberes, frisches Wasser bereit, damit das Verdauungssystem des Pferdes optimal arbeiten kann.

Wie viel frisst ein Pferd auf der Weide?

Im Allgemeinen kann man sagen, dass ein Pferd auf einer Weide pro Stunde 1 kg Gras aufnehmen kann. Die genaue Menge hängt vom Wetter, von der Jahreszeit und der Herdensituation ab. Wenn es draußen furchtbar heiß ist, grasen Pferde meist weniger. Wenn die Wiese gerade am Wachsen ist, kann pro Stunde mehr Gras aufgenommen werden. Wenn ein Pferd in einer Gruppe draußen ist, grast es am Tag mehr als wenn es alleine auf der Weide stünde.

NOTIZEN

KAPITEL 4

Das richtige IMPFPROGRAMM

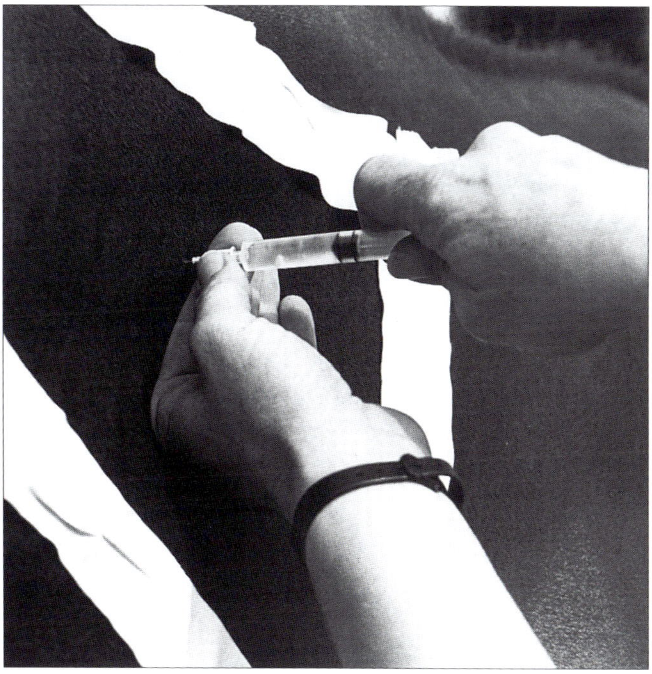

4 DAS RICHTIGE IMPFPROGRAMM

Je nachdem, wo Sie und Ihr Pferd leben und wie Ihr Pferd gehalten wird, muss es im Rahmen seines Impfprogramms ein- bis viermal pro Jahr geimpft werden. Welche Impfungen benötigt Ihr Pferd? Orientieren Sie sich an der folgenden Tabelle und machen Sie in der rechten Spalte ein Häkchen, wenn Sie der Meinung sind, dass es diese Impfung erhalten sollte. (Die Impfungen, die zwingend notwendig sind, haben wir für Sie bereits mit einem Häkchen markiert.) Schreiben Sie sich die entsprechenden Termine in Ihren Kalender, um sicherzugehen, dass die richtigen Impfungen zur richtigen Zeit durchgeführt werden.

Erkrankung	Beschreibung	Häufigkeit und Jahreszeit für die Impfung	Braucht das Pferd diese Impfung?	
Tetanus	Normalerweise tödlich verlaufende Erkrankung, verursacht durch Bakterien, die in der Umgebung des Pferdes überall vorkommen. Hohes Risiko bei ungeimpften Pferden.	*Tetanus-Toxoid:* 1 × pro Jahr oder wenn eine Verletzung der Haut mehr als 12 Monate nach der letzten Impfung mit Tetanus-Toxoid auftritt. *Tetanus-Serum:* nur einzusetzen, wenn bei einem Pferd mit einer Verletzung der Haut der Tetanus-Impfschutz unbekannt ist.	Ja.	✔
Influenza (Grippe, equines Influezavirus Typ A)	Eine Viruserkrankung, aufgrund derer der Atmungstrakt des Pferdes auf Wochen reizbar bleibt und das Pferd zu Husten neigt.	1–2 × pro Jahr. Die Anzahl der Impfungen hängt davon ab, ob das Pferd normalerweise nicht mit fremden Pferden zusammenkommt, in einer geschlossenen Herde grippegeimpfter Pferde lebt, oder wenn das Pferd häufig unterwegs ist und mit anderen Pferden Kontakt hat, deren Impfstatus unbekannt ist.	Ja.	✔

Erkrankung	Beschreibung	Häufigkeit und Jahreszeit für die Impfung	Braucht das Pferd diese Impfung?	
Equines Herpesvirus 1, 4 (Rhinopneumonitis)	Wie bei Grippe.	Nur kurzfristiger Schutz durch den Impfstoff, daher muss alle 6–9 Monate geimpft werden. Fragen Sie Ihren Tierarzt, ob er eine Impfung Ihres Pferdes empfiehlt.	Fragen Sie Ihren Tierarzt.	✔
Druse	Eine bakterielle Erkrankung des Atmungstraktes. Nach einer Infektion kann das Pferd auf Jahre zum Überträger werden, wenn die Bakterien sich in den Luftsäcken einnisten.	Es wird diskutiert, ob diese Impfung routinemäßig eingesetzt werden sollte. Im Allgemeinen wird sie nicht empfohlen. Gewebereaktionen an der Injektionsstelle sind häufig, die Wirksamkeit ist umstritten.	Wenn Druse in Ihrer Gegend häufig vorkommt, sprechen Sie mit Ihrem Tierarzt über das Für und Wider.	
Tollwut	Tödliche Viruserkrankung, die durch Biss oder Speichel infizierter Säugetiere übertragen wird. Alle anderen Tiere (auch Menschen), die mit einem betroffenen Pferd Kontakt haben, können erkranken.	1 × pro Jahr (Frühling), wenn das Pferd Kontakt mit Haus- oder Wildtieren hat.	Ja, wenn amtlich angeordnet oder Ihr Pferd auf die Weide kommt und Tollwut in der Gegend vorkommen kann, egal ob bei Haus- oder Wildtieren.	?
Equine Virusarteritis	Eine Viruserkrankung, die bei sexuellem Kontakt, durch Husten oder Niesen übertragen wird. Ruft grippeähnliche Symptome und Beinschwellungen hervor und kann zum Verfohlen führen. Hengste, die vor Erreichen der Geschlechtsreife nicht geimpft wurden, können zu Überträgern werden.	Eine Impfung hält lebenslang an. 1 Monat vor Beginn der Decksaison impfen.	Ja, wenn Ihre Stute nie eine Equine Virusarteritis hatte und von einem Hengst gedeckt werden soll, von dem nicht bekannt ist, ob er diese Erkrankung hatte. Sonst nicht. (Zur Zeit in Deutschland nicht üblich.)	

Infos zum Impfen

- *Wenn Ihr Pferd eine Tetanusimpfung braucht, weil es sich verletzt hat und seit der letzten Impfung mit Tetanus-Toxoid mehr als 12 Monate vergangen sind, es aber innerhalb der letzten 5 Jahre mit Tetanus-Toxoid geimpft wurde, dann sollte es jetzt eine Toxoid-Spritze bekommen und keine Antitoxin-Spritze. Tetanus-Antitoxin (Tetanus-Serum) sollte nur verwendet werden, wenn die letzte Tetanus-Toxoidspritze länger als 5 Jahre zurückliegt. Das Antitoxin bietet nur kurzfristigen Schutz vor Tetanus und regt die körpereigenen Abwehrkräfte des Pferdes gegen diese Erkrankung nicht an. (Dagegen zeigen Pferde eine ziemlich ausgeprägte Immunreaktion auf Tetanus-Toxoid.) Außerdem ist das Antitoxin möglicherweise Ursache der Serumkrankheit, einer oft tödlich verlaufenden Lebererkrankung, die noch Monate nach der Impfung auftreten kann. Tetanus-Toxoid scheint diese Erkrankung nicht auszulösen.*

Zur Beachtung ...

Spritzen sind nicht die einzige Art, auf die ein Pferd sich eine Clostridien-Myositis zuziehen kann. Die verursachenden Bakterien, die Clostridien, gedeihen in tiefen Wundhöhlen, die nicht belüftet sind. (Auch die Organismen, die Tetanus verursachen, gehören zu dieser Familie.) Auch Stichwunden und die Schnittwunden von einer Kastration können eine Clostridien-Myositis auslösen. Zu den Frühsymptomen gehören Schwellungen, Schmerz und Lahmheit; erste Anzeichen einer fortgeschrittene Clostridien-Myositis sind Niedergeschlagenheit und mangelnder Appetit.

KAPITEL 5

Das richtige

ENTWURMUNGS-PROGRAMM

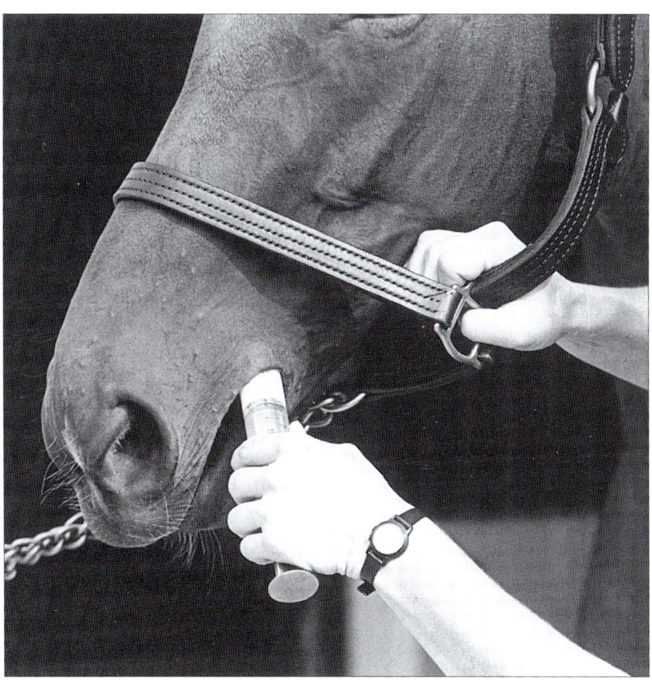

5 DAS RICHTIGE ENTWURMUNGSPROGRAMM

Zur Entwurmung eines Pferdes gibt es zwei Methoden: Entwurmung in längeren Abständen und tägliches Entwurmen. Die Zielsetzung ist bei diesen beiden Methoden verschieden, so dass Sie zunächst entscheiden müssen, welches Ziel Sie verfolgen, bevor Sie sich für eine der beiden Methoden entscheiden können. Im Folgenden finden Sie die Informationen, die Sie brauchen, um diese Entscheidung zu fällen, sowie Richtlinien für die Anwendung der beiden Methoden.

Warum sollte man Pferde überhaupt entwurmen ...

wenn sie doch in der Wildnis Generationen lang überlebt haben, ohne entwurmt zu werden? Weil das Hauspferd nicht mehr an frischen Wiesen knabbern und auf eine neue wechseln kann, wann immer es will, sondern gezwungen ist dort zu fressen, wo vorher schon Pferde gelaufen sind. Unter natürlichen Bedingungen würde ein Pferd nicht dort fressen, wo auch nur die leiseste Andeutung von Mist oder Parasiten (Eiern oder Larven) zu finden ist. Bei Weidehaltung hat es keine Wahl. Sorgfältiges Misten der Weiden kann den Befall mit Parasiteneiern und -larven begrenzen. Das allein reicht aber nicht. Das Pferd muss außerdem regelmäßig entwurmt werden.

• **Entwurmung in regelmäßigen Abständen:** Ziel der Entwurmung ist es, die Belastung der Umgebung mit Eiern und Larven so gering wie möglich zu halten, damit das Pferd nicht mit jedem kleinen Bissen wieder eine Menge Parasiten aufnimmt, nicht das Pferd wurmfrei zu halten. Wenn man diese Entwurmung alle 4 bis 8 Wochen durchführt, tötet man damit die ausgewachsenen Würmer im Pferdekörper ab, bevor sie Eier legen können. Nach der Behandlung nimmt das Pferd wieder Eier und Larven auf, die heranwachsen, während sie den Darmtrakt durchwandern. Wie schnell und wie stark es wieder befallen wird, hängt davon ab, wie groß die Parasitenpopulation in der Umgebung ist und wie hoch seine natürliche Widerstandskraft gegen die Würmer ist.

• **Tägliches Entwurmen:** Beim täglichen Entwurmen liegt das Ziel darin, zu verhindern, dass die Wurmlarven bei ihrer Wanderung durch die inneren Organe des Pferdes Schäden anrichten. Bei dieser Methode gibt man dem Pferd täglich eine kleine Dosis Pyranteltartrat über das Futter, so dass es ständig einen gewissen Spiegel dieses Medikamentes im Körper hat – gerade ausreichend, um die Parasitenlarven abzutöten, bevor sie in ihr Wanderungsstadium eintreten. Da nur wenige Würmer überleben, liegen im Mist des Pferdes kaum oder gar keine Wurmeier vor, so dass auch seine Umgebung nicht weiter belastet wird.

Nachteile der Intervall-Entwurmung

1. Wenn Ihr Pferd mit anderen Pferden zusammenlebt, die mit Eier legenden ausgewachsenen Parasiten befallen sind, sind alle Ihre Bemühungen für eine wurmfreie Umgebung zu sorgen umsonst. Und wenn Ihr Pferd ab und zu in andere Ställe kommt, kann es von dort jede Menge Eier mitbringen.

2. Selbst wenn Ihr Pferd niemals den heimatlichen Stall verlässt und entweder alleine lebt oder nur mit Pferden zusammenkommt, die ebenfalls regelmäßig entwurmt werden, kann seine Umgebung stark mit Parasiteneiern verseucht sein. Die Parasiteneier können noch von Pferden stammen, die hier irgendwann im Lauf der letzten 30 Jahre gelebt haben.

3. Während die wachsenden Würmer sich zu Eier legenden ausgewachsenen Parasiten entwickeln, wandern sie durch die inneren Organe des Pferdes und beschädigen diese. Durch die Entwurmung werden diese Schäden nicht verhindert – erst ausgewachsene Würmer werden abgetötet. Mehrere Untersuchungen haben ergeben, dass die Schäden, die durch wandernde Parasiten angerichtet werden, Koliken verursachen.

4. Der Erfolg eines Entwurmungsschemas hängt von der Wahl des richtigen Zeitpunktes ab. Wenn Sie das Entwurmungsmittel zu spät geben, sind bereits tausende von Eiern mit dem Kot ausgeschieden worden. Wenn Sie es zu früh geben, ist die Behandlung umsonst, weil die Würmer noch auf der Wanderung sind und sich an Stellen befinden, an denen sie für die meisten gängigen Mittel nicht zu erreichen sind.

5. Viele Entwurmungsmittel haben keine Wirkung gegen Magendasseln. Gegen Anfang und gegen Ende der Dasselsaison (im frühen Frühjahr und einen Monat nach den ersten starken Herbstfrösten) muss ein Mittel mit Wirkung gegen Magendasseln eingesetzt werden, entweder Ivermectin oder Moxidectin. ⇨

Woher wissen Sie, wie viel Entwurmungsmittel Sie geben müssen?

Befolgen Sie die Anleitung des Herstellers und gehen Sie dabei vom Körpergewicht Ihres Pferdes aus. Wie Sie das Körpergewicht Ihres Pferdes bestimmen, sehen Sie auf S. 222.

Untersuchung der Pferdeäpfel auf Wurmeier

Packen Sie zwei frische (vorzugsweise noch warme) Pferdeäpfel in eine Plastiktüte und bringen Sie diese innerhalb einer Stunde zu einem Tierarzt, damit er Anzahl und Art der Eier bestimmen kann.

Tipp: Bringen Sie die Probe direkt in die Praxis, anstatt sie Ihrem Tierarzt mitzugeben, wenn er auf den Hof kommt. Er kommt wahrscheinlich in den nächsten Stunden nicht mehr ins Labor. Die Tierarzthelferin im Labor kann die Untersuchung wahrscheinlich sofort vornehmen. Die Ergebnisse werden in »Eiern pro Gramm« (EpG) angegeben, (oft aber auch nur mit Kreuzchen: eines steht für geringen Befall, zwei Kreuzchen für mäßigen, und drei Kreuzchen für starken Befall). Wenn die Entwurmung Wirkung zeigt, sollte der Wert für Ihr Pferd unter 100 EpG liegen (höchstens zwei Kreuzchen). Bei täglichem Entwurmen sollte der Wert 0 bis 50 betragen (nur ein Kreuzchen).

Tipp: Die größte Genauigkeit erzielen Sie, wenn Sie 3 bis 5 Tage lang täglich eine Probe zum Auszählen bringen und den Mittelwert der Ergebnisse nehmen.

Tägliches Entwurmen: *Beispiel*

1. März (Schneeschmelze)	Verabreichen Sie Ivermectin oder Moxidectin als Paste oder Gel, nach den Anweisungen des Herstellers, oder lassen Sie von Ihrem Tierarzt flüssiges Entwurmungsmittel und ein Medikament, das Magendasseln abtötet, über die Nasenschlundsonde eingeben. So werden sowohl Magendasseln als auch alle ausgewachsenen (und einige Jugendstadien) von Darmparasiten abgetötet.
2. März bis 31. Mai	Verabreichen Sie täglich ein entsprechendes Medikament. Kratzen Sie täglich die Dasseleier von den Pferdebeinen.
1. Juni	Wenn Bandwürmer in der Gegend zum Problem werden (fragen Sie Ihren Tierarzt), verabreichen Sie die doppelte Dosis Pyrantel-Pamoat als Paste, oder lassen Sie von Ihrem Tierarzt eine doppelte Dosis flüssiges Pyrantel-Pamoat über die Nasenschlundsonde verabreichen. So töten Sie sowohl Bandwürmer als auch andere Würmer ab, die das Erwachsenenstadium erreicht haben.
2. Juni bis einen Monat nach dem ersten starken Frost	Verabreichen Sie täglich ein entsprechendes Mittel. Kratzen Sie täglich die Dasseleier von den Pferdebeinen.
1 Monat nach dem ersten starken Frost	Lassen Sie Ihren Tierarzt eine Zählung der Wurmeier im Kot durchführen, der Wert sollte unter 50 EpG liegen (höchstens zwei Kreuzchen). (Wenn in der Probe ein höherer Wert als 50 EpG gefunden wird, sprechen Sie mit Ihrem Tierarzt – das Pferd könnte stark mit ausgewachsenen Parasiten oder mit Parasiten, die sich eingekapselt habe, befallen sein.) Die Dasselfliegen sind nun vom Frost getötet worden, und die Pferdebeine sollten frei von Dasseleiern sein. Verabreichen Sie Ivermectin oder Moxidectin um Magendasseln und ausgewachsene Darmparasiten abzutöten.
Von der obigen Behandlung bis zur Frühjahrs-Schneeschmelze	Verabreichen Sie täglich ein entsprechendes Mittel.
1. März (oder Frühjahrs-Schneeschmelze)	Verabreichen Sie Ivermectin oder Moxidectin als Paste oder Gel, nach den Anweisungen des Herstellers, oder lassen Sie von Ihrem Tierarzt flüssiges Entwurmungsmittel und ein Medikament, das Magendasseln abtötet, über die Nasenschlundsonde eingeben. So werden sowohl Magendasseln als auch alle ausgewachsenen Stadien von Darmparasiten abgetötet.

Nachteile des täglichen Entwurmens

1. Der Wirkstoff des Medikamentes, das zur täglichen Entwurmung eingesetzt wird, tötet keine Magendasseln ab. Zu Beginn und gegen Ende der Dasselsaison müssen Magendasseln deswegen gesondert abgetötet werden (Ivermectin oder Moxidectin). Die Dasselsaison beginnt im Frühjahr und endet ca. vier Wochen nach dem ersten starken Nachtfrost im Herbst.

2. Manche Fachleute empfehlen, einen leichten Wurmbefall beim Pferd zu tolerieren, weil so das Immunsystem dazu angeregt wird, einen natürlichen Schutz gegen diese Parasiten aufzubauen. Falls diese Empfehlung stimmt, kann ein tägliches Entwurmen im Interesse Ihres Pferdes auch nachteilig sein – endet das tägliche Entwurmungsschema zu plötzlich, könnte das Pferd rasch sehr stark mit Parasiten befallen werden, weil sein Immunsystem noch nicht »trainiert« ist.

3. Für Menschen, die die Pflege Ihres Pferdes etwas naturnäher gestalten wollen, ist es keine angenehme Vorstellung, dem Pferd Tag für Tag einen potenziell giftigen chemischen Stoff zuzuführen. In Verträglichkeitsstudien sind keine signifikanten giftigen Wirkungen aufgetreten, wenn Pyranteltartrat täglich verabreicht wurde, aber die Untersuchungen laufen noch nicht lange genug, um sagen zu können, ob langfristig Nebenwirkungen durch die sich summierenden Auswirkungen auf den Organismus des Pferdes auftreten.

Intervall-Entwurmung: Beispielprogramm

1. Jahr

- Lassen Sie eine Zählung der Wurmeier im Kot durchführen. Schreiben Sie sich die Ergebnisse auf.
- Verabreichen Sie Ivermectinpaste oder Moxidectin nach den Anweisungen des Herstellers oder lassen Sie von Ihrem Tierarzt flüssiges Ivermectin oder Moxidectin über die Nasenschlundsonde eingeben. So werden sowohl Magendasseln als auch alle ausgewachsenen und einige Jugendstadien der Darmparasiten abgetötet.

1. Jahr, 4 Wochen später

- Lassen Sie eine Zählung der Wurmeier im Kot durchführen. Schreiben Sie sich die Ergebnisse auf.
- Wenn der Wert unter 100 EpG liegt (nur ein Kreuzchen), wiederholen Sie den Test alle 2 Wochen, bis der Wert 100 EpG erreicht oder überschreitet (3 Kreuzchen). Rechnen Sie aus, wie lange es gedauert hat, bis der Wert nach der letzten Entwurmung dieses Niveau erreicht hat, und ziehen Sie davon eine Woche ab. Nun haben Sie das Intervall, in dem Sie das Pferd den Rest des Jahres entwurmen werden. (Wenn es zum Beispiel 6 Wochen gedauert hat, bis die Zahl der Wurmeier im Kot 100 EpG erreicht hat (drei Kreuzchen), müssen Sie Ihr Pferd alle 5 Wochen entwurmen; wenn es 8 Wochen gedauert hat, behandeln Sie es alle 7 Wochen.)
- Wenn der Wert 100 EpG übersteigt (drei Kreuzchen), verabreichen Sie nach den Anweisungen des Herstellers Ivermectinpaste oder Moxidectin, oder lassen Sie Ihren Tierarzt flüssiges Ivermectin über eine Nasenschlundsonde eingeben. Wiederholen Sie die Zählung der Eier im Kot 4 Wochen später. Behandeln Sie das Pferd weiterhin alle 4 Wochen mit Ivermectin, bis der Wert für Eier im Kot unter 100 EpG liegt (ein bis zwei Kreuzchen). Nun können Sie weitermachen wie oben beschrieben.

1. Jahr, übrige Monate

- Verwenden Sie während des gesamten Jahres weiterhin Ivermectin oder Moxidectin in den Abständen, die Sie mit Hilfe dieser Beispiele ermittelt haben. Wenn in Ihrer Gegend Bandwürmer zum Problem werden (fragen Sie Ihren Tierarzt), ersetzen Sie eine Ivermectinbehandlung durch eine doppelte Dosis einer Pyrantel-Pamoat-Paste oder durch ein anderes gegen Bandwürmer wirksamen Präparat oder lassen Ihren Tierarzt über die Nasenschlundsonde eine doppelte Dosis flüssiges Pyrantel-Pamoat eingeben. So werden zusätzlich zu den üblichen Würmern auch die Bandwürmer abgetötet. ⇨

Beachten Sie:

Standard-Entwurmungsprogramme haben keine Wirkung gegen Bandwürmer. Untersuchungen haben gezeigt, dass Bandwürmer erst bei der doppelten Menge der normalen Dosis Pyrantelpamoat sicher abgetötet werden. Errechnen Sie die Standarddosis auf Basis des Körpergewichts Ihres Pferdes, verdoppeln Sie nach Absprache mit Ihrem Tierarzt diese Dosis und geben Sie die gesamte Menge auf einmal. Sie können auch Ihren Tierarzt bitten, die doppelte Dosis der flüssigen Zubereitung durch eine Nasenschlundsonde einzugeben.

Vorsicht

Wenn Ihr Pferd länger als 1 Jahr überhaupt nicht entwurmt wurde, könnte das rasche Absterben einer großen Parasitenmenge es krank machen oder eine Blockierung des Darmtraktes hervorrufen. Fragen Sie Ihren Tierarzt, welches milde Entwurmungsmittel er für die erste Entwurmung empfiehlt.

2. Jahr

- Fangen Sie mit dem Intervall an, das Sie im letzten Jahr ermittelt haben, und geben Sie als Haupt-Wurmmittel eine Benzimidazolpaste nach Anweisung des Herstellers oder lassen Sie Ihren Tierarzt per Nasensonde ein flüssiges Benzimidazolprodukt verabreichen. Fragen Sie Ihren Tierarzt, wenn Sie entscheiden wollen, welches der erhältlichen Benzimidazolprodukte Sie benutzen wollen: manche Strongylidenarten in Ihrer Gegend können gegen bestimmte Produkte resistent sein, auf andere aber ansprechen.
- Lassen Sie vor jeder zweiten Behandlung die Wurmeier im Kot zählen und passen Sie die Abstände, in denen Sie entwurmen falls nötig an, so dass Sie zwischen zwei Behandlungen unter 100 EpG bleiben (zwei Kreuzchen).
- Ersetzen Sie im frühen Frühjahr und einen Monat nach den ersten starken Herbstfrösten die sonstige Behandlung durch eine Entwurmung mit Ivermectin oder Moxidectin als Paste oder Gel, das Sie nach Anweisung des Herstellers anwenden, oder lassen Sie Ihren Tierarzt ein flüssiges Entwurmungsmittel und ein dasseltötendes Mittel per Nasenschlundsonde eingeben, um so Darmparasiten und Magendasseln abzutöten.
- Wenn Bandwürmer in Ihrer Gegend zum Problem werden, ersetzen Sie eine Benzimidazolbehandlung durch eine doppelte Dosis einer Pyrantel-Pamoat-Paste oder lassen Sie Ihren Tierarzt eine doppelte Dosis eines flüssigen Pyrantel-Pamoat-Produktes per Nasenschlundsonde verabreichen, so dass zusätzlich zu den üblichen Darmparasiten auch die Bandwürmer abgetötet werden.

3. Jahr

- Fangen Sie mit dem Intervall an, das Sie im letzten Jahr ermittelt haben, und geben Sie als Haupt-Wurmmittel Pyrantelpamoat nach Anweisung des Herstellers oder lassen Sie Ihren Tierarzt per Nasensonde ein flüssiges Pyrantelpamoat verabreichen.
- Lassen Sie vor jeder zweiten Behandlung die Wurmeier im Kot zählen und passen Sie die Abstände an, falls das nötig ist, so dass Sie zwischen zwei Behandlungen unter 100 EpG bleiben (zwei Kreuzchen).
- Ersetzen Sie im frühen Frühjahr und einen Monat nach den ersten starken Herbstfrösten die sonstige Behandlung durch eine Entwurmung mit Ivermectin oder Moxidectin als Paste oder Gel, das Sie nach Anweisung des Herstellers anwenden, oder lassen Sie Ihren Tierarzt ein flüssiges Entwurmungsmittel und ein dasseltötendes Mittel per Nasenschlundsonde eingeben, um so Darmparasiten und Magendasseln abzutöten.
- Wenn Bandwürmer in Ihrer Gegend zum Problem werden, verdoppeln Sie die Dosis für eine Pyrantel-Pamoat-Behandlung oder lassen Sie Ihren Tierarzt eine doppelte Dosis eines flüssigen Pyrantel-Pamoat-Produktes per Nasenschlundsonde verabreichen, so dass zusätzlich zu den üblichen Darmparasiten auch die Bandwürmer abgetötet werden.

Beispiele für marktgängige Medikamente zur Entwurmung

(Beachten Sie: Diese Liste stellt keine vollständige Auflistung aller erhältlichen Entwurmungsmittel dar.)

Kategorie	Wirkstoff	Handelsnamen	Kommentar
Avermectin	Ivermectin	• Ivomec-P. (Merial) • Furexel (Janssen)	Hochwirksam gegen eine breite Palette von Pferdeparasiten einschließlich Magendasseln. Große therapeutische Breite.
Milbemycin	Moxidectin	Equest (Fort Doge)	Tötet einige enzystierte Larvenstadien der kleinen Strongyliden ab, zur Bekämpfung dieses speziellen Parasiten sehr gut geeignet. Wirksamkeit gegen andere Parasiten ähnlich wie bei Ivermectin.
Benzimidazol	Febantel	Rintal (Bayer)	Wirksam gegen Fadenwürmer, große und kleine Strongyliden und Pfriemenschwänze. Keine Wirkung gegen Magendasseln. Große therapeutische Breite.
	Fenbendazol	• Panacur (Höchst) • Coglazol (Sanofi) • Fenbenda TAD (LAH) • Rententex (Albrecht)	Wirksam gegen Fadenwürmer, große und kleine Strongyliden und Pfriemenschwänze. Keine Wirkung gegen Magendasseln. Große therapeutische Breite.
	Oxfendazol	Synathic	Wirksam gegen Fadenwürmer, große und kleine Strongyliden und Pfriemenschwänze. Keine Wirkung gegen Magendasseln. Große therapeutische Breite.
	Oxibendazol		Wirksam gegen Fadenwürmer, große und kleine Strongyliden und Pfriemenschwänze. Keine Wirkung gegen Magendasseln. Große therapeutische Breite.

Beispiele für marktgängige Medikamente zur Entwurmung (Fortsetzung)			
Kategorie	**Wirkstoff**	**Handelsnamen**	**Kommentar**
Organophosphate	Dichlorvos	Equigard	Wirksam gegen Fadenwürmer, große und kleine Strongyliden und Pfriemenschwänze. Keine Wirkung gegen Magendasseln. Geringe therapeutische Breite, nur zur Verwendung bei ausgewachsenen Pferden.
Piperazin	Piperazin		Mildes Medikament mit unterschiedlicher Wirksamkeit gegen Fadenwürmer, große und kleine Strongyliden und Pfriemenschwänze. Keine Wirkung gegen Magendasseln. Große therapeutische Breite. Gute Wahl als erstes Entwurmungsmittel für Fohlen oder Pferde, bei denen starker Parasitenbefall vermutet wird und ein massives Abtöten der Parasiten die Gesundheit des Pferdes angreifen könnte.
Pyrimidine	Pyrantel-Pamoat	• Banminth (Pfizer) • Jernadex (Virbac)	Wirksam gegen Fadenwürmer, große und kleine Strongyliden und Pfriemenschwänze. Große therapeutische Breite. Nicht zusammen mit Piperazin einsetzen (wirkt antagonistisch). Wirkung gegen Pferdebandwürmer bei Dosis für die Behandlung in regelmäßigen Abständen.
		Pyranteltartrat	Bei der Verwendung zur täglichen Entwurmung Wirkung gegen Larvenstadien von Parasiten, die in der Umgebung aufgenommen wurden. Keine Wirkung gegen Magendasseln. Bei der Verwendung als Intervall-Wurmmittel ist die Wirksamkeit ähnlich wie bei Pyrantel-Pamoat. Große therapeutische Breite.

KAPITEL 6

Einschätzung von KÖRPERGEWICHT UND KÖRPERFORM

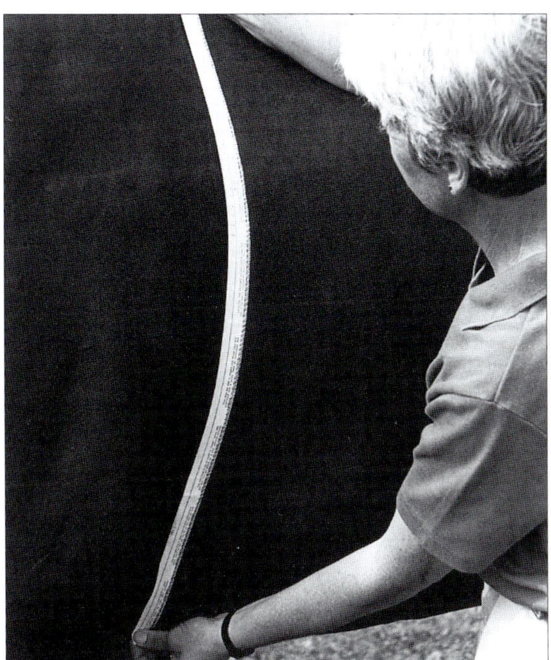

6 EINSCHÄTZUNG VON KÖRPERGEWICHT UND KÖRPERFORM

Hier finden Sie einige Anleitungen, mit deren Hilfe Sie Körpergewicht und Zustand Ihres Pferdes einstufen können. Sie müssen wissen, was Ihr Pferd derzeit wiegt, um die richtige Dosis für Medikamente wie beispielsweise für Entwurmungsmittel festzulegen. Sie haben so auch eine Grundlage, mit der Sie die körperliche Entwicklung Ihres Pferdes beurteilen können. Um die Körperform Ihres Pferdes einstufen zu können, brauchen Sie außerdem eine Möglichkeit, es objektiv zu beurteilen – was ein Pferdebesitzer beispielsweise für einen guten Trainingszustand hält, könnte nach tierärztlichen Standards schon als verfettet gelten. (Fettleibigkeit kann ein signifikanter Risikofaktor für ernsthafte und sogar lebensbedrohliche Erkrankungen wie beispielsweise Hufrehe sein.)

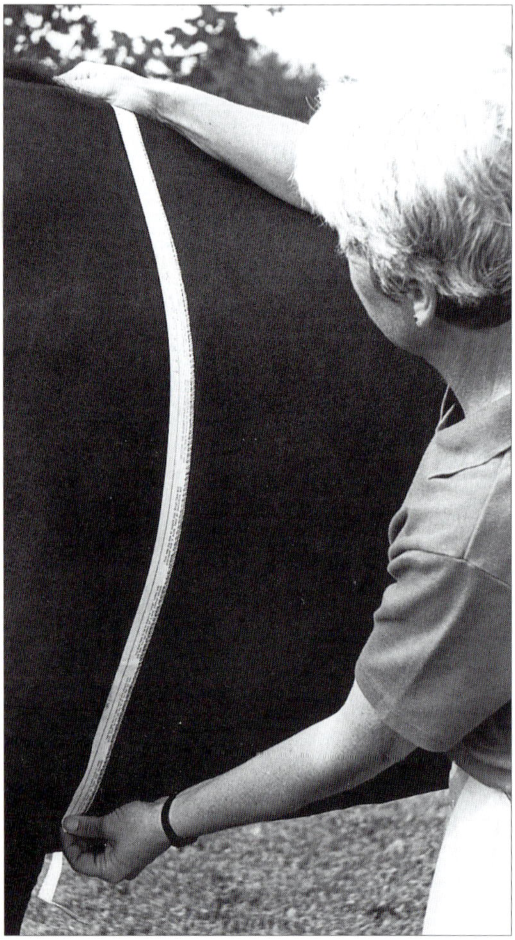

Schritt 1.

Einschätzung des Körpergewichts eines Pferdes

Es gibt Maßbänder zur Gewichtsbestimmung, aber wenn Sie die folgende Methode benutzen, erhalten Sie normalerweise eine genauere Einschätzung des Körpergewichts Ihres Pferdes.

Schritt 1: Messen Sie mit einem flexiblen (aber nicht dehnbaren) Schneidermaßband den Rumpfumfang des Pferdes in Zentimetern. Bleiben Sie dabei mit dem Maßband auf beiden Körperseiten direkt hinter den Ellbogen und messen Sie senkrecht hoch über den Widerrist. (Siehe Abb. links.) Schreiben Sie sich diesen Wert auf.

Schritt 2: Messen Sie mit einem Zollstock die Rumpflänge des Pferdes in Zentimetern aus. Messen Sie dazu auf einer Körperseite von der Bugspitze bis zum Hüfthöcker. Schreiben Sie sich diesen Wert auf.

Schritt 3: Setzen Sie die Werte in die folgende Formel ein:

$$\frac{[(\text{Rumpfumfang})^2 \times \text{Rumpflänge}]}{11\,900} = \text{Körpergewicht}$$

Beispiel: Sie messen bei Ihrem Pferd einen Rumpfumfang von 168 cm und eine Körperlänge von 157 cm. Dann berechnet sich das Körpergewicht als:

$$\frac{[(168)^2 \times 157]}{11\,900} = 370 \text{ kg}$$

Einschätzung des Körperzustands Ihres Pferdes

Nachdem Sie das derzeitige Körpergewicht Ihres Pferdes relativ gut ermittelt haben, können Sie den Körperzustand mit Hilfe von sechs körperbezogenen Prüfpunkten ermitteln. Wählen Sie für jeden dieser Prüfpunkte die Beschreibung aus, die auf den Körper Ihres Pferdes am besten zutrifft. Addieren Sie die Punktezahl und teilen Sie die Summe durch 3, um die Messzahl für den Körperzustand zu ermitteln, die auf einer Skala von 1 bis 10 angegeben wird (siehe weiter unten). Wenn Ihr Pferd eine Messzahl von 1 bis 3 oder von über 7 erreicht, sprechen Sie mit Ihrem Tierarzt über die sicherste Methode, die Ration Ihres Pferdes so zu ändern, dass Sie etwas gegen seinen zu mageren oder zu fetten Zustand tun können.

Die Prüfpunkte:

1. Rippen

a. Sie müssen mit dem Finger bohren, um die Rippen zu finden .... 5 Punkte
b. Rippen nicht sichtbar, aber mit den Fingern leicht zu fühlen .... 3 Punkte
c. Rippen sichtbar .... 1 Punkt

2. Schultern

a. Hinter den Schulterblättern befindet sich eine dicke Speckrolle, so dass die Schultern übergangslos in den Brustkorb übergehen .... 5 Punkte
b. Die Schultern sind gut gerundet und gehen sanft in den Körper über .... 3 Punkte
c. Die Knochenstruktur der Schultern ist problemlos sichtbar, keine Fettauflage .... 1 Punkt

3. Rücken

a. Deutliche Einbuchtung entlang der Rückenmitte .... 5 Punkte
b. Rücken eben, ohne Einbuchtung oder Erhebung .... 3 Punkte
c. Wirbel stehen entlang des Rückens hervor .... 1 Punkt

4. Schweifansatz

a. Der Schweifansatz ist von einem Fettpolster umgeben .... 5 Punkte
b. Am Schweifansatz ist Fett zu ertasten, ist aber nicht als Polster sichtbar .... 3 Punkte
c. Knochen im Schweifansatz stehen deutlich vor .... 1 Punkt

5. Widerrist

a. Auf beiden Seiten des Widerrists befindet sich ein Fettkissen .... 5 Punkte
b. Der Widerrist ist leicht gerundet, aber nicht in Fett eingebettet .... 3 Punkte
c. Die Knochen des Widerrists stehen deutlich vor .... 1 Punkt

6. Hals

a. Am Mähnenkamm verläuft eine teigige Speckschicht .... 5 Punkte
b. Der Hals ist glatt .... 3 Punkte
c. Die Knochenstruktur des Halses ist sichtbar .... 1 Punkt

Ergebnisskala

1 = Schlechter Zustand
2 = Sehr mager
3 = Mager
4 = Schlank
5 = Weder fett noch mager
6 = Turnierkondition
7 = Rundlich
8 = Verfettet
9 = Stark verfettet
10 = Gefährlich fettleibig

NOTIZEN

KAPITEL 7

DIE WASSERAUFNAHME ERHÖHEN

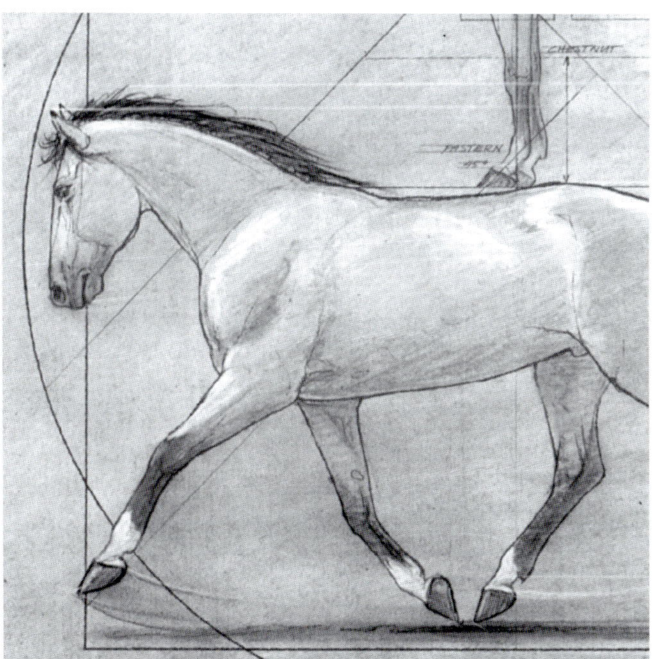

7 DIE WASSERAUFNAHME ERHÖHEN

In den englischsprachigen Ländern gibt es das Sprichwort »Man kann ein Pferd ans Wasser führen, aber man kann es nicht zum Saufen zwingen«. Nun, es kann aber eine Zeit kommen, in der es im Interesse des Pferdes läge, dass es säuft, selbst wenn es daran überhaupt nicht interessiert zu sein scheint. Unter Umständen hat Ihr Tierarzt festgestellt, dass Ihr Pferd nahe an der Grenze zur Austrocknung ist, weil es aufgrund einer Virusinfektion leichtes Fieber hat und ihm überhaupt nicht nach Fressen oder Saufen zumute ist, oder vielleicht auch, weil es plötzlich kalt geworden ist und seine Wasseraufnahme ebenso plötzlich gesunken ist. Nun liegt es an Ihnen, das Pferd zur Wasseraufnahme zu überreden, um den Stress, die Unbequemlichkeit und die Kosten, die damit verbunden sind, wenn man Ihrem Pferd die Flüssigkeit anders zuführen muss (beispielsweise über eine Nasenschlundsonde oder intravenös), zu vermeiden. Kann man ein Pferd zum Saufen zwingen? Nein. Aber man kann das Durstgefühl wecken. Probieren Sie die folgenden Tricks aus.

So erhöhen Sie die Wasseraufnahme

1. Mischen Sie einen Teelöffel Salz mit 2 Esslöffeln Apfelmus und spritzen Sie die Mischung mittels einer Spritze (z. B. eine, in der sich Entwurmungspaste befunden hatte) ganz hinten auf die Zunge des Pferdes. Während das Pferd sich mit dem Apfelmus im Maul beschäftigt, entfernen Sie den Wassereimer, waschen ihn gründlich aus und spülen ihn durch und bringen ihn mit frischem Wasser gefüllt wieder in die Box. Wenn das Salz seine Wirkung entfaltet, wird das Pferd innerhalb von 5 Minuten trinken wollen. Kein Glück gehabt? Wiederholen Sie diesen Trick nicht, bevor das Pferd nicht mindestens 4 Liter sauberes Wasser getrunken hat. Versuchen Sie es mit dem nächsten Trick.

2. Spritzen Sie dem Pferd 1 Teelöffel Sirup (oder Honig) gegen den Gaumen. Benutzen Sie dazu eine saubere Dosierspritze. Während das Pferd mit der klebrigen Süßigkeit beschäftigt ist, bringen Sie einen zweiten Eimer frisches Wasser in die Box, den Sie an einem völlig neuen Platz hinstellen, so dass das Pferd den Anreiz hat, diesen Eimer zu untersuchen. Warten Sie 5 Minuten. Immer noch kein Glück? Wiederholen Sie diesen Trick nicht, bevor das Pferd nicht mindestens 4 Liter sauberes Wasser getrunken hat. Versuchen Sie es mit Trick 3.

3. Entfernen Sie den zweiten Eimer, schütten Sie die Hälfte des Wassers aus und füllen Sie mit heißem Wasser auf. Stellen Sie die Temperatur mittels eines Thermometers auf 45 °C ein. Manche Pferde bevorzugen warmes Wasser, insbesondere dann, wenn das Wetter plötzlich kalt geworden ist. Stellen Sie auf jeden Fall auch einen Eimer mit Wasser von Raumtemperatur dazu, damit das Pferd wählen kann. Immer noch kein Glück? Auch kein Problem, wir haben noch ein paar Tricks in der Hinterhand …

4. Belassen Sie den Eimer mit warmem Wasser in der Box und bringen Sie einen dritten Eimer mit Wasser von Raumtemperatur, in das Sie ein marktgängiges Elektrolytprodukt zum Gebrauch bei Pferden gemischt haben. (Befolgen Sie die Herstelleranweisungen für dieses Produkt.) Warten Sie 20 Minuten. Immer noch kein Glück? Nicht aufgeben …

5. Wenn der Zustand des Pferdes nicht gegen eine Fütterung mit festem Futter spricht (fragen Sie Ihren Tierarzt, wenn Sie im Zweifel sind), bieten Sie ihm ein Kleiemash an (siehe S. 242), zu dem Sie Melasse, Apfelscheiben und eine Menge warmes Wasser gegeben haben. Zeigt Ihr Pferd kein Interesse? (Berichten Sie Ihrem Tierarzt von dem mangelnden Appetit Ihres Pferdes, wenn er sich dessen nicht bereits bewusst ist.) Nun haben Sie noch einen Versuch ...

6. Wenn der Zustand des Pferdes nicht gegen ein wenig Bewegung spricht, legen Sie ihm ein Halfter an und nehmen Sie es auf einen strammen Spaziergang von einer Viertelstunde Dauer mit. Dabei bekommt es frische Luft, ein wenig Ausblick und vielleicht auch einige maulvoll Gras. So wird der Kreislauf angekurbelt, das Pferd kommt auf andere Gedanken, und das Durstgefühl, das Sie mit den Schritten 1 und 2 angekurbelt haben, wird verstärkt. Wenn Sie das Pferd in die Box zurückbringen, wird es sich wahrscheinlich sehr für das dort aufgebaute Büfett von Eimern interessieren. Wenn nicht, sprechen Sie mit Ihrem Tierarzt.

Wenn Ihr Pferd schließlich säuft, schreiben Sie sich auf, wie viel es gesoffen hat und wie viel Zeit vergangen ist. Ihr Tierarzt kann Ihnen sagen, wie viel Wasser Ihr Pferd in 24 Stunden aufnehmen sollte. Probieren Sie alle paar Stunden wieder, es zur Wasseraufnahme zu überreden.

Wasserspiele ...

Ein Küchensieb aus Plastik ergibt einen handlichen Käscher, mit dem Sie Blätter, Heu und andere schwimmende Verschmutzungen aus einer ansonsten sauberen Tränke herausholen können. Wenn Sie ein Küchensieb mit Stiel benutzen, bleiben Ihre Hände auch bei winterlichen Temperaturen trocken und warm.

NOTIZEN

KAPITEL 8

DESINFEKTION RUND UMS PFERD

8 DESINFEKTION RUND UMS PFERD

Das Desinfizieren einer Box

Um zu verhindern, dass eine ansteckende Erkrankung sich ausbreitet, kann es passieren, dass Sie eine Box desinfizieren müssen, in der ein krankes Pferd gestanden hat. Und so wird's gemacht:

1. Entfernen Sie die gesamte Einstreu.

2. Entfernen Sie alle Einrichtungsgegenstände, also beispielsweise Wassereimer und Krippen. Schrubben Sie diese Gegenstände mit einer Mischung aus heißem Wasser und Geschirrspülmittel, bis keine Krusten mehr darin haften. Spülen Sie gut nach und bürsten Sie die Behälter dann nochmals mit einer Lösung aus einem Teil Chlorbleichmittel (aus der Drogerie, zur Verwendung beim Waschen) und 10 Teilen Wasser. Lassen Sie das an der Luft trocknen, ohne die Lösung wieder abzuspülen. Nach dem Trocknen bürsten Sie noch einmal mit heißem Wasser und Geschirrspülmittel und spülen die Behälter gut ab, damit alle Bleichmittel- oder Spülmittelrückstände entfernt werden.

3. Kehren Sie Spinnweben, Staub, Heu usw. von Boden, Wänden, Wandvorsprüngen und Tür der Box.

4. Waschen Sie die Wände und alle anderen festen Oberflächen mit einem Hochdruckreiniger ab oder benutzen Sie Gartenschlauch, eine Bürste mit harten Borsten und Spülmittel.

5. Mischen Sie in einem Spritzbehälter für die Verwendung im Garten ein Desinfektionsmittel (nach den Anweisungen des Herstellers) mit Wasser an. Tragen Sie Schutzkleidung, also langärmelige Oberbekleidung, lange Hosen, Handschuhe, eine Schutzbrille und eine Kopfbedeckung. Durchtränken Sie mit dem Spritznebel alle Oberflächen und lassen Sie das Ganze an der Luft trocknen. Wiederholen Sie den Vorgang.

6. Bringen Sie die sauberen Eimer und Krippen wieder in die Box. Streuen Sie frisch ein.

Desinfizieren Sie sich selbst

Wenden Sie die folgenden Tipps an, um zu verhindern, dass Sie mit Haut oder Kleidung eine ansteckende Krankheit weiterverbreiten, nachdem Sie Kontakt mit einem kranken Pferd hatten.

1. Wenn Sie die Box oder den Paddock des kranken Pferdes betreten, tragen Sie Gummistiefel und einen Overall aus dichtem Gewebe mit langen Ärmeln. Bändigen Sie Ihr Haar mit einem Hut. Benutzen Sie Einmalhandschuhe aus Gummi oder Latex. Lassen Sie diese Kleidungsstücke an der Boxentür oder am Paddocktor, so dass Sie sie anziehen können, wenn Sie in die Box gehen, und sie wieder ablegen, wenn sie herauskommen.

2. Wenn Sie die Box oder den Paddock verlassen, werfen Sie die benutzten Handschuhe in einen dafür vorgesehenen geschlossenen Behälter außerhalb der Reichweite des Pferdes. Desinfizieren Sie die Stiefel mit einer Plastikbürste und einer Desinfektionslösung in einer großen Schüssel oder einem Eimer. Lassen Sie die Stiefel außer Reichweite des Pferdes trocknen. Decken Sie die Desinfektionslösung ab oder schütten Sie sie weg, damit sie nicht getrunken wird.

3. Wenn Sie mehr als ein Pferd versorgen, kümmern Sie sich zuerst um die gesunden Pferde und versorgen das kranke Pferd zuletzt.

Putzzeug desinfizieren

Säubern Sie Bürsten und anderes Putzzeug mindestens einmal im Monat, um zu verhindern, dass Hauterkrankungen entstehen oder sich verbreiten. Das gilt vor allem dann, wenn für mehrere Pferde dasselbe Putzzeug benutzt wird.

1. Entfernen Sie alle Haare.

2. Weichen Sie die Bürsten und alles andere Putzzeug in heißem Wasser mit Spülmittel ein und bürsten Sie dann alles gründlich ab, so dass Fett, Schuppen, Dreckkrusten und alles andere entfernt wird.

3. Bereiten Sie eine Desinfektionslösung zu und lassen Sie das gesamte Putzzeug 30 Minuten lang darin liegen. Gießen Sie die Lösung weg und lassen Sie das Putzzeug an der Luft oder noch besser an der Sonne trocknen. (Beachten Sie: Putzzeug mit Holzrücken kann beim Einweichen Schaden nehmen. Verwenden Sie Putzzeug aus Material, das sich ohne Schaden einweichen lässt, also aus Plastik oder Metall.)

Desinfektion von Sattel- und Pferdedecken

Säubern Sie Sattel- und Pferdedecken wöchentlich oder monatlich, je nachdem, wie häufig sie benutzt werden. Damit verhindern Sie weitgehend die Entstehung und Verbreitung von Hauterkrankungen, vor allem dann, wenn die Decken für mehrere Pferde benutzt werden.

1. Entfernen Sie alle Haare mit Hilfe einer Plastikbürste und eines Staubsaugers. Werfen Sie den Staubsaugerbeutel weg.

2. Wenn die Pferdedecke waschbar ist, stecken Sie sie mit einem Desinfektionsmittel zusammen in die Waschmaschine. Schleudern Sie die Decke und waschen Sie sie noch einmal, diesmal unter Verwendung von Neutralseife, die völlig frei von Parfüm, Konservierungsstoffen und ähnlichen Zusätzen ist. Geben Sie beim Spülgang Essig zu, damit die Seifenrückstände besser entfernt werden. (Benutzen Sie für eine Standardmaschine ungefähr 250 ml Essig. Die Haut mancher Pferde ist gegenüber Rückständen waschaktiver Substanzen in den Decken sehr empfindlich.) Tipp: Wenn Ihre Waschmaschine zu klein für Pferdedecken ist, wenden Sie sich an Ihr Reitsportgeschäft. Viele Geschäfte bieten einen Waschservice für Decken an. Fragen Sie, ob und wie dabei desinfiziert wird.

3. Lassen Sie die Decke an der Luft oder noch besser an der Sonne trocknen. ➩

Häufig verwendete Desinfektionsmittel

	Kategorie	Beispiel	Verwendungs-ort	Kommentar
	Jodoforme	Unverdünnte Braunol®-Lösung	Haut	Tötet die meisten krankmachenden Keime bei Pferden ab, selbst bei Vorhandensein organischer Substanzen. Kann dauerhafte Flecken auf Oberflächen verursachen.
	Phenole	Lysovet®, konzentriertes Desinfektionsmittel, verdünnt anwenden	Stall- und Umgebungsdesinfektion	Tötet die meisten krankmachenden Keime bei Pferden ab, selbst bei Vorhandensein organischer Substanzen. Sollte nicht auf offener Haut angewendet werden. Giftig für Katzen, Pferde und Menschen beim Verschlucken oder bei der Absorption über offene Wunden. In einer kürzlich durchgeführten Untersuchung wurde diese Substanzklasse als am besten geeignet für Pferdebetriebe eingestuft.
	Chlorhexidin		Haut, Stall- und Umgebungsdesinfektion	Wirksam gegen die meisten krankmachenden Keime bei Pferden. Keine Wirksamkeit gegen Rotavirus. Bei Vorhandensein organischer Substanzen inaktiv.
	Hypochlorite	Bleichmittel	Stall- und Umgebungsdesinfektion	Wirksam gegen viele krankmachende Keime bei Pferden. Keine Wirksamkeit gegen Rotavirus. Bei Vorhandensein organischer Substanzen inaktiv.
	Pinienöl		Stall- und Umgebungsdesinfektion	Unwirksam gegen die meisten krankmachenden Keime bei Pferden.

Organische Substanz – was ist das?

Alles, was seinen Ursprung in lebenden Zellen hat oder hatte. Dazu gehören Pollen, Schimmel, Spinnweben, Fliegen»kleckse«, Futterreste, Speichel, Mist, Harn, Schweiß, Schmutz, Heu, Stroh, Sägemehl, Haare, Blut, Grinde, Eiter ...

KAPITEL 9

Der Inhalt einer STALLAPOTHEKE FÜR PFERDE

9 DER INHALT EINER STALLAPOTHEKE FÜR PFERDE

VORSICHT

Die »Kommentar«-Spalte, in der häufige Einsatzgebiete beschrieben werden, soll Ihnen bei der Entscheidung, welche Medikamente und Gegenstände Sie in Ihre Stallapotheke räumen sollten, helfen. Diese Spalte kann auf keinen Fall die sorgfältig geplanten, schrittweisen und an Bedingungen geknüpften Ratschläge ersetzen, die im Teil 1 in den Checklisten gegeben werden.
Führen Sie an Ihrem Pferd keine Behandlung, sei sie nun äußerlich oder innerlich, durch, ohne vorher mit Ihrem Tierarzt gesprochen und sich die Checkliste für die spezifischen Symptome Ihres Pferdes genau angesehen zu haben.

Sprechen Sie mit Ihrem Tierarzt darüber, was in der Stallapotheke für Ihr Pferd vorhanden sein sollte. Mit dem Inhalt Ihrer Stallapotheke kümmern Sie sich um kleinere Erkrankungen und Verletzungen Ihres Pferdes oder setzen sie nach Anweisung Ihres Tierarztes ein, während Sie in ernsteren Fällen auf ihn warten. Sie finden hier eine Liste von Medikamenten und Gegenständen, über deren Anschaffung Sie nachdenken sollten. In der Spalte »N« finden Sie die Dinge markiert, die Sie vielleicht in einer schnell greifbaren Notapotheke zusammenstellen sollten. Wenn es auf dem Etikett nicht anders steht, sollten Medikamente alle 3 Jahre ersetzt werden, da sie im Laufe der Zeit an Wirksamkeit verlieren oder verschmutzt werden können.

Medikamente			
Produkt	**Verwendung**	**N**	**Kommentar**
Elektrolytpulver oder -paste *Erhältlich im Reitsportgeschäft, beim Futtermittelhändler, vom Tierarzt und aus Tierhaltungskatalogen.*	Zum Ersatz verloren gegangener Elektrolyte, Anregen zum Saufen.	✔	Nur Produkte verwenden, die speziell für Pferde gedacht sind.
Ivermectin oder Moxidectin (Wurmmittel) *Erhältlich vom Tierarzt.*	Zur Entwurmung und für Hauterkrankungen.		Kann vorübergehend eine Verschlimmerung der Entzündung verursachen, wenn die Parasiten absterben.
Für die Augen			
Augenwaschlösung *Erhältlich in der Apotheke oder beim Tierarzt.*	Zum Ausspülen gereizter Augen.	✔	Nach dem Öffnen innerhalb von 3 Wochen ersetzen.
Borsäure oder eine befeuchtende Augensalbe. *Erhältlich in der Apotheke.*	Zum Schutz ausgetrockneter oder gereizter Augen.	✔	Nach dem Öffnen innerhalb von 3 Wochen ersetzen.

** »Selbst gemachte« Substanzen sind mit einem Sternchen (*) gekennzeichnet; die Rezepte folgen weiter hinten.*

Produkte zum Säubern von Verletzungen			
Produkt	**Verwendung**	**N**	**Kommentar**
Salzlösung* (selbst gemacht, oder marktgängige Salzlösung zur Spülung von Kontaktlinsen)	Zur Säuberung von Wunden.	✔	Kalt oder warm zu verwenden.
Salzlösung zweifach konzentriert*	Für nasse Umschläge, die ziehend wirken sollen.		Kalt oder warm zu verwenden.
10%iges Aknemittel auf Benzoyl-Peroxid-Basis *In Drogerien und Apotheken.*	Zur Entfernung von Krusten von verdickter oder schuppiger Haut.		Auch als Gel erhältlich, das auf der Haut verbleiben kann, wenn das Abwaschen schwierig werden könnte (z. B. bei unfreundlichem Wetter).
Mittel zum Aufweichen von Krusten*	Zur schmerzlosen Entfernung von Schorf bei infektiösen Hauterkrankungen		Hält sich bis zu einer Woche; zugedeckt lagern.
Zugmittel			
Paste für Breiumschläge *Erhältlich aus Reitsportkatalogen.*	Als Zugmittel bei Schwellungen und infizierten Wunden.	✔	Heiß, kalt oder trocken zu verwenden.
Selbst gemachter Breiumschlag*.	Als Zugmittel bei Schwellungen und infizierten Wunden.		
Marktgängiges oder selbst gemachtes »Schwitzmittel« zur Durchblutungssteigerung (Erwärmung)	Als Zugmittel bei Schwellungen.		Bei der Verwendung von Produkten, die Dimethylsulfoxid enthalten, muss das Bein sauber sein und darf keine giftigen Rückstände aufweisen, die vielleicht absorbiert werden können.

➩

Desinfektionsmittel			
Produkt	**Verwendung**	**N**	**Kommentar**
Braunol®-Lösung (Polyvinylpyrolidon-Jod) *Erhältlich in der Apotheke oder vom Tierarzt.*	Zur Säuberung bestimmter Arten von offenen Wunden.	✔	Auf Wasserbasis; kann aufgetupft, aufgesprüht oder aufgegossen werden.
Braunovidon®-Salbe *Erhältlich in der Apotheke oder vom Tierarzt.*	Zur Behandlung bestimmter Arten von offenen Wunden.	✔	Durch die Vaselinebasis entsteht ein wirkungsvoller Schutzfilm.
Betaisodonna®-Waschlösung *Erhältlich in der Apotheke und vom Tierarzt.*	Für bestimmte ansteckende Hauterkrankungen.		Die Lösung schäumt gut, so dass man sie gut zum Säubern, auch von Wunden, einsetzen kann.
Lysovet®-Konzentrat *Erhältlich in Drogerien.*	Zur Stall- und Umgebungsdesinfektion und bei bestimmten Huferkrankungen.		Zum Verdünnen mit Wasser: 3 Esslöffel auf 5 Liter oder 2 Tropfen auf 250 ml Wasser.
Aufweichende, entzündungshemmende, juckreizstillende oder abdeckende Produkte			
Erste-Hilfe-Salbe ohne Antibiotika, beispielsweise Zinksalbe, Bepanthensalbe® und 100%iges Aloe-vera-Gel. *Erhältlich in der Apotheke oder beim Tierarzt.*	Zur Linderung und zum Abdecken bestimmter Arten von offenen Wunden oder Verbrennungen.		Auf Verbrennungen Salben auf Wasserbasis, nicht Salben auf Vaselinebasis einsetzen.
Dolobene®-Gel *Erhältlich beim Tierarzt.*	Äußerlich anzuwendendes entzündungshemmendes Medikament und ein guter Trägerstoff für andere Medikamente.		Nicht mit giftigen Stoffen mischen. Tragen Sie beim Umgang mit dem Produkt Latex- oder Gummihandschuhe. Nicht auf frische (jünger als 3 Tage) oder offene Wunden auftragen.
Kortisonsalbe *Erhältlich beim Tierarzt.*	Auch für den Gebrauch beim Menschen. Entzündungshemmendes Medikament zur äußerlichen Anwendung.	✔	Absorption und Wirksamkeit verbessert, wenn die Anwendung unter einer wasserdichten Bandage erfolgt.

Aufweichende, entzündungshemmende, juckreizstillende oder abdeckende Produkte (Fortsetzung)

Produkt	Verwendung	N	Kommentar
Fliegenabwehrmittel für den Gebrauch auf offenen Wunden *Erhältlich aus Pferdesportkatalogen und vom Tierarzt.*	Für oberflächliche Wunden oder über Verbänden.	✔	Nicht unter Bandagen oder wasserdichten Verbänden anwenden (weil sonst die Absorption von Insektiziden erhöht würde).
Zinkoxid- oder Titaniumdioxyd-Creme *Erhältlich in Drogerien und Apotheken.*	Zur Verwendung als Sonnenblocker.		
Zaubernuss (Hammamelis) *Erhältlich in Drogerien und Apotheken.*	Juckreizstillendes Mittel zur äußerlichen Anwendung bei bestimmten Hauterkrankungen.		Wirkungsvoller und länger anhaltend, wenn es am frisch gewaschenen Pferd angewendet wird.
Benadryl®-Lotion. *Erhältlich in Drogerien und Apotheken.*	Bei bestimmten Hauterkrankungen zum Lindern, Austrocknen und als Abdeckung.		Auch gut als juckreizstillendes Mittel.
Vaseline *Erhältlich in Drogerien und Apotheken.*	Zum Geschmeidighalten und Abdecken der Haut.	✔	Auch hilfreich zum Anlegen von Hufschuhen.

Nützliche Geräte und Gegenstände

Gegenstand	Verwendung	N	Kommentar
Einweckthermometer *Kostenpunkt ca. 15 DM, in Haushaltswarengeschäften.*	Zum Einstellen der Temperatur von medizinischen Lösungen, beispielsweise Augenwaschlösungen, und von Trinkwasser.		Nach ungefähr 20 Sekunden ablesbar.
Stethoskop *Kostenpunkt ca. 20–100 DM, erhältlich aus Katalogen für Tierzuchtbedarf.*	Zum genauen Auszählen von Herzfrequenz und Atmung, und zum Abhören von Darmgeräuschen.	✔	Nehmen Sie ein Littman-Stethoskop mit ungefähr 50 cm langem Schlauch.

⇨

Nützliche Geräte und Gegenstände (Fortsetzung)			
Gegenstand	**Verwendung**	**N**	**Kommentar**
Fieberthermometer *Kostenpunkt 12 bis 20 DM, erhältlich in Drogerien, Apotheken, Katalogen für Tierzuchtbedarf.*	Zur Ermittlung der Rektaltemperatur.	✔	Nehmen Sie ein Digitalthermometer mit Memory-Funktion und Piepston oder ein Standard-Glasthermometer. Denken Sie an ein Ersatzthermometer.
Kühlbeutel auf chemischer Basis. *Kostenpunkt ca. 30 DM, erhältlich in Apotheken.*	Zum Kühlen von Wunden, wenn kein Eis verfügbar ist.	✔	Befolgen Sie die Anweisungen. Kann Erfrierungen verursachen, wenn er in längeren direkten Kontakt mit der Haut kommt.
Elektrische Schermaschine mit Kurzschnittkamm. *Kostenpunkt ca. 600 DM und ca. 70 DM für den Scherkamm; erhältlich aus Katalogen für Tierzuchtbedarf und Pferdesportbedarf.*	Zum Abscheren der Haare auf Hauterkrankungen und im Bereich von Wunden.		Säubern Sie den Scherkamm nach jedem Gebrauch. Nach jedem 6. Gebrauch beim Händler schärfen lassen.
Topfbürste mit Plastikborsten. *Kostenpunkt ca. 3 DM, erhältlich in Haushaltswarengeschäften.*	Zum Säubern der Hufe vor dem Einweichen, dem Anlegen eines Breiumschlages oder dem Verbinden; zum Auftragen von Desinfektionsmittel auf infizierte Hufe.		
Untersuchungshandschuhe aus Latex oder Gummi *Kostenpunkt ca. 20 DM für Schachtel mit 100 Handschuhen; erhältlich in Apotheken und in Katalogen für Tierzuchtbedarf.*	Zum sicheren Umgang mit infizierten Körperflüssigkeiten; zur Benutzung bei der Verwendung bestimmter Medikamente wie Dimethylsulfoxid.	✔	Nehmen Sie Gummihandschuhe, wenn Sie gegen Latex allergisch sind.
Hufkratzer *Kostenpunkt 2 bis 10 DM, erhältlich in Reitsportgeschäften und aus Pferdesportkatalogen.*	Zur routinemäßigen Hufpflege.	✔	

Nützliche Geräte und Gegenstände (Fortsetzung)			
Gegenstand	**Verwendung**	**N**	**Kommentar**
Hufmesser *Kostenpunkt ca. 20–40 DM, erhältlich aus Katalogen für Pferdesport und Tierzuchtbedarf.*	Zur Behandlung von Hufproblemen.		Wenn Sie Linkshänder sind, besorgen Sie sich ein entsprechendes Hufmesser.
Hufabnehmzange *Kostenpunkt ca. 40–80 DM, erhältlich im Reitsportgeschäft und aus Reitsportkatalogen, oder fragen Sie Ihren Schmied.*	Zum Abkneifen der Nagelniete und zum Abnehmen lockerer oder schlecht sitzender Eisen.	✔	
Hufschuhe *Kostenpunkt ca. 50 DM pro Stück, erhältlich in Reitsportgeschäften und Katalogen für Tierzuchtbedarf.*	Zum Hufschutz und zur Behandlung.	✔	Kaufen Sie zwei verschiedene Größen, wenn Hinter- und Vorderhufe nicht gleich groß sind.
Taschenmesser mit Mehrfachfunktion oder Gürteltool *Kostenpunkt 70–150 DM, erhältlich in Geschäften für Campingbedarf oder aus Outdoor-Katalogen.*	Zum Zerschneiden von Stricken/Draht; zum Herausziehen von Nägeln und für improvisierte Reparaturen.	✔	Wählen Sie ein Werkzeug, das eine gerade Klinge, eine Sägeklinge, eine Ahle, eine Zange und einen Drahtschneider enthält.
Sprühflasche *Kostenpunkt ca. 5 DM, erhältlich in Haushaltswarengeschäften und bei Gartenbedarf.*	Zur Druckspülung von Wunden mit Salzlösung.		Alternative: große Spritze (30–60 ml) mit abgestumpfter rosa Kanüle.

Nützliche Geräte und Gegenstände (Fortsetzung)			
Gegenstand	**Verwendung/Menge**	**N**	**Ungefähre Preisangabe**
Verbandsmaterial *Erhältlich in Apotheken und Drogerien, aus Reitsportkatalogen und Katalogen für Tierzuchtbedarf.*	(4) 3 m-Rolle Verbandswatte (6) dicke Damenbinden (6) Wegwerf-Windeln (1) Packung Mullkompressen 10 × 10 cm (12) Mullbinden 10 cm breit (12) Haftbandagen (12) Elastik-Bandagen (6) Stülp-Verband, ungedehnt 10 cm breit (1) Rolle Klebeband, 5 cm breit (1) Verbandsschere	✔ ✔ ✔ ✔ ✔ ✔ ✔ ✔ ✔ ✔	DM 3,— DM 4,— pro 20-er Schachtel DM 12,— pro 30-er Packung DM 20,— pro 100-er Packung DM 1,20 pro Stück DM 8,— pro Stück DM 6,— pro Stück DM 10,— pro Meter DM 14,— DM 15,—

Noch ein Rezept ...

»Schwitzpackung« für Beine. Mischen Sie eine fürazolidon-haltige Lösung oder Salbe mit der gleichen Menge einer Dimethylsulfoxid-Lösung in medizintauglicher Qualität. (Sehen Sie auf S. 103 nach, was Sie tun müssen, um ein Bein schwitzen zu lassen.)

Rezepte

Salzlösung

- 9 g Salz
- 1 Liter Wasser

In einem sauberen Behälter mischen, bis das Salz völlig aufgelöst ist.

Konzentrierte Salzlösung

- 18 g Salz
- 1 Liter Wasser

In einem sauberen Behälter mischen, bis das Salz völlig aufgelöst ist.

Aufweichmittel für Krusten

- 500 ml Öl (Babyöl geht gut)
- 500 ml Wasserstoffperoxid, 3%ig
- 45 ml Jodtinktur

Alles in einem großen Behälter zusammenschütten. Deckel nicht fest aufsetzen, weil die Mischung vor sich hinblubbert und sich ausdehnt, so dass es zu einer Explosion mit entsprechender Verschmutzung der Umgebung kommen kann.

Einweichlösung mit Bittersalz

- 1½ Tasse (ca. 125 g) Bittersalz
- 5 Liter warmes Wasser (wie für ein heißes Bad)

Vermischen, bis das Salz sich aufgelöst hat. Lassen Sie den betroffenen Körperteil einweichen, in den Sie ihn in einen Behälter mit der Lösung stellen (bei Hufen oder Beinen) oder einen nassen Umschlag machen.

Breiumschläge (nicht reizend)

1. Vermischen Sie Bittersalz mit so viel warmem Wasser, dass eine streichfähige Paste entsteht.

2. Vermischen Sie ½ Tasse Bittersalz mit 4 Tassen feiner Kleie. Mischen Sie das Ganze mit so viel warmem Wasser, dass eine streichfähige Paste entsteht.

3. Mischen Sie eine kaolinhaltige Suspension (Durchfall-Mittel aus der Apotheke) mit so viel Mehl oder feiner Kleie, dass eine streichfähige Paste entsteht.

4. Mischen Sie Natriumbikarbonat mit so viel Zaubernuss-Lösung, dass eine streichfähige Paste entsteht.

5. »Zuckeröl«: vermischen Sie normalen Speisezucker mit so viel Braunol®-Lösung, dass eine streichfähige Paste entsteht.

KAPITEL 10

Herstellung eines
KLEIE-MASH

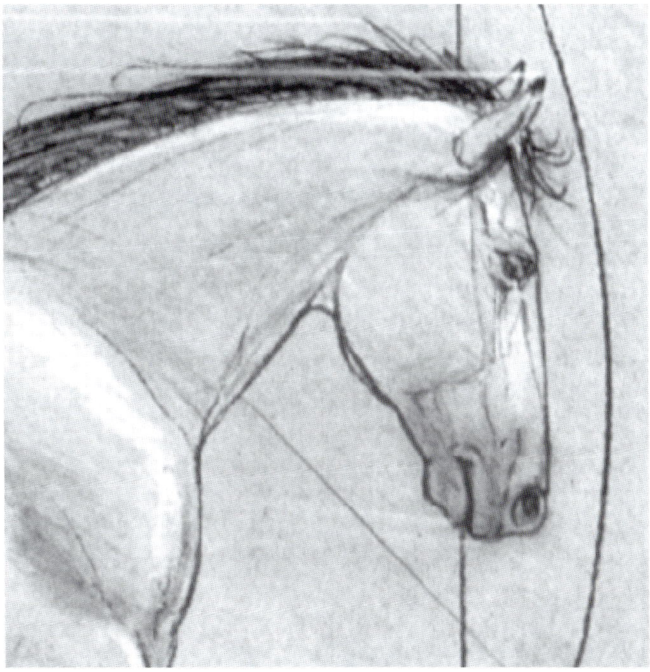

10 HERSTELLUNG EINES KLEIE-MASH

Kleie-Mash kann man zu verschiedenen Zwecken einsetzen. Es ist ein Wohlfühl-Futter, das man genauso gerne zubereitet, wie das Pferd es frisst. Ebenso ist es aber auch eine wirkungsvolle Methode, ein Pferd zum Fressen und Trinken bestimmter Substanzen zu animieren, über die es sonst vielleicht nur die Nase rümpfen würde – Pflanzenöl, Mineralöl, Medikamente und eine ganze Menge Wasser. Hier finden Sie eine Anleitung für die Herstellung eines Mash, nach dem Ihr Pferd sich das Maul ablecken wird.

VORSICHT

Aufgrund des hohen Phosphorgehaltes sollten Sie Ihrem Pferd nicht öfter als zweimal pro Woche Kleie-Mash anbieten. Bei Jungpferden sollten Sie mit dem Verfüttern von Kleie warten, bis sie 3 Jahre alt sind. Übermäßiger Phosphorgehalt in der Nahrung kann zu Fehlabläufen bei der Knochenbildung führen und ist mit der Bildung von Enterolithen in Verbindung gebracht worden.

Kleie-Mash

ca. 3 Pfund Weizenkleie
50 ml dunkle Melasse
1 geraspelte Möhre
3–4 Tassen (ca. 1 Liter) heißes Leitungswasser

Vermischen Sie die ersten 3 Zutaten in einem sauberen Eimer. Geben Sie langsam und unter ständigem Rühren das Wasser hinzu, bis die Kleie gleichmäßig feucht ist und etwas von ihrem Wassergehalt »ausschwitzt«, wenn Sie sie einen Moment stehen lassen – das sieht dann aus wie Kleie in Soße. Lassen Sie das Ganze gut abkühlen, bevor Sie es verfüttern.

Abwandlungen: Ersetzen Sie die Melasse durch Apfelmus; ersetzen Sie die Möhre durch einen gewürfelten oder geraspelten Apfel; oder geben Sie eine Tasse von der normalen Getreideration des Pferdes dazu (ziehen Sie diese Tasse aber von seiner normalen Tagesration ab, so dass es insgesamt nicht mehr Kraftfutter aufnimmt).

Zur Beachtung: Entgegen einer weit verbreiteten Meinung hat Weizenkleie beim Pferd keine abführende oder koterweichende Wirkung, weil Pferde die Kleie vollständig verdauen können. Die Verfütterung von Kleie ist deswegen keine wirkungsvolle Methode, um Verstopfungskoliken oder Sandkoliken zu bekämpfen.

KAPITEL 11

Verabreichung von MEDIKAMENTEN ÜBER DAS MAUL

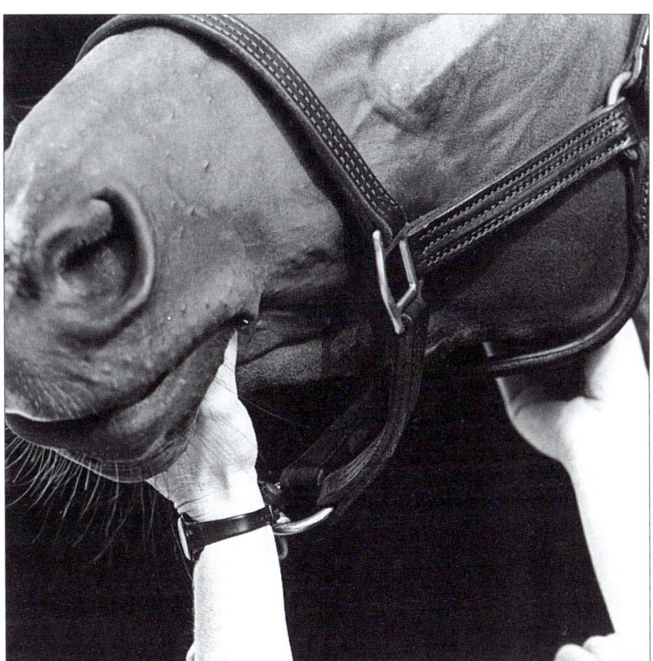

11 VERABREICHUNG VON MEDIKAMENTEN ÜBER DAS MAUL

Egal ob es sich nun um die regelmäßige Entwurmung mit Wurmpaste oder ein vom Tierarzt verschriebenes Medikament handelt, mit dem Sie eine Erkrankung oder Verletzung behandeln sollen – ab und zu werden Sie in die Verlegenheit kommen, ein Medikament über das Maul verabreichen zu müssen. Im Folgenden finden Sie eine Anleitung, wie Sie das machen, ohne sich auf einen Kampf mit dem Pferd einzulassen und ohne hinterher einen Batzen des Medikaments auf dem Boxenboden wiederzufinden.

Berechnen der richtigen Dosis

Versichern Sie sich, dass die Dosis, die Sie geben, auf einer möglichst genauen Einschätzung des Körpergewichts Ihres Pferdes beruht (siehe S. 222). Sagen Sie dem Tierarzt, wie viel Ihr Pferd wiegt, damit er Ihnen die richtige Dosis eines verschreibungspflichtigen Medikamentes geben kann.

Nicht mit Kraft, sondern mit Köpfchen

• Wenn es möglich ist, wählen Sie ein Medikament in Pastenform aus, das mit einem Zusatz etwas schmackhafter gemacht wurde. Viele Medikamente für Pferde schmecken furchtbar bitter. Ein unangenehmer Geschmack wird Ihrem Pferd im Gedächtnis haften bleiben und es Ihnen schwerer machen, die nächste Dosis zu verabreichen. (Tipp: Geben Sie dem Pferd einige Tage hintereinander eine Dosis Melasse oder Apfelmus mit der Spritze ein. So gewöhnen Sie das Pferd daran, zu glauben, dass etwas Gutes kommen muss, wenn man ihm eine Plastikspritze zwischen die Lippen schiebt.)

• Pferde, die argwöhnisch reagieren, wenn man an ihrem Maul herumwerkeln will, haben oft schlechte Erfahrungen gemacht – vielleicht hat man grob nach der Zunge gefasst oder an den Zähnen musste etwas Schmerzhaftes gemacht werden. Nun müssen Sie mit Geduld und Köpfchen vorgehen, um die Angst durch bereitwillige Mitarbeit zu ersetzen. Anstatt zu versuchen, Ihr Pferd mit Kraft unter Kontrolle zu bekommen (dabei werden Sie sicher verlieren), trensen Sie es mit seinem üblichen Gebiss auf, so dass Sie leicht an das Maul herankommen, Ihr Pferd aber besser unter Kontrolle haben.

Grundlegende Technik zur Verabreichung von pastenförmigen Medikamenten

Schritt 1. Vergewissern Sie sich, dass das Maul des Pferdes leer ist. Wenn es dort noch halbgekautes Futter hat, wird es dieses Futter zusammen mit dem teuren Medikament ausspucken, sobald Sie ihm das Medikament eingegeben haben. Wenn es gerade frisst, legen Sie ihm ein Halfter oder die Trense an. Bringen Sie es vom Futter weg und warten Sie, bis es mit dem Kauen fertig ist und heruntergeschluckt hat (Tipp: putzen Sie das Pferd, während Sie warten. So entspannt es sich und kaut fertig.) Manche Pferde hören auf zu kauen und halten das halbgekaute Futter weiter im Maul, während sie darauf warten, dass etwas Unangenehmes passiert.

Schritt 2. Wenn das Pferd angebunden ist, machen Sie es los und bringen Sie es in einen Bereich, in dem sich hinter ihm eine feste Wand befindet. Stellen Sie sich leicht seitlich, außerhalb seiner Schlagreichweite. Halten Sie das Halfter mit einer Hand fest und reiben Sie mit der anderen Hand die Spritze seitlich am Gesicht des Pferdes entlang. Sie wollen damit erreichen, dass das Pferd sich entspannt und sich bewusst ist, dass da in der Nähe seines Maules eine Spritze ist – Sie wollen nicht mit der Tür ins Haus fallen. Das würde nämlich nur einoder zweimal klappen, und danach wäre das Pferd bei jeder Bewegung, die Sie an seinem Kopf machen, vorsichtig.

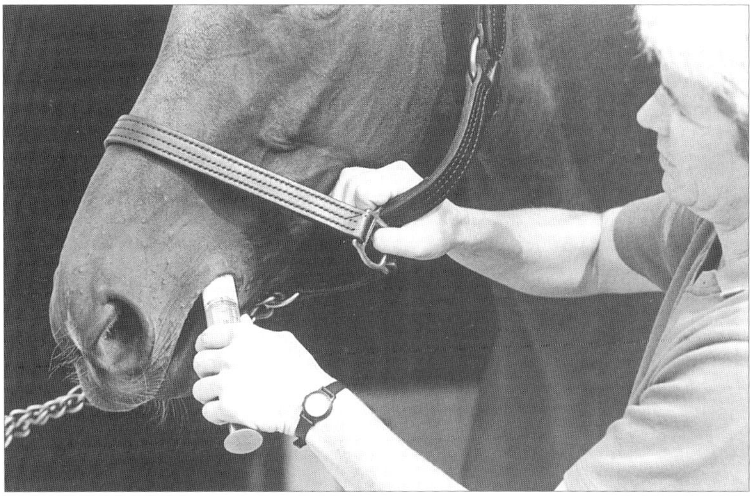

Schritt 3.

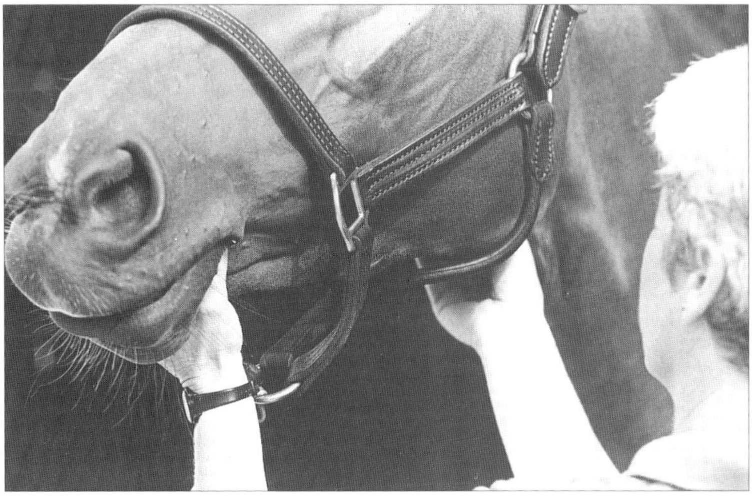

Schritt 4.

Schritt 3. Sobald das Pferd entspannt ist (Kopf gesenkt, langsames Blinzeln, tiefes Ausatmen), schieben Sie die Spritze mit der Spitze voran am Maulwinkel – also dort, wo das Gebiss einer Trense liegen würde – sanft in das Maul. Richten Sie die Spritze nach hinten und oben und schieben Sie sie so weit ein, dass Ihre Handknöchel den Maulwinkel berühren. Drücken Sie den Kolben mit einer einzigen, geschmeidigen Bewegung ein und ziehen Sie gleichzeitig die Spritze aus dem Maul des Pferdes.

Schritt 4. Legen Sie eine Hand unter das Kinn des Pferdes und heben Sie damit das Kinn an, so dass auch der Kopf etwas gehoben wird und Sie dafür sorgen können, dass das Pferdemaul geschlossen bleibt, während das Medikament sich ausbreitet und an Maul und Zunge kleben bleibt. Mit der anderen Hand massieren Sie den Kehlgang, um das Schlucken anzuregen.

Schritt 5. Um das Einführen einer Spritze ins Maul zu einer positiven Erfahrung werden zu lassen, geben Sie sofort noch eine Dosierspritze voll Melasse oder Apfelmus ins Pferdemaul.

NOTIZEN

KAPITEL 12

Verabreichung einer INTRAMUSKULÄREN INJEKTION

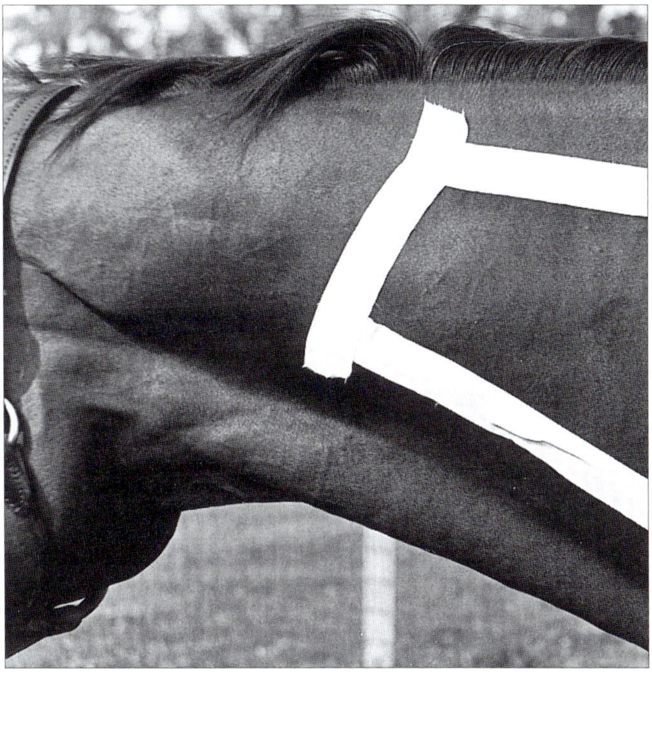

12 VERABREICHUNG EINER INTRAMUSKULÄREN INJEKTION

Wenn sowohl Sie als auch Ihr Tierarzt meinen, dass Sie Ihrem Pferd eine intramuskuläre Injektion selbst verabreichen sollten, lassen Sie sich zunächst von Ihrem Tierarzt praktisch einweisen. Damit steigern Sie nicht nur Ihr Selbstbewusstsein, sondern damit wird auch Ihre Technik weniger unangenehm für das Pferd – und dadurch sowohl für Sie als auch für das Pferd sicherer und besser. Außerdem hat so Ihr Tierarzt Gelegenheit, Ihre Technik zu beobachten und sich davon zu überzeugen, dass Sie die wichtigen Punkte bei der Verabreichung einer intramuskulären Injektion verstanden haben. Nachdem Sie sich diese praktische Lektion haben geben lassen, können Sie die folgende Beschreibung benutzen, um Ihr Gedächtnis aufzufrischen. Gehen Sie vor jeder Injektion noch einmal die Anzeichen durch, die Sie vor möglichen Fehlern warnen.

VORSICHT

Es ist eine Tatsache, dass auch Nicht-Tierärzte immer wieder ihre Pferde selbst mit intramuskulären Injektionen behandeln. Es ist aber ebenso eine Tatsache, dass viele dabei unnötige Risiken eingehen – Risiken für die eigene Gesundheit und Sicherheit, und für die Gesundheit und Sicherheit des Pferdes. Das Vorgehen beim Verabreichen einer intramuskulären Injektion ist nicht besonders schwierig oder kompliziert, aber es gibt eindeutig richtige und falsche Methoden dafür – die Richtigen minimieren das Risiko. Wenn Sie vorhaben, Ihrem Pferd eine intramuskuläre Injektion zu geben, müssen Sie zunächst zwei Dinge tun:

1. Sie müssen sich bewusst sein, dass selbst bei einer korrekt verabreichten Injektion Komplikationen auftreten können. Dazu zählen allergische Reaktionen auf das Medikament, das versehentliche Spritzen in ein Blutgefäß (vor allem bei Pferden, die beim Spritzen zucken oder zur Seite springen) und Infektionen an der Injektionsstelle. Während Sie die Spritze geben, besteht auch immer die Gefahr, dass das Pferd Ihnen auf die Füße tritt, dass Sie gebissen, gestoßen oder mit einem Tritt bedacht werden. Werden Sie sich darüber klar, ob Sie diese Risiken eingehen wollen, bevor Sie weitermachen.

2. Erlernen Sie die richtige Technik. Dazu brauchen Sie die Mitarbeit Ihres Tierarztes und Sie müssen bereit sein, Ihr Gedächtnis vor jeder Injektion wieder aufzufrischen.

Schritt 1: Vorbereitungen

• Verwenden Sie ausschließlich neue, sterile, einzeln verpackte Kanülen und Spritzen für den Einmal-Gebrauch.

• *Kanülengröße:* Für die meisten Medikamente, die Sie einem erwachsenen Pferd verabreichen wollen, sollten Sie eine rosa Kanüle (1,2 mm Durchmesser) von 30 bis 40 mm Länge wählen, die das Medikament tief in den Muskel befördert, wo es weniger leicht zu entzündlichen Reaktionen kommt. (Mit dieser Nadelgröße können Sie auch leichter sehen, ob Sie die Nadel versehentlich in ein Blutgefäß gestochen haben. Bei dieser Nadelgröße sehen Sie besser, ob Blut am Konus der Nadel erscheint – dieses Blut warnt Sie, dass Sie mit der Nadel im verbotenen Bereich gelandet sind.) Bei Fohlen, Miniponys und Ponys verwenden Sie eine gelbe Kanüle (1 mm Durchmesser) mit einer Länge von 20 bis 30 mm.

• *Spritzengröße:* Verwenden Sie eine Spritze, deren Volumen um mindestens 30 % größer ist als die Dosis, die Sie verabreichen wollen. (Beispiel: wenn Sie 15 ml eines Medikaments verabreichen wollen, benutzen Sie eine 20 ml-Spritze.) Auf diese Art hat der Kolben immer eine gute Führung und ist leicht mit einer Hand zu betätigen.

• Verwenden Sie nur frische, sachgerecht gelagerte Medikamente, deren Verfallsdatum noch nicht abgelaufen ist. (Sehen Sie auf dem Etikett nach.)

• Wenn Sie Medikamente aus einem Fläschchen aufziehen wollen, das mehrere Dosen enthält, desinfizieren Sie den Gummistöpsel der Flasche mit Alkohol und lassen Sie ihn an der Luft abtrocknen, bevor Sie die Dosis aufziehen.

• Wenn Sie das Medikament aufgezogen haben, halten Sie die Spritze so, dass die Kanüle nach oben zeigt, und pochen gegen die Spritze, damit Luftblasen an die Kanülenbasis aufsteigen. Sobald das der Fall ist, drücken Sie vorsichtig den Kolben herunter, um die Luftblasen herauszudrücken.

Schritt 2: Auswahl der Einspritz-Stelle

Bei den Stellen, die mit einem Sternchen (*) markiert sind, handelt es sich um bevorzugte Injektionsstellen. Jede dieser Stellen hat ihre Vor- und Nachteile:

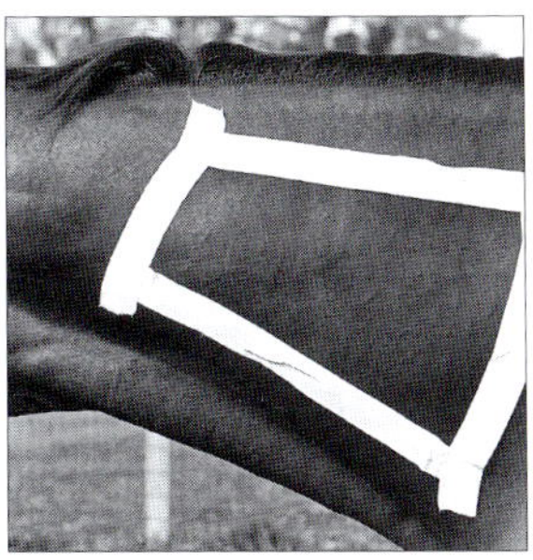

Hals

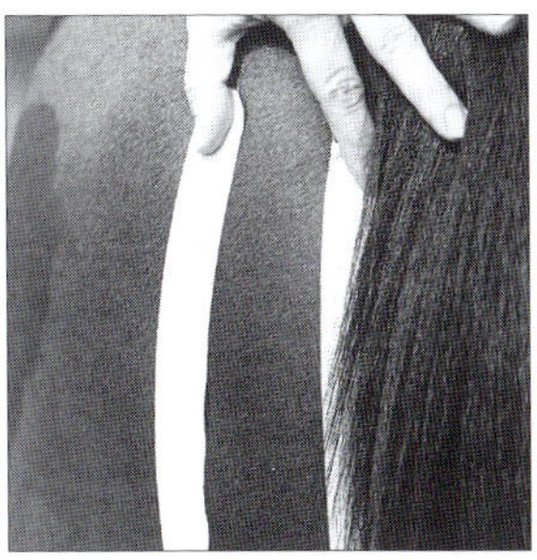

Oberschenkel

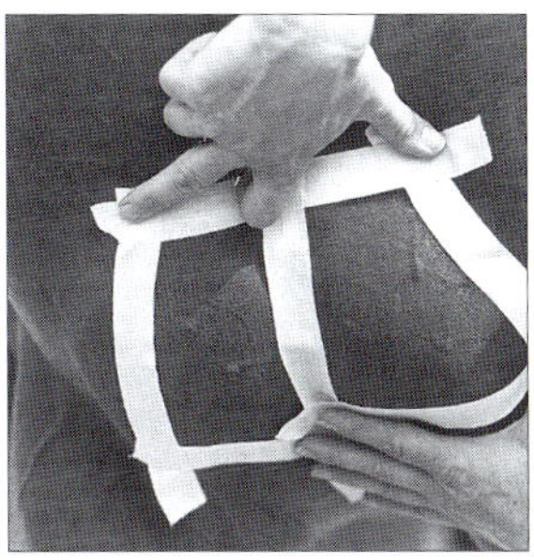

Brust

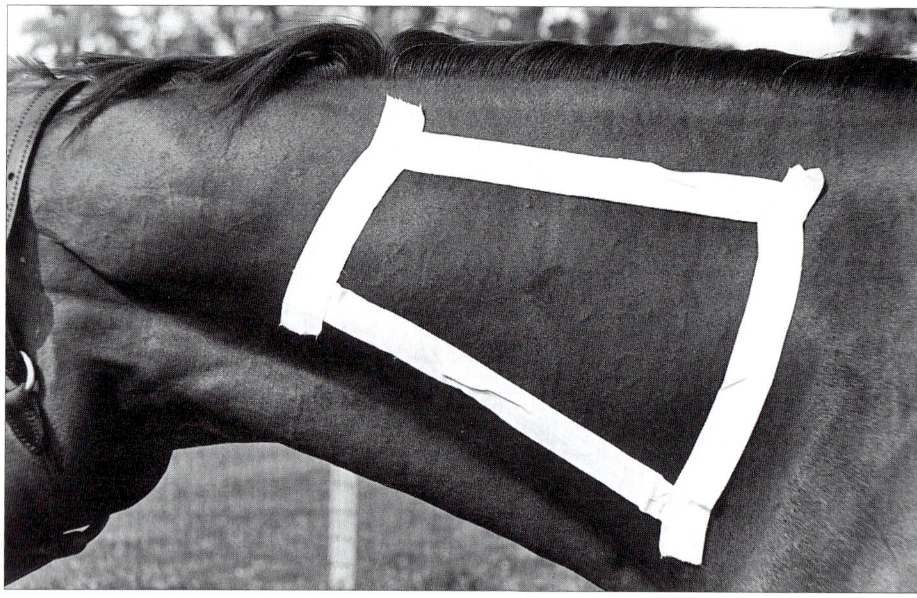

Die Injektionsstelle am Hals

Injektion in den Hals*

Vorteile: Vom Pferd gut akzeptierte Injektionsstelle, es ist relativ einfach, das Pferd festzuhalten und die Injektion zu geben. Durch die senkrechte Anordnung kann das Medikament sich gut verteilen – es setzt sich nicht in einem See ab, was zu entzündlichen Reaktionen und zur Bildung von Abszessen führen kann.

Nachteile: Bei entzündlichen Reaktionen kommt es zu einem Verkrampfen der Halsmuskulatur, so dass das Pferd beim Fressen und Saufen behindert ist und schlecht geritten werden kann. In der Nähe befinden sich lebenswichtige Strukturen, die eine falsch gesetzte Injektion gefährlich machen.

Eine gute Stelle für:

- Im Allgemeinen für Dosen von 15 ml oder weniger. Bei größeren Dosen sollten Sie die Menge auf mehrere Injektionen aufteilen.
- Dünnflüssige Produkte wie beispielsweise Impfstoffe. (Beachten Sie: bei sehr wässrigen Substanzen können Sie bei einem ausgewachsenen Pferd von 500 kg, das sich in gutem Allgemeinzustand befindet, bis zu 30 ml in einer einzigen Injektion in den Hals verabreichen.)
- Durchsichtige Medikamente wie Vitamine und bestimmte Antibiotika (siehe »Beachten Sie« im vorigen Absatz).
- Dickflüssige, undurchsichtige Medikamente wie Penicillin in Dosen von 15 ml oder weniger. (Damit solche Medikamente sich wirkungsvoll verteilen können, muss genug Muskelmasse vorhanden sein, daher die »15 ml«-Regel.)

Injektion in den Oberschenkel*

Vorteile: Gut durchblutete Muskeln und der Verlauf der Muskelfasern erleichtern die Verteilung von Medikamenten. Es besteht daher ein geringeres Risiko für eine »Beulenbildung«, für entzündliche Reaktionen und die Abszessbildung.

Nachteile: Höchstes Risiko, getreten zu werden; ausgewachsene Pferde lassen sich an dieser Stelle nicht gerne spritzen; bei falsch gesetzter Kanüle besteht das Risiko einer Verletzung des Ischiasnerves; manche Pferde sind an dieser Stelle nicht gut genug bemuskelt für eine Kanüle von 30 mm Länge.
Eine gute Stelle für: Injektion von kleinen Dosen (15 ml oder weniger). Es sind dieselben Richtlinien zu befolgen wie für die Injektion in den Hals; siehe vorige Seite.

Die Injektionsstelle am Oberschenkel.

Injektion in die Kruppe

Vorteile: Bei Nicht-Tierärzten eine beliebte Stelle für Injektionen. Eine Menge dickbauchiger Muskeln zur Aufnahme der Medikamente.

Nachteile: Manche Pferde reagieren mit Ausschlagen oder Hochspringen auf diese Injektion; die hier waagrecht angeordneten Muskelfasern erhöhen das Risiko, dass das Medikament an einer Stelle »sitzenbleibt«, anstatt sich zu verteilen; so steigt das Risiko für eine entzündliche Reaktion und die Bildung von Abszessen. Um dieses Risiko zu vermindern, sollte man diese Stelle nur bei Pferden mit abschüssiger Kruppe in Erwägung ziehen.

Eine gute Stelle für:
- Dosen von 15 bis 30 ml bei zähflüssigen Antibiotika wie Penicillin, aber auch bei anderen Medikamenten.
- Wenn die Dosis 30 ml übersteigt, teilen Sie sie in mehrere Injektionen auf.

Beachten Sie: Sprechen Sie mit Ihrem Tierarzt, bevor Sie eine Injektion in die Kruppe verabreichen. Viele Tierärzte runzeln die Stirn, wenn diese Stelle benutzt werden soll. Andere dagegen empfehlen und benutzen diese Stelle und berichten nicht von mehr Problemen als an anderen Stellen.

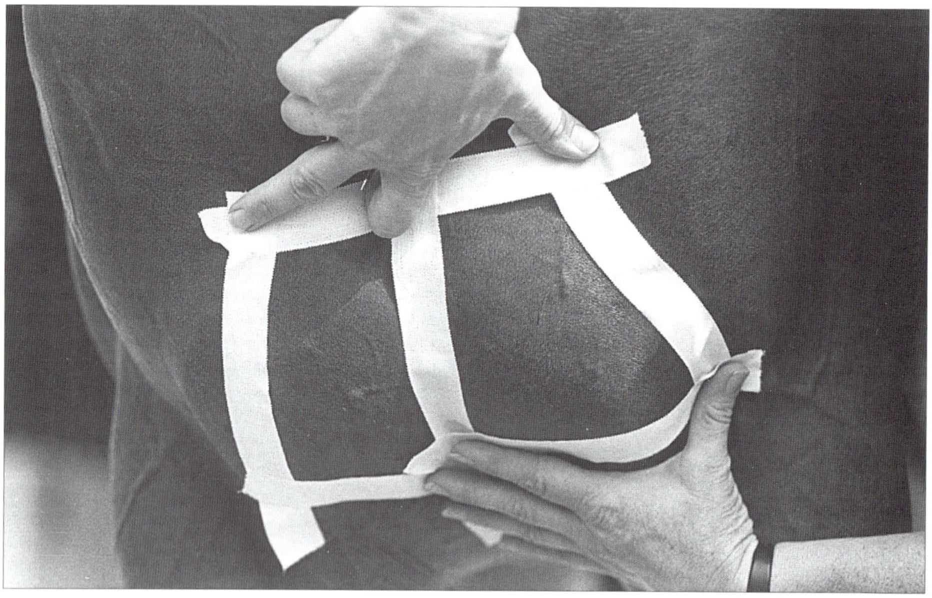

Die Injektionsstelle an der Brust.

Injektion in die Brust

(Damit ist die Muskelmasse an der Vorderseite des Pferdes zwischen den Beinen gemeint, wie oben abgebildet.)

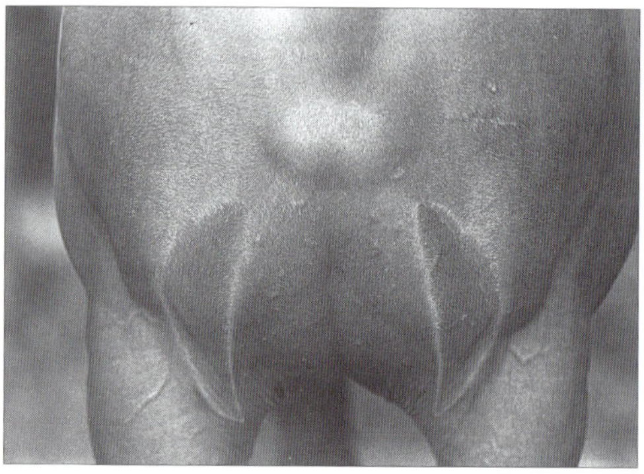

Beispiel für eine gutbemuskelte Brust.

Vorteile: Vom Pferd normalerweise gut akzeptiert. Nur bei gut bemuskelten Pferden wie dem rechts gezeigten zu empfehlen.

Nachteile: Nicht geeignet für schmalbrüstige Pferde, die an dieser Stelle keine gute Bemuskelung aufweisen; auf Injektionen mit einem Volumen 20 ml beschränkt; natürliche Neigung zum »Zusammenlaufen« des Medikaments an der tiefsten Stelle, wodurch es zu entzündlichen Reaktionen und zur Bildung von Abszessen kommen kann.

Eine gute Stelle für:

- Dünnflüssige, wässrige Medikamente in einer Dosis von 20 ml oder weniger (siehe »Vorsicht« links).
- Dünnhäutige Pferde oder solche, die sich nicht gerne spritzen lassen. Mit wenigen Ausnahmen zeigen Pferde bei einer Injektion an dieser Stelle kaum oder gar kein Unbehagen.
- Verabreichung von Injektionen ohne Helfer, weil man das an dieser Stelle gut machen kann, ohne dass ein Helfer das Pferd halten muss.

Beachten Sie: Viele Tierärzte runzeln die Stirn, wenn diese Stelle benutzt werden soll, weil Medikamente sich an einer Stelle sammeln können und damit ein hohes Risiko der Abszessbildung verbunden ist. Sprechen Sie mit Ihrem Tierarzt, bevor Sie eine Injektion an dieser Stelle geben.

VORSICHT

Da die Brust nur eine geringe Muskelmasse aufweist und Medikamente hier dazu neigen, an einer Stelle zusammenzulaufen, statt sich zu verteilen, dürfen Sie die 10 ml-Regel niemals außer Acht lassen. Außerdem sollten hier keine Substanzen verabreicht werden, die potenziell reizend wirken können (beispielsweise Impfstoffe) oder die zähflüssig oder undurchsichtig sind.

Schritt 3: Vorbereitung der Spritzstelle

• Säubern Sie die Injektionsstelle: Bürsten Sie die Stelle oder, wenn sie sichtbar schmutzig ist, waschen Sie sie ab. Benutzen Sie zur Entfernung von Schmutz oder Staub eine saubere Bürste.

• Untersuchungen haben gezeigt, dass nur ein geringes Infektionsrisiko besteht, wenn man einem Pferd eine Spritze durch nicht desinfizierte Haut hindurch gibt. Sie sollten dennoch immer die Injektionsstelle wie nachfolgend beschrieben desinfizieren.

1. Nehmen Sie eine kleine, wiederverschließbare Flasche mit Desinfektionsmittel und schreiben Sie darauf »zum Desinfizieren vor dem Spritzen«. Wählen Sie eines der folgenden beiden Mittel aus:

- verdünnte Braunol®-Lösung: 1 Teelöffel Braunol®lösung mit so viel Wasser, dass die Flüssigkeit wie schwacher Tee aussieht.
- Chlorhexidinlösung: 1 Teelöffel in 170 ml Wasser.
- Alkohollösung

2. Feuchten Sie einen Wattebausch mit Ihrer Desinfektionslösung an, wählen Sie Ihre Spritzstelle aus und wischen Sie mit dem Bausch darüber. Wiederholen Sie das mit jeweils frischen Wattebäuschen, bis er sauber bleibt. (Es ist wichtig, dass der Wattebausch feucht, aber nicht durchnässt ist. Nasse Haut braucht lange zum Trocknen und wird durch »Einschwemmen« des Schmutzes aus der Umgebung immer wieder verunreinigt.)

3. Warten Sie 1 bis 2 Minuten, bis die Pferdehaut an der Luft getrocknet ist.

4. Spritzen Sie das Pferd wie oben beschrieben.

Schritt 4: Die eigentliche Injektion

1. Füllen Sie die Spritze mit der richtigen Dosis.

2. Entfernen Sie mit einer entschlossenen Drehung die Kanüle von der Spritze und nehmen Sie die Kappe von der Kanüle. Schieben Sie die Kanüle mit einer einzigen glatten Bewegung an der ausgesuchten desinfizierten Stelle ein. Schieben Sie die Nadel bis zum Plastik vor. (Üben Sie das zunächst an einer Orange oder Grapefruit, wenn Sie sich nicht sicher sind, mit wie viel Kraft Sie arbeiten müssen.)

3. Sehen Sie in der Plastiköffnung nach, ob Blut sichtbar wird. Wenn Blut sichtbar ist, ziehen Sie die Kanüle heraus, holen sich eine neue und fangen Sie noch einmal von vorne an. Wenn kein Blut zu sehen ist, machen Sie mit dem nächsten Schritt weiter.

4. Stecken Sie die Spritze fest auf die Kanüle. Halten Sie Kanüle und Spritze mit einer Hand am Übergang Kanüle – Plastik fest und ziehen Sie den Kolben der Spritze leicht zurück. Damit überprüfen Sie, dass die Kanüle nicht doch versehentlich in einem Blutgefäß sitzt. Falls in der Spritze Blut erscheint, ziehen Sie die Kanüle heraus, holen sich eine frische und eine neue Dosis des Medikaments, und fangen noch einmal von vorne an. Wenn in der Spritze kein Blut erscheint, machen Sie mit dem nächsten Schritt weiter. (Warum brauchen Sie eine frische Kanüle? Weil in dieser Kanüle Blut steckt, das es beim nächsten Versuch schwierig für Sie macht, zu erkennen, ob Sie diesmal ein Blutgefäß getroffen haben oder nicht.)

Alarmstufe Rot

Sie sehen:
Sie haben kaum die gesamte Dosis eingespritzt, da fängt das Pferd an, schwer zu atmen, es zuckt, verhält sich aufgeregt oder fängt an, nach rückwärts zu laufen. Bevor Sie die Kanüle herausziehen können, bricht es zusammen oder steigt und überschlägt sich nach hinten.

Was ist passiert:
Sie haben das Medikament versehentlich in ein Blutgefäß gespritzt. Bleiben Sie außer Reichweite des Pferdes und rufen Sie Ihren Tierarzt jetzt sofort.

Alarmstufe Rot

Sie sehen:

Eine verzögerte schwere Reaktion. Sie haben die gesamte Dosis verabreicht und die Kanüle herausgezogen, und bis zu einer Stunde ist verstrichen. Nun bemerken Sie, dass das Pferd schwer atmet. Es wirkt ängstlich und überall unter der Haut befinden sich Quaddeln.

Was ist passiert:

Das Pferd hat eine allergische Reaktion, die man Anaphylaxie nennt. Es kann gelegentlich zu einem anaphylaktischen Schock kommen, wenn ein Pferd gegenüber bestimmten Substanzen übermäßig sensibilisiert wird. Zu diesen Substanzen gehören Penicillin und andere Antibiotika, Impfstoffe und Vitamine. Rufen Sie jetzt sofort Ihren Tierarzt.

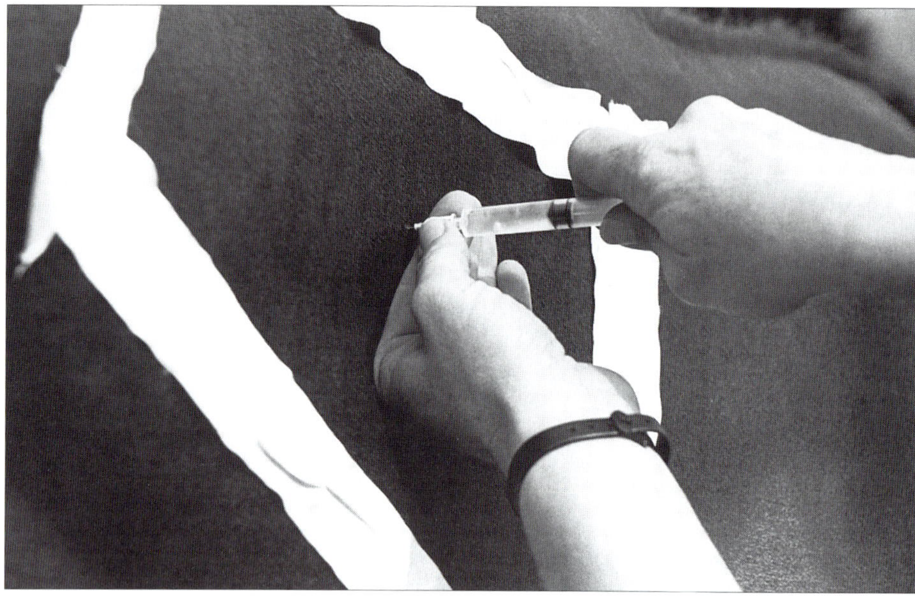

Vorgang einer intramuskulären Injektion am Hals.

5. Halten Sie weiterhin das Plastikteil der Nadel fest und drücken Sie den Spritzenkolben gleichmäßig nach unten (um ungefähr 1 bis 2 ml pro Sekunde), bis die Spritze leer ist. Warten Sie 5 Sekunden, damit das Medikament Zeit hat, sich zu verteilen.

6. Ziehen Sie die Kanüle mit einer einzigen ruckfreien Bewegung heraus und massieren Sie den Bereich sofort mit den Fingerkuppen, ohne allerdings die Injektionsstelle selbst zu berühren. Dadurch verteilt das Medikament sich besser und das von der Kanüle verursachte Loch schließt sich.

Alarm

Sie sehen: **Eine Schwellung an der Spritzstelle. Einen oder zwei Tage nachdem Sie die Injektion verabreicht haben, sehen Sie an der Spritzstelle eine Schwellung von der Größe einer Handfläche. Sie fühlt sich heiß an und ist schmerzhaft.**

Was ist passiert: **Es gibt zwei mögliche Ursachen: eine entzündliche Reaktion, die nichts mit einer Infektion zu tun hat, oder eine Infektion. Wenn es sich um eine Infektion handelt, kann sie sich rasch als tödlich erweisen, wenn Sie nicht sofort behandelt wird – es kommt ganz auf die Art der beteiligten Bakterien an. Eine tödlich verlaufende Infektion ist zwar selten, aber im Anfangsstadium ist sie von einer nicht infizierten entzündlichen Reaktion kaum zu unterscheiden. Bleiben Sie also, egal wer die Injektion gegeben hat, auf der sicheren Seite und rufen Sie bei den ersten Anzeichen von Schwellung oder Schmerzhaftigkeit an der Spritzstelle den Tierarzt.**

KAPITEL 13

SÄUBERN EINER VERLETZUNG

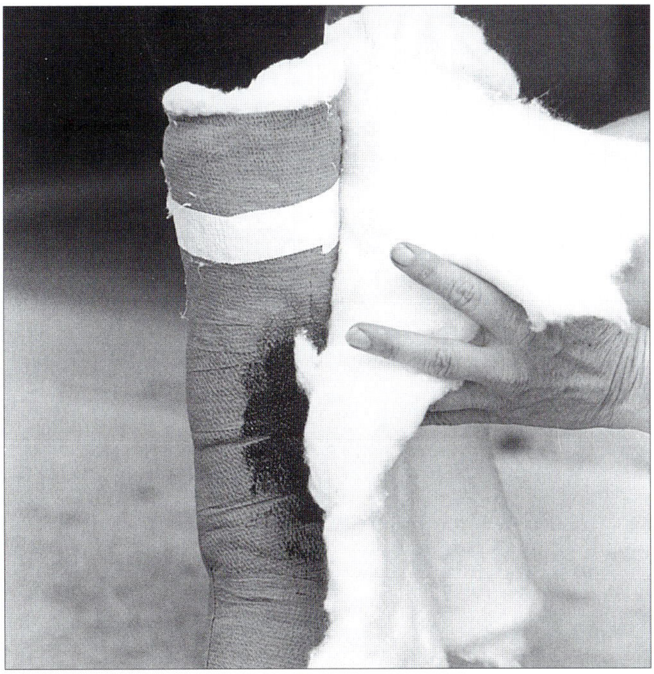

13 SÄUBERN EINER VERLETZUNG

Für jede Art von Wunden ist eine andere Art der Behandlung angebracht. Die Einzelheiten dazu finden Sie im ersten Teil dieses Buches. Suchen Sie aus der Checkliste die Art der Verletzung heraus, die die Wunde Ihres Pferdes am besten beschreibt, und befolgen Sie die Anleitungen. Im Folgenden finden Sie grundlegende Anleitungen für die Entfernung von sichtbarem Schmutz und unsichtbaren Verschmutzungen (z. B. durch Bakterien und Pilze).

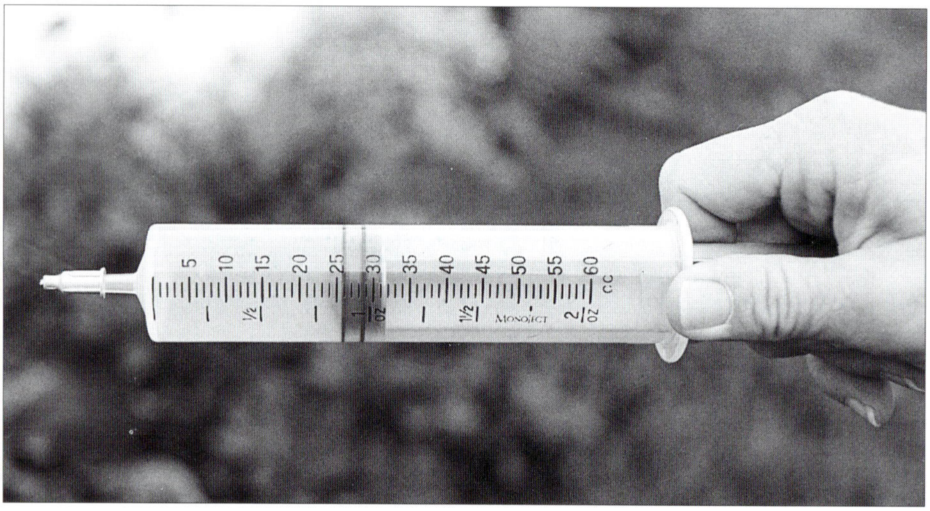

Ein Instrument zur Wundreinigung: eine große Spritze mit einer stumpfen, rosa Kanüle.

1. Säubern Sie die Wunde mit Wasser aus einem ganz normalen Gartenschlauch. Sie können sie auch mit einer Salzlösung besprühen (siehe S. 235), wozu Sie eine Sprühflasche oder eine große Spritze mit einer stumpfen Kanüle verwenden können. Fangen Sie mit einem weichen Strahl unterhalb oder neben der Wunde an. Bewegen Sie den Wasserstrahl allmählich auf die verletzten Gewebe und steigern Sie dann die Strahlstärke, bis sie an eine Munddusche bei voller Stärke erinnert. Damit lösen Sie Bakterien ab, die sich an Gewebe geklebt hatten. Machen Sie weiter, bis die Wunde vollständig sauber ist oder bis 5 Minuten verstrichen sind – je nachdem, was eher der Fall ist.

2. Wenn Teile der Wunde nach 5-minütiger Spülung immer noch verschmutzt erscheinen, schäumen Sie sie mit Betaisodonna®-Waschlösung ein. Benutzen Sie dazu die sauberen Fingerspitzen oder eine nagelneue Kinderzahnbürste. Spülen Sie das Ganze gründlich wieder ab und benutzen Sie zum letzten Spülen eine Salzlösung.

3. Bei Wunden, die nach den Schritten 1 und 2 immer noch verschmutzt aussehen, sowie bei der Säuberung von tiefen Wunden und von Wunden, an denen ein Gelenk beteiligt sein könnte, ergreifen Sie die folgenden Maßnahmen, während Sie auf die Ankunft des Tierarztes warten:

- Decken Sie die Wunde mit einer dicken Damenbinde oder Einmalwindel ab, die Sie mit konzentrierter Salzlösung (siehe S. 235) getränkt haben. Die Lösung durchfeuchtet die Gewebe und lockert so den Schmutz. Die höhere Salzkonzentration tötet manche Bakterien ab und trägt dazu bei, Verschmutzungen herauszuziehen, die in tiefere Gewebeschichten vorgedrungen sind.

- Wenn die Wunde den unteren Beinbereich betrifft, wickeln Sie das mit Salzlösung getränkte Polster mit einer Mullbinde fest und sichern das Ganze ohne übermäßigen Druck mit einer elastischen weiteren Lage, beispielsweise mit einer Haftbandage.

Bandagieren und Sparen ...

Wenn Sie Ihr Pferd häufig an den Beinen verbinden müssen und Sie dazu Material benutzen, das nur einmal verwendet werden kann, können Sie vielleicht einige Mark sparen, indem Sie vorgefertigte Verbandspäckchen benutzen. In Veterinärkatalogen oder in Apotheken erhalten Sie solche Päckchen in größeren Abmessungen, die dann eine Mullkompresse (z. B. 40 × 50 × 0,5 cm) und eine breite Mullbinde von 3 m Länge enthalten und weniger kosten als eine Rolle Verbandswatte. Solche Bandagen eignen sich hervorragend für den gepolsterten Teil eines hohen Verbandes und können normalerweise mehrere Male wiederverwendet werden.

NOTIZEN

KAPITEL 14

KÜHLEN EINER VERLETZUNG

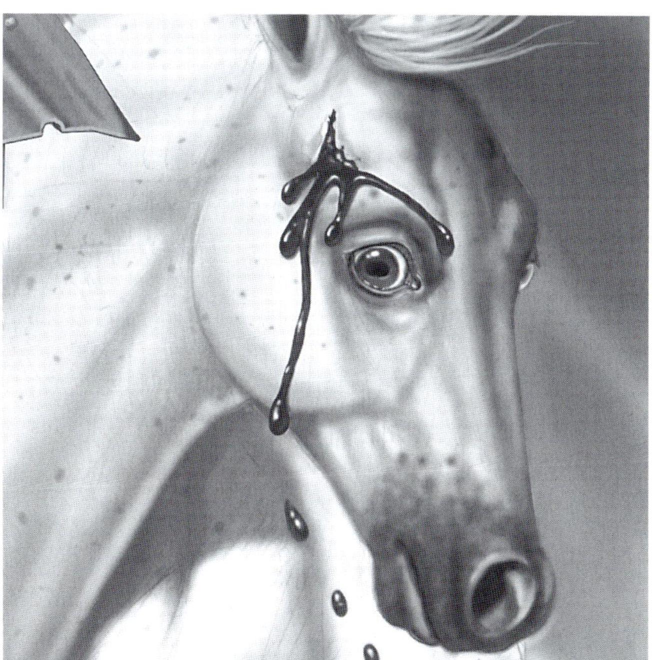

14 KÜHLEN EINER VERLETZUNG

Legen Sie zwischen den Kühlbeutel und die Pferdehaut eine Pufferschicht, z. B. ein Handtuch oder Geschirrtuch. Sie schützt vor Gewebeschäden und hilft, die Kälte zu verteilen. Die Tabelle rechts sagt Ihnen, welche von drei Arten Kühlbeutel Sie am besten benutzen, je nachdem, an welcher Stelle die Verletzung liegt. Außerdem können Sie aus der Tabelle ersehen, wie viele Pufferlagen Sie brauchen, je nach Art des Kühlbeutels und nach dem Zustand des zu kühlenden Bereichs. Vermeiden Sie nach Möglichkeit die Verwendung chemischer Kühlbeutel – um Erfrierungen zu verhindern, kann es bei diesem Kühlbeutel nötig sein, mehr Schutzlagen zwischen Kühlbeutel und Haut einzulegen. (Allerdings sind diese chemischen Kühlbeutel eine wunderbare Sache, wenn Sie kilometerweit von der nächsten Gefriertruhe entfernt sind und eine Verletzung kühlen müssen.) Wie lange Sie kühlen sollten, erfahren Sie weiter unten in den Richtlinien. Wie Sie einen Kühlbeutel mit einem Verband an seinem Platz halten, finden Sie auf S. 268.

Arten von Kühlbeuteln

- **Starr:** Wasserfeste Päckchen, die feste Eisplatten, chemische Substanzen (z. B. für Picknick-Kühltaschen) oder eingefrorene nasse Tücher enthalten.

- **Biegsam:** Beutel mit kleinen, gefrorenen Kälteträgern wie zerkleinertem Eis, gefrorenen Erbsen oder gefrorenen Maiskörnern.

- **Chemisch:** Gepolsterte Taschen, die getrennte Kammern enthalten. Wenn der Inhalt der Kammern gemischt wird, läuft eine superkalte chemische Reaktion ab.

Richtlinien zum Kühlen

- Bei Verletzungen mit intakter Haut lautet die allgemeine Faustregel: einmal 5 Minuten Kühlbeutel.

- Wenn die Haut beschädigt ist, lautet die Faustregel: 5 Minuten Kühlbeutel, 15 Minuten ohne, und das dreimal wiederholen.

- Wenn sich zwischen Haut und Kühlbeutel mindestens 1 Tuchlage befindet, kann das Eis auf der Haut bleiben, bis es schmilzt und dem Gewebe keine Wärme mehr entzieht (normalerweise dauert das ungefähr eine halbe Stunde). Entfernen Sie den Kühlbeutel, wenn er nicht mehr kälter als das Gewebe ist, das er kühlen soll. Sonst könnte er die Wärme im Gewebe halten.

Ort der Verletzung	Beste Art von Kühlbeutel	Methode
Auge oder andere empfindliche Bereiche	Biegsam	Wenn Sie einen nicht-chemischen Kühlbeutel benutzen, legen Sie eine Lage Baumwolltuch zwischen Kühlbeutel und Haut. Wenn Sie einen chemischen Kühlbeutel verwenden, legen Sie drei Lagen Baumwolltuch zwischen Kühlbeutel und Haut.
Stark bemuskelter Bereich, z. B. Unterarm oder Hüfte	Starr	Wenn Sie einen nicht-chemischen Kühlbeutel benutzen, legen Sie den Kühlbeutel direkt auf die unverletzte Haut. Wenn die Haut verletzt ist, legen Sie zwischen Kühlbeutel und Verletzung eine Lage Baumwolltuch. Wenn Sie einen chemischen Kühlbeutel benutzen, legen Sie eine Lage Baumwolltuch zwischen den Kühlbeutel und die unverletzte Haut. Wenn die Haut verletzt ist, legen Sie zwei Lagen Baumwolltuch zwischen Kühlbeutel und Verletzung.
Knochiger Bereich (z. B. Bein oder Kopf) oder Hufwand	Biegsam	Wenn Sie einen nicht-chemischen Kühlbeutel benutzen, legen Sie den Kühlbeutel direkt auf die unverletzte Haut. Wenn die Haut verletzt ist, legen Sie zwischen Kühlbeutel und Verletzung eine Lage Baumwolltuch. Wenn Sie einen chemischen Kühlbeutel benutzen, legen Sie eine Lage Baumwolltuch zwischen den Kühlbeutel und die unverletzte Haut. Wenn die Haut verletzt ist, legen Sie zwei Lagen Baumwolltuch zwischen Kühlbeutel und Verletzung.
Gelenk	Biegsam	Wenn Sie einen nicht-chemischen Kühlbeutel benutzen, legen Sie den Kühlbeutel direkt auf die unverletzte Haut. Wenn die Haut verletzt ist, legen Sie zwischen Kühlbeutel und Verletzung eine Lage Baumwolltuch. Wenn Sie einen chemischen Kühlbeutel benutzen, legen Sie eine Lage Baumwolltuch zwischen den Kühlbeutel und die unverletzte Haut. Wenn die Haut verletzt ist, legen Sie zwei Lagen Baumwolltuch zwischen Kühlbeutel und Verletzung.

NOTIZEN

KAPITEL 15

VERBINDEN EINER VERLETZUNG

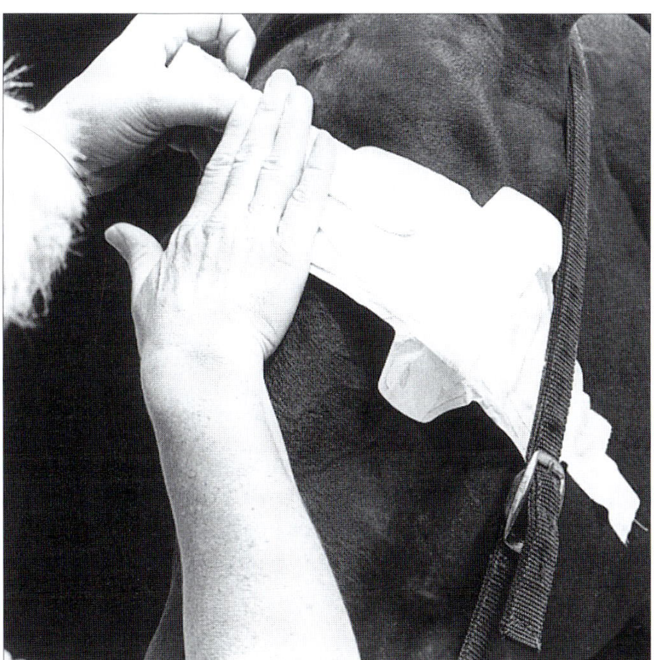

15 VERBINDEN EINER VERLETZUNG

Es gibt vier gute Gründe, eine Verletzung mit einem Verband zu versehen:

1. Zum Schutz vor Verschmutzung und Insekten

2. Zur Versorgung der Verletzung mit einem medizinischen Umschlag oder einem Kühlmittel

3. Zur Verringerung von Schwellung und Blutung

4. Zur Fixierung zerrissener Gewebe an ihrem angestammten Platz.

Im Folgenden finden Sie schrittweise Anleitungen für die häufigsten Verbandstypen, die Sie bei einem Pferd aufgrund einer Verletzung anwenden können. Wir haben auch Tipps mit aufgeführt, die Ihnen sagen, wie Sie das richtige Verbandsmaterial auswählen, wie Sie es richtig anbringen und wie Sie häufige Fehler vermeiden. Wenn die Verletzung Ihres Pferdes es erfordert, dass Sie von den hier gegebenen Beispielen abweichen, müssen Sie entscheiden, welchen Hauptgrund Sie für das Anlegen des Verbandes haben. Dann wenden Sie die »Faustregeln« (S. 267) an, um dieses Ziel sicher zu erreichen.

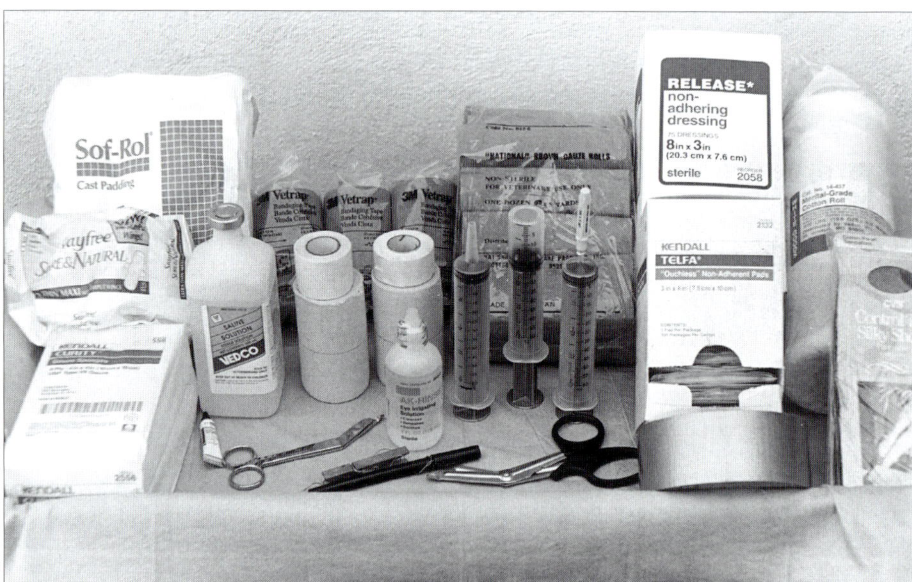

Zu Ihrem Erste-Hilfe-Sortiment für Pferde sollte eine breite Auswahl an Verbandsmaterial gehören. Wenn Sie wissen wollen, was Sie immer zur Hand haben sollten, sehen Sie bei den unterschiedlichen Verbänden auf den folgenden Seiten unter »benötigtes Material« nach.

Verband Nr. 1: Der Hufverband

Die übliche Szene: Das Pferd hat eine Verletzung oder einen Abszess an Hufsohle, Strahl, Hufwand oder Kronsaum, oder es hat ein Eisen verloren. Ihre Aufgabe besteht nun darin, den Bereich sauber zu halten oder den Huf gegen Ausbrechen zu schützen, bis Ihr Tierarzt oder Schmied eintrifft.

Benötigtes Material

Idealerweise	Warum	Notfalls zu benutzen
Polsterung: Watte von der Rolle.	Damit wird der Verband an der Wunde gehalten, austretende Flüssigkeiten werden gebunden, die Hufkanten können sich nicht durch die äußeren Verbandsschichten arbeiten.	Wegwerf-Windel, zusammengefaltetes Frottee-Handtuch, ein Stück Sweatshirtmaterial von 30 × 30 cm.
Elastische Bandagen für Pferdebeine oder ähnliches.	Damit wird die Polsterung gehalten.	Normale elastische Binde; notfalls kann diese Lage auch entfallen.
Wasserfester äußerer Schutz: marktgängiger Hufschuh.	Zum Schutz des inneren Verbandsteils vor Abnutzung, Verschmutzung und Feuchtigkeit.	Isolierband.

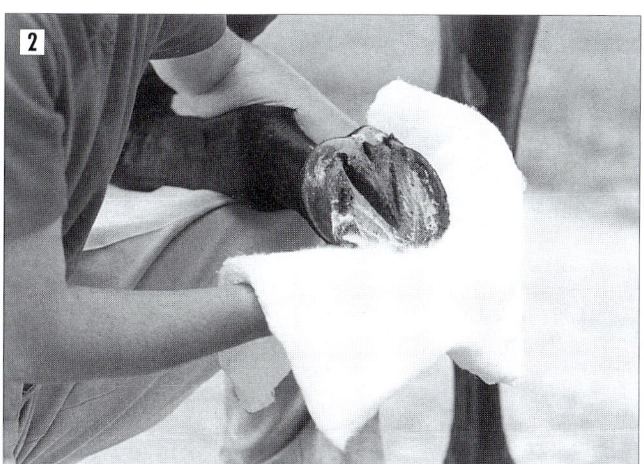

Und so wird's gemacht:

Schritt 1. Säubern Sie den Huf. Wenn eine Verletzung vorliegt, schlagen Sie auf den Seiten 13 bis 27 nach, wie Sie sie versorgen müssen. Wenn Sie einen Hufschuh haben, legen Sie ihn jetzt an. (Tipp: Streichen Sie den Hufschuh innen dünn mit Vaseline ein, um ihn leichter überziehen zu können.) Sonst machen Sie mit Schritt 2 weiter.

Schritt 2. Legen Sie ein Stück Polsterwatte oder die absorbierende Seite einer Wegwerf-Windel mittig auf die Sohle (siehe Abb. oben). Schlagen Sie die Kanten über die Hufwände hoch. ⇨

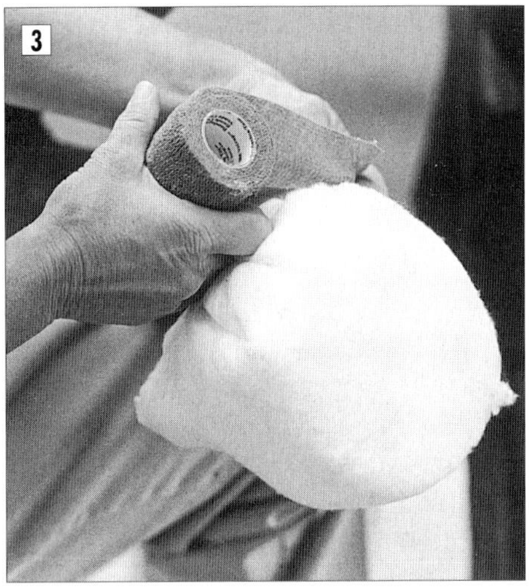

Schritt 3. Sichern Sie die Watte mit einer elastischen Bandage. Fangen Sie damit an, dass Sie ein- oder zweimal um die Hufwand und den unteren Fesselbereich wickeln ...

Schritt 4. ... und dann quer über die Sohle weitermachen, wobei Sie die Bandage achterförmig wickeln. Wickeln Sie immer wieder kreuz und quer über die Sohle, ...

Schritt 5. ... bis keine Polsterung mehr zu sehen ist. Wickeln Sie den letzten Rest der Bandage um die Hufwand und den unteren Fesselbereich, so dass die gesamte Bandage besser hält.

Schritt 6. Befestigen Sie das Ende der Bandage mit einem Streifen Klebeband. Ermuntern Sie das Pferd dazu, still stehen zu bleiben, indem Sie es entweder von einem Helfer festhalten lassen oder ihm etwas Heu anbieten. Wenn das Pferd mit dem Huf scharrt oder aufstampft, bevor Sie mit Schritt 8 fertig sind, könnte der Verband Risse bekommen.

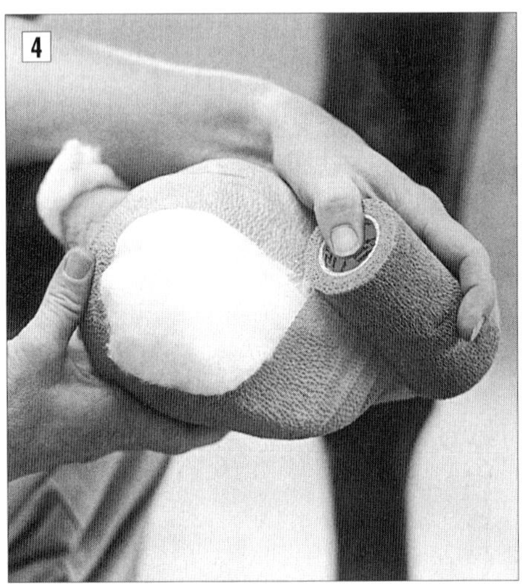

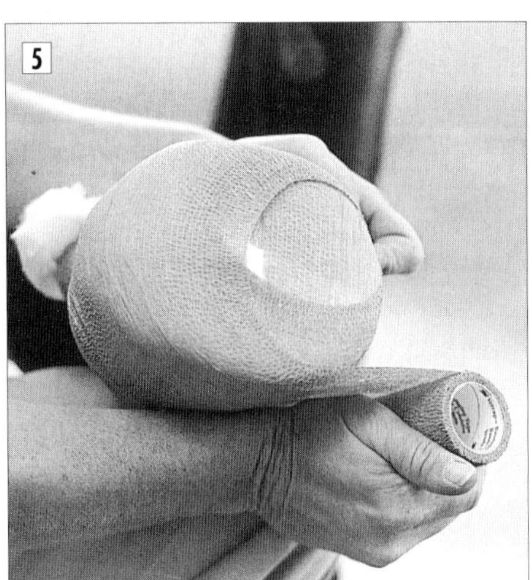

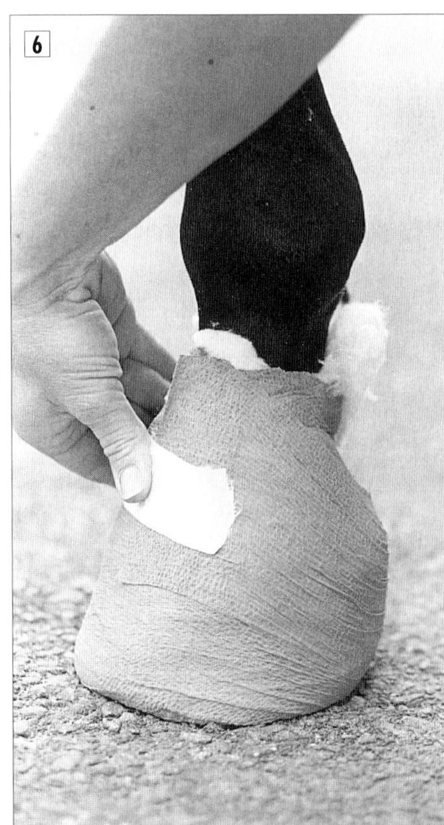

Schritt 7. Verstärken Sie den Verband, indem Sie ihn wasserdicht umkleben. Benutzen Sie dazu ca. 25 cm lange Streifen wasserdichtes Gewebeband, die Sie so quer über die Sohle legen, dass sie bis auf die Hufwände hochreichen und sich gegenseitig überlappen.

Schritt 8. Sichern Sie das Ganze mit weiterem Gewebeband, falls das nötig ist. Achten Sie darauf, nicht rund um den Kronsaum zu wickeln, weil Sie damit die Blutversorgung des Hufes abschneiden könnten. Bringen Sie das Pferd in einen eng begrenzten Bereich, bis Hilfe eintrifft.

Faustregeln zum Anlegen eines Verbandes

1. **Wenn Ihr Hauptziel darin liegt, die Wunde vor Verschmutzung oder Insekten zu schützen:**
   - Überlegen Sie, ob Sie anstatt eines Verbandes nicht eine chemische Barriere in Form von Vaseline benutzen wollen.
   - Halten Sie die Wunde peinlich sauber und entfernen Sie Serum und Schorf, das Insekten anzieht.
   - Wenn die Wunde sich an einem Bein befindet, überlegen Sie, ob Sie einen sauberen Verband anlegen wollen, der Staub und andere Verschmutzungen von dem Bein fern halten. Wenn die Wunde sich am Gesicht oder in der Nähe der Augen befindet, erwägen Sie den Einsatz einer Fliegenmaske.

2. **Wenn Ihr Hauptziel darin liegt, einen medizinischen Verband oder einen Kühlbeutel auf der Wunde zu fixieren:**
   - Wählen Sie eine leichte nichthaftende Elastik-Bandage, am besten eine, die sich um 100 % oder mehr dehnen lässt (so macht man aus einem Stück von 10 cm Länge eins von 20 cm). Je besser die Bandage sich dehnen lässt, desto besser schmiegt sie sich an die Konturen des Verbandes oder des Kühlbeutels an und desto weniger drückt sie auf das Pferdebein.

3. **Wenn Ihr Hauptziel darin liegt, Schwellung und Blutung zu verringern:**
   - Verwenden Sie mindestens 2 Polsterlagen, damit der Druck über den empfindlichen Geweben wie beispielsweise den Sehnen gleichmäßiger verteilt wird.
   - Wenn es irgendwie möglich ist, sichern Sie die Polsterlage mit einer Mullbinde, einem Stülp®verband oder einem passenden Ersatzstoff, beispielsweise einem Nylonstrumpf.

(Fortsetzung auf S. 269)

Verband Nr. 2: Der Kühlverband

Die übliche Szene: Das Pferd hat eine Verletzung der Weichteile am Bein erlitten. Sie nehmen an, dass an der betroffenen Stelle Schwellung und Erwärmung auftreten werden oder haben bereits entdeckt, dass die Stelle anschwillt und warm wird. Ihre Aufgabe besteht nun darin, die Gewebe in der Verletzung und im Bereich darum herum zu kühlen, um den Stoffwechsel in den angrenzenden Geweben zu verlangsamen, die noch nicht verletzt sind und absterben könnten, weil das Anschwellen der verletzten Gewebe den Blutkreislauf verschlechtert.

Benötigtes Material		
Idealerweise	**Warum**	**Notfalls zu benutzen**
Biegsamer Kühlbeutel, mit zerkleinertem Eis gefüllt.	Zum Kühlen der Gewebe.	Ein Beutel mit gefrorenen Erbsen.
Elastik-Bandage (auch manchmal Veterinär-Bandage genannt).	Zum Festhalten des Kühlbeutels am Pferdekörper.	Normale elastische Binde und Gewebeband.

Und so wird's gemacht:

Schritt 1. Wenn die Haut nicht beschädigt ist, legen Sie den Kühlbeutel direkt auf die Verletzung. Wenn die Haut verletzt ist, legen Sie zwischen Kühlbeutel und Haut eine Schutzlage, beispielsweise ein sauberes Geschirrtuch oder eine Lage Polsterwatte. Weitere Informationen darüber, wie Sie einen Kühlbeutel auswählen und entscheiden, ob zwischen Kühlbeutel und Haut eine Schutzlage notwendig ist, finden Sie auf S. 260.

Schritt 2. Befestigen Sie den Kühlbeutel mit Hilfe der Elastik-Bandage am Pferdebein. Wickeln Sie die Bandage so eng, dass sie sicher hält, aber gleichzeitig locker genug, dass Sie zwei Finger zwischen Bandage und Bein einschieben können. (Wickeln Sie spiralförmig oder achterförmig und nicht kreisförmig. Mit kreisförmigem Wickeln können Sie die Blutzufuhr abschneiden oder Sehnen beschädigen.) Kleben Sie das Bandagenende mit medizinischem Pflaster oder Gewebeband fest.

Schritt 3. Belassen Sie den Kühlbeutel 5 Minuten lang am Körper. Dann nehmen Sie ihn für 15 Minuten ab. (Dieser Zyklus ist auch für verletzte Haut geeignet, weil Sie ja eine Schutzlage zwischen den Kühlbeutel und die Haut eingelegt haben.)

FAUSTREGELN ZUM ANLEGEN EINES VERBANDES
(FORTSETZUNG VON S. 267)

Damit verhindern Sie, dass die Polsterlage Falten wirft oder sich aufbeult, wenn Sie sie mit einer äußeren elastischen Lage zusammenziehen.

• Wenn Sie sich nicht sicher sind, wie viel Polsterung Sie verwenden sollten, verwenden Sie mehr. Zusätzliche Polsterlagen schützen Blutgefäße und Sehnen vor übermäßigem Druck.

• Wählen Sie eine Elastik-Bandage, die sich um 25 bis 50 % dehnen lässt (10 cm können auf 12 bis 15 cm gestreckt werden). Je weniger ein Bandagenmaterial sich dehnt und je kräftiger das Gewebe ist, aus dem es besteht, desto besser kann diese Bandage Gewebe zusammendrücken (um Blutung und Schwellung zu verlangsamen oder zum Stillstand zu bringen) und mechanisch stützend wirken. Bei stark beweglichen Bereichen des Pferdekörpers, die schwer mit einem Verband zu versehen sind, wählen Sie eine Haftbandage, die dann sicherer ist und weniger rutschen wird.

• Wenn Blut durch den Verband sickert, entfernen Sie den Verband nicht. Sie würden damit die Blutgerinnung stören, so dass die Verletzung wieder zu bluten anfangen würde.
Legen Sie statt dessen eine zusätzliche Polsterlage und eine weitere elastische Lage über dem bestehenden Verband an.

4. Wenn Ihr Hauptziel darin liegt, zerrissene Hautbezirke da zu halten, wo sie hingehören:
• Drücken Sie die Hautkanten sanft mit den Fingerspitzen dahin, wo sie hingehören, und kleben Sie direkt darüber eine saubere, trockene Wundabdeckung, beispielsweise einen zentimeterdicken Stapel Mullkompressen oder eine Damenbinde. Machen Sie mit Polsterlagen und elastischen Lagen weiter, wie oben für das Verbinden einer schwellenden oder blutenden Wunde beschrieben.

Verband Nr. 3: Der normale Beinverband

Benötigtes Material		
Idealerweise	**Warum**	**Notfalls zu benutzen**
Polsterung: Watte von der Rolle, Polstermaterial für Gipsverbände oder Bandagierunterlagen.	Unter der eigentlichen Bandage sollen die Druckkräfte gleichmäßig verteilt werden; die Wundabdeckung auf Fleischwunden wird damit festgehalten und austretende Flüssigkeiten werden darin gebunden.	Dicke Damenbinden, Wegwerf-Windeln, Geschirrtücher, Handtücher.
Sicherheitslage: Dehnbare Mullbinde.	Damit wird die Polsterlage gehalten.	Nylonstrumpf oder Stülp®verband. Notfalls kann diese Lage ausgelassen werden.
Elastik-Bandage: Equihaft®, dehnbare Haftbandage oder Ähnliches.	Damit wird die Polsterlage gehalten und zusammengedrückt.	Normale elastische Binde und Gewebeband.

Und so wird's gemacht:

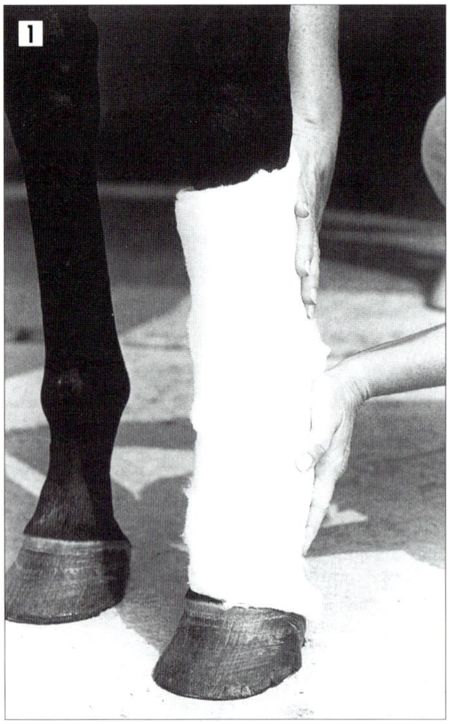

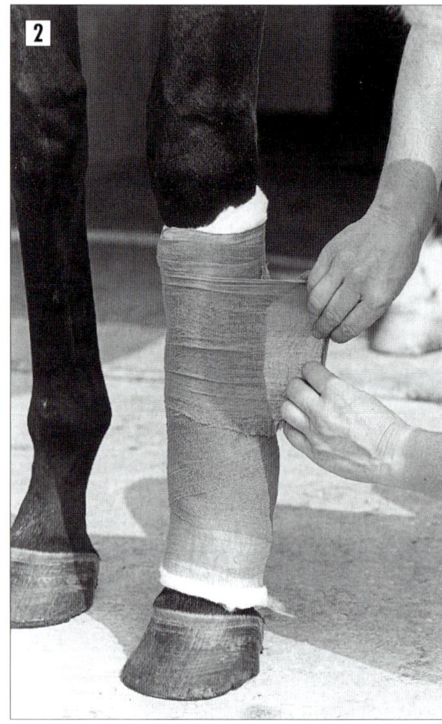

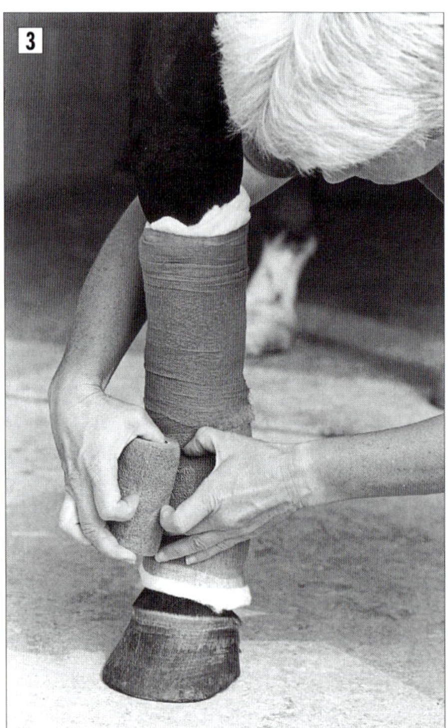

Schritt 1. Umwickeln Sie das Röhrbein mit einer Polsterlage von ca. 2,5 cm Dicke. Sie soll sich, wie auf der Abbildung zu sehen, von unterhalb des Fesselgelenks bis zum oberen Ende des Röhrbeins erstrecken.

Schritt 2. Halten Sie die Polsterlage dadurch an Ort und Stelle, dass Sie sie mit einer Lage Mullbinden oder ähnlichem (siehe »Benötigtes Material« von S. 269) umwickeln. Fangen Sie damit 1 cm oberhalb des unteren Endes der Watte an und wickeln Sie spiralförmig nach oben. Lassen Sie die einzelnen Wickelgänge um die halbe Breite Ihres Bandagiermaterials überlappen. Wickeln Sie so lange nach oben, bis von der Polsterlage oben noch 1 bis 2 cm herausschauen. Sichern Sie das Ende der Mullbinde dadurch, dass Sie es unter die vorherigen Bindengänge schieben.

Schritt 3. Legen Sie die Elastik-Bandage an und verwenden Sie dazu dieselben Arbeitsschritte wie für Schritt 2. Dehnen Sie die Bandage gerade so stark, …

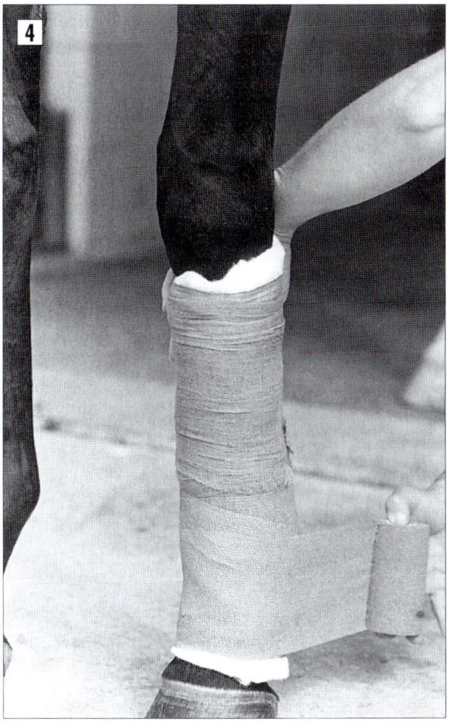

Schritt 4. … dass sie gut angeschmiegt und sicher liegt. Sie darf aber nicht so fest liegen, dass Sie einen Finger nicht mehr zwischen Bein und Bandage schieben können – egal an welchem Punkt, vor allem ganz oben und ganz unten.

Schritt 5. Legen Sie das Bandagenende locker fest, indem Sie einen Streifen Klebeband darüberkleben. Der obere Teil dieses Verbandes dient auch als Auflagepunkt für einen Sprunggelenks- oder Karpalgelenksverband, der auf den S. 272 und 274 gezeigt ist.

Wussten Sie schon …

Wenn man Dimethylsulfoxid mit Wasser mischt oder auf nasse Haut aufträgt, entsteht eine Emulsion, in der eine chemische Reaktion abläuft, bei der eine beeindruckende Wärmemenge frei wird. Das könnte die Haut Ihres Pferdes reizen, vor allem bei Pferden mit empfindlicher Haut.

Verband Nr. 4: Verband am Sprunggelenk oder Karpalgelenk

Die übliche Szene: Das Sprung- oder Karpalgelenk des Pferdes ist heiß oder geschwollen oder weist eine deutlich sichtbare Fleischwunde auf. Ihre Aufgabe besteht nun darin, die Verletzungen abzudecken und sowohl die Schwellung als auch die Bewegung des Gelenkes einzuschränken, bis Ihr Tierarzt kommt.

Benötigtes Material

Idealerweise	Warum	Notfalls zu benutzen
Polsterung: Watte von der Rolle, Polstermaterial für Gipsverbände oder Bandagierkissen.	Unter der eigentlichen Bandage sollen die Druckkräfte gleichmäßig verteilt werden; die Wundabdeckung auf Fleischwunden wird damit festgehalten und austretende Flüssigkeiten werden darin gebunden.	Dicke Damenbinden, Wegwerf-Windeln, Geschirrtücher, Handtücher.
Sicherheitslage: Dehnbare Mullbinde.	Damit wird die Polsterlage gehalten.	Nylonstrumpf oder Stülp®verband. Notfalls kann diese Lage ausgelassen werden.
Elastik-Bandage: Equihaft®, dehnbare Haftbandage oder Ähnliches.	Damit wird die Polsterlage gehalten und zusammengedrückt.	Normale elastische Binde und Gewebeband.

Am Sprunggelenk:

Schritt 1. Legen Sie als Auflage für den Sprunggelenksverband einen normalen Beinverband (siehe S. 269) an.

Schritt 2. Legen Sie eine Polsterung von 2–3 cm Dicke um das Gelenk und glätten Sie dabei alle Falten, so dass das Polster glatt auf der Haut liegt (siehe Abb. rechts). Der untere Rand des neuen Verbandes sollte sich mit dem Auflageverband um 5 cm überlappen, während der obere Rand auf halbem Wege zwischen Sprung- und Kniegelenk liegen sollte, wie in Schritt 3 gezeigt.

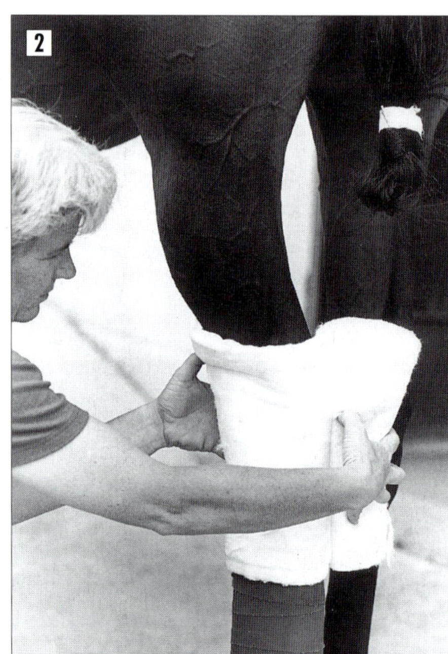

Schritt 3. Befestigen Sie die Polsterung mit einer Lage dehnbarer Mullbinde oder ähnlichem. Fangen Sie dabei auf dem Auflageverband an, unterhalb des unteren Sprunggelenksrandes, wie rechts gezeigt.

Schritt 4. Wickeln Sie nun spiralförmig nach oben, wobei Sie um das Sprunggelenk selbst achterförmig wickeln, um zu vermeiden, hier stärkeren Druck aufzubringen. Wickeln Sie weiter spiralförmig nach oben, bis oben nur noch 1 cm der Polsterung herausragt.

Schritt 5. Wickeln Sie spiralförmig wieder am Bein herunter und gehen Sie dabei wieder in Achtertouren um den Fersenhöcker herum, bis die Mullbinde zu Ende ist. Sichern Sie das Ende, indem Sie es unter die vorigen Lagen stecken.

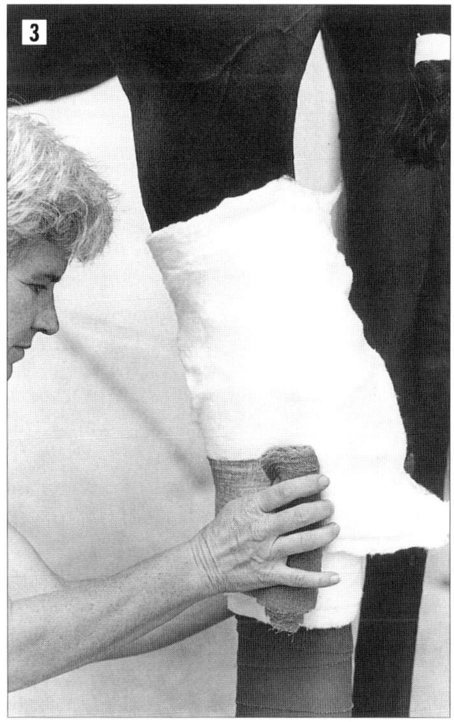

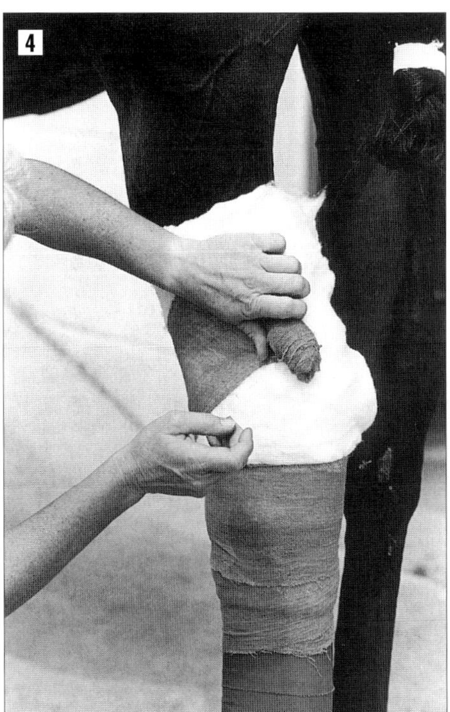

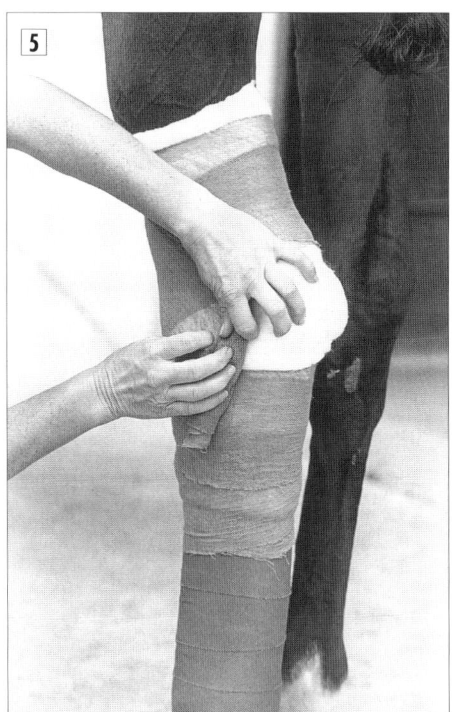

➩

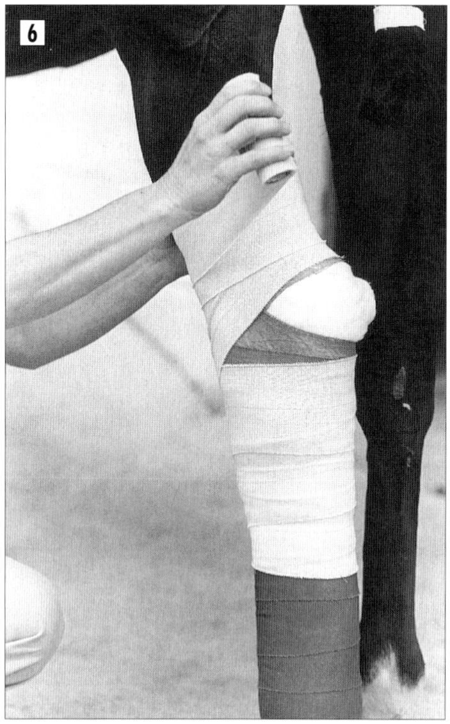

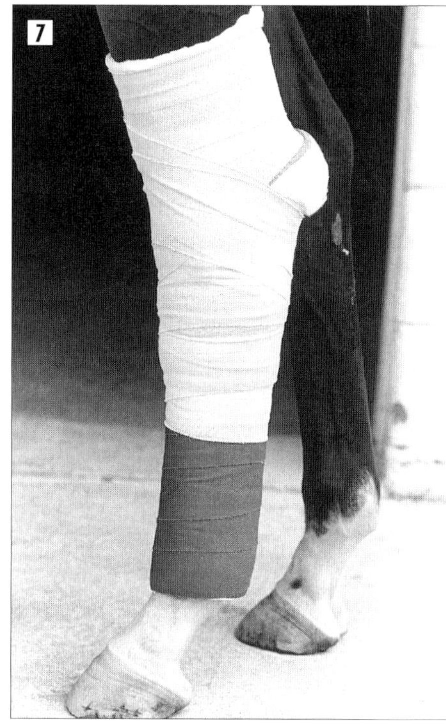

Schritt 7. Legen Sie mit einer Elastik-Bandage eine weitere Verbandslage an und gehen Sie dabei ebenso vor wie in den Schritten 3 bis 6. Dehnen Sie die Bandage dabei nur halb so viel wie möglich (wenn also ein 10 cm langes Stück der Bandage normalerweise auf 15 cm gedehnt werden kann, dehnen Sie es nur auf 12 oder 13 cm).

Schritt 8. Prüfen Sie den Sprunggelenksverband so oft wie möglich auf Verrutschen, vorzugsweise stündlich. Verbände an dieser Stelle sind selbst unter den besten Umständen nur schwer oben zu halten.

Am Karpalgelenk:

Schritt 1. Legen Sie als Auflage für den Karpalgelenksverband einen normalen Beinverband (siehe S. 269) an.

Schritt 2. Legen Sie nun einen oberen Auflageverband an (siehe Abb. rechts): Umwickeln Sie den oberen Beinbereich von oberhalb des Karpalgelenks bis unterhalb des Ellenbogens mit einer 3 cm dicken Lage Polstermaterial.

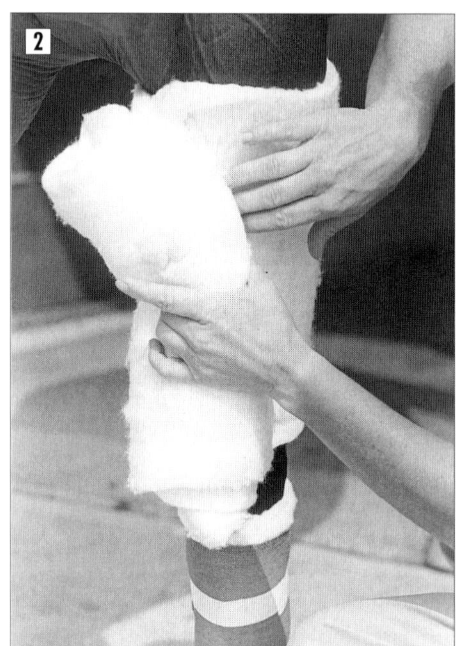

Schritt 3. Sichern Sie die Polsterlage mit einer dehnbaren Mullbinde. Fangen Sie kurz oberhalb des unteren Randes an, wickeln Sie sich spiralförmig bis 1 cm unter den oberen Rand hoch und wickeln Sie dann wieder nach unten. Lassen Sie jede Tour um die Hälfte der Mullbindenbreite überlappen.

Schritt 4. Lassen Sie dem Ganzen eine Lage einer elastischen Binde folgen (z. B. Equihaft® oder eine Elastik-Bandage) und gehen Sie dabei nach demselbem Muster vor wie für die Mullbindenlage. Dehnen Sie nur bis zur Hälfte des Möglichen (wenn ein 10 cm langes Stück Ihrer Elastikbandage auf 15 cm gedehnt werden kann, dehnen Sie es nur auf 12 bis 13 cm).

Schritt 5. Legen Sie das Ende mit einem Klebestreifen fest, ohne dabei allzu fest zuzuziehen.

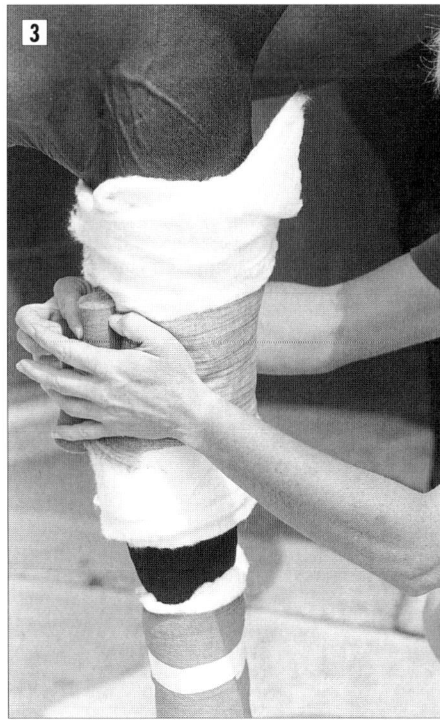

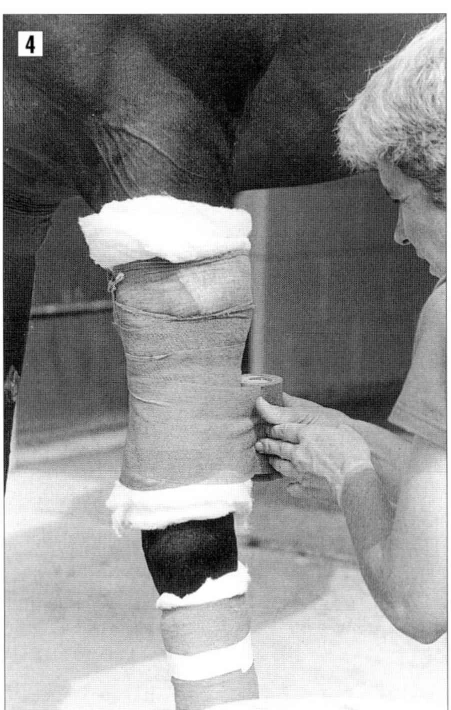

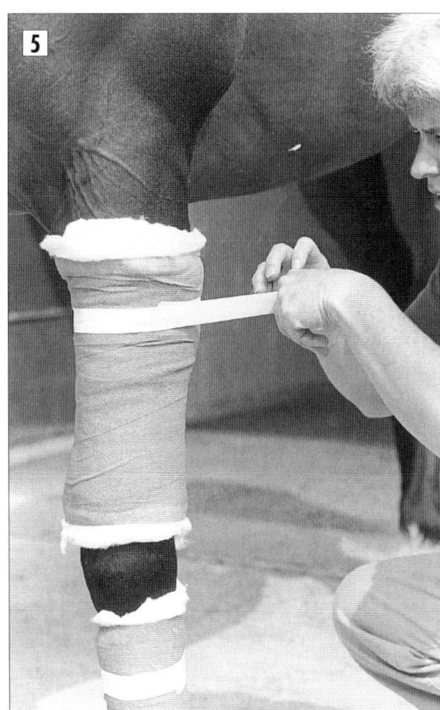

Schritt 6. Umgeben Sie das Karpalgelenk mit einer 3 bis 5 cm dicken Polsterung, die sich von der Mitte des unteren Auflageverbandes bis zur Mitte des oberen Verbandes erstreckt, also bis auf halben Weg zwischen Karpalgelenk und Ellenbogen.

Schritt 7. Halten Sie die Polsterung mit einer Lage dehnbarer Mullbinde oder Ähnlichem fest, wobei Sie spiralförmig von unten nach oben wickeln.

Schritt 8. Lassen Sie eine Lage mit einer elastischen Binde (beispielsweise Equihaft®) folgen. Gehen Sie dabei nach demselben Muster vor wie für Schritt 7 und dehnen Sie die Bandage nur bis zur Hälfte des Möglichen (wenn ein 10 cm langes Stück der Bandage auf 15 cm gedehnt werden kann, dehnen Sie es also nur auf 12 bis 13 cm).

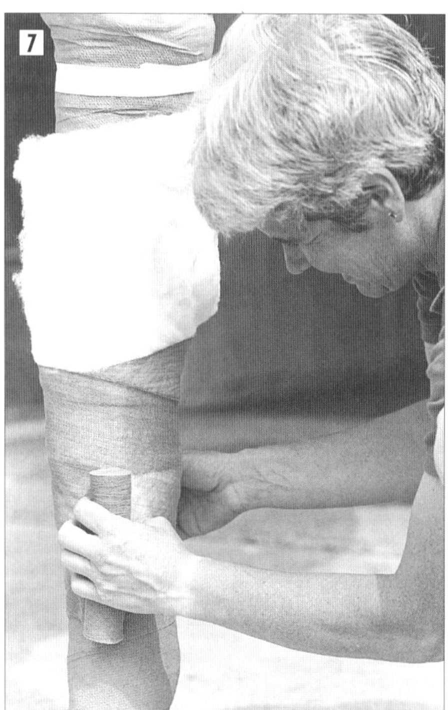

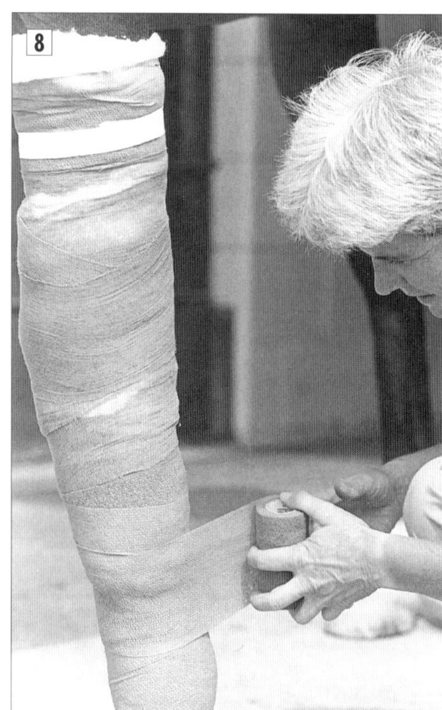

Schritt 9. Befestigen Sie das Ende der Bandage locker mit Klebeband. Bringen Sie das Pferd an einen Ort, an dem es sich wenig bewegen kann. Sehen Sie öfter nach ihm (mindestens stündlich), damit die Verbände nicht unbemerkt ins Rutschen kommen.

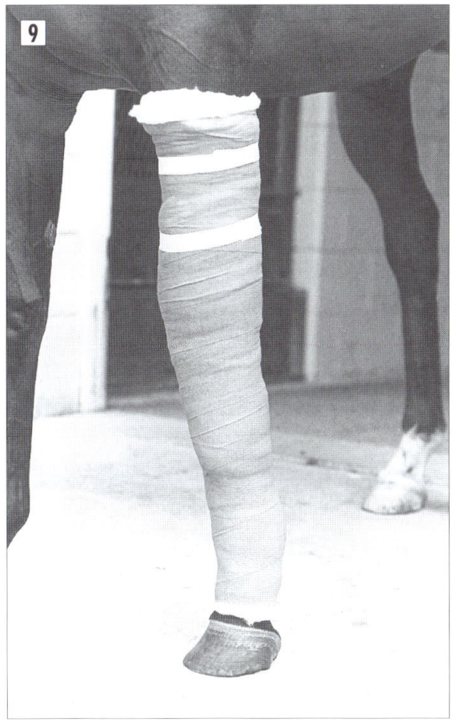

Verband Nr. 5: Der Druckverband

Die übliche Szene: Das Pferd hat eine Fleischwunde, aus der augenscheinlich eine ganze Menge Blut hervorsprudelt (1/4 Tasse oder mehr pro Minute). Ihre Aufgabe besteht nun darin, die Blutung zum Stillstand zu bringen, während Sie auf den Tierarzt warten.

Benötigtes Material

Idealerweise	Warum	Notfalls zu benutzen
Polsterung: Mehrere Lagen Watte von der Rolle.	Sie können damit gegen den Blutungsherd drücken, die Druckkräfte gleichmäßig über das Bein verteilen und austretende Flüssigkeiten binden.	Dicke Damenbinden, Wegwerf-Windeln, zusammengefaltete Geschirr- oder Handtücher.
Sicherheitslage: dehnbare Mullbinde.	Damit wird die Polsterlage gehalten.	Nylonstrumpf oder Stülp®verband. Diese Lage kann auch entfallen.
Elastische Bandage: Elastik-Bandage, Equihaft® oder Ähnliches.	Damit werden die blutenden Gewebe zusammengedrückt und der Blutfluss zum Stillstand gebracht, so dass eine Gerinnung stattfinden kann.	Normale elastische Binde und Gewebeband.

Und so wird's gemacht:

Schritt 1. Legen Sie das Polstermaterial mittig auf die Wunde. Wählen Sie ein Polster, das so groß ist, dass es die Wunde vollständig abdeckt (siehe Tabelle auf der vorigen Seite). Hier haben wir für eine Verletzung im Fesselbereich (siehe Abb. rechts) sowie für eine Wunde im Bereich des Röhrbeins (kleine Abbildung) jeweils eine Damenbinde benutzt.

Schritt 2. Sichern Sie das Polstermaterial mit einer Lage dehnbarer Mullbinde.

Schritt 3. Umgeben Sie das Bein mit einer 2 bis 3 cm dicken Lage Polstermaterial. Bei einer Verletzung im Fesselbereich sollte die Polsterung vom Kronsaum bis zum Karpalgelenk reichen, bei einer Verletzung im Röhrbeinbereich von unterhalb des Fesselgelenks bis zum Karpalgelenk.

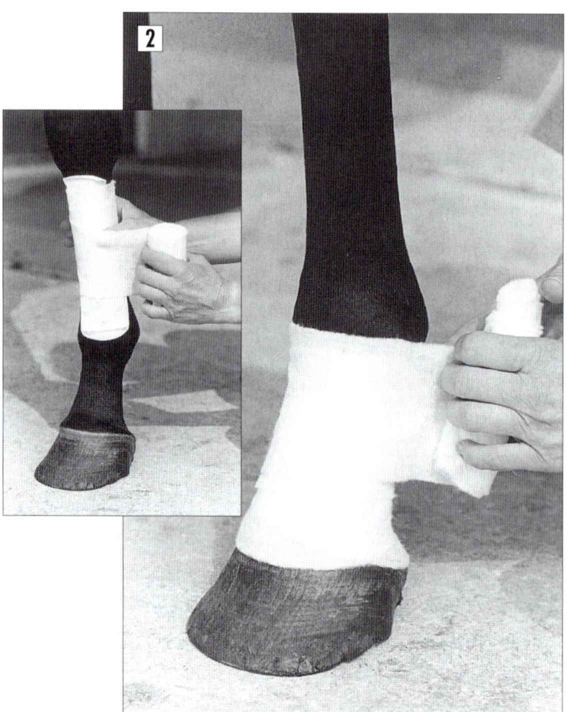

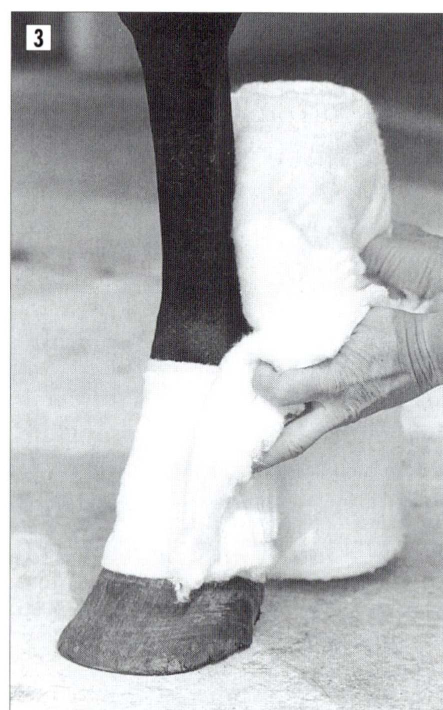

Schritt 4. Halten Sie das Polstermaterial mit einer Lage dehnbarer Mullbinde oder Ähnlichem fest. Wickeln Sie immer spiral- oder achterförmig, um zu vermeiden, dass Sie verletzliche Nerven und Sehnen einschnüren. Legen Sie das Ende locker mit einem Stück Klebeband fest.

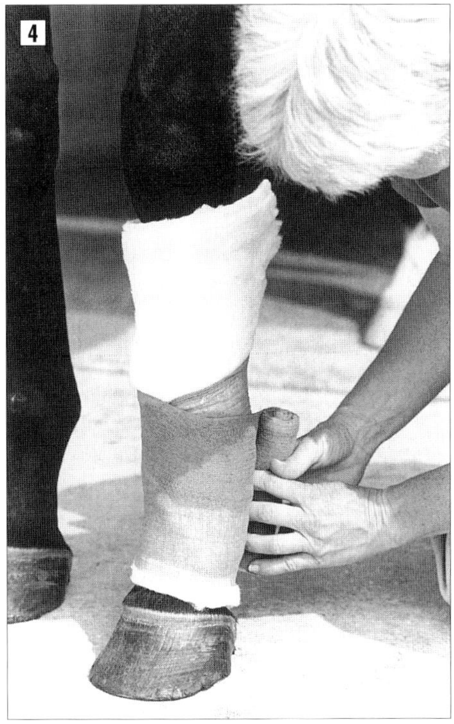

Schritt 5. Legen Sie darüber eine elastische Binde an, die Sie so fest anziehen, dass nur noch Ihr kleiner Finger zwischen Polsterung und Bein passt. Beginnen Sie mit einer Haltewicklung direkt über der Wunde, wickeln Sie spiralförmig bis zum Kronrand und bei einer Verletzung im Fesselbereich bis hinunter zur Hufwand weiter. Nun wickeln Sie wieder nach oben und überlappen bei jeder Tour um die Hälfte der Bandagenbreite, bis von der Polsterung oben nur noch ca. 1 cm herausschaut. Sichern Sie das Ganze mit etwas Klebeband.

Schritt 6. Wenn das Blut durch den Verband hindurchsickern sollte, wiederholen Sie die Schritte 3 bis 5 auf den bereits bestehenden Verband. Entfernen Sie den alten Verband nicht. Sie könnten sonst die Gerinnungsherde wieder aufbrechen, die sich gebildet haben könnten.

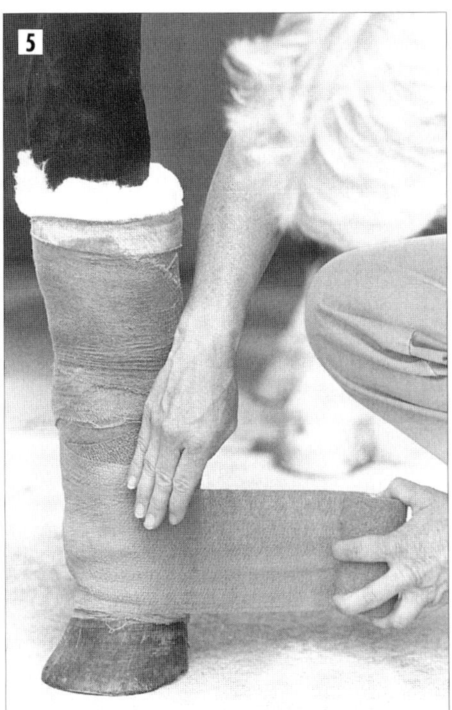

Verband Nr. 6: Der Sehnenverband

Die übliche Szene: Das Pferd hat eine Sehnenschwellung am Vorderbein. An der Rückseite des Röhrbeins erscheint eine handtellergroße Schwellung. Ihre Aufgabe besteht nun darin, der Schwellung Einhalt zu gebieten und die Sehne vor weiterem Schaden zu bewahren, während Sie auf Ihren Tierarzt warten.

Benötigtes Material

Idealerweise	Warum	Notfalls zu benutzen
Polstermaterial: Mehrere Lagen Watte von der Rolle.	Damit werden die Druckkräfte gleichmäßig über das Bein verteilt, so dass Schwellung und Blutung innerhalb der zerrissenen Sehnenfasern zurückgehen.	Wegwerf-Windeln, gefaltete Geschirrtücher.
Sicherheitslage: dehnbare Mullbinden.	Damit wird die Polsterlage gehalten.	Nylonstrumpf oder Stülp®verband. Diese Lage kann auch entfallen.
Elastische Binde: Elastik-Bandage, Equihaft® oder Ähnliches.	Damit werden die blutenden Gewebe zusammengedrückt und der Blutstrom gestoppt, so dass eine Gerinnung stattfinden kann.	Normale elastische Binde und Gewebeband.

Und so wird's gemacht:

(Eine bildliche Anleitung finden Sie bei Verband Nr. 3, dem normalen Beinverband, auf S. 269.)

Schritt 1. Kühlen Sie das Bein (siehe Verband Nr. 2, S. 268). Während Sie das Gewebe kühlen, holen Sie sich das Material für den Sehnenverband.

Schritt 2. Legen Sie mindestens 3 cm Polstermaterial auf das Bein, und zwar vom Kronrand bis direkt unterhalb des Karpalgelenks. Dazu brauchen Sie wahrscheinlich mehrere Lagen Polsterung, je nachdem, welche Art von Material Sie dazu benutzen.

Schritt 3. Halten Sie die Polsterung mit einer Lage dehnbarer Mullbinde oder Ähnlichem fest, die Sie spiral- oder achterförmig aufwickeln, um die ohnehin bereits geschädigte Sehne nicht kreisförmig abzudrücken. Sichern Sie das Ende der Binde mit medizinischem Klebeband oder mit Gewebeband.

Schritt 4. Wickeln Sie die elastische Binde eng auf, aber lassen Sie so viel Platz, dass Sie den kleinen Finger noch zwischen Polsterung und Bein einschieben können. Fangen Sie mit einer Haltewicklung oberhalb des verletzten Bereiches an und wickeln Sie spiralförmig nach unten bis unterhalb des Kronsaums an die Hufwand. Von dort aus wickeln Sie wieder nach oben. Überlappen Sie jede Tour um die Hälfte der Bandagenbreite, bis von der Polsterung oben nur noch 1 cm herausschaut. Sichern Sie das Ende mit chirurgischem Klebeband oder mit Gewebeband.

Wie man ein Bein zum Schwitzen bringt …

Um die Schwellung des unteren Beinbereichs bei einem gutartigen Befund wie angelaufenen Beinen zu reduzieren, kann man, anstatt eines Breiumschlages, das Bein auch zum Schwitzen bringen. Und so wird's gemacht:

- Bringen Sie die Schwitzpaste nach der Anweisung Ihres Tierarztes oder nach Etikett auf (oder stellen Sie sich selbst eine her – siehe Rezept auf S. 240).
- Decken Sie den Bereich lose mit einer Küchenfolie ab und legen Sie die Folie glatt an das Pferdebein an.
- Legen Sie in dem Bereich nun einen normalen Beinverband an. (Wie Sie das machen, finden Sie auf S. 269.)
- Als Faustregel gilt, wenn es nicht anders auf dem Etikett steht oder Ihnen vom Tierarzt anders gesagt wird, dass eine Schwitzpackung 12 Stunden am Bein bleibt. Danach entfernen Sie die Bandage und spülen das Bein ab. Lassen Sie es nun 12 Stunden »ruhen« und bringen Sie dann eine weitere Schwitzpackung für 12 Stunden auf. Wiederholen Sie das so oft wie nötig oder angegeben.

Verband Nr. 7: Der Augenverband

Die übliche Szene: Das Pferd hat eine Verletzung am Auge. (Sie können diesen Verband genauso gut für eine Kopfverletzung einsetzen.) Sie befürchten, dass diese Verletzung verschlimmert werden könnte, wenn das Pferd sich reibt. Ihre Aufgabe besteht nun darin, die verletzten Gewebe vor Verschmutzung, Austrocknen und weiteren Traumen zu schützen.

Benötigtes Material

Idealerweise	Warum	Notfalls zu benutzen
Nasse Wundabdeckung: ein Stapel Mullkompressen oder der Wundauflageteil eines Wundverbandpäckchens, in steriler isotonischer Salzlösung getränkt.	Zum Anfeuchten der Gewebe, die dadurch an ihrem Platz festgehalten werden. Zum Schutz der Gewebe vor Verschmutzung und Trauma, und zur Minimierung der Schwellung.	Dicke Damenbinden, Wegwerf-Windeln, zusammengefaltete Geschirr- oder Handtücher. Mit selbst gemachter Salzlösung (siehe S. 240) oder einer marktgängigen Augenwaschlösung tränken.
Elastische Binde: Elastik-Bandage, Equihaft®, Stülp® oder Ähnliches.	Damit wird die feuchte Wundauflage auf die Wunde gedrückt und die verletzten Gewebe werden vor Traumen durch ein Scheuern des Pferdes geschützt.	Gesäßteil einer Strumpfhose oder von Leggins; normale elastische Binde und Gewebeband.

Und so wird's gemacht:

Schritt 1. Suchen Sie sich ein Polstermaterial, das so groß ist, dass es das Auge völlig abdeckt. Tränken Sie dieses Polster mit Salzlösung. Es soll nass sein, aber nicht tropfen. (Wir haben eine Damenbinde benutzt.)

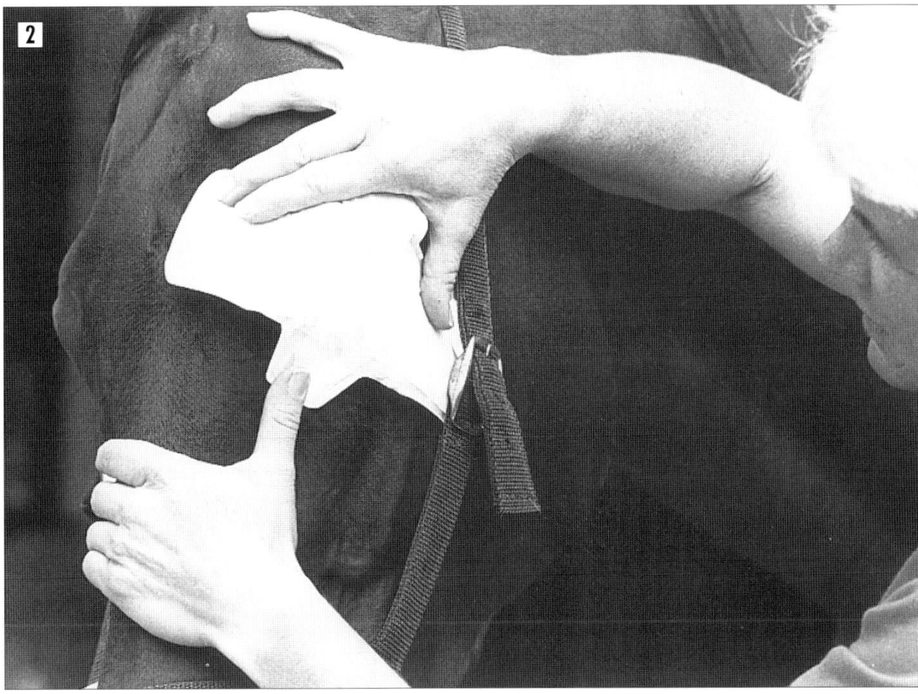

Schritt 2. Legen Sie das Polster mittig auf das Auge.

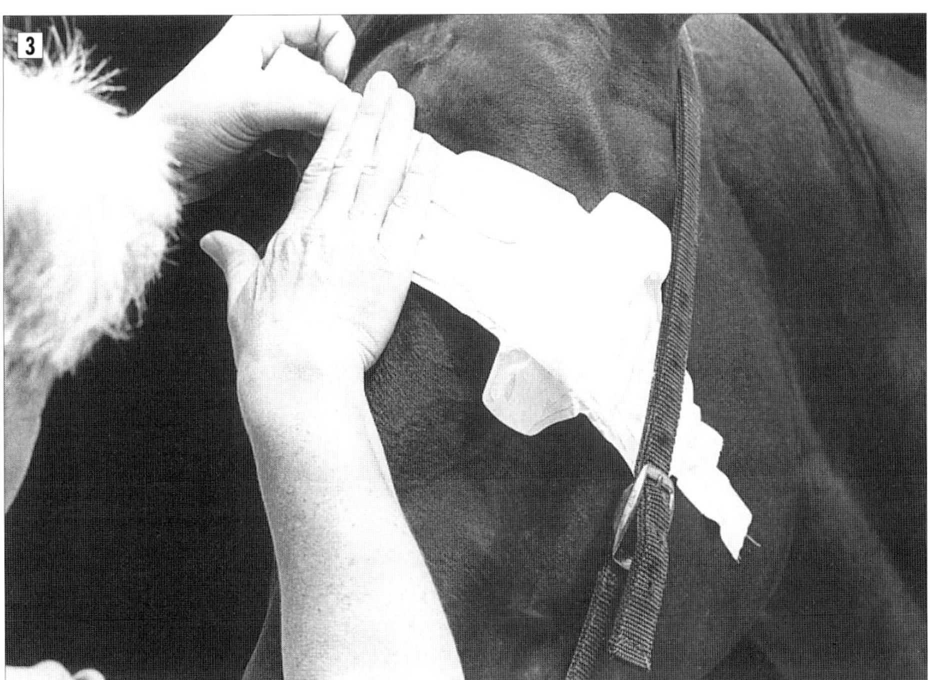

Schritt 3. Um das Polster vorübergehend festzuhalten, kleben Sie es mit Klebeband fest. Sichern Sie das Ganze, indem Sie eine extra angefertigte Maske oder einen Verband darüberlegen, wie auf der nächsten Seite gezeigt.

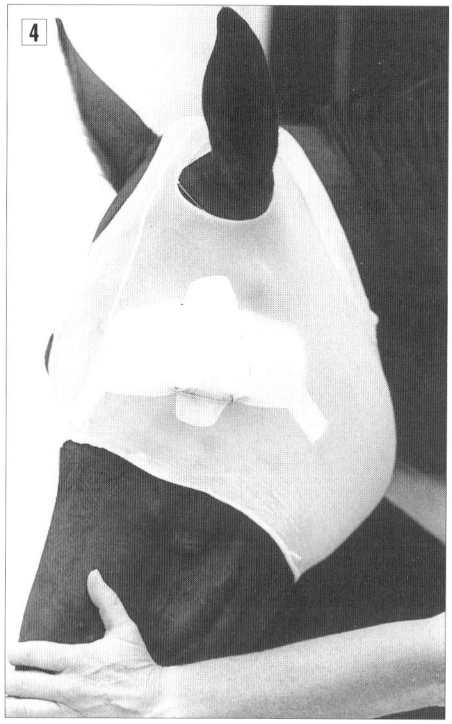

Schritt 4. *Wenn Sie eine Strumpfhose benutzen:* Schneiden Sie beide Beine so ab, dass ein einziges großes Loch entsteht. Nun messen Sie aus, wo Sie drei Löcher in den eigentlichen Gesäßteil der Strumpfhose schneiden müssen, markieren sich diese Löcher und schneiden sie aus. Die Löcher sollen für die beiden Ohren und das unverletzte Auge des Pferdes passen. Rollen Sie das Stück Strumpfhose zu einem Ring auf. Streifen Sie diesen Ring mit dem Bund zuerst über das Pferdemaul und schieben Sie ihn über die Nüstern bis zum knochigen Teil der Nase. Dort fangen Sie an, den Ring über dem Gesicht auseinander zu rollen, wobei Sie die Löcher für Ohren und Augen sorgfältig anpassen. (Sie können den Bund im Bereich der Kehle aufschneiden, damit er nicht zu eng sitzt. Der untere Teil der Maske sollte auf den großen Knochen des Unterkiefers aufsitzen und nicht an der Kehle anliegen.) Streifen Sie das Halfter wieder über die Maske. Befestigen Sie den unteren Rand der Maske mit Klebeband am Nasenriemen des Halfters.

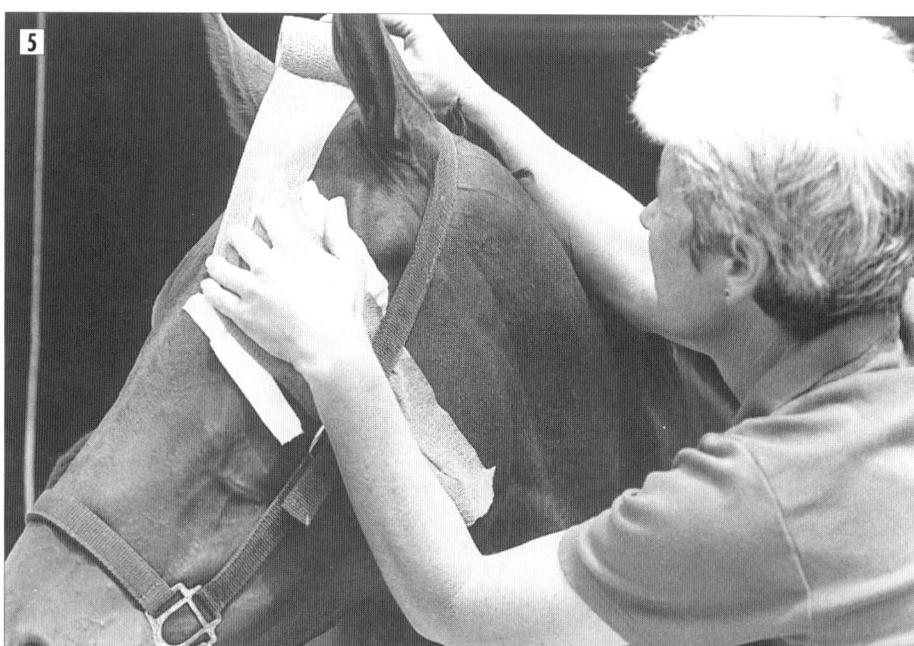

Schritt 5. *Wenn Sie eine Bandage benutzen:* Sichern Sie die Wundauflage, indem Sie die elastische Binde zwischen den Ohren des Pferdes und unter dem Kiefer hindurchführen. Das machen Sie so: Befestigen Sie die Bandage in der Nähe des Auges mit einem Klebestreifen. Nun wickeln Sie über den Kopf, zwischen den Ohren hindurch.

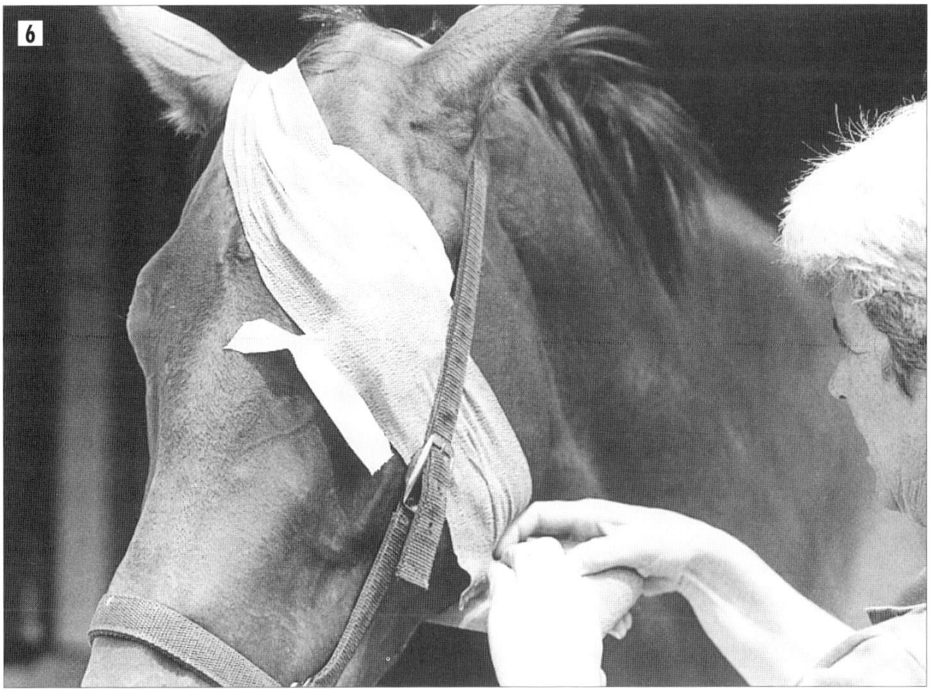

Schritt 6. Von dort wickeln Sie nach unten, unter dem Kiefer hindurch.

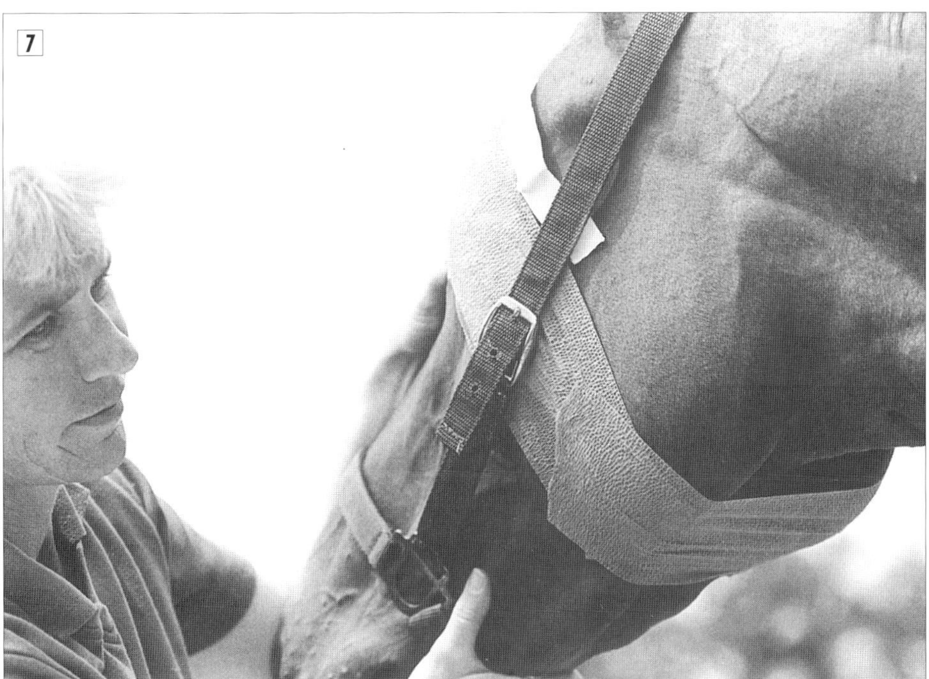

Schritt 7. Mit Hilfe von Klebeband sichern Sie die Bandage.

NOTIZEN

KAPITEL 16

Untersuchung und Behandlung

DER AUGEN BEIM PFERD

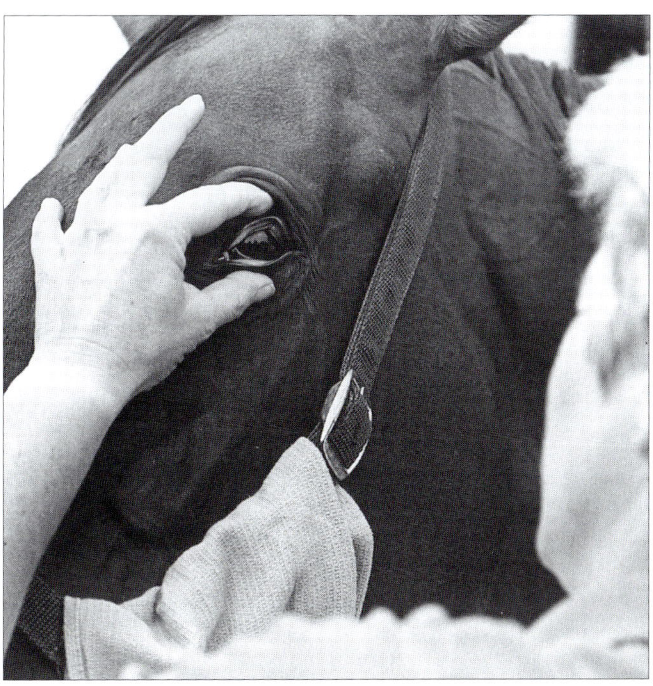

16 UNTERSUCHUNG UND BEHANDLUNG DER AUGEN BEIM PFERD

Leider sehen viele schwerwiegende Augenprobleme von außen genauso aus wie kleine Problemchen: das Auge wird zusammengekniffen, es tränt oder ist gerötet, und oft scheuert sich das Pferd am Auge. In neun von zehn Fällen ist leichter bis mäßiger Schmerz am Auge wirklich nur das Ergebnis einer ganz einfachen Reizung, beispielsweise weil Staub ins Auge gekommen ist. Wenn das Pferd Sie zum Behandeln an sich heranlässt, können Sie so etwas schnell und einfach mit Erste-Hilfe-Maßnahmen behandeln. Die ernsthafteren Fälle, bei denen die Sachkunde eines Tierarztes gefragt ist, erkennen Sie daran, dass sie nicht innerhalb weniger Minuten nach der Eigenbehandlung besser geworden sind.

Wenn Ihr Pferd es nicht kampflos zulässt, dass Sie sich ein Augenproblem näher ansehen, dann lassen Sie sich auf den Kampf nicht ein. Bei manchen Augenerkrankungen wird der Augapfel geschwächt, so dass er leicht aufreißen kann. Wenn auf einen solchen Augapfel durch das Zukneifen des Augenlides Druck kommt während Sie es zu öffnen versuchen, kann er Schaden erleiden. Lässt Ihr Pferd Sie aber heran, damit Sie das schmerzende Auge behandeln können, gibt es einige Techniken, mit denen Sie das ohne Schaden anzurichten bewerkstelligen können. Im Folgenden finden Sie Anleitungen zur Untersuchung eines Auges, zum Ausspülen und zum Einbringen von Augensalben.

Untersuchung eines Auges

> TIPP: Wenn Sie Erfahrung im Umgang mit einer Nasenbremse haben, mit der Sie das Pferd ruhig stellen können, kann das bei der Behandlung eines gereizten Pferdeauges von Vorteil sein. Selbst wenn das Pferd sich nicht heftig gegen die Behandlung wehrt, vergrößert jede plötzliche Bewegung des Pferdes das Risiko für Sie als Behandelnden und für das Auge des Pferdes. Mit einer Nasenbremse ist die Wahrscheinlichkeit geringer, dass das Pferd sich plötzlich bewegt. Wenn Sie im Umgang mit der Nasenbremse keine Erfahrung haben, bitten Sie Ihren Tierarzt, Sie praktisch zu unterweisen.

Symptome, die Ihnen sagen: »Halt! Rufen Sie sofort den Tierarzt!« sind mit einem Sternchen* gekennzeichnet.

Schritt 1. Stellen Sie sich ein Stück vor das Pferd hin (gehen Sie so nahe heran, wie es geht, ohne dass das Pferd vorsichtshalber das Auge zukneift). Sie bekommen grobe, aber ziemlich genaue Anhaltspunkte für die Schmerzhaftigkeit des Zustandes, wenn Sie sich ansehen, wie weit das Auge offen gehalten wird und ob es tränt oder nicht. Speichern Sie Ihre Beobachtungen im Hinterkopf ab, so dass Sie später damit vergleichen können, um zu entscheiden, ob Ihre Behandlung geholfen hat.

Schritt 3: Untersuchen eines Auges.

Schritt 2. Legen Sie dem Pferd ein Halfter an. Stellen Sie sich seitlich neben das Auge, außerhalb der Schlagreichweite. Berühren Sie das Pferdegesicht nicht, sondern sehen Sie nur genau hin und achten Sie dabei auf die folgenden Punkte:

- Wenn Sie Ausfluss sehen, ist er wässrig, dick oder irgendwie gefärbt? Befindet sich unterhalb des Auges eine Kruste aus diesem Ausfluss, was ein Anzeichen dafür ist, dass er nicht erst vor einigen Minuten aufgetreten ist?
- Sehen Sie Anzeichen dafür, dass das Pferd sich am Auge gescheuert hat? (Die Anzeichen sind aufgescheuerte, haarlose Stellen an den knochigen Vorsprüngen des Gesichts und evtl. geschwollene Augenlider*.)
- Wenn das Pferd das Augenlid wenigstens teilweise offenlässt, leuchten Sie ihm mit einer schmalen Taschenlampe in das Auge (gehen Sie mit der Lampe nicht näher als auf 30 cm heran) und achten Sie darauf, ob Sie im klaren Teil des Augapfels Risse* oder milchige Flecken* erkennen können.
- Sehen Sie sich die Pupille an, die beim Pferd ein waagrechtes Oval ist. Merken Sie sich die Größe der Pupille und vergleichen Sie nun mit der Pupille im unverletzten Auge. Ist die Pupille im verletzten Auge kleiner als im unverletzten Auge*?

Schritt 3. Legen Sie eine Hand unter das Kinn des Pferdes und heben Sie dort an. Dadurch wird das Pferd automatisch den Augapfel nach unten rollen, so dass sein oberer Rand sichtbar wird. Das können Sie sich zunutze machen, um das »Weiße« des Auges zu inspizieren und dabei darauf zu achten, ob Sie darin Punkte oder Striche von hellem Rot* sehen, ob das Weiße blutunterlaufen ist oder ob darin eine Verletzung* oder ein eingebohrter Fremdkörper* zu sehen ist. ➩

Schritt 4: Untersuchen eines Auges.

Schritt 4. Legen Sie nun den Handballen einer Hand (der Hand, mit der Sie am dichtesten an das Pferdemaul herankommen) neben den Nasenrücken des Pferdes, so dass Ihr Daumenballen in der Vertiefung zwischen dem oberen Augenlid und der darüber befindlichen Haut zu liegen kommt. Drücken Sie den Daumen leicht in die Vertiefung und schieben Sie ihn gleichzeitig nach oben, bis er gegen die Oberkante der Augenhöhle zu liegen kommt. Auf diese Art ziehen Sie das obere Augenlid nach oben …

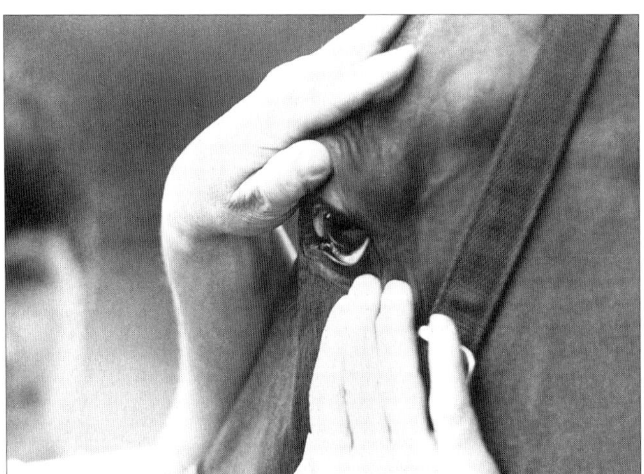

Schritt 5: Untersuchen eines Auges.

Schritt 5. … während Sie gleichzeitig mit den Fingern der anderen Hand das untere Lid herunterziehen. Verschaffen Sie sich einen raschen Überblick über die sichtbaren Bestandteile des Auges: die Hornhaut (das ist der durchsichtige Teil), die Pupille und die Augenbindehäute (das sind die normalerweise blassrosa gefärbten, empfindlichen Gewebe, die den Augapfel mit dem umliegenden Gewebe verbinden). Rufen Sie sofort den Tierarzt, wenn Sie eines der markierten »sofort anrufen«-Symptome entdecken. Sehen Sie nichts in dieser Art, dann spülen Sie das Auge aus wie auf der nächsten Seite beschrieben, um es von Staub zu befreien, der es reizen kann.

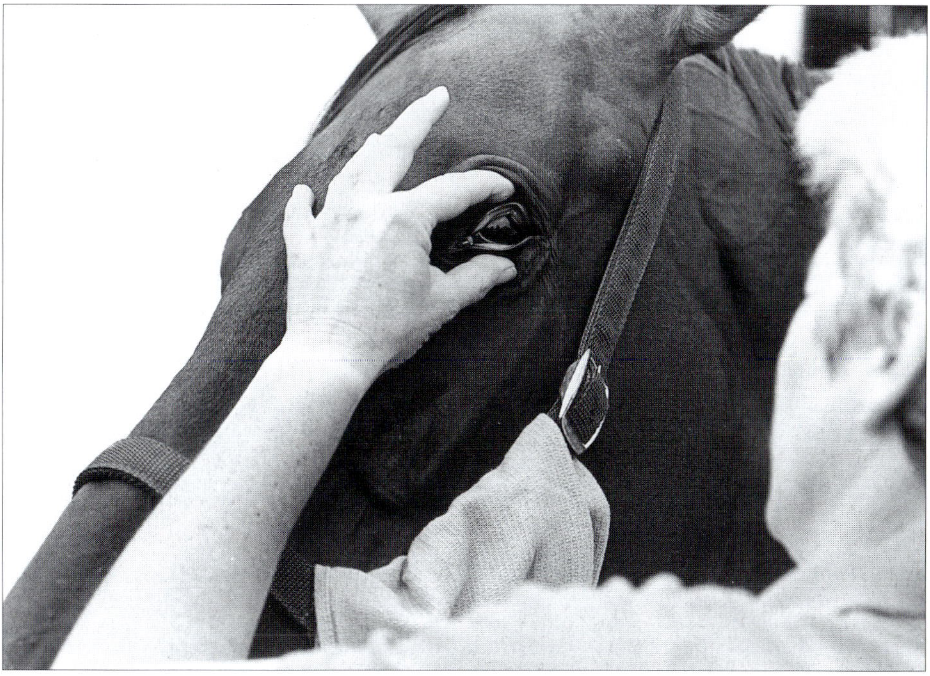

Schritt 3: Ausspülen eines Auges.

Ausspülen eines Auges

Schritt 1. Wärmen Sie eine Flasche steriler Augenwaschlösung für den menschlichen oder für den Veterinärgebrauch an, indem Sie sie bis zum Hals in eine Schüssel mit warmem Leitungswasser stellen, bis ein Tropfen der Lösung sich neutral anfühlt, wenn Sie ihn auf die Unterseite Ihres Handgelenkes geben.

Schritt 2. Wenn Sie einen Helfer haben, bitten Sie ihn oder sie, sich auf die Seite des unverletzten Auges zu stellen und den Führstrick locker zu halten. Ansonsten können Sie den Führstrick quer über den Pferdehals legen und das Pferd so hinstellen, dass es durch feste Wände daran gehindert wird, nach hinten oder zur Seite auszuweichen. Stellen Sie sich auf die Seite mit dem verletzten Auge.

Schritt 3. Schieben Sie ein Geschirr- oder Handtuch unter Nasen- und Backenriemen des Pferdehalfters, um verschüttete Augenwaschlösung aufzufangen. (Wenn die Lösung dem Pferd auf das Maul tropft, könnte es beschließen, dass es Ihnen nicht weiter erlauben wird, sein Auge zu behandeln.)

Schritt 4. Legen Sie den Handballen der Hand, die dichter am Pferdemaul liegt, neben den Nasenrücken des Pferdes. Dabei sollte der Fingerballen des Zeigefingers in der Vertiefung zwischen dem oberen Augenlid und der darüber befindlichen Haut liegen. Drücken Sie mit dem Finger leicht in die Haut und schieben Sie ihn gleichzeitig nach oben, bis er gegen die Oberkante der knochigen Augenhöhle zu liegen kommt. So ziehen Sie das obere Augenlid hoch. Gleichzeitig ziehen Sie das untere Lid mit dem Daumen vorsichtig herunter. Nun legen Sie den Handballen der anderen Hand, in der Sie die Flasche mit der Augenwaschlösung und das Halfter halten, knapp hinter dem Auge gegen das Pferdegesicht. Halten Sie die Flasche so, dass sie mit der Spitze nach unten und in Richtung des Auges gerichtet ist.

Tipp:

Die Spitze der Flasche sollte sich nahe am Auge befinden (1 cm Entfernung), so dass der Waschlösungs-Strahl nicht mit unnötiger Kraft auf dem Augapfel auftrifft.

Schritt 5. Drücken Sie nun, ohne zu zögern, etwas von der Lösung so auf den Augapfel, dass die Lösung vom äußeren zum inneren Augenwinkel hin läuft. Richten Sie den Strahl erst aufwärts in die Tasche unter dem oberen Augenlid und dann nach unten, quer über den Augapfel und in die Tasche unter dem unteren Augenlid. Machen Sie das 5 bis 10 Sekunden lang, wenn Ihr Pferd es zulässt.

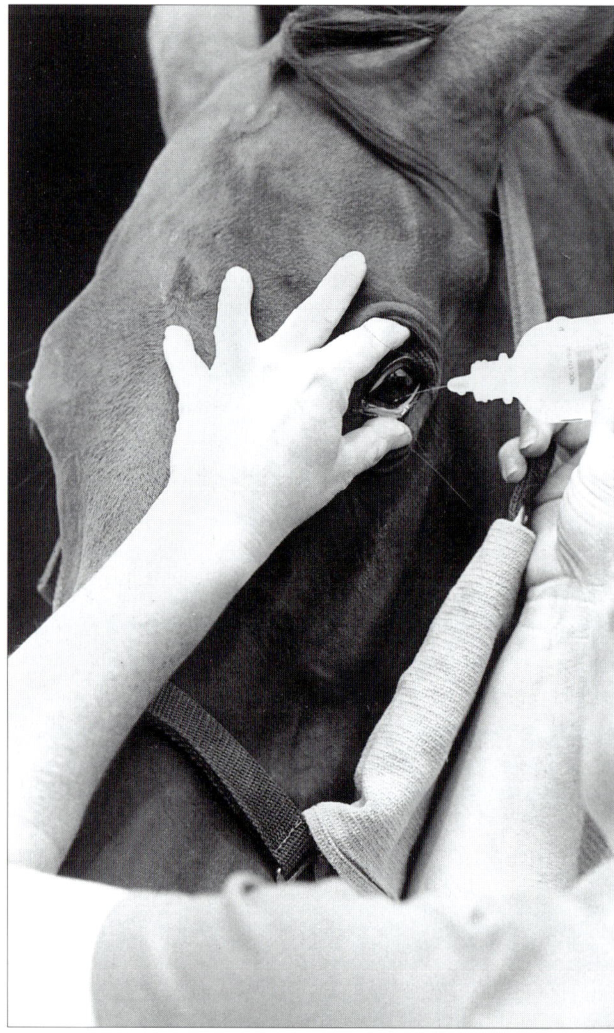

Schritt 4 und 5 beim Ausspülen eines Auges.

Tipp: In dem Augenblick, in dem die Waschlösung den Augapfel berührt, wird das Pferd sich wahrscheinlich wehren, indem es den Kopf hochwirft und nach hinten ausweicht. Die meisten Pferde entspannen sich aber und lassen die Behandlung zu, wenn sie gemerkt haben, dass es nicht wehtut und dass die Behandlung trotz ihrer Abwehrreaktion weitergeführt wird.
Manche Pferde reagieren allerdings auch wesentlich heftiger, vor allem, wenn sie starke Schmerzen haben. Sie können dann mit einem Vorderbein ausschlagen oder nach vorne springen. Bleiben Sie aufmerksam, bleiben Sie aus dem Schlagbereich der Vorderhufe heraus, und seien Sie jederzeit bereit, sich aus dem Gefahrenbereich zu begeben.

Das Auftragen von Augensalbe

Schritt 1. Stellen Sie sich an die Seite des Pferdes und legen Sie den Ballen der Hand, die sich näher am Pferdemaul befindet, so neben den Nasenrücken des Pferdes, dass der Daumen auf der Haut unterhalb der Ausbuchtung des Unterlides liegt.

Schritt 2. Legen Sie den Handballen der anderen Hand direkt hinter dem Pferdeauge und etwas unterhalb davon auf. Halten Sie dabei die Salbentube zwischen Daumen und Zeigefinger. Greifen Sie mit den freien Fingern in das Backenstück des Halfters, wie rechts abgebildet.

Schritt 3. Ziehen Sie die Haut unter dem Unterlid vorsichtig mit dem Daumen nach unten.

Schritt 4. Geben Sie nun ohne Verzögerung einen 1–1½ cm langen Salbenstrang in die Tasche hinter dem Unterlid. Die Salbe schmilzt durch die Wärme der Gewebe und wird durch das Blinzeln über den Augapfel verteilt.

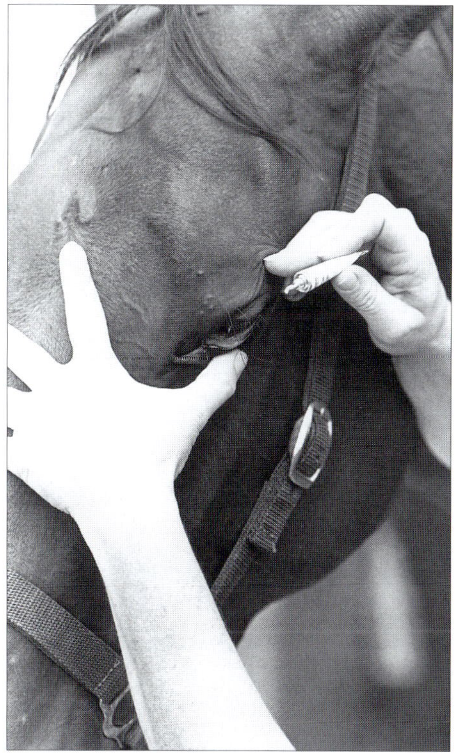

Schritt 3, Auftragen von Augensalbe.

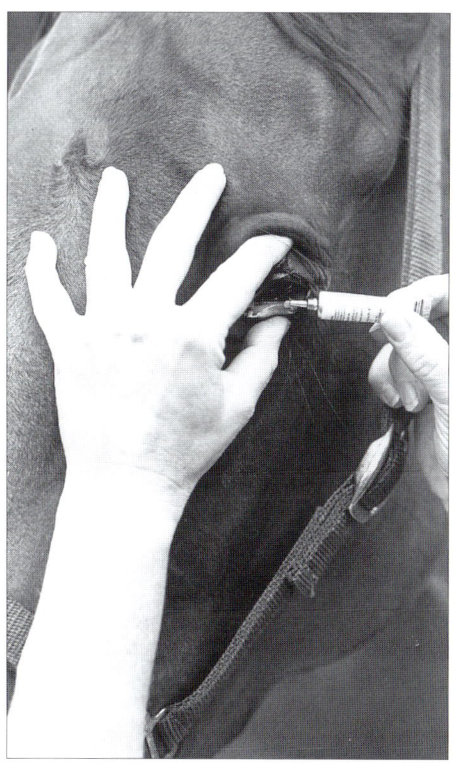

Schritt 4, Auftragen von Augensalbe.

NOTIZEN

17

KAPITEL 17

Feststellung, WELCHES BEIN LAHM IST

17 FESTSTELLUNG, WELCHES BEIN LAHM IST

In den meisten Fällen ist es nicht schwierig, eine Lahmheit festzustellen und herauszufinden, wo sie sitzt, wenn Sie die unten aufgeführten Schritte in ihrer logischen Reihenfolge abarbeiten. Damit können Sie nicht nur herausbekommen, welches Bein lahm ist, sondern auch genau feststellen, an welcher Stelle des Beins das Problem liegen könnte. (Beachten Sie: wenn das Pferd offensichtlich lahm geht und nur zögerlich Gewicht auf das betroffene Bein gibt, lassen Sie diese diagnostischen Schritte aus, weil Sie damit nur noch mehr Schaden anrichten könnten. Befolgen Sie stattdessen die Ratschläge, die in Teil 1 dieses Buches gegeben werden. Arbeiten Sie dazu die Checkliste durch, die die Symptome des Pferdes am besten beschreibt.)

Wie lahm ist das Pferd?

Es gibt viele verschiedene Methoden zur Einstufung von Lahmheiten. Wir haben hier die Klassifikation der American Association of Equine Practitioners (Amerikanische Vereinigung der Pferdetierärzte) übernommen, wie sie in deren *Guide to Horse Shows* (Leitfaden für Pferdeschauen) abgedruckt ist:

Definition: Lahmheit ist eine Abweichung von dem normalen Bewegungsablauf oder der Haltung aufgrund von Schmerz oder aufgrund einer mechanischen Fehlfunktion.

Einteilung:
Stufe 1: Schwierig zu beobachten, unabhängig von den Umständen (d. h. unter Belastung, auf dem Zirkel, auf Schrägen, auf harten Oberflächen usw.) nicht immer zu erkennen.
Stufe 2: Im Schritt oder im Trab auf einer geraden Linie schwierig zu beobachten; unter bestimmten Bedingungen (d. h. unter Belastung, auf dem Zirkel, auf Schrägen, auf harten Oberflächen usw.) ständig erkennbar.
Stufe 3: Im Trab unter allen Bedingungen ständig zu beobachten.
Stufe 4: Deutliche Lahmheit mit ausgeprägtem Kopfnicken oder Abfallen der Hüfte oder mit verkürzten Schritten.
Stufe 5: Das Pferd belastet das Bein sowohl in der Bewegung als auch in Ruhe nur minimal oder ist völlig bewegungsunfähig.

Nach diesen Dingen halten Sie Ausschau:
Achten Sie darauf, ob Sie einen oder mehrere der folgenden Anhaltspunkte beobachten können:

- **Kopfnicken**: Der Kopf geht nach OBEN, wenn ein lahmes Vorderbein den Boden berührt und belastet wird. Der Kopf geht nach UNTEN, wenn ein lahmes Hinterbein den Boden berührt und belastet wird. (Siehe Überblick S. 298.)
- **Hüfte**: Die Hüfte kommt auf einer Seite HÖHER als auf der anderen oder sie wird stärker ABGESENKT.
- **Zehe**: Bei dem betroffenen Hinterbein schleift die Zehe beim Vorführen des Beins auf dem Boden.
- **Verkürzte Tritte**: Auf einem Bein fallen die Tritte kürzer aus als bei den anderen Beinen.

So benutzen Sie die Anhaltspunkte, um das lahme Bein festzustellen:
Befolgen Sie die unten stehenden Schritte und achten Sie dabei darauf, ob Ihnen etwas Ungewöhnliches auffällt. Wenn Sie keine Anhaltspunkte finden, die es Ihnen erlauben würden, die Lahmheit genau festzustellen, Sie aber immer noch den Verdacht haben, dass etwas nicht stimmt, rufen Sie Ihren Tierarzt. Manche undeutliche Lahmheiten sind schwer zu erkennen, so dass man mehr Erfahrung oder genauere Untersuchungsverfahren braucht oder Anästhesien setzen muss, um sie zu lokalisieren.

Schritt 1. Untersuchen Sie Beine und Hufe Ihres Pferdes.
Warum: Es könnte äußere Anzeichen für die Lahmheit geben.
Wie:
- Stellen Sie das Pferd so auf festen, ebenen Boden, dass es gleichmäßig auf allen vier Beinen steht. Sehen Sie sich die Beine und Kronränder aus einer Entfernung von knapp 2 Metern an. Sehen Sie Beulen, Schwellungen, Wunden, Ausfluss oder irgendetwas, wodurch ein Bein sich von den anderen unterscheidet?
- Fühlen Sie die Hufwände ab, um die Temperatur zu ermitteln. Wenn ein Huf sich warm anfühlt, vergleichen Sie das mit der Temperatur der anderen drei Hufe. Wenn alle Hufe warm sind, vergleichen Sie mit den Hufen eines anderen Pferdes, wenn das möglich ist.
- Überprüfen Sie, wie stark die Mittelfußarterie an beiden Vorderfüßen pulsiert.

(Wie Sie das machen, finden Sie auf S. 202.)

Tipps:

Das Kopfnicken ist am leichtesten zu sehen, wenn das Pferd auf den Beobachter zutrabt. Im allgemeinen ist der Schmerz um so stärker, je stärker das Kopfnicken ausfällt. Das Fallen lassen einer Hüfte ist am leichtesten zu sehen, wenn das Pferd vom Betrachter wegtrabt. Sie können es leichter erkennen, indem Sie an jeder Hüfte ein Stück Klebeband anbringen, so dass das Auge einen festen Anhaltspunkt hat.

Achten Sie auf den hörbaren Rhythmus der Bewegung: wenn das Pferd mit einem Bein verkürzte Tritte ausführt, hören Sie beim Auftreffen der Hufe auf dem Boden klipp-klopp, klipp-klopp anstatt des beim Trab normalen klipp-klipp-klipp-klipp.

Sie können aber auch darauf achten, wie die Hinterhufe im Vergleich zu den jeweiligen Vorderhufen gesetzt werden, wenn das Pferd am Beobachter vorbeitrabt: wenn auf einer Seite der Tritt des Hinterbeins verkürzt ist, trifft der Huf nicht in den Hufabdruck des Vorderhufs, oder das Pferd tritt mit diesem Hinterhuf nicht so weit über den Hufabdruck des Vorderhufes hinaus wie auf der anderen Seite. Wenn der Tritt an einem Vorderbein verkürzt ist, tritt der Hinterhuf weiter über den Hufabdruck dieses Vorderbeins hinaus als am anderen Beinpaar.

WELCHES BEIN LAHMT?

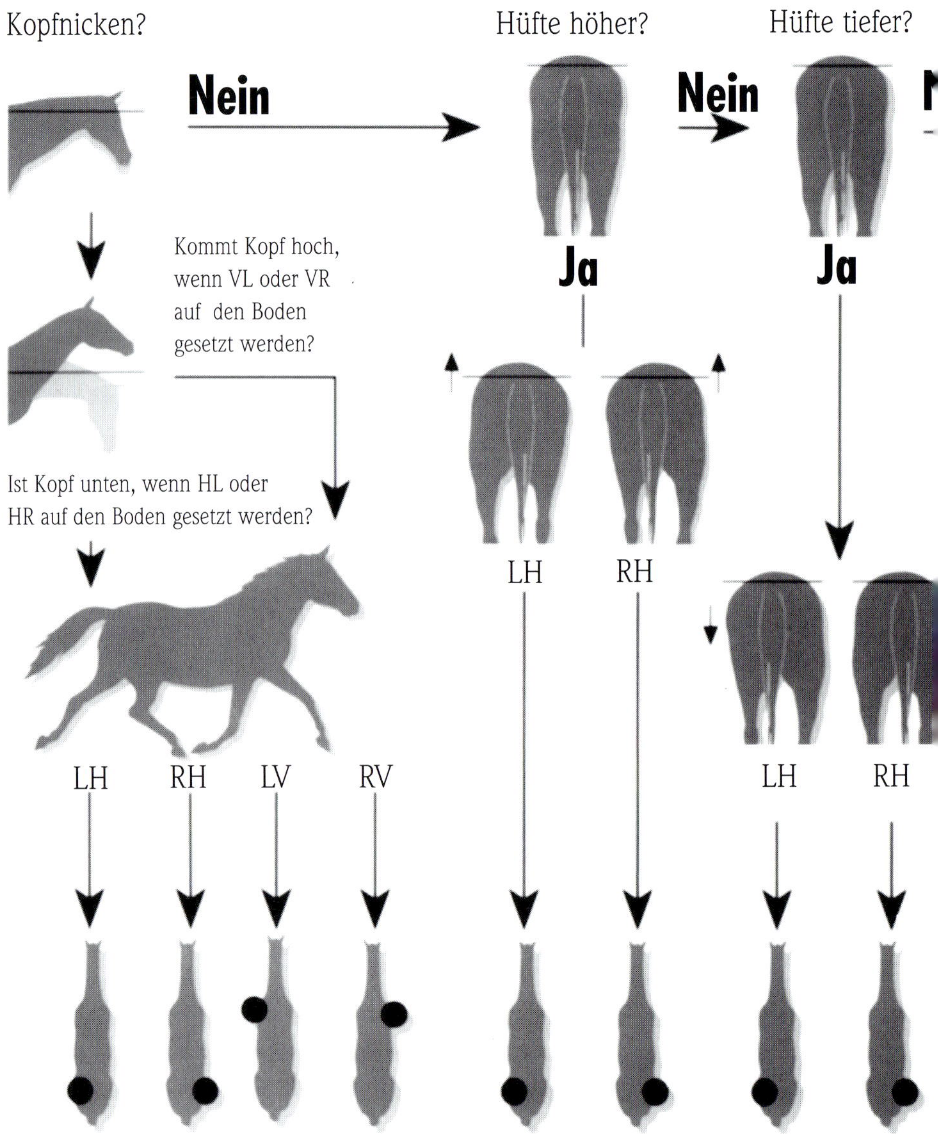

Lahmes Bein

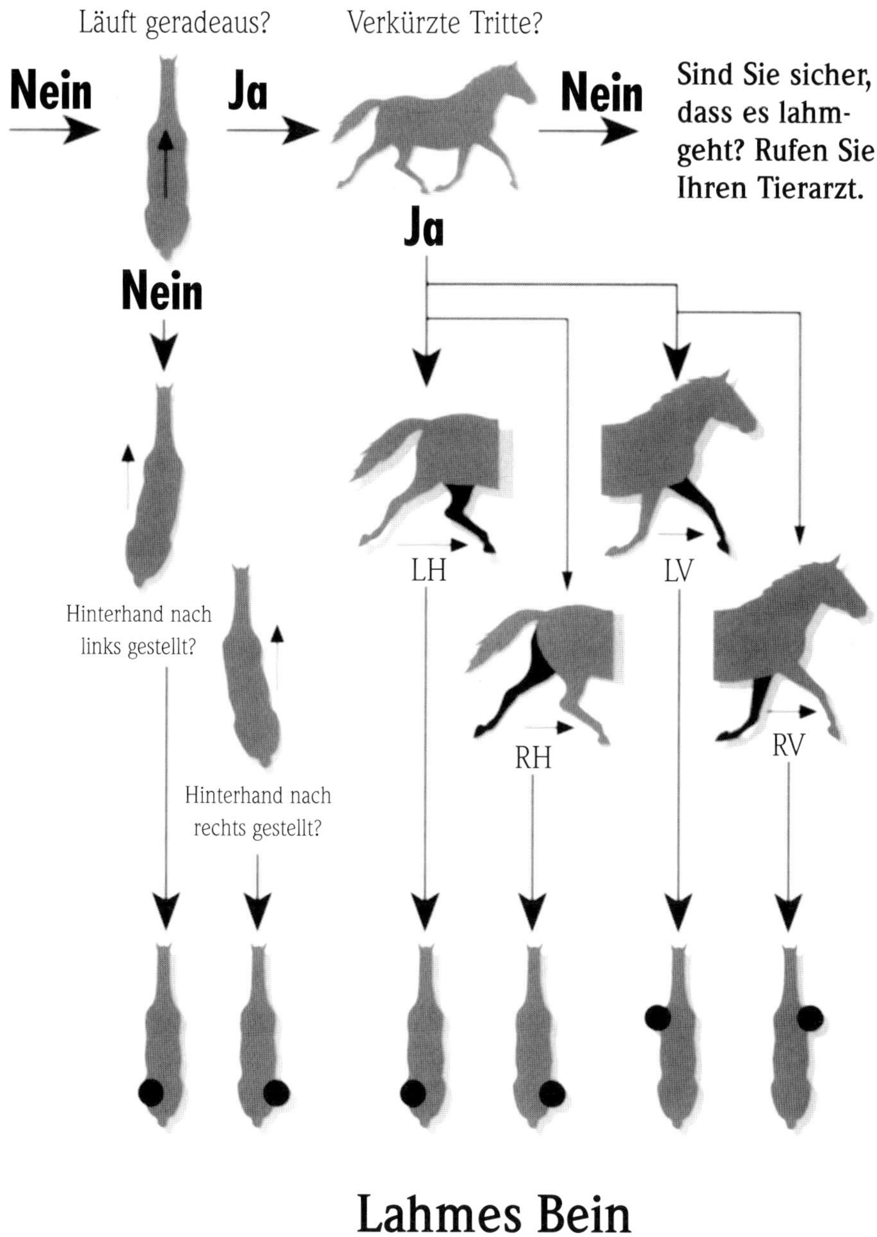
Läuft geradeaus?
Verkürzte Tritte?
Nein
Ja
Nein
Sind Sie sicher, dass es lahmgeht? Rufen Sie Ihren Tierarzt.
Ja
Nein
LH
LV
RH
RV
Hinterhand nach links gestellt?
Hinterhand nach rechts gestellt?
Lahmes Bein

Schritt 2.

Im Normalfall können Sie diesen Puls gar nicht spüren, oder aber nur schwach. Bei einer Lahmheit ist die Pulsation stärker als sonst (aber nicht unbedingt schneller).

• Heben Sie nacheinander alle Hufe an und achten Sie darauf, ob das Pferd nur widerstrebend reagiert. (Es könnte darauf hindeuten, dass an einem anderen Bein Schmerzen vorliegen. Das Pferd gibt dann ungern die Hufe, weil dadurch die Belastung auf die am Boden stehenden Hufe vergrößert wird.) Säubern Sie die Hufe und achten Sie auf Nägel, Risse, Blutergüsse und andere Auffälligkeiten.

• Fühlen Sie jedes Bein langsam ab und lassen Sie dabei die Hände vom Kronsaum aufwärts bis zum Bauch gleiten. Achten Sie auf Schwellungen, Schmerz oder übermäßige Wärmeentwicklung.

Schritt 2. Beobachten Sie das Pferd beim Traben auf einer geraden Linie.

Warum: Lahmheiten können im Schritt unsichtbar oder kaum wahrnehmbar sein, im Trab aber deutlich sichtbar werden.

Wie:

• Suchen Sie sich einen ebenen Bereich ohne Gefälle und Hindernisse, vorzugsweise mit hartem Boden (also keinen Reitplatz mit tiefem Boden). Das kann beispielsweise die Hofzufahrt oder ein kurzgemähter Rasenplatz sein.

• Holen Sie sich einen Helfer und drücken Sie ihm, falls nötig, eine Gerte in die Hand, damit er Ihnen das Pferd an der Hand vortraben kann.

• Lassen Sie den Helfer das Pferd in einer geraden Linie von Ihnen wegtraben. Er soll dabei den Führstrick locker lassen, damit das Kopfnicken sichtbar werden kann, und er soll ungefähr eine Armlänge vom Pferd wegbleiben, damit er Ihnen den Blick auf das Pferd nicht versperrt.

- Nach ungefähr 15 Metern Trab lassen Sie den Helfer mit dem Pferd umkehren, so dass es wieder auf Sie zutrabt.
- Lassen Sie das Paar an sich vorbeitraben, während Sie von beiden Seiten beobachten.

Wiederholen Sie diese Übung zwei- oder dreimal. Wenn Sie nach dem dritten Mal keine Lahmheit finden konnten, liegt eine von drei Möglichkeiten vor:
1. Das Pferd arbeitet nicht mit. Entweder ist es zu übermütig, um am losen Führstrick geradeaus zu gehen, oder es ist zu faul oder hat zu starke Schmerzen, um an der Hand zu traben.
2. Die Lahmheit liegt auf beiden Seiten vor oder ist zu wenig ausgeprägt, um beim Gehen auf einer geraden Linie deutlich zu werden.
3. Es liegt keine Lahmheit vor.

Schritt 3. Beobachten Sie das Pferd an der Longe oder wenn es Ihnen an der Hand auf dem Zirkel vorgetrabt wird.
Warum: Manche Lahmheiten zeigen sich deutlicher, wenn das Pferd in eine Wendung geht, weil dabei ungleich starke Belastungen auf bestimmte Gelenke, Sehnen, Bänder und Knochen kommen. Im Allgemeinen gilt, dass die Lahmheit umso deutlicher wird, je enger die Wendung ist.
Wie: Lassen Sie das Pferd von Ihrem Helfer auf beiden Händen longieren. Fangen Sie dabei mit einem großen Zirkel an, den Sie immer weiter verkleinern, so dass das Pferd enger in die Wendung gehen muss. Rufen Sie den Tierarzt, wenn Sie bei den Schritten 1, 2 oder 3 irgendwelche Anzeichen für Verletzungen oder Lahmheiten finden.

Die Sache mit den Senioren ...

Wenn ein Pferd allmählich in die Reihen der älteren Mitbürger vordringt, wird es anfälliger für Verletzungen und Krankheiten, weil die Beweglichkeit geringer wird und das Immunsystem nachlässt. Außerdem kann es in der Herdenhierarchie an Status verlieren. Wenn das Alter sich allmählich in nachlassendem Wohlbefinden bemerkbar macht, verändert sich die soziale Nische eines Pferdes, und das merken rangniedere Herdenmitglieder. Dadurch wird der Boden für Konflikte (und Verletzungen) bereitet, weil jüngere Pferde das ältere immer mehr herausfordern, um auf der Rangleiter aufzusteigen. Wenn Sie sehen, dass Ihr Pferd immer häufiger in solche Rangkämpfe verwickelt wird, sollten Sie es aus der Gesellschaft aufstiegswütiger Unruhestifter herausnehmen, bevor es zu Verletzungen kommt.

NOTIZEN

KAPITEL 18

Abnehmen eines LOCKEREN HUFEISENS

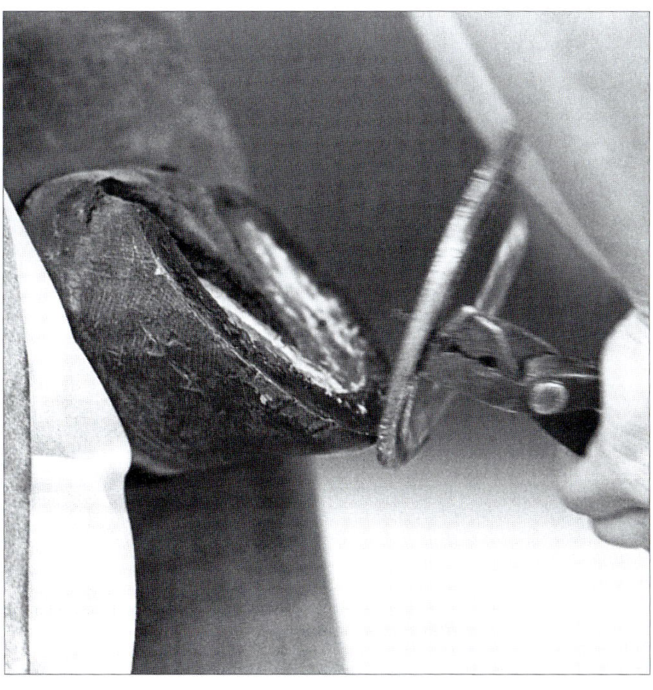

18 ABNEHMEN EINES LOCKEREN HUFEISENS

Sie brauchen dazu:

1. Handschuhe zum Schutz Ihrer Hände (wahlweise).

2. Entweder einen niedrigen Hufschuh oder das Material, aus dem Sie einen Hufverband machen können. Damit verhindern Sie, dass die Hufwände ausbrechen.

3. Nietklinge oder Nagelabkneifzange, Hammer und Eisen-Abnehmzange.

Material für einen Hufverband

- **Polstermaterial, 30 × 30 cm: Polsterwatte von der Rolle, ein zurechtgeschnittenes Handtuch, ein altes Sweatshirt oder eine Wegwerf-Windel.**
- **1 Meter elastische Binde: Equihaft®, Elastik-Binden oder Ähnliches.**
- **Isolierband.**

So wird's gemacht:

Schritt 1. Machen Sie die Nagelenden gerade, so dass sie sich durch den Huf ziehen lassen, ohne ihn zu beschädigen. Legen Sie dazu die breite, axtähnliche Klinge der Nietklinge so, dass sie unter die gebogene Stelle des Nagels greift. Nun schlagen Sie mit einem Hammer gefühlvoll auf die Nietklinge und biegen so die Nagelenden auf bzw. gerade. Sie können die umgebogenen Nagelenden aber auch abkneifen, wie abgebildet.

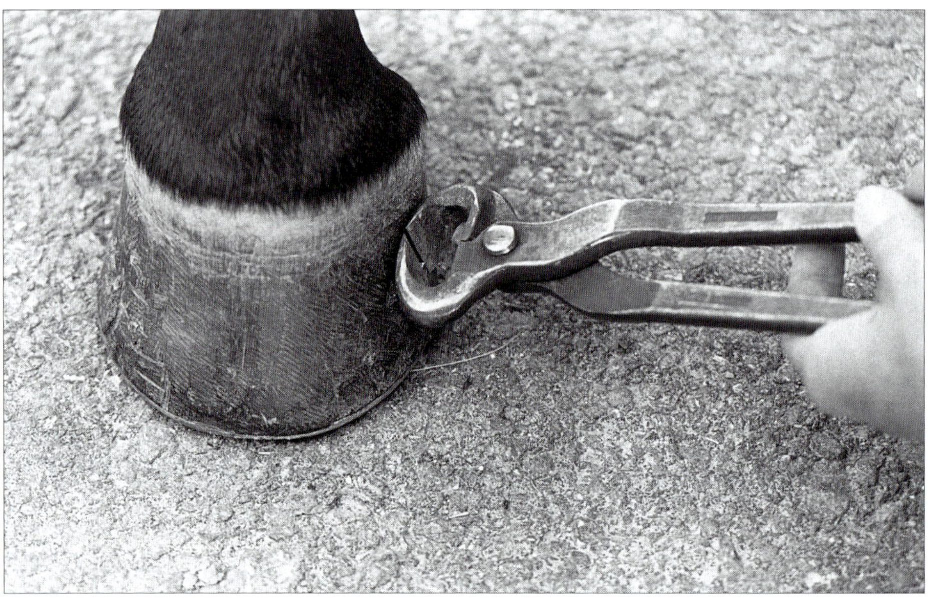

Schritt 1.

Schritt 2. Heben Sie den Huf an. Wenn Sie die Nagelköpfe mit der Eisenabnehmzange greifen können, ziehen Sie sie von unten heraus. Wahrscheinlich werden Sie so nur einige der Nägel entfernen können, aber nicht alle. Das ist in Ordnung – ziehen Sie heraus, was geht. (Legen Sie die alten Nägel an eine sichere Stelle, so dass niemand darauftritt.)

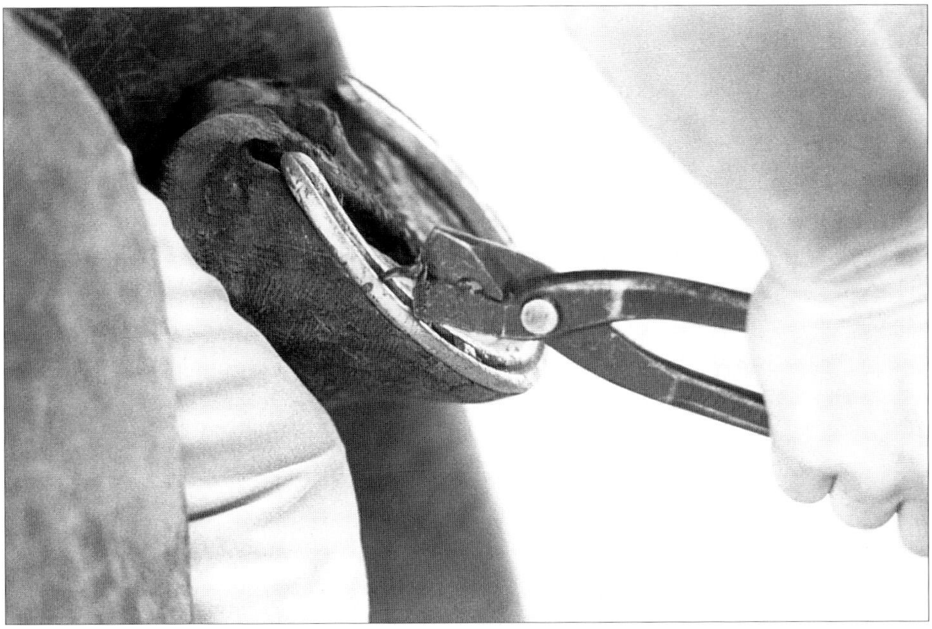

Schritt 2.

Schritt 3.

Schritt 3. Lockern Sie die Eisenschenkel, indem Sie die Backen der Abnehmzange zwischen das Eisen und die äußerste Kante der Trachten schieben. Drücken Sie den Griff der Zange nach innen, in Richtung Sohlenmitte. (Es ist wichtig, dass Sie der Versuchung widerstehen, nach außen zu ruckeln – damit könnten Sie ein großes Stück der Hufwand herausreißen.) ⇨

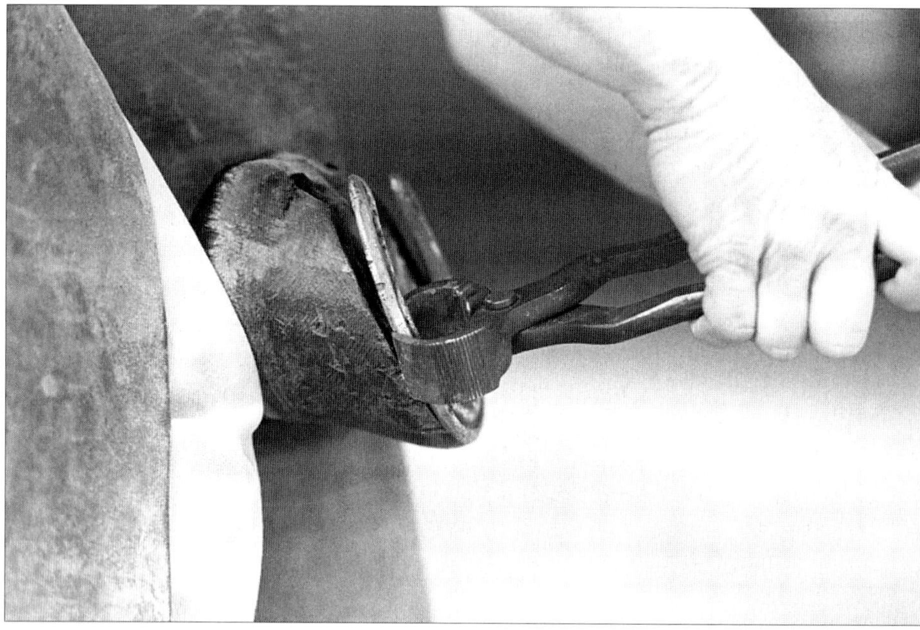

Schritt 4.

Schritt 5.

Schritt 4. Nachdem Sie beide Eisenschenkel gelockert haben, lockern Sie das gesamte Eisen auf dieselbe Art, nämlich indem Sie den Griff der Zange nach innen in Richtung Sohlenmitte drücken.

Schritt 5. Wiederholen Sie diese Bewegung an all den Stellen, an denen das Eisen noch angenagelt ist – so lange, bis es sich löst. Wenn in der Hufwand noch Nägel stecken, ziehen Sie sie mit der Abnehmzange heraus.

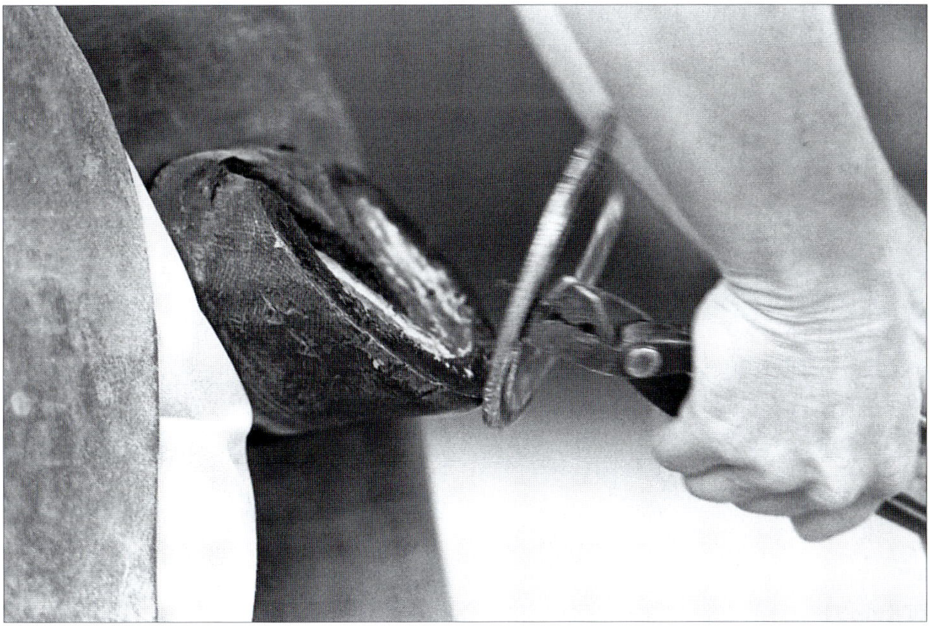

Schritt 6.

Schritt 6. Nehmen Sie das Eisen ganz ab.

Schritt 7. Legen Sie den Hufschuh an oder machen Sie einen Hufverband: Legen Sie das Polstermaterial mittig auf die Sohle und klappen Sie die Seiten an die Hufwand hoch. Halten Sie das Polster mit der elastischen Bandage am Platz und kleben Sie Sohle und Hufkanten mit Isolierband ab, damit die Hufkanten das Material nicht durchscheuern. (Eine vollständige Anleitung finden Sie auf S. 265.)

Schritt 8. Bringen Sie das Pferd in den Stall und vereinbaren Sie einen Termin mit Ihrem Schmied für den heutigen Tag.

Wussten Sie schon …

Wenn Sie überlegen, ob Sie Ihrem Pferd ein Ergänzungsfuttermittel mit Biotin zur Kräftigung seines Hufhorns geben sollen, dann wählen Sie ein Futter aus, das auch die Aminosäuren DL-Methionin und Lysin enthält. So wirkt das Biotin am besten. Wenn Sie sich nicht sicher sind, lesen Sie das Etikett.

NOTIZEN

KAPITEL 19

HÄUFIGE GIFTPFLANZEN UND GIFTSTOFFE

19 HÄUFIGE GIFTPFLANZEN UND GIFTSTOFFE

Im Folgenden finden Sie eine Liste von Giftpflanzen, die in den deutschsprachigen Ländern verbreitet sind und bei Pferden zu Erkrankungen führen können. Machen Sie sich schlau darüber, welche dieser Pflanzen in Ihrer Gegend häufig vorkommen, und gewöhnen Sie sich an, Weiden und Paddocks in der Wachstumszeit mindestens einmal im Monat auf Giftpflanzen zu kontrollieren.

Pflanze oder Substanz	Verbreitungsgebiet	Symptome	Giftstoff	Behandlung/ Prognose
Adlerfarn und Schachtelhalm	In ganz Europa. Schachtelhalm: feuchte und sandige Böden. Adlerfarn: am Übergang von Wald und offenem Feld.	Gewichtsabnahme, Schwäche, Torkeln, Zittern, Lähmungen.	Thiaminase.	Vitamin-B1-Spritzen (Thiamin). Völlige Heilung möglich, wenn Behandlung durchgeführt wird, bevor die Hirnschädigung dauerhaft wird.
Besenginster	Mittel- und Südeuropa, auch als Zierpflanze.	Erregung, Lähmungserscheinungen.	Spartein.	
Bilsenkraut	Ganz Europa.	Unruhe, Erregung, Gleichgewichtsstörungen, erhöhter Puls.	Hyoscypikrin, Tropanalkaloide.	
Blaualgen (blaugrüne Algen, Cyanobakterien)	Wasserbehälter bei warmem, sonnigem Wetter.	Kolik, Durchfall, Zittern, Atemnot, Torkeln, Gelbsucht, Sonnenlichtempfindlichkeit, epileptische Anfälle.	Mikrocystin.	Beh. symptomatisch unter Unterstützung des Heilungsprozesses; tödlich, wenn Leber sich nicht mehr regenerieren kann.
Blei	Verschmutztes Wasser oder Boden, Batterien, bleihaltige Farben, Altöl, Schmieröl.	Schwäche, Torkeln, Blindheit, Zittern, Kreislaufen, den Kopf gegen Gegenstände drücken, epileptische Anfälle.	Blei.	Therapie mit Chelaten. Gehirnschädigung kann bleibend sein.
Buchsbaum	Mittel- und Südeuropa, auch als Zierpflanze.	Lähmungen des Zentralnervensystems, Kolik, Schwindel.	Buxin, Buxanin, Buxatin, Buxandrin.	
Drachenwurz	Ganz Europa.	Hautverätzungen, Herzanfälle, Krämpfe, Lähmungen des Zentralnervensystems.	Ähnlich dem Aroin.	

Pflanze oder Substanz	Verbreitungsgebiet	Symptome	Giftstoff	Behandlung/ Prognose
Eibe	Gartenstrauch; wild in Mittelgebirgen.	Zittern, Torkeln, Durchfall, Zusammenbruch, Herzstillstand.	Alkaloid.	Herzglykoside, fast immer tödlich. Behandlung selten möglich, selten wirksam.
Eichenknospen im Frühjahr; Eicheln im Herbst.	Ganz Europa.	Kolik, Verstopfung, Durst, schwarz gefärbter Durchfall, häufiges Harnlassen.	Tannine.	Beh. der Symptome unter Unterstützung des Heilungsprozesses; Tod durch Nierenversagen, wenn größere Eichelmengen gefressen werden.
Frühlings-Adonisröschen	Ganz Europa.	Reizung der Maulschleimhaut, Störung der Herzfunktion.	Adonitoxin, Cymarin, Magnoflorin	
Giftlattich	Ganz Europa.	Schweißausbruch, Erregung, Bewegungsstörungen.	Lactucin, Lactupikrin.	
Goldregen	Ganz Europa, Zierformen in Gärten.	Kolik, Schweißausbruch, Krämpfe, Erregung, Bewegungsstörungen, Tod durch Atemlähmung.	Gytisin.	
Graukresse	Kühlere Gegenden Europas.	Fieber, Niedergeschlagenheit, Hufrehe, Anschwellen der Beine, Tod.	Unbekannt.	Kressequelle abstellen. Beh. der Symptome unter Unterstützung des Heilungsprozesses. Vollständige Wiederherstellung ist von rascher Behandlung abhängig.
Gundermann	In verschiedenen Arten in ganz Europa.	Schwitzen, Zittern, Husten, Atemnot, Tod infolge Herzschwäche.	Marrubiin, Gerbstoffe.	
Hahnenfußgewächse (Butterblume) (muss in großen Mengen gefressen werden)	In ganz Europa auf feuchten Böden. Nur in frischer Form giftig.	Blasen an Lippen und Maul, Schlabbern, Kolik, Durchfall.	Protoanemonin.	Beh. der Symptome; völlige Heilung bei Unterstützung des Heilungsprozesses und guter Pflege.

Pflanze oder Substanz	Verbreitungsgebiet	Symptome	Giftstoff	Behandlung/ Prognose
Hanf	Mittel- und Südeuropa.	Torkeln, empfindliche Haut, Niedergeschlagenheit, mühsame Atmung, Zittern, Speicheln, Schwitzen, Koma.	Tetrahydrocannabinol (THC).	Gute Aussichten bei Behandlung der Symptome; bis zur völligen Erholung vor Verletzungen schützen.
Herbstzeitlose	Ganz Europa.	Kolik, blutiger Urin, zentrale Lähmung. Tod durch Atemlähmung nach 3 Tagen bei 50 % der Tiere.	Colchicin.	
Hundspetersilie	Ganz Europa.	Bewegungsstörungen, Muskellähmung, Kolik, Atemlähmung.	Aethusin, Aethusanol, Coniin.	
Jakobskreuzkraut, Kreuzkraut, Hundszunge, Klapperschote	Ganz Europa.	Gewichtsabnahme, struppiges Fell, Niedergeschlagenheit, Fressunlust, Gelbsucht, Kopf wird gegen Gegenstände gedrückt.	Pyrrolizidin-Alkaloide.	Beh. der Symptome und Unterstützung des Heilungsprozesses; tödlich, wenn die Leber sich nicht regenerieren kann.
Johanniskraut, Buchweizen, Giersch	Ganz Europa.	Starke Geschwürbildung auf hellfarbiger, der Sonne ausgesetzter Haut.	Hypericin oder Lebergifte.	Beh. der Symptome; nicht tödlich, aber die Sonnenempfindlichkeit kann bestehen bleiben.
Kiefernnadeln und -rinde	Ganz Europa.	Verursachen Verkalben bei hochträchtigen Kühen. Bei Pferden ähnliche Wirkung auf trächtige Stuten vermutet, aber noch nicht bewiesen.	Isocupressivsäure.	Im dritten Trächtigkeitsdrittel von der Nadelquelle entfernen; sobald eine Vergiftung aufgetreten ist, hilft keine Behandlung mehr.
Lebensbaum	Ziergehölz in ganz Europa.	Schleimhautreizungen, Krämpfe, Kolik, Durchfall. Leber und Niere werden geschädigt.	Thujon, Fenchon, Sabinen.	
Lupine	In versch. Wild- und Zierformen in ganz Europa.	Mühsame Atmung, Schnarchen, Niedergeschlagenheit, Zittern, Zuckungen, Koma.	Quinolizidin (Alkaloide) in der Pflanze und besonders in den Samen.	Beh. der Symptome; meist tritt der Tod innerhalb von 24 Stunden ein, wenn in kurzer Zeit eine große Menge gefressen wurde.

Pflanze oder Substanz	Verbreitungsgebiet	Symptome	Giftstoff	Behandlung/ Prognose
Maiglöckchen, Oleander, Lorbeer, Azaleen, Rhododendron, Fingerhut	Mittel- und Südeuropa, oft in Zierformen.	Normalerweise wird das Tier tot aufgefunden; ansonsten Kolik, epileptische Anfälle.	Glykoside, die einen Herzinfarkt verursachen.	Aufgrund des Herzinfarkts fast immer tödlich; Behandlung selten möglich, selten wirksam.
Monensin	Viehfutter; Pferdefutter mit Verunreinigungen von Vieh-Mineralfutter.	Appetitverlust, Schwitzen, schnelle Atmung, Kolik, Niedergeschlagenheit, Torkeln, Zusammenbruch.	Ionophore.	Beh. der Symptome unter Unterstützung des Heilungsprozesses; normalerweise Tod innerhalb von 24 Stunden.
Nachtschattengewächse	Ganz Europa.	Schläfrigkeit, Speicheln, mühsame Atmung, Zittern, Schwäche, Lähmung, Koma.	Solanine.	Medikamente, die den Verdauungstrakt mit einer Schutzschicht überziehen und schnellere Passage anregen, z. B. Paraffinöl; normalerweise Tod innerhalb von 24 Stunden.
Nieswurz	Tiefere Lagen Europas.	Schleimhautreizung, Kolik, Durchfall, Herzschwäche, Atemnot.	Saponin, Hellebrin.	
Obstbäume (Frühlingsknospen oder welke Blätter), **Holunderbeere, Virginische Traubenkirsche**	Ganz Europa.	Pferd wird meist tot aufgefunden; ansonsten Aufregung, Zittern, mühsame Atmung, epileptische Anfälle, Zusammenbruch.	Cyanid.	Schnelle Verabreichung des Gegengifts (Natriumnitrit), meist aber tödlich.
Osterluzei	Wärmere Lagen Europas.	Appetitmangel, Verstopfung, Nierenentzündung.	Stickstoffhaltige Aristolochiasäure.	
Pfaffenhütchen	Ganz Europa, auch als Ziergehölz.	Kolik, Krämpfe, Durchfall, Kreislaufstörungen.	Evobiosid, Evomonosid, Evonosid.	
Phenothiazine	Beruhigungsmittel Acepromazin, Promazin und Fluphenazin, Wurmmittel Phenothiazin.	Innerhalb von 24 Stunden treten Niedergeschlagenheit, Schwäche, Appetitverlust, Kolik, Fieber, Gelbsucht, brauner Harn, Sehstörungen, Zusammenbruch und Tod ein.	Phenothiazin, bei empfindlichen Einzeltieren.	Bluttransfusionen, Unterstützung des Heilungsprozesses, bei empfindlichen Tieren oft tödlich.

➩

Pflanze oder Substanz	Verbreitungsgebiet	Symptome	Giftstoff	Behandlung/ Prognose
Pilzbefall an Roggen, Weizen, Gerste, Bahiagras und Wildgräsern	Ganz Europa.	Absterben und Abstoßung von Nase, Ohren, Schweif und Hufen; epileptische Anfälle.	Mutterkornalkaloid.	Beh. der Symptome. Mäßige Überlebensprognose. Überlebende Pferde sind auf Dauer entstellt und können Wundbrand entwickeln.
Pilzbefall an Rohrschwingel	Ganz Europa.	Verspätete Geburten, Verfohlen, Totgeburten, schwache Fohlen, Milchmangel.	Der Pilz Acremonium coenophialum, der das Gras befällt.	Pilzquelle abstellen und den Neurotransmitter Domperidon verabreichen. Innerhalb von 60 Tagen nach dem Abfohlen kann die neue Trächtigkeit erhalten werden.
Pilzbefall an Rot- und Weißklee	Ganz Europa.	Schlabbern, Schwitzen.	Slaframin, der Giftstoff des Schimmelpilzes Rhizoctonia, der Klee und andere Pflanzen befallen kann.	Kleequelle abstellen; normalerweise völlige Wiederherstellung innerhalb von 24 Stunden.
Prunkwinde	Mitteleuropa.	Gewichtsverlust, Niedergeschlagenheit, Delirium.	Lysergsäure-Amine (wie bei »LSD«).	Vor Verletzungen schützen, bis der halunzinogene Rausch»trip« vorbei ist.
Pyrethroide	Insektenvernichtungsmittel.	Speicheln, Durchfall, Zittern, übermäßige Erregbarkeit, Niedergeschlagenheit, epileptische Anfälle.	Pyrethrin.	Gute Aussichten bei Behandlung der Symptome; bis zur Wiederherstellung vor Verletzungen schützen.
Rittersporn	Mittel- und Südeuropa auf kalkhaltigen Böden.	Zittern, Zusammenbruch, epileptische Anfälle.	Alkaloide.	Beh. der Symptome unter Unterstützung des Heilungsprozesses, oft tödlicher Verlauf.
Rizinus (Bohnen können in Getreideprodukte eingemischt sein)	Subtropische Klimate.	Kolik, Durchfall, mühsame Atmung.	Lektin.	Beh. der Symptome; oft tödlicher Verlauf.
Robinie (= falsche Akazie)	Parkbaum in ganz Europa.	Kolik, Lähmungserscheinungen, Durchfall.	Robin, Robinin.	
Schierling, gefleckter	Mittel- und Südeuropa.	Speicheln, Erregung, schwere Kolik.	Alkaloide.	Beh. der Symptome; fast immer tödlich.

Pflanze oder Substanz	Verbreitungsgebiet	Symptome	Giftstoff	Behandlung/ Prognose
Schimmel an Mais	An allen Wachstums-, Verarbeitungs- und Lagerstätten von Mais.	Zielloses Herumlaufen, der Kopf wird gegen irgendwelche Gegenstände gedrückt.	Fumonisin B.	Keine Beh. Fast immer tödlich. Überlebende zeigen oft Nervenschädigungen.
Schöllkraut	Ganz Europa.	Hautreizungen, Kolik, Harndrang, Benommenheit, Tod durch Kollaps.	10 verschiedene Alkaloide.	
Seidelbast	Ganz Europa, auch als Ziergehölz.	Schleimhautreizung, Schluckbeschwerden, Kolik, Unruhe, Atemnot.	Mezerein, Daphnan.	
Selen	In Mineralfuttern sowie in manchen Pflanzen in Gegenden mit hohem Selengehalt im Boden.	Blindheit, Torkeln, Lähmung, Wunden am Kronsaum, Gewichtsabnahme, struppiges Fell, steife Gelenke, Lahmheit.	Selen.	Selenquelle abstellen, Beh. der Symptome und Unterstützung der Körperfunktionen. Vollständige Wiederherstellung, falls Leber- und Nervengewebeschäden nicht zu schwer sind. Tod kann innerhalb von 48 Stunden eintreten, wenn große Dosis in kurzer Zeit aufgenommen wird.
Senfgewächse (Samen als Verunreinigung in Getreideprodukten)	Ganz Europa.	Speicheln, Kolik, Durchfall.	Senföle (Thiocyanate).	Schutzstoffe für den Verdauungstrakt, z. B. Mineralöl; oft tödlich.
Stechapfel (Datura)	Mittel- und Südeuropa, als Zierpflanze in ganz Europa.	Durst, Blindheit, gerötete Haut, zielloses Herumlaufen, Zuckungen, Tod.	Alkaloide.	Beh. der Symptome; normalerweise tritt innerhalb von Minuten bis zu wenigen Stunden der Tod ein.
Tollkirsche	Nord- und Mitteleuropa.	Erregung, Schüttelkrämpfe, Lähmungen, Tod durch Atemlähmung.	L-Hyoscyamin, Atropin.	
Tragant	In versch. Arten in ganz Europa.	Niedergeschlagenheit, Torkeln, Blindheit, Zittern, Schluckstörungen, Panik, Unfähigkeit zu saufen oder zu fressen.	Das Alkaloid Swainsonin.	Beh. der Symptome und Unterstützung des Heilungsprozesses. Manche Tiere überleben, erholen sich aber nie völlig.

➪

Pflanze oder Substanz	Verbreitungsgebiet	Symptome	Giftstoff	Behandlung/ Prognose
Wasserschierling	Mittel- und Südeuropa.	Rascher und heftiger Verlauf; Zittern und Zuckungen innerhalb von 20 Minuten nach Aufnahme.	Cicutoxin.	Keine Beh., fast immer innerhalb 1 Stunde nach Auftreten der Symptome tödlich.
Wasser-Schwertlilie	Ganz Europa.	Blutige Durchfälle.	Iridin, Irisin.	
Weißer Germer	Höhere Lagen Europas.	Speicheln, Durchfall, erhöhte Harnproduktion, Kolik, Erregung, Krämpfe, Atemnot.	Protoveratrin, Germerin, Germidin.	
Wolfsmilch	In verschiedenen Arten in ganz Europa.	Niedergeschlagenheit, Schwäche, Torkeln, unregelmäßiger Puls, epileptische Anfälle, Koma.	Kardenolide.	Beh. der Symptome, nur selten Heilung.
Zaunrübe	Ganz Europa.	Starke örtliche Reizungen, zentrale Lähmungen.	Triterpenoide, Bryonin, Bryonidin, Saponine.	
Zwiebeln	Ganz Europa.	Brauner Harn, Schwäche, Gelbsucht.	S-Methylcystein-Sulfoxid.	Bluttransfusionen, Unterstützung des Heilungsprozesses, bei rascher Behandlung Heilung.

TEIL III

INFORMATIONEN ZUM NACHSCHLAGEN

Kleines Wörterbuch der Veterinärmedizin

Abführmittel
Mit einem Abführmittel kann man den Darm des Pferdes rasch und gründlich entleeren. Dazu können beispielsweise eine Bittersalzlösung (Glaubersalz), Paraffinöl oder Flohsamenwegerich eingesetzt werden.

Abklatschpräparat
Der Abdruck, der auf einem Objektträger zurückbleibt, wenn man die nasse Oberfläche einer Läsion oder eines durch Biopsie gewonnenen Gewebes daraufdrückt, um sie unter einem Mikroskop untersuchen zu können.

Abklopfen (Perkussion)
Eine Diagnosetechnik, mit der man beurteilen kann, womit Körperöffnungen gefüllt sind, indem man darauf klopft und gleichzeitig mit dem unbewehrten Ohr oder mit dem Stethoskop abhört. Eine Erkrankung, die meist mittels Perkussion diagnostiziert wird, ist eine Infektion der Nasennebenhöhlen, die dann mit Eiter gefüllt sind und beim Abklopfen nicht mehr hohl klingen.

Abszess
Eine Infektion, die der Körper mit einer Wand aus faserigem Gewebe umgeben hat, um sie zu isolieren. Eine Antibiotikabehandlung ist erfolgversprechender, wenn ein Abfluss aus dem Abszess geschaffen wird, um Eiter- und Schmutzansammlungen zu entfernen.

Abszess im Gehirn
Meist infolge von Bakterien, die mit dem Blutstrom von einem Infektionsherd an einer anderen Stelle des Pferdekörpers verbreitet wurden. Die Ursache können bakterielle Eindringlinge wie *Corynebakterien* (auch *Rhodococcus* genannt) aus Lungen- und Darminfektionen sein, oder *Streptococcus equi* (Druse). Die Symptome hängen vom betroffenen Gehirnbereich ab. Die Behandlung ist schwierig, weil eine natürliche Barriere im Gehirnkreislauf das Eindringen vieler Substanzen verhindert, zu denen auch manche Antibiotika gehören, und weil ein Abszess definitionsgemäß von den üblichen Abwehrmechanismen des Körpers abgeschottet ist.

Ackerschachtelhalmvergiftung
Vergiftung durch eine mehrjährige Pflanze, den Ackerschachtelhalm, den man auf feuchten Ackerflächen, Wiesen und Wegrändern recht häufig findet. Er ist sowohl in frischer Form als auch getrocknet (im Heu) giftig. Die ersten Anzeichen treten nach etwa 30 Tagen täglicher Aufnahme auf, wenn der Ackerschachtelhalm weniger als 10 % der Gesamtfuttermenge ausmacht.
Zu den Anzeichen gehören: Gewichtsabnahme, Schwäche, Torkeln, Lähmungserscheinungen und Tod. Der Ackerschachtelhalm inaktiviert das Vitamin B und verursacht aufgrund des schweren Vitamin B_1-Mangels ein Anschwellen des Gehirns. Vergiftete Pferde können geheilt werden, wenn sie möglichst bald mit Injektionen von B_1 behandelt werden, noch bevor die Gehirnschädigung irreversibel geworden ist.

Adlerfarnvergiftung (Pteridiose), »Blutschwitzen«
Vergiftung mit dem mehrjährigen Adlerfarn, der am Übergang zwischen Wald und Feld auftritt. Er ist sowohl frisch als auch getrocknet (im Heu) giftig. Die Symptome treten innerhalb von ungefähr 30 Tagen nach Verzehr von Heu mit ungefähr 20 % Adlerfarn auf und können Gewichtsverlust, Schwäche, Torkeln, Lähmungserscheinungen und Tod beinhalten. Der Adlerfarn inaktiviert Vitamin B_1 und verursacht Gehirnschwellungen, die auf den schweren B_1-Mangel zurückzuführen sind. Das Pferd kann durch Injektionen mit Vitamin B_1 äußerst schnell geheilt werden, wenn der Gehirnschaden noch nicht dauerhaft geworden ist.

Akut
Auf Krankheiten bezogen ist eine akute Erkrankung eine mit einem kurzen, heftigen Verlauf.

Allergie
Die erhöhte Empfindlichkeit gegenüber bestimmten Substanzen oder Wirkstoffen. Der Pferde-

körper entwickelt eine Allergie, nachdem er einer bestimmten Substanz ausgesetzt war, wobei sein Immunsystem sensibilisiert wurde. Weitere Kontakte führen dann zu einer starken Über-Reaktion, die entweder lokal oder im gesamten Körper erfolgen kann. Über die Ursachen für die Entwicklung einer Allergie herrscht Uneinigkeit: für manche Fachleute ist eine genetische Veranlagung die Ursache, für andere der chronische Kontakt.

Anämie
siehe Blutarmut.

Anaphylaxie
siehe Überempfindlichkeit.

»Angstäpfel«
Ungewöhnlich wasserhaltiger Kot (halbfest bis wässrig), der mit unterschiedlicher Häufigkeit eine Stunde lang oder kürzer ausgeschieden wird. Beispielsweise kann ein nervöses Pferd, das lieber bei der Herde wäre, in der ersten halben Stunde eines Ausrittes mehrere wässrige Haufen absetzen, weil es sich aufregt.

Anhydrose
Der Verlust der Fähigkeit, zu schwitzen (Schwitzen ist die Haupt-Kühlmethode bei Pferden). Tritt meist bei Pferden in heißem, feuchtem Klima auf. Ein Pferd mit gestörter Schweißbildung kann einen deutlichen Leistungsabfall zeigen (weil es sich überhitzt), in der Bewegung einen überhöhten Puls aufweisen und länger brauchen, um sich zu erholen, die Nüstern selbst in Ruhe stark blähen und eine erhöhte Rektaltemperatur aufweisen. Bei manchen anhydrotischen Pferden bleibt die Fähigkeit zum Schwitzen in bestimmten Bereichen erhalten: im Bereich der Mähne, der Vertiefungen hinter den Ellenbogen und des Genitalbereichs. Die Haarbälge in der Nähe der lahm gelegten Schweißdrüsen können Schaden nehmen, so dass an Kopf und Hals Haarverluste auftreten. In letzter Zeit werden einige Zusatzfuttermittel angeboten, die bei Anhydrose eine gewisse Wirkung zu zeigen scheinen. Normalerweise besteht die empfohlene Behandlung aber in guter Pflege: ziehen Sie mit dem Pferd in ein kühleres und nicht so feuchtes Klima um, reiten Sie es nur bei kühlen Temperaturen, setzen Sie zum Abkühlen des Pferdes Wasserduschen und Ventilatoren ein.

Antibiotika, im Zusammenhang mit Durchfall
Antibiotika töten auch »gute« Bakterien ab, die im Darm des Pferdes immer vorhanden sind, so dass sich nun die krankmachenden Bakterien vermehren können. Das kann zu Dickdarmentzündung, Durchfall und Endotoxämie führen. In schweren Fällen kann das Pferd an der Endotoxämie sterben, bevor der Durchfall augenfällig wird.

Antitoxin, im Zusammenhang mit serum sickness
Serum sickness (Serumhepatitis) ist eine seltene Lebererkrankung, über die noch nicht viel bekannt ist. Sie führt oft zum Tode. Sie kann einige Monate nach einer Behandlung mit bestimmten Stoffen, die Serum enthalten, also beispielsweise mit Anti-Endotoxin oder mit Tetanus-Antitoxin, auftreten. Ein häufiges Symptom ist Gelbsucht. Die Behandlung unterstützt den Heilungsprozess.

Aortathrombose
Dieser Zustand tritt auf, wenn sich im Blut des Pferdes ein Blutgerinnsel (ein Thrombus) befindet, das schließlich in den hinteren Abschnitt der Aorta transportiert wird und dort stecken bleibt. Dort blockiert es die Blutzufuhr zu einem oder beiden Hinterbeinen teilweise oder völlig. Die Anzeichen können ein schwacher oder nicht mehr vorhandener Puls in den betroffenen Gliedmaßen, kalte Beine und Schwäche sein. Eine Behandlung erfordert die Entfernung des Gerinnsels, ist schwierig und oft erfolglos.

Arsenvergiftung
Arsen liegt in einigen Substanzen vor, die man auf jedem Pferdebetrieb finden kann, beispielsweise in bestimmten Unkrautvernichtungsmitteln, in Ameisenköder und in Medikamenten. Das Gift kann im Darmtrakt, an den Nieren und an der Lunge zu Schädigungen führen und dabei verschiedene Symptome hervorrufen: starke Magenschmerzen, Durchfall, starker Speichelfluss, Straucheln, Zittern, Schwäche, Zusammenbruch und schließlich Tod. Ein Pferd kann eine Arsenvergiftung überleben, wenn die Krankheit bald diagnostiziert und entschlossen behandelt wird. Die Behandlung kann intensive kreislaufstützende Maßnahmen beinhalten, es werden Schutzstoffe für den Darm und bestimmte chemische Substan-

zen verabreicht, die das Arsen im Körper des Pferdes so binden, dass es ausgeschieden werden kann.

Aspirations-Lungenentzündung (Aspirationspneumonie)
Diese Lungenerkrankung rührt davon her, dass Futterpartikel, Speichel oder erbrochener Mageninhalt in den Atmungstrakt gelangt sind und die Lunge des Pferdes erreicht haben, wo sie zur Entzündung, zu Zellschäden und zu Infektionen führen. Zu den häufigsten Ursachen gehören Schlundverstopfung, Verletzungen oder Krankheiten, bei denen das Pferd nicht gut schlucken kann, das Eingießen von Medikamenten und die Verabreichung von Medikamenten über eine Schlundsonde, die versehentlich in die Luftröhre gelegt wurde anstatt in die Speiseröhre. Entsprechend spricht man von Einguss- oder Verschluckpneumonie.

Augenlid, Riss am
Eine häufige Verletzung, die normalerweise mit scharfen, vorstehenden Objekten wie beispielsweise Nagelköpfen in Verbindung gebracht wird: die Pferde kratzen sich im Gesicht, indem sie sich an Türpfosten und Fütterungseinrichtungen scheuern. Dabei bleiben sie mit dem Augenlid an dem vorstehenden Gegenstand hängen und versuchen, sich schnell davon loszureißen, wobei sie sich das Augenlid aufschlitzen. In manchen Fällen hängt eine Art Halbinsel aus Augenlidgewebe mit den entsprechenden Wimpern quer über das Auge und zieht sich aufgrund von Muskelkontraktionen zu einer Spirale zusammen, die den Eindruck erweckt, zu klein zu sein, um eine kosmetisch sinnvolle Operation zu ermöglichen. Diese Art von Lappen nimmt aber normalerweise seine korrekte anatomische Form wieder an, wenn er richtig angenäht wird. Bei der ersten Hilfe sollte man sich darauf konzentrieren, den Hautlappen vor weiteren Verletzungen oder dem Austrocknen zu bewahren. Dazu legt man einen Augenverband an, den man mit Salzlösung getränkt hat. (Wie Sie das machen, finden Sie auf S. 282). Die meisten Eingriffe am Augenlid können am sedierten Pferd durchgeführt werden (sediert wird hauptsächlich, damit es den Kopf weiter unten hält), wobei das verletzte Augenlid zusätzlich durch die Betäubung örtlicher Nerven empfindungslos gemacht und gelähmt wird. Der Tierarzt muss darauf achten, den Lappen korrekt wieder so einzusetzen, dass die Wimpern in die richtige Richtung weisen und dass die Fadenenden der Stiche nicht auf der Hornhaut des Pferdes reiben.

Austrocknung (Dehydratation)
Abnahme des normalen Wassergehaltes des Körpers aufgrund von unzureichender Wasseraufnahme oder gesteigerten Wasserverlustes beispielsweise über den Schweiß oder aufgrund von Durchfall.

Avermectin
Eine Gruppe chemischer Stoffe, die als Entwurmungsmittel Verwendung finden. Das Pferdeprodukt Ivermectin gehört in diese Gruppe.

Bakteriell bedingte Haarbalgentzündung (Follikulitis)
Eine Infektion der Haarbälge, normalerweise die Folge einer Hautschädigung durch Verletzung, Insektenstiche oder chronische Verschmutzung. Kommt am häufigsten bei warmem Wetter vor. Zu den Anzeichen gehören auch Pickel, die aufbrechen und haarlose, verkrustete wunde Stellen hinterlassen. Die Diagnose bietet sich aufgrund des Äußeren der Läsionen an und kann durch eine Biopsie bestätigt werden. Die Behandlung beinhaltet Scheren und Säubern der betroffenen Stelle, die sorgfältigst trocken und sauber gehalten werden muss, und das Aufbringen spezifischer antiseptischer Medikamente. Bei tiefliegender Follikulitis, die durch äußerliche Anwendungen nicht erreicht werden kann, bestimmt man an einer Bakterienkultur, welches Antibiotikum wirkt, und verabreicht das entsprechende dann systemisch.

Bänderverletzung
Zerrung oder Zerreißung eines Bandes, das ist der kräftige Gewebestreifen, der die Knochen eines Gelenks in der richtigen Lage zueinander hält. Bänderverletzungen treten normalerweise dann auf, wenn ein Gelenk belastet wird, während die Muskeln und Sehnen im Bereich dieses Gelenks passiv, schwach oder ermüdet sind. Als Ergebnis dieser Verletzung wird das Gelenk instabil, ist anfälliger für neuerliche Verletzungen und entwickelt leichter eine Arthritis. Die Behandlung hängt von der Schwere der Verletzung ab und reicht von Ruhe und entzündungshemmenden Medikamenten bis zur operativen Versorgung.

Bauch(decken)punktion
Ein diagnostisches Hilfsmittel, das meistens eingesetzt wird, um in bestimmten Kolikfällen die Schwere der Erkrankung und das weitere Vorgehen zu bestimmen. Am Unterbauch des Pferdes wird eine Stelle geschoren und desinfiziert, durch die dann eine große Nadel in die Bauchhöhle eingebracht wird. Durch diese Nadel kann man eine Probe der Bauchhöhlenflüssigkeit nehmen und diese auf Farbe, Trübungsgrad und Eiweißgehalt untersuchen. Eine bernsteingelbe, klare und wenig Protein enthaltende Flüssigkeit gilt als günstig. Ist die Flüssigkeit dagegen mit Blut oder Dung verunreinigt, getrübt und enthält viel Protein, so kann das andeuten, dass es sich um eine schwere oder fortgeschrittene Kolik handelt.

Belastungsinduziertes Lungenbluten
Blutungen in der Lunge aufgrund anstrengender Betätigung wie beispielsweise beim Rennen. Zu den Anzeichen gehört auch Nasenbluten. Es kann aber auch sein, dass äußerlich kein Blut sichtbar ist, das betroffene Pferd aber einen Leistungsabfall zeigt, weil seine Atmung infolge der Blutansammlung im Atmungstrakt behindert ist. Die Schwere der Blutung kann sehr unterschiedlich sein und vom Tröpfeln bis zur tödlich verlaufenden Blutung reichen. Eine spezielle Ursache konnte noch nicht festgestellt werden, so dass auch keine spezielle Behandlung existiert. Bei betroffenen Pferden hat man vor dem Rennen Medikamente angewandt, die den Harnabsatz erhöhen, weil damit der Blutdruck gesenkt wird. Blutungen traten dann weniger häufig und weniger schwer auf.

Berühren der Dornfortsätze
siehe Kissing spines.

Beugesehnen
Dieser Ausdruck bezieht sich im allgemeinen auf die Sehnen, die auf der Rückseite der Röhrbeine und Fesselgelenke des Pferdes verlaufen. Sie haben die Aufgabe, das Gewicht zu unterstützen, das auf den Beinen lastet, und das Pferd vorwärts zu katapultieren.

Bindehautentzündung (Konjunktivitis)
Entzündung oder Infektion der Gewebe im Augenbereich. Zu den Symptomen zählen Rötung, Jucken, Tränen und Schwellung des Auges. Als Ursache kommen Reizstoffe wie Staub oder Fliegen, Trauma und Infektion in Frage. Die Behandlung umfasst meist sanfte Säuberung des Auges, Behandlung der Ursache und medikamentöse Versorgung mit Salben, die geeignete Antibiotika oder entzündungshemmende Wirkstoffe enthalten.

Bläschenbildene Entzündung der Maulschleimhaut (Stomatitis vesicularis)
Eine Virusinfektion, die Bläschen und Wunden auf Lippen und Zahnfleisch hervorruft, die manchmal von Schwellung und Bläschenbildung am Kronsaum, Bläschen an den Eutern von laktierenden Stuten und Bläschen an der Spitze des Penis begleitet sind. Die Krankheit ist anzeigepflichtig, das heißt, das zuständige Veterinäramt muss benachrichtigt werden, wenn sie diagnostiziert wird. Betroffene Pferde sollten in Quarantäne kommen, bis sie sich erholt haben. Die Behandlung unterstützt den Heilungsprozess und richtet sich gegen die Symptome.

Blase, Infektion
Ein Ansturm von Bakterien in der Harnblase des Pferdes. Zu den üblichen Anzeichen gehören häufiges Harn lassen, Schmerzen beim Harn lassen und Harn mit Blutbeimengungen. Wenn der verursachende Keim mittels Bakterienkultur festgestellt wurde, kann mit dem entsprechenden Antibiotikum behandelt werden, was normalerweise zur Heilung führt, wenn dem Ganzen kein weiteres hartnäckiges Problem zugrundeliegt. Solche Probleme können das Vorliegen eines Blasensteins sein, der ständig die innere Auskleidung der Harnblase reizt, oder das Vorliegen eines Tumors in der Harnblase, der immer wieder blutet und damit den Bakterien Nahrung bietet.

Blasenstein
Ein Stein, der in der Blase aus Mineralstoffen gebildet wird, die normalerweise im Harn gelöst vorliegen. Die Mineralstoffe fallen aus der Lösung aus und verklumpen zu einem immer größer werdenden Stein. Zu den Symptomen gehören häufiges Harnen und Urin mit Blutbeimengungen. Wenn der Stein den Harnweg verlegt, kann es passieren, dass das Pferd sich zum Harn lassen hinstellt, aber keinen Harn abgibt. Die Behandlung besteht normalerweise in der chirurgischen Entfernung großer oder behindernder Steine und der Verabreichung von Antibiotika, die gegen die zugrunde liegende Infektion wirksam sind.

Bleivergiftung
Vergiftung durch die Aufnahme von Blei. Zu den Quellen gehören Altöl, Farben auf Bleibasis und Erde oder Wasser, die durch Blei aus Autoabgasen oder aus den Abwässern eines Silberbergwerkes belastet sind. Das klassische Symptom einer Bleivergiftung ist ein pfeifendes oder schnarchendes Geräusch beim Atmen aufgrund einer halbseitigen Kehlkopflähmung. Weitere Anzeichen sind Schwäche, Nachgeben der Fesselgelenke, fehlende Koordination, Vergrößerung von Gelenken und Steifheit. Zur Behandlung gehört normalerweise, dass man das Pferd von der Quelle des Bleis entfernt, intravenös spezielle Medikamente verabreicht, die das Blei binden und inaktivieren, sowie allgemeine heilungsunterstützende Maßnahmen.

Blutarmut (Anämie)
Eine Abnahme der Zahl der roten Blutkörperchen aufgrund von Blutungen, Zerstörung roter Blutkörperchen (bei Krankheiten wie beispielsweise der ansteckenden Anämie der Einhufer), oder verminderter Produktion neuer roter Blutkörperchen als Ersatz für diejenigen, die nach Ablauf ihrer normalen Lebensspanne absterben. Letzteres kann von einer Erkrankung des Knochenmarks herrühren, in dem die roten Blutkörperchen hergestellt werden.

Bluterguss (Hämatom); Serom
Eine Prellung oder Quetschung, die von einem stumpfen Trauma herrührt (also einem Schlag oder Zusammenstoß). Ein Bluterguss ist eine Blutlache unter der Haut, die entsteht, wenn unter der intakten Haut Blutgefäße zerreißen. Er fühlt sich matschig an, wie ein Ballon voller dünnflüssigem Pfannkuchenteig, und ist nur wenig berührungsempfindlich. Ein Serom ist ein Hämatom, das älter geworden ist: anstatt einer blutgefüllten Mitte findet man beim Serom ein bernsteingelbe Flüssigkeit und darin eine immer kleiner werdende Ansammlung miteinander verklumpter roter Blutkörperchen.

Blutfleckenkrankheit (Morbus maculosus)
Eine Form der Gefäßentzündung, die einige Wochen nach einer Atemwegserkrankung wie Druse oder Influenza auftritt. Betroffene Pferde weisen meist starke, heiße und schmerzhafte Ödeme an mehreren Stellen des Körpers auf, und zwar auch an Beinen, Unterbauch und Maul. Die Schwellung kann die Haut so sehr spannen, dass sie aufklaffen kann, so dass Serum und Blut austreten. Zahnfleisch und die empfindlichen Gewebe rund um die Augen können kleine rote Flecken aufweisen, weil dort Blutgefäße gerissen sind. Ödeme können auch im Atmungstrakt auftreten und dort die Atmung erschweren. Bei der Behandlung wird das Pferd intensiv ge-pflegt und mit intravenösen Corticoiden behandelt, um die Schwellungen zurückgehen zu lassen. Wenn eine bakterielle Infektion der geschädigten Gewebe vermutet wird, werden Antibiotika eingesetzt. Die Pflege des Pferdes erfolgt wie bei der Gefäßentzündung. Selbst bei entschlossener Behandlung verläuft die Blutfleckenkrankheit für einige der betroffenen Pferde tödlich.

Blutgerinnungsstörung
Jegliche Störung, die die Blutgerinnung in einer Wunde behindert. Zu den Ursachen gehören Erbkrankheiten wie die Bluterkrankheit, Knochenmarkserkrankungen, die die Bildung der Blutgerinnungskörperchen (sie werden Blutplättchen genannt) beeinträchtigen, eine seltene Komplikation nach schweren Infektionen, bei der die Zahl der Blutplättchen abnimmt (Verbrauchskoagulopathie), Rotkleevergiftung sowie Vergiftung mit Produkten, die die Substanzen Warfarin oder Kumarin enthalten.

Blutproteinsenkung
Dabei ist der Proteinspiegel im Blut des Pferdes abgesunken. Als Grund kommen eine zu niedrige Eiweißversorgung in der Ration, schlechte Verdauung oder schlechte Absorption des Nahrungsproteins im Darm sowie übermäßiger Proteinverlust mit Kot und Harn in Frage. Zu den Anzeichen gehören Muskelschwund, Schwäche, Erschöpfung, Ödeme (Schwellungen) in den Beinen oder im unteren Bauchdeckenbereich sowie Niedergeschlagenheit. Die Behandlung konzentriert sich normalerweise auf die Feststellung und Behandlung der Ursache.

Blutschwitzen
siehe Adlerfarnvergiftung.

Blutvergiftung (Septikämie)
Eine Blutvergiftung beruht auf die Verbreitung von Bakterien und den von ihnen produzierten

Giftstoffen im Blutstrom des Pferdes. Zu den Symptomen gehören Appetitlosigkeit, Fieber und Niedergeschlagenheit. Die Behandlung unterstützt den Heilungsprozess und arbeitet mit der Gabe von Antibiotika, die gegen die verursachenden Bakterien wirken.

Borreliose
Eine Infektion mit spiralförmigen Bakterien, die *Borrelia bugdorferi* heißen und durch den Biss einer infizierten Zecke übertragen werden. Die Anzeichen können sehr unterschiedlich sein und reichen von wiederkehrender Lahmheit, die von einem Bein zum anderen wechselt und für die man keine Ursache erkennen kann, bis zu Arthritis, Steifheit und Bewegungsunwilligkeit. Die Behandlung besteht normalerweise in der Verabreichung von Antibiotika aus der Penicillin- oder Tetracyclinfamilie.

Bösartig
Bezogen auf Krebsbildungen bedeutet bösartig, dass lokal in Gewebe eingedrungen wird und diese zerstört werden, oder dass der Krebs sich auf andere Körpergegenden ausweitet.

Bösartige Hyperthermie
Plötzliches Einsetzen von hohem Fieber und harte Muskeln. Die Ursache ist eine Reaktion auf ein Medikament oder ein niedriger Kalziumspiegel im Blut. (Siehe Laktationstetanie.)

Bösartiger Lymphtumor (Leukose)
Eine der häufigsten inneren Krebsformen beim Pferd (obwohl er mit weniger als 0,1 % Wahrscheinlichkeit auftritt und somit sehr selten ist). Ganz verschiedene Gewebe können betroffen sein, aber an häufigsten findet man diesen Tumor in den Lymphknoten entlang des Darmtraktes, wo er die Verdauung beeinträchtigt. Auch die Lymphknoten an Herz und Lunge können befallen werden. Zu den Anzeichen gehören Gewichtsverlust, Fieber, geschwollene Lymphknoten, beeinträchtigtes Sehvermögen, Anzeichen von Atemwegserkrankungen, Kolik, Durchfall, mangelnder Appetit, Ödeme und Niedergeschlagenheit. Eine Heilung gibt es nicht, auch wenn eine Chemotherapie gegen Krebs in etwa der Hälfte der behandelten Fälle zur vorübergehenden Rückbildung geführt hat. Von Stuten wird berichtet, dass der Krebs in der Trächtigkeit spontan und vorübergehend zurückging.

Botulismus (Futtermittelvergiftung)
Eine Krankheit, deren Ursache ein Nervengift ist, das von dem Bakterium *Clostridium botulinum* erzeugt wird. Dieses Bakterium lebt in bestimmten Böden, in Wunden und in sich zersetzender organischer Substanz. Zu den ersten Anzeichen bei ausgewachsenen Pferden gehört ein Nachlassen der Muskelspannung in Zunge, Schweif und Augenlidern, so dass Gesichtsausdruck und Schweifhaltung sich leicht verändern, was aber oft übersehen wird. Mit fortschreitendem Verlauf der Krankheit wird das Schlucken schwieriger, so dass die Bildung von Heuwickeln, Speichelfluss, heraushängende Zunge und/oder Mundgeruch auftreten, gefolgt von Schwäche, torkelndem Gang, Zusammenbruch und schließlich Tod durch Lähmung des Atmungstraktes. Intensive Behandlung unter Verabreichung eines Botulismus-Antitoxins ist in ungefähr 70 % der Fälle erfolgreich.

Breiumschlag
Ein Umschlag mit einem feuchten, breiigen Material, wobei normalerweise trockene, absorbierende Substanzen mit Flüssigkeiten oder mit Öl angerührt werden. Ein solcher Umschlag bewirkt auf Wunden oder Schwellungen ein Aufweichen und Entspannen der Gewebe, je nach Material auch eine Stimulierung, und oft auch ein Abklingen der Schwellung.

Broncheoalveoläre Spülung
Ein diagnostisches Verfahren zur Bestätigung einer vorläufigen Diagnose auf Lungenentzündung. Auch zur Identifizierung der verursachenden Bakterien und der wirksamsten Antibiotika eingesetzt. Das Pferd erhält ein mildes Beruhigungsmittel, dann wird ihm ein dünner Schlauch durch eine Nüster und so weit wie möglich in die Lunge geschoben. Unter geringem Druck werden ungefähr 100 bis 300 ml einer sterilen Lösung eingegeben, dann wieder entnommen und für die Laboranalyse in spezielle Reagenzgläser gegeben.

Bronchialbaum
Die verzweigten Luftwege des Atmungstraktes beim Pferd, die aus der Luftröhre, den Bronchien und den Bronchiolen bestehen.

Bronchitis
Entzündung der inneren Auskleidung der Bronchien. Als Ursache kommen Infektionen, Aller-

gien, Lungenwürmer oder chronische Reizung durch das Einatmen von Staub und Schimmelsporen in Frage.

Brucellose
Infektion mit Bakterien aus der Familie der *Brucellen*, die am Widerrist beschädigtes Knorpelgewebe infizieren und so zu einer Widerristfistel führen können. Ebenso können sie aber in die Geschlechtsorgane eindringen und dort Fruchtbarkeitsstörungen und Fehlgeburten auslösen. Die Brucella-Bakterien können mehrere Tierarten infizieren, unter ihnen Rinder, Haustiere und Menschen. Man sollte deswegen größte Vorsicht walten lassen, wenn man mit einem Pferd umgeht, das mit diesem Bakterienstamm infiziert sein könnte. Die Diagnose wird durch eine Laborkultur mit infiziertem Gewebe und/oder durch Blutproben bestätigt. Zur Behandlung gehören Antibiotikatherapie und eine aggressive Wundbehandlung mit Entfernung des betroffenen Knorpelgewebes.

Brustfellentzündung (Pleuritis)
Eine Entzündung oder Infektion der Brusthöhle, das ist der Bereich zwischen den Lungen und der Brustwand. Eine Brustfellentzündung ist schmerzhaft und macht es schwierig, die Brust zum Einatmen zu weiten. Die betroffenen Pferde versuchen, jedem Druck an der Brust auszuweichen – selbst die Berührung mit dem Stethoskop kann zum Ausweichen des Pferdes oder zu einem schmerzhaften Stöhnen führen. Eine Ultraschalluntersuchung der Brusthöhle kann zeigen, ob dort eine Flüssigkeitsansammlung (Eiter) vorliegt und kann auch eingesetzt werden, um zu ermitteln, ob das Pferd auf die Behandlung anspricht. Für die Behandlung können Antibiotika eingesetzt werden, die gegen die verursachenden Bakterien wirksam sind. Wenn innerhalb der Brusthöhle Eiter vorliegt, kann eine Drainage gelegt werden. (In schweren Fällen werden dabei mehr als zehn Liter Eiter abgeführt.)

Brusthöhlen- und Lungenentzündung
Eine kombinierte Infektion, von der sowohl die Lunge (Lungenentzündung) als auch das Brustfell (Brustfellentzündung) betroffen ist. Oft tritt diese Infektion aufgrund der Stressbelastung durch einen Transport über lange Strecken auf. Zu den Anzeichen gehören Fieber, Depression, mangelnder Appetit, Schwierigkeiten beim Atmen und ein leichter Husten, der aber schmerzhaft ist, weil dabei die Brust bewegt wird. Zur Behandlung gehört normalerweise die Verabreichung von Antibiotika, die gegen die verursachenden Bakterien wirksam sind. Wenn die Brusthöhle eine Eiteransammlung enthält, wird wahrscheinlich eine Drainage gelegt, um den Eiter abzuführen.

Bursitis
siehe Schleimbeutelentzündung.

Calcinosis circumscripta
Ein gutartiger Tumor, der Kalkablagerungen enthält, die auf dem Röntgenbild wie Knochen aussehen. Der Tumor liegt unter der normalen Haut und kann bis zu 15 cm Durchmesser erreichen, Er bildet in der Nähe größerer Gelenke einen harten, schmerzfreien Knoten; am häufigsten ist er direkt unterhalb des Kniegelenks auf der Außenseite zu finden. Eine chirurgische Entfernung ist normalerweise die Lösung des Problems, ist aber unnötig, wenn der Knoten die normale Funktion des Beins nicht einschränkt oder er keinen größeren Schönheitsfehler darstellt.

Cellulitis
Entzündung von Zellen und Bindegewebe, normalerweise als Begleiterscheinung von Erkrankungen, die tief in die Haut eindringen, wie Raspe oder Mauke.

Cholinergisches Hautjucken (Pruritus)
Eine seltene Hauterkrankung, bei der ungeheurer Juckreiz auftritt, sobald die Kerntemperatur des Pferdes durch Bewegung, ein heißes Bad oder Aufregung steigt. Die Haut der betroffenen Pferde zeigt keine Beulen, Erhebungen oder andere Hautläsionen, aber die Pferde fangen an, sich zu kratzen, zu scheuern und mit den Zähnen ihre Haut zu bearbeiten, sobald ihnen warm genug wird, um zu schwitzen. Kalte Bäder schaffen Linderung des Juckreizes. Bei manchen Patienten kann die regelmäßige Verabreichung von Antihistaminen die Juckreizanfälle vermindern oder ganz ausschalten. Es bestehen keine Heilungsaussichten.

Chronisch
Eine Erkrankung oder ein Zustand von längerer Dauer.

Chronische Bronchitis
siehe Dämpfigkeit.

Chronische Selenvergiftung (Selenose)
Chronische Selenvergiftung aufgrund von wochen- oder monatelanger Aufnahme von mäßig giftig wirkenden Mengen dieses lebenswichtigen Mineralstoffes. Zu den Symptomen gehören ein allmählicher Gewichtsverlust, Verlust des Mähnen- und Schweifhaars und empfindliche Hufe, die leicht reißen und ausbrechen. Auch Leberschäden treten auf. Bei entsprechender Behandlung stehen die Heilungschancen bei etwa 50 %, je nachdem, ob die Leber sich entsprechend regenerieren kann oder nicht.

Clostridien-Myositis
Eine Infektion im Muskel, die auf Bakterien aus der *Clostridium*-Familie zurückgeht, wenn diese bei einer Injektion durch die befallene Haut hindurch eingeschleppt werden. Bei 100 000 Injektionen kommt es ein Mal zu einer Clostridien-Myositis. Die Bakterien können sich rasch vermehren und dabei Muskelgewebe zerstören, innerhalb von zwei Tagen schmerzhafte Schwellungen und Lahmheiten hervorrufen und massive Mengen an Giftstoffen freisetzen. Wird nicht rasch eine Behandlung eingeleitet, so absorbiert das betroffene Pferd diese bakteriellen Giftstoffe, was oft innerhalb von drei bis vier Tagen nach der ursprünglichen Injektion zum Tode führt. Zusätzlich zu starken Schmerzen und Schwellungen können weitere Anzeichen auftreten: Appetitlosigkeit, Schwäche, Depression, häufiges Liegen, Koma und schließlich Tod. Die Clostridienarten reagieren normalerweise empfindlich auf Antibiotika. Wenn bald behandelt wird, erholen die betroffenen Pferde sich normalerweise schnell. Viele Pferde werden aber zu spät behandelt, weil die Schwellung als örtliche Entzündung betrachtet wird, die von alleine besser werden wird.

Cogginstest
Ein Bluttest, mit dem eine Infektion aufgrund des Virus, das für die ansteckende Blutarmut der Einhufer (Infektiöse Anämie) zuständig ist, erkannt werden kann. Die Krankheit wird durch stechende Insekten verbreitet, die infizierte Pferde stechen und so das Virus auf andere Pferde übertragen. In Deutschland tritt diese Seuche vorwiegend im süddeutschen Raum auf. Die infektiöse Anämie ist nach dem Viehseuchengesetz anzeigepflichtig. Pferde, bei denen das Virus festgestellt wird, müssen i. d. R. wegen der Gefahr der Ausbreitung der Seuche getötet werden. Es existieren weder Behandlung noch Impfung.

Colitis
siehe Dickdarmentzündung.

Colitis X
Eine starke, akute Entzündung des Grimmdarms (Kolon), die oft zum Tode führt, noch bevor irgendwelche Anzeichen für ein Darmproblem offensichtlich werden. Man glaubt, dass die Krankheit von einem ansteckenden Bakterium verursacht wird, dessen Identität aber noch nicht geklärt ist (daher die Bezeichnung X). Wenn der Patient lange genug überlebt, um Krankheitsanzeichen zu zeigen und behandelt zu werden, konzentriert die Behandlung sich normalerweise auf die Linderung der Symptome (Fieber und Kolikschmerz) und auf die Bekämpfung von Schock und Dehydration durch die Verabreichung großer Mengen an intravenösen Flüssigkeiten und Elektrolyten.

Cornea
siehe Hornhaut.

Corpora nigra (Traubenkörner)
Rundliche Strukturen, die im Pferdeauge immer vorhanden sind und in die Pupille hineinragen. Man glaubt, dass sie als eine Art Markise wirken, die das Augeninnere vor der Sonne schützt. Normalerweise sind diese Knötchen von derselben Farbe wie die Iris und können deswegen leicht für krankhafte Veränderungen im Auge gehalten werden.

Cushing-Syndrom
Eine hormonelle Störung, die auf einem Tumor der Hirnanhangsdrüse beruht (Hypophysenadenom). Diese Störung ruft eine ganze Anzahl von Problemen hervor, zu denen ein diabetesähnliches Syndrom gehört, aber auch Gewichtsverlust, chronische Rehe und ein langes, zotteliges und lockiges Fell, das nicht gewechselt wird. Ein Heilmittel existiert nicht, aber in manchen Fällen können die Symptome durch die Verabreichung von Medikamenten abgeschwächt werden, die die Überproduktion bestimmter Hormone unter-

drücken und die Produktion des Neurotransmitters Dopamin anregen.

Dämpfigkeit, chronische Bronchitis
Eine Überempfindlichkeit der kleineren Verästelungen im Bronchialtrakt des Pferdes. Die Folge sind asthmaähnliche Bronchialkrämpfe (Bronchospasmen), behinderte Atmung, Husten und Leistungsabfall. Der häufigste Auslöser für Dämpfigkeit ist ständiger Kontakt mit Staub und Schimmelsporen. Die Anzeichen verschlimmern sich im Winter, wenn die betroffenen Pferde von der Weide in den Stall gebracht werden, wo sie staubige Einstreu und staubiges Heu vorfinden. Ein geringer Anteil der Pferde zeigt eine Verschlimmerung der Anzeichen, wenn die Tiere auf der Weide stehen. Man glaubt, dass diese Tiere eine Überempfindlichkeit gegen Allergene im Freien entwickelt haben. Eine Heilung ist nicht möglich, aber die Symptome können unter Kontrolle gehalten werden, wenn das Pferd so wenig wie möglich den Allergenen ausgesetzt wird, die die Atemwegsprobleme hervorrufen. Außerdem können Medikamente gegeben werden, die eine Überreaktion des Atmungstraktes auf Allergene verhindern, die nicht ausgefiltert werden können.

Darmstein (Enterolith)
Ein »Stein« im Darmtrakt des Pferdes, der aus Mineralien aus dem Futter oder aus Darmsekreten besteht. Normalerweise bildet er sich um einen Fremdkörper herum, der nicht sehr groß zu sein braucht. Kleine, kieselähnliche Enterolithen können mit dem Kot ausgeschieden werden. Sie können aber auch im Darmtrakt verbleiben und dort so groß werden, dass sie die Fortbewegung des Futterbreis behindern. Enterolithen kommen bei Pferden auf der ganzen Welt vor, aber in Kalifornien treten sie gehäuft auf. Bei der Behandlung werden sie oft chirurgisch entfernt. Wenn die Darmsteine klein genug sind, kann regelmäßig ein starkes Abführmittel verabreicht werden, so dass sie ausgespült werden. Auch eine Umstellung der Ration kann sinnvoll sein, wenn eine Laboranalyse ergibt, dass die Steine hauptsächlich aus Mineralstoffen bestehen, die im Futter des Pferdes in übergroßen Mengen vorkommen. (Ein Beispiel: manche Darmsteine enthalten Phosphor, und zwar bei Pferden, die regelmäßig Weizenkleie erhalten, die sehr reich an diesem Mineralstoff ist.)

Degenerative Gelenkserkrankung
Ein allmählicher Abbau der Bauteile des Gelenks, beginnend mit einer Verletzung oder Entzündung innerhalb des Gelenks. Dadurch beginnt die Gelenksflüssigkeit, normalerweise ein zähflüssiges Schmiermittel, sich zu zersetzen und dünner zu werden. Schließlich wird die Knorpelschicht zerstört. Die Behandlung kann beinhalten: Beseitigung des ursächlichen Problems; Unterbrechung des Kreislaufs der Zersetzung, indem die Gelenksflüssigkeit wieder ersetzt und zähflüssiger gemacht wird sowie eine Zuführung der Baustoffe, die das Gelenk braucht, um beschädigte Teile wiederherzustellen. Schließlich muss man den Trainingsplan des Pferdes so gestalten, dass der Blutkreislauf bestmöglich funktioniert, möglichst wenig Narbengewebe entsteht und während des Heilungsprozesses keine weiteren Traumen auf das Gelenk einwirken.

Degenerative Fesselträgerentzündung (Degenerative suspensory ligament desmitis)
Eine degenerative Erkrankung der Hinterbeine. Am häufigsten (aber nicht ausschließlich) tritt sie bei Peruanischen Pasos zwischen 3 und 8 Jahren auf, nachdem sie in ein volles Trainingsprogramm eingestiegen sind oder turniermäßig vorgestellt werden. Oft wird die Erkrankung für eine einfache Sehnenüberlastung oder -verletzung gehalten. Sie tritt an beiden Hinterbeinen gleichzeitig auf, so dass es manchmal recht schwierig sein kann, die Lahmheit zu entdecken und zu diagnostizieren. Im Anfangsstadium treten Schmerz und Schwellung auf, normalerweise an der Hinterseite der Hinterröhren, und zwar unterhalb des Sprunggelenks auf etwa einem Drittel der Röhrbeinhöhe. An dieser Stelle spaltet die Fesselträgersehne sich in ihre inneren und äußeren Äste auf. Wenn die Krankheit weiter voranschreitet – was sie trotz Behandlung zu tun scheint – kann die Schwellung sich bis hinunter ans Fesselgelenk und noch weiter ziehen. Beim Heilungsversuch werden die beschädigten Sehnenteile durch Granulationsgewebe ersetzt, das nur ein armseliger Ersatz für normales, elastisches, stabiles Sehnengewebe ist. Die Fesselgelenke sinken immer weiter in Richtung Boden, so dass die Beine im Endstadium L-förmig aussehen. Die Erkrankung kann ungeheuer schmerzhaft sein; man hat von betroffenen Pferden berichtet, die sich hingelegt und gestöhnt haben. In einigen Fällen hat man

das Pferd gerettet, indem man das Fesselgelenk chirurgisch fixiert hat. Dadurch wird der Schmerz gelindert, aber das Pferd kann höchstens noch als Weidepferd sein Gnadenbrot bekommen.

Dehydratation
siehe Austrocknung.

Dermatophilose
Eine krustige Hauterkrankung in der Sattellage des Pferdes, bei der Haarbüschel von miteinander verkrusteten Haaren leicht herauszuziehen sind und einen Krater mit roher Haut hinterlassen. Der verursachende Keim, der Charakteristika von Bakterien und Pilzen zusammen aufweist, vermehrt sich besonders in nassem Wetter, wenn die Haut voller Wasser gesaugt ist und weniger gut in der Lage ist, Infektionen abzuwehren. Die Erkrankung kann mit verschmutztem Putzzeug auf andere Pferde übertragen werden. Bei der Behandlung werden meist die Krusten aufgeweicht und entfernt und der betroffene Bereich mit Shampoos oder Lösungen auf Jod- oder Chlorhexidinbasis desinfiziert. Das Pferd muss einen trockenen Unterstand erhalten und strikt sauber gehalten werden, und auch das Putzzeug muss desinfiziert werden. Bei schweren oder hartnäckigen Fällen kann auch mit systemischen Antibiotika behandelt werden.

Diagnostischer Eingriff
Ein chirurgischer Eingriff zum Zweck der Diagnosestellung.

Dickdarmentzündung (Colitis)
Eine Entzündung des Grimmdarms, meist durch Bakterien (beispielsweise *Salmonella* und *Clostridium*) verursacht. Sie führt normalerweise zu Durchfall, Kolikschmerzen und rasch fortschreitender Austrocknung. Als weitere Ursachen kommen in Frage: die Verabreichung von nichtsteroiden Entzündungshemmern wie Phenylbutazon, die Verabreichung von Antibiotika wie Tetracyclin, Tylosin, Neomycin und Lincomycin, ein Lymphosarkom im Darm, eine Vergiftung mit anorganischem Arsen und granulierende Schleimhautentzündung. Die Behandlung konzentriert sich auf die Linderung der Symptome sowie darauf, Austrocknung und Schock zu verhindern, während die Ursache, falls möglich, identifiziert und schließlich auch behandelt wird.

Dimethylsulfoxid (DMSO)
Ein flüssiges Nebenerzeugnis der Papierindustrie, das entzündungshemmende Eigenschaften hat, wenn es lokal aufgebracht, geschluckt oder gespritzt wird. Wenn es lokal aufgebracht wird, wird es durch die Haut des Pferdes absorbiert. Man muss darauf achten, DMSO nicht auf Haut aufzubringen, die mit etwas in Berührung gekommen ist, das giftig sein könnte – das DMSO könnte diesen Giftstoff in den Blutkreislauf eintragen und so eine Vergiftung hervorrufen. Ähnlich absorbieren Sie dieses Produkt wahrscheinlich selbst, während Sie es an Ihrem Pferd anwenden. Sie sind deswegen gut beraten, wenn Sie dabei undurchlässige Handschuhe tragen. Wenn man DMSO mit Wasser mischt, findet in der entstehenden Emulsion eine chemische Reaktion statt, bei der eine recht eindrucksvolle Wärmemenge frei wird. Wenn DMSO also auf nasse Haut aufgebracht wird, kann es Hautreizungen hervorrufen.

Drainage, operative
Schaffen einer Öffnung durch einen chirurgischen Eingriff. Durch die Öffnung können Ansammlungen von Blut, Serum, Eiter oder Verschmutzungen aus einer Wunde abfließen.

Drittes Augenlid
siehe Nickhaut.

Druse
Ansteckende Infektion der oberen Atemwege durch Bakterien, die *Streptococcus equi* heißen und Fieber, Appetitmangel, wässrigen bis dicken Nasenausfluss, Husten, Schwellungen der Lymphknoten und schließlich das Eitern der Lymphknoten unter dem Unterkiefer des Pferdes verursachen. Die Behandlung unterstützt im allgemeinen den Heilungsprozess. Um die Eiterdrainage aus den abszessierenden Lymphknoten zu unterstützen, werden heiße Umschläge oder Breiumschläge verwendet. Der Einsatz systemischer Antibiotika kann angebracht sein. Manche Pferde entwickeln eine potenziell tödliche Erkrankung, die Blutfleckenkrankheit, nachdem sie eine Druse überstanden haben.

Durchfall, akuter
Ungewöhnlich weicher Kot (halbfest bis wässrig), der während eines raschen, intensiven Krank-

heitsverlaufes von weniger als einer Woche Dauer mindestens doppelt so oft wie normal abgesetzt wird. Die Behandlung zielt auf die zugrunde liegende Ursache ab, falls diese bekannt ist, und unterstützt das Pferd durch den Ersatz der verloren gegangenen Flüssigkeiten und Elektrolyte.

Durchfall, chronischer
Ungewöhnlich weicher Kot (halbfest bis wässrig), der über mehrere Tage bis Monate ein- bis eineinhalb Mal so oft abgesetzt wird wie normal. Manchmal treten dazwischen auch längere Perioden mit kuhfladenartigem oder halbfestem Kot auf. Die Behandlung richtet sich normalerweise darauf, die Ursache zu identifizieren und zu beseitigen.

Durchfall, durch Medikamente bedingter
Zu den Antibiotika, die auch Durchfall auslösen können, gehören Tetracyclin, Erythromycin, Sulfamethoxazol/Trimethoprim, Lincomycin, Neomycin und Tylosin. Zu den nicht-steroiden entzündungshemmenden Medikamenten, die Durchfall auslösen können, gehören Phenylbutazon, Flunixin-Meglumin, Ketoprofen und Naproxen. Bei der Behandlung wird das Medikament normalerweise abgesetzt und der Flüssigkeitshaushalt des Pferdes unterstützt.

Durchfall, durch Sand hervorgerufener
Pferde, die auf Sandboden gefüttert werden, können dabei unabsichtlich Sand aufnehmen, der sich im Dickdarm ansammelt und diesen reizt. Die Reizung führt zu chronischer Dickdarmentzündung und Durchfall. Bei der Behandlung wird normalerweise der Sand entfernt, entweder durch die Gabe starker Abführmittel oder durch einen chirurgischen Eingriff.

Durchfall, infektiös bedingter
Infektionen mit *Samonellen* oder mit *Clostridien*arten sind beim erwachsenen Pferd die häufigsten infektiösen Ursachen für akuten oder chronischen Durchfall. Auch ein anhaltender oder sehr starker Befall mit Strongyliden kann diesen Zustand hervorrufen.

Dysphagie
siehe Schluckstörung.

Eastern equine Encephalomyelitis (EEE)
Eine Virusinfektion, die Gehirn und Rückenmark des Pferdes befällt und auf Pferde, Menschen und manche Vögel übertragbar ist. Zu den Symptomen gehören Verhaltensänderungen, Appetitlosigkeit und Fieber. Innerhalb von 12 bis 24 Stunden können diese Anzeichen voranschreiten bis zu Schwachsinn, bei dem der Kopf gegen irgendwelche Gegenstände gedrückt wird und Zähneknirschen, Kreislaufen und oft auch Blindheit zu beobachten sind. Die Krankheit verläuft in bis zu 90 % der Fälle tödlich. Bei überlebenden Pferden findet man oft eine gewisse geistige Stumpfheit als Überbleibsel der Krankheit.

Einflößen von Medikamenten über das Maul
Eine Methode zur Verabreichung von flüssigen Medikamenten, bei der diese weit hinten in das Pferdemaul gedrückt oder gegossen werden. Dazu dient eine große Spritze oder eine langhalsige Flasche. In früheren Zeiten war dieses Einflößen eine häufig benutzte Methode, um Pferden Medikamente zu verabreichen, und im Rinderbereich wird sie immer noch eingesetzt. Im Pferdebereich ist sie allerdings ziemlich in Verruf geraten, weil das Risiko besteht, dass die Flüssigkeit die Luftröhre hinunterläuft anstatt die Speiseröhre, so dass es zu einer Aspirations-Lungenentzündung kommt.

Eingebestock
Dieses Instrument wird verwendet, um Tieren, normalerweise Rindern, größere Pillen durch das Maul einzugeben. Wenn man einen Eingebestock bei Pferden verwendet, kann das zu Rachenverletzungen führen, und es kann passieren, dass das Medikament in der Luftröhre abgelegt wird anstatt in der Speiseröhre.

Einguss-Pneumonie
siehe Aspirations-Lungenentzündung.

Eiweißmangel
siehe Blutproteinsenkung.

Ekzematöse Dermatitis (Mauke)
Eine heiße, geschwollene, offene und schmerzhafte Entzündung der Haut im Bereich der Fesselbeuge, von der meist zwei oder mehr Beine betroffen sind. Häufiger tritt sie an den Hinterbeinen auf. Die Läsionen sind oft bakteriell infiziert,

aber ob die Infektion die Ursache oder die Auswirkung der Hauterkrankung ist, ist umstritten. Jedenfalls neigt diese Erkrankung dazu, sich weiter auszubreiten, wenn sie einmal angefangen hat. Zu einer erfolgreichen Behandlung sind Sorgfalt und strikte Hygiene nötig. Meist wird man täglich bis zweimal täglich den Bereich sanft säubern, die Krusten entfernen, eine antiseptische Salbe auftragen und das Pferd so aufstallen, dass es trocken und sauber steht. Diese Behandlung schlägt dann fehl, wenn die Entzündung oder die Infektion so tief sitzen, dass sie mit lokal auf die Haut aufgetragenen Medikamenten nicht erreicht werden können. Dann müssen systemisch wirkende Medikamente eingesetzt oder ein chirurgischer Eingriff durchgeführt werden, bei dem die betroffenen Gewebe entfernt werden.

Elektrolythaushalt, gestörter

Davon spricht man bei jeder Abweichung im normalen Gleichgewicht der Elektrolyte im Körper. Störungen des Elektrolyt-Haushalts können zu Herzrhythmusstörungen, Zwerchfellflattern, Schwäche, Muskelkrämpfen, Zusammenbruch und zum Tod führen.

Endometritis

Entzündung der Schleimhautauskleidung der Gebärmutter, meist aufgrund einer Infektion.

Endoskopie

Die Benutzung eines Instrumentes, das Endoskop heißt. Es handelt sich dabei um einen starren oder flexiblen Glasfaserschlauch, der in eine natürlich vorhandene (Nüster, Harnröhre, Gebärmutter) oder eine künstlich geschaffene (chirurgischer Einschnitt) Öffnung eingeführt werden kann, um innere Erkrankungen diagnostizieren oder behandeln zu können.

Endotoxämie, endotoxischer Schock

Eine Blutvergiftung, die als Begleiterscheinung ernsthafter Erkrankungen wie Colitis X, Getreideüberfütterung, schwere Kolik, Salmonelleninfektion, Infektion des Atmungstraktes und Gebärmutterinfektion auftreten kann. Wenn die Bakterien eines natürlichen Todes sterben, setzen sie eine winzige Giftmenge frei, die keine Auswirkungen auf das Pferd hat, solange die Bakterien nicht in größerer Zahl als üblich vorhanden sind. In einem solchen Fall kann dann die Giftdosis, die das Pferd absorbieren muss, eine Endotoxämie auslösen. Diese Erkrankung führt von allen nichttraumatischen Ursachen am häufigsten zum Tod von Pferden und ist auch bei den meisten tödlich verlaufenden Koliken die eigentliche Todesursache. Siehe Kreislaufversagen.

Endotoxin

Eine Substanz, die von Bakterien produziert wird. Wenn sie in den Körper des Pferdes absorbiert wird, kann sie einen endotoxischen Schock hervorrufen. Siehe Endotoxämie.

Entrapment

Dabei verfängt sich der Kehldeckel (ein Lappen mit Ventilfunktion im hinteren Kehlkopfbereich des Pferdes, der beim Schlucken die Luftröhre verschließt) hinter einer angrenzenden Schleimhautfalte, so dass das Pferd teilweise weniger Luft bekommt. Bei Pferden, die an diesem Zustand leiden, kommt es während einer großen Anstrengung zu diesem Verfangen des Kehldeckels, also beispielsweise während eines Rennens. Die Leistung des Pferdes kann stark beeinträchtigt werden, weil es um Luft ringen muss. Bei der Behandlung wird meist ein operativer Eingriff vorgenommen, mit dem die Größe des Kehldeckels oder der Hautfalte, unter der er sich verklemmt, verändert wird.

Enzephalitis

Entzündung des Gehirns, meist aufgrund einer Infektion.

Eosinophiles Granulom

Eine häufige Hauterkrankung, bei der feste, glatte Knoten entstehen, die weder jucken noch Haarausfall verursachen. Die Ursache ist nicht bekannt. Manche Wissenschaftler glauben, dass die Erkrankung durch eine Überempfindlichkeit gegenüber Insektenstichen ausgelöst wird. Wenn nur einige wenige Läsionen auftreten, besteht die Behandlung normalerweise in der chirurgischen Entfernung oder in einer Injektion mit einem kortisonhaltigen Medikament, das direkt in die Läsion gespritzt wird. Wenn zu viele der Knoten auftreten, kann eine systemische Behandlung mit Antihistaminika oder einem kortisonhaltigen Medikament angebracht sein. Warnung: eine systemische Behandlung mit Kortikosteroiden erhöht die Anfälligkeit für Hufrehe.

Equine Degenerative Myeloenzephalopathy (Gehirn-/Rückenmarksentzündung der Pferde)
Eine allmählich voranschreitende, degenerative Erkrankung des Nervensystems, die oft für eine Lahmheit gehalten wird. Die Ursache ist unbekannt, allerdings wird in einigen Fällen ein vererblicher Vitamin-E-Mangel vermutet. (Bestimmte Familien scheinen an Vitamin-E-Mangel zu leiden, obwohl sie dieselbe Ration erhalten, mit der andere Familien ausreichend mit Vitamin E versorgt sind.) Im Schritt hebt das betroffene Pferd oft die Hinterbeine sehr hoch, um sie dann mit unnötiger Kraft wieder abzusetzen. Oft tritt es sich beim Rückwärtsrichten selbst auf die Füße und setzt sich wie ein Hund hin. An den Innenflächen der hinteren Fesselgelenke findet man oft Verletzungen, weil das Pferd beim Schrittgehen streift. Es ist keine Behandlung bekannt. Man glaubt, dass Pferde, bei denen diese Erkrankung in der Familie häufig ist, eher normalen Nachwuchs erzeugen können, wenn sie zusätzlich mit Vitamin E versorgt werden.

Equine Protozoal Myeloencephalitis (EPM), Sarkozystiose, Toxoplasmose
Eine Infektion von Gehirn und Rückenmark, verursacht durch die Einzeller *Sarcocystis falcatula,* der vermutlich im Kot von Opossums vorkommt, und *Toxoplasma gondii,* der in Katzenkot auftritt. Pferde können sich infizieren, wenn sie Eier aufnehmen, weil sie an Stellen grasen, an denen Opossum- oder Katzenkot liegt. Die Anzeichen können sehr unterschiedlich sein, von verdeckt bis überdeutlich, und beinhalten Schwäche, Torkeln, Schiefhalten des Kopfes, Schluckstörungen und epileptische Anfälle. Die Diagnose beruht auf den Symptomen und auf Rückenmarksflüssigkeit, die durch eine Rückenmarkspunktion gewonnen wird. Zur Behandlung gehören entzündungshemmende Medikamente und eine bestimmte Kombination von Antibiotika, die über mehrere Monate verabreicht werden, bis der infektiöse Erreger im Labortest nicht mehr nachweisbar ist.

Equines Herpesvirus 1, EHV 1, Virusabort der Stuten, (Rhinopneumonitis der Pferde)
Eine Viruserkrankung, die eine häufig vorkommende Erkrankung der oberen Atemwege hervorrufen kann, die einer Erkältung ähnelt. Außerdem ist diese Erkrankung die häufigste infektiöse Ursache für spätes Verfohlen (normalerweise im 7. Monat der Trächtigkeit). Betroffene Stuten abortieren 2 Wochen bis 4 Monate nach dem Auftreten leichter Anzeichen für eine Erkrankung der oberen Atemwege. Bis zu 15 % aller diagnostizierten Fehlgeburten lassen sich auf EHV-1 zurückführen. Impfungen mit inaktiviertem EHV-1-Virus, werden für den 5., 7. und 9. Trächtigkeitsmonat zur Vorbeugung gegen Frühabort empfohlen. Es gibt allerdings noch keinen Impfstoff, der als Vollschutz eingestuft wird.

Equines Herpesvirus 4, EHV 4, Rhinopneumonitis der Pferde, neurologische Verlaufsform, (Stutenabort)
Eine Viruserkrankung, die eine häufig vorkommende Erkrankung der oberen Atemwege hervorrufen kann, die einer Erkältung ähnelt. Selten kommt es auch aufgrund einer Erkrankung von Gehirn und Rückenmark zu Lähmungserscheinungen. Es gibt einige wenige Berichte über Verfohlen aufgrund der Infektion mit diesem Virus. Die Anzeichen für die Atemwegserkrankung können sein: Fieber, Depression, trockener Husten und ein anfangs dünnflüssiger Nasenausfluss, der mit dem Verlauf der Krankheit allmählich dickflüssiger wird und schließlich, meist innerhalb von 1 bis 2 Wochen, aufhört. Im allgemeinen ist eine Behandlung nicht oder kaum erforderlich. Zu den Anzeichen für die Nervenerkrankung gehören: plötzlich einsetzende Schwäche, Torkeln, schwache Schweifmuskeln und unkontrolliertes Harn lassen. Alle diese Anzeichen treten innerhalb weniger Wochen nach dem Abklingen der Atemwegserkrankung auf. Pferde, die nicht stehen können, überleben mit großer Wahrscheinlichkeit nicht. Pferde, die weniger stark betroffen sind, erholen sich bei unterstützender Behandlung normalerweise. Je stärker die Symptome an Anfang waren, desto größer ist die Wahrscheinlichkeit, dass Behinderungen zurückbleiben.
Ein Impfstoff, der EHV-4 Virus enthält, bietet nur kurzfristig Schutz gegen die Atemwegssymptome, ohne deswegen die Viren am Eindringen zu hindern. Allerdings wird der Schutz mit jeder Impfung besser. Mit anderen Worten kann es passieren, dass ein Pferd mit dem Virus infiziert wird, ohne deswegen Krankheitsanzeichen zu zeigen. Auf diese Art könnte das Virus sich auch

verbreiten. Es wird spekuliert, dass die neurologische Form der Erkrankung mit einer ungewöhnlichen Reaktion des Immunsystems zusammenhängt. Einige Wissenschaftler raten davon ab, ein Pferd während der Atemwegserkrankung zu impfen, weil damit das Risiko der Nervenerkrankung gesteigert werden könnte.

Erfrierungen
Gewebeschäden aufgrund des Einflusses extremer Kälte. In leichten Fällen beobachtet man Schwellungen, Rötung und Schmerzhaftigkeit. Starke Kälte tötet das Gewebe tatsächlich ab, so dass es sich ablöst oder brandig wird. Am häufigsten von Erfrierungen betroffen ist bei Pferden die Ohrspitze, die dann abgestoßen wird, so dass ein oben abgerundetes »Fledermausohr« zurückbleibt.

Ernährungsbedingtes Lymphosarkom
Eine Krebsart im Lymphsystem, die sich auf den Verdauungstrakt ausgeweitet hat und dort oft die normale Verdauung und Absorption von Nährstoffen beeinträchtigt. Das kann trotz normalem oder gesteigertem Appetit zu deutlichem Gewichtsverlust führen. Als Behandlung stehen die chirurgische Entfernung oder die Chemotherapie zur Verfügung; die Heilungsaussichten sind normalerweise schlecht.

Fasten und Gelbsucht
Fasten führt normalerweise zu einer leichten Gelbsucht (gelbe Verfärbung von Zahnfleisch, Augenlidrändern und dem Weißen im Auge).

Festliegen
Das Pferd ist aufgrund eines allzu geschwächten Allgemeinzustands nicht mehr in der Lage aufzustehen.

Fibrosierende und verknöchernde Muskelentzündung (Myopathie)
Eine Muskelerkrankung, bei der das betroffene Hinterbein normal nach vorne genommen wird, am Ende des Trittes aber einfach auf den Boden fallen gelassen wird. Die Erkrankung wird oft mit dem Hahnentritt verwechselt, weil die Gangauffälligkeit ähnlich aussieht, aber sie ist normalerweise die Folge wiederholter oder schwerer Beschädigungen der Muskeln an der Hinter- und Außenseite des Oberschenkels, wie sie durch die hohe Belastung bei den plötzlichen Sliding Stopps und Richtungswechseln auftreten, die von westerngerittenen Turnier- und Rodeopferden verlangt werden. Manchmal ist auch ein aggressives Ausschlagen nach hinten, bei dem das Ziel verfehlt wurde, die Ursache. Bei der Heilung werden die zerrissenen Muskelfasern durch Narbengewebe ersetzt, das schrumpft, wenn es altert. In schweren Fällen kann das Narbengewebe Krusten aus Kalkablagerungen bilden. Eine erfolgreiche Behandlung kann einen chirurgischen Eingriff erforderlich machen, auf den Bewegungsübungen und physikalische Therapie folgen müssen, um die Muskeln während der Heilung zu dehnen und Verklebungen zu verhindern. Bei frischen oder weniger schweren Fällen kann die physikalische Therapie auch ohne einen chirurgischen Eingriff wirkungsvoll genug sein.

Fistelkanal
Eine Öffnung, die der Pferdekörper gebildet hat, so dass Blut, Serum, Eiter oder Verschmutzungen aus einer inneren Verletzung abfließen können, die so weit verheilt ist, wie sie das ohne äußere Hilfe kann. Die angesammelten Flüssigkeiten können eine Abheilung verhindern, da sie ständig zwischen Muskeln und Bindegewebe entlangtröpfeln. Bei der Behandlung wird nach der Ursache für das Nässen der Wunde gesucht, die in einer Infektion, der Anwesenheit eines Fremdkörpers oder eines Sequesters bestehen kann. Der Fistelkanal wird chirurgisch versorgt, damit er abheilen kann.

Fliegen, Überempfindlichkeit gegen
Eine allergische Hautreaktion, die von Stechfliegen oder Kriebelmücken ausgelöst wird. Die betroffenen Pferde reagieren auf Fliegenstiche stärker als normale Pferde. Oft entwickeln sich an den Stichstellen Knötchen, und die Pferde scheuern sich die juckende Haut so stark, dass kahle Stellen entstehen. Bei kälterem Wetter, wenn die Fliegen nicht unterwegs sind, legt sich die Hautreizung.

Flimmerhärchen
Haarähnliche Strukturen, mit denen der Atmungstrakt ausgekleidet ist. Mit ihren rhythmischen Bewegungen strudeln sie Staub und andere Fremdkörper nach oben und aus dem Atmungstrakt hinaus.

Flohsamenwegerich
Der getrocknete reife Samen des Flohsamenwegerichs wird als Abführmittel eingesetzt.

Fluoreszein-Farbstoff und Schwarzlicht
Eine Diagnosetechnik, mit der man feststellen kann, ob ein Augenproblem mit einer Verletzung der Hornhaut verbunden ist. Dabei wird auf das Auge ein floureszierender grüner Farbstoff aufgetragen, indem man einen Papierstreifen auf die Augenoberfläche drückt, der mit dem Farbstoff getränkt ist. Dann wird das Auge mit Augenwaschlösung ausgewaschen. Der Farbstoff sickert dabei in die Vertiefungen der Hornhaut ein und leuchtet dort hellgrün (vor allem dann, wenn man das Auge mit einer batteriebetriebenen ultravioletten Lichtquelle betrachtet). Man kann diese Technik auch einsetzen, um zu ermitteln, ob die Tränenkanäle verstopft sind: innerhalb von 10 Minuten nach dem Auftrag des Farbstoffes auf das Auge erscheint normalerweise in der Nüster dieser Gesichtsseite ein wenig Ausfluss, der grünlich schimmert.

Follikuläre Pharyngitis – Rachenentzündung
Eine ungewöhnliche Vergrößerung der pickelähnlichen lymphatischen Strukturen, die sich normalerweise im Rachen befinden. Manchmal tritt gleichzeitig eine Infektion der unteren Atemwege auf. Wenn die lymphatischen Strukturen groß genug werden, um die normale Luftbewegung im Rachen des Pferdes zu behindern, stellen sich Atemgeräusche oder ein Leistungsabfall ein. Die Diagnose für diese Erkrankung wird gestellt, indem man den Bereich mittels Endoskopie betrachtet. Zur Behandlung gehören Ruhe, die Verabreichung von entzündungshemmenden Medikamenten, Impfung mit Grippe- oder Rhinovirus-Vakzinen, die Verabreichung von Immunostimulantien oder Antibiotika und unter Umständen die Entfernung der vergrößerten Lymphfollikel durch Gefrierbehandlung oder Kauterisieren.

Follikulitis
siehe Bakteriell bedingte Haarbalgentzündung.

Fotodermatits
siehe Überempfindlichkeit gegen Sonnenlicht.

Fremdkörper, Beeinträchtigung der Heilung
Die Anwesenheit eines Fremdkörpers wie beispielsweise eines Holzsplitters, eines Steinchens oder eines Metallstückes in einer Wunde verhindert immer, dass diese Wunde heilt, selbst wenn sie sorgfältigst gesäubert wurde und Antibiotika verabreicht werden. Die Behandlung besteht normalerweise in der Entfernung des Fremdkörpers, der Wundversorgung und der Desinfektion der beschädigten und verschmutzten Gewebe.

Fusarienvergiftung
Eine Erkrankung der Leber oder des Nervensystems bei Pferden, die Getreide verzehrt haben, das mit dem Schimmelpilz *Fusarium moniliforme* befallen war. Dieser erzeugt Giftstoffe, die Fumonisine heißen. Das befallene Getreide muss nicht unbedingt schimmlig aussehen, und nicht jeder Schimmelpilz erzeugt dieses Toxin. Wenn bei einem Pferd das Nervensystem betroffen ist, führt der Giftstoff dazu, dass bestimmte Bereiche des Gehirns weich und schließlich verflüssigt werden, so dass das Gehirn dauerhaft geschädigt wird. Zu den neurologischen Anzeichen gehören Blindheit, Torkeln, das Drücken des Kopfes gegen irgendwelche Gegenstände, Abgeschlagenheit und Unruhe. Wenn die Leber betroffen ist, kann als zusätzliches Symptom eine Gelbsucht auftreten. Die Behandlung kann nur unterstützend wirken; ein Gegengift gibt es nicht. Beschädigte oder zerbrochene Getreidekörner werden eher von den Schimmelpilzen befallen. Der Schimmelbefall kann in jedem Entwicklungsstadium des Getreides auftreten – auf dem Acker, bei der Verarbeitung oder während der Lagerung.

Fußräude
Eine Hautveränderung im unteren Beinbereich in der Nähe der Fesselgelenke aufgrund eines Befalls mit einer mikroskopisch kleinen Milbe, die *Chorioptes* heißt. Zu den Anzeichen gehören ein intensiver Juckreiz (der sich durch Aufstampfen mit den Füßen, Beknabbern der Fesseln oder dadurch bemerkbar macht, dass das Pferd einen Fuß zwischen die Zaunlatten steckt und ihn vor und zurück zieht), Haarausfall, Schwellung, Rötung und Verkrustung der Haut auf der Hinterseite von Fesselbein und Fessel. Bei der Behandlung wird der betroffene Bereich oft geschoren. Die Haut kann mit einem Shampoo behandelt werden, das entfettend wirkt und so die Krusten auflöst und abhebbar macht. Die Milben werden mit mindestens zwei Anwendungen

eines Insektizids im Abstand von 2 Wochen abgetötet.

Futtermittelvergiftung
siehe Botulismus.

Gallensteine
Diese Steine bilden sich in den Gallengängen (das sind Röhren, die die Galle – eine Verdauungsflüssigkeit – von der Leber zum Darm befördern) des Pferdes. Zu den Anzeichen gehören Depression, Gelbsucht und wiederkehrende Kolik. Die Diagnose kann durch eine Betrachtung der Steine mittels Ultraschall bestätigt werden. Operative Eingriffe zur Entfernung der Steine sind normalerweise recht kompliziert, führen aber zur Heilung, falls noch keine ausgedehnten Leberschäden vorliegen.

Gasbrust (Pneumothorax)
Das Vorliegen von Luft oder Gas in der Brusthöhle (dem freien Raum zwischen Lunge und Brustwand), normalerweise als Folge einer Stichverletzung. Die Lunge kann sich nicht mehr richtig ausdehnen, so dass es für das Pferd schwierig ist, genügend Sauerstoff zu bekommen. Zu den Anzeichen gehören Ängstlichkeit und die Konzentration auf die Atemtätigkeit. Als Behandlung kommt normalerweise die chirurgische Schließung der Verletzung in Frage.

Gaumensegelverlagerung
Bei anstrengender Bewegung wie beispielsweise im Rennen kann es bei manchen Pferden vorkommen, dass das Gaumensegel sich nach oben verlagert und dort fest klemmt, so dass es die Atmung behindert. Betroffene Pferde geben oft Schnarchgeräusche von sich und werden deutlich langsamer, weil sie um Luft ringen. Die Diagnose kann meist durch eine endoskopische Untersuchung bestätigt werden. Außerdem hat sich gezeigt, dass das Problem oft nicht auftritt, wenn man dem Pferd für die Dauer des Rennens die Zunge am Unterkiefer festbindet. Es gibt verschiedene operative Eingriffe mit unterschiedlich hohen Erfolgsraten.

Gefäßentzündung (Vasculitis)
Eine Entzündung der kleinen Blutgefäße und Kapillaren, die aufgrund der Beschädigung ihrer Gefäßwände Serum in die umliegenden Gewebe einsickern lassen, so dass Schwellungen entstehen, die meist im unteren Beinbereich des Pferdes liegen. Eine Gefäßentzündung ist ein Symptom für eine tiefere Ursache, die sich auf den ganzen Körper erstreckt – meist eine Virusinfektion der Atemwege. Die Schwellungen können so weit fortschreiten, dass die Haut des Pferdes aufreißen kann, so dass Serum und Blut austreten. Zusätzlich zur Behandlung der Ursache muss die Behandlung normalerweise darauf abzielen, die geschwollenen Beine zu kühlen und zu lindern. Dazu begießt man sie vorsichtig mit kaltem Wasser und unterstützt die Haut mit gut abgepolsterten Druckverbänden, um das Aufreißen der Haut zu vermeiden. Wenn die Haut bereits aufgerissen ist, wird der betroffene Bereich wie eine Schürfwunde behandelt.

Gehörgang, Infektion des (Otitis externa)
Eine Infektion des Gehörgangs außerhalb des Trommelfells. Oft ist diese Infektion selbst nur die Folge einer Beschädigung durch *Otobius megnini* (Ohrenzecke) oder durch Fremdkörper wie beispielsweise Grannen von Gras oder Getreide. Zu den Symptomen gehören Kopfschütteln und Hängen lassen des Ohres nach einer Seite. Die Behandlung richtet sich normalerweise auf die Ursache. Außerdem wird das Ohr von Ohren-schmalz und Schmutzstoffen gereinigt, die auf die Entzündung zurückgehen. (Dazu kann es nötig sein, dem Pferd ein Beruhigungsmittel zu geben.)

Gelbsucht
Gelbe Verfärbung von Haut und Schleimhäuten (Zahnfleisch, Ränder der Augenlider, Scheidenschleimhaut) aufgrund einer Anhäufung von Pigmentstoffen, die normalerweise von der Leber des Pferdes verstoffwechselt (in diesem Falle also ab-gebaut) würden. Zu den Ursachen gehören Erkrankungen der Leber, hämolytische Anämie, Schlangenbiss, Aufnahme bestimmter potenziell giftiger Stoffe wie Zwiebeln und Phenothiazin haltige Medikamente sowie Fasten. Die Behandlung richtet sich normalerweise auf die zugrunde liegende Ursache.

Gelenk, Verletzung bis ins
Wann immer eine Verletzung sich bis in ein Gelenk hinein erstreckt, kann die entstehende Verschmutzung zur Infektion und zu schwerer Arthritis (akuter Gelenksentzündung) führen, die

auch dann weiterbestehen kann, wenn die eigentliche Infektion bereits eingedämmt ist. Die meisten Tierärzte empfehlen eine entschlossene Behandlung von Verletzungen, die bis ins Gelenk reichen, und zwar durch Ausspülen des Gelenks. Dabei erhält das Pferd entweder ein starkes Beruhigungsmittel oder gleich eine Vollnarkose. Danach folgt eine Behandlung mit entzündungshemmenden Medikamenten und systemischen Antibiotika.

Gelenkkapsel
Dickwandiges Gewebe, das die Gelenke des Pferdes umgibt. Die Gelenkkapsel ist stark mit Blutgefäßen und Sinnesnerven durchzogen, so dass jegliche Entzündung dieses Gewebes (Kapselentzündung) mit beträchtlichen Schmerzen verbunden sein kann.

Gelenkkapselverdickung
Eine Verdickung der Gelenkkapsel an der Vorderseite des Fesselgelenks aufgrund eines wiederholten Traumas. Zu den Anzeichen gehören Lahmheit, teigiges Anschwellen des Fesselgelenks und das Auftauchen einer weichen Gewebemasse, die man an der Vorderseite des Gelenks spüren kann. Bei der Behandlung kann unter anderem diese Masse entfernt werden, wenn sie etwas mit der Lahmheit zu tun hat.

Gelenkspunktion
Dabei wird eine Nadel in das Gelenk eingeführt, um eine Probe der Gelenksflüssigkeit entnehmen zu können.

Getreideüberfütterung
Wenn ein Pferd eine große Menge Getreide frisst, beispielsweise, weil es sich Zugang zum Getreidelager verschafft hat, ist die erste Folge normalerweise eine Kolik. Diese Kolik kann sofort auftreten, weil der Magen überfüllt ist, oder erst später, wenn das Getreide im Dickdarm ankommt. Die zweite Folge ist normalerweise eine Endotoxämie und Durchfall. Beides tritt innerhalb von 72 Stunden auf. Die Ursache sind Bakterien, die sich in einem kohlenhydratreichen Milieu rasch vermehren können. Die dritte Folge ist oft eine Hufrehe. Die Behandlung ist am erfolgreichsten, wenn sie bereits eingeleitet wird, bevor die ersten Erkrankungssymptome sichtbar werden: man kann den Mageninhalt auspumpen und das Pferd dann mit Paraffinöl oder anderen Abführmitteln behandeln. Oft wird man auch vorbeugend zum Schutz gegen die Endotoxämie und die Hufrehe behandeln.

Glatzflechte (Trichophytie)
Eine Pilzinfektion auf der Haut des Pferdes, die auf andere Pferde und auch andere Tiere (einschließlich Menschen) übertragbar ist. Das Hauptanzeichen für Glatzflechte ist stellenweiser Haarausfall ohne Juckreiz. Zur Behandlung gehören das Scheren der Haare in den betroffenen Bezirken, tägliches Baden mit Shampoo auf Jodbasis, eventuell das Aufbringen lokaler Pilzbekämpfungsmittel nach jedem Bad, strikte Trockenhaltung des Stalles und Kontakt mit Sonnenlicht, so oft wie möglich. In schweren Fällen kann die Verabreichung von pilzabtötenden Medikamenten über das Maul nötig werden.

Granulationsgewebe
Gewebe, das sich während der Wundheilung bildet. Es füllt Defekte aus und bildet eine nährstoffreiche Grundlage, auf der neue Haut wachsen kann. Granulationsgewebe besteht aus vielen ineinander verschlungenen kleinsten Blutgefäßen und sich bildendem Narbengewebe. Es ist rosafarben, hat eine leicht höckrige Oberfläche, enthält praktisch keine Nerven (so dass es nichts spürt) und blutet leicht. Wenn Granulationsgewebe über die Oberfläche hinauswächst, nennt man es wildes Fleisch.

Granulomatöse Erkrankung des Magen-Darm-Trakts
Breite Bereiche mit Verdickungen, die wie wildes Fleisch aussehen, im Dünndarm. Diese verdickten Stellen behindern die Verdauung und Absorption von Nährstoffen dramatisch. Der Kot des Pferdes sieht meist normal aus (ungewöhnliche Kotkonsistenz beobachtet man meistens dann, wenn das Problem im *Dick*darm liegt), aber meist sind die betroffenen Pferde trotzdem »schwerfuttrig«, zeigen Ödeme und andere Anzeichen eines ungewöhnlich niedrigen Proteinspiegels im Blut oder haben Hautveränderungen, zu denen Haarausfall, Jucken und Schuppen gehören können. Die Behandlung beinhaltet normalerweise die Beseitigung möglicher Ursachen und eine chirurgische Entfernung geschädigter Gewebe oder man kann den Versuch unternehmen, sie mittels Medika-

menten wieder herzustellen. Die Prognose ist ungünstig und hängt von der Schwere und der Ausdehnung der Läsionen ab.

Grauer Star (Katarakt)
Eintrübung der Linse des Auges. Wenn eine Linse einmal eingetrübt ist, kann man mit keiner Behandlung den alten Zustand wieder herstellen. Wenn der graue Star so groß ist, dass er das Sichtfeld beeinträchtigt, kann die Linse chirurgisch entfernt werden, so dass das Pferd noch sehen, aber nichts mehr scharf stellen kann.

Grippe
siehe Influenza.

Gutartig
In Bezug auf Krebsgeschwüre bedeutet gutartig, dass der Krebs sich nicht ausbreitet oder keine Zerstörungen anrichtet und auch nicht dazu neigt, sich auf andere Körperbereiche auszudehnen.

Habronema
siehe Magenbremse.

Hahnenfußvergiftung
Eine Vergiftung mit der wohlbekannten Butterblume kann Bläschenausschlag auf den Lippen, im Maul und im Verdauungstrakt des Pferdes hervorrufen und zu den Symptomen Speichelfluss, Kolik und Durchfall führen. Dazu muss die frische Pflanze aufgenommen werden; getrocknete Hahnenfußgewächse führen nicht zu diesen Symptomen. Die Behandlung erstreckt sich normalerweise auf die Symptome: das Pferd darf keinen Zugang mehr zu der Pflanze haben, und Magen und Darm werden mit einer Schutzschicht überzogen, beispielsweise mit einem Mineralöl.

Hahnentritt
Eine Erkrankung von Muskeln oder Nerven, die eines oder beide Hinterbeine betrifft. Das betroffene Pferd zieht das betroffene Hinterbein oft zu weit hoch, manchmal so hoch, dass es sich selbst in den Bauch tritt. Es hält das Bein einen Augenblick lang in dieser hohen Stellung und bringt es dann mit einer ruckartigen Bewegung auf den Boden. Dieses Problem kann sich in jedem Alter entwickeln; die Ursache ist unbekannt. Hahnentritt wird meist mit muskelentspannenden Medikamenten behandelt, außerdem kann ein Teil des Quadricepsmuskels und seiner Sehne, des seitlichen Zehenstreckers, chirurgisch entfernt werden. Ohne Behandlung wird die Erkrankung nur selten besser.

Halbseitige Kehlkopflähmung
Lähmung einer Seite des Kehlkopfes aufgrund einer Funktionsstörung des Nervs, der den Muskel auf dieser Seite versorgt. In der Folge legt sich eine Gewebefalte über die Öffnung der Luftröhre und verkleinert diese Öffnung um bis zu 100 %. Die Symptome ergeben sich aus dieser verringerten Luftzufuhr und bestehen beispielsweise aus einem Leistungsabfall und einem röhrenden oder schnarchenden Geräusch beim Atmen. (Daher der Ausdruck »Kehlkopfpfeifen«.) Bei der Behandlung kommt normalerweise eine von mehreren chirurgischen Techniken zum Einsatz, bei der die Gewebefalte geöffnet und in der offenen Stellung befestigt wird.

Halitose
siehe übler Mundgeruch.

Hämatom
siehe Bluterguss.

Hämolytische Anämie
Eine Verringerung der Anzahl der roten Blutkörperchen aufgrund eines verstärkten Abbaus von roten Blutkörperchen. Die Anzeichen nehmen an Schwere zu, wenn die Anämie sich verschlimmert, und beinhalten Gelbsucht, eine bräunliche Verfärbung des Harns, Erschöpfung und Schwäche. Die Behandlung konzentriert sich normalerweise auf die zugrunde liegende Ursache, also beispielsweise auf eine bakterielle Infektion oder auf den Kontakt mit bestimmten Giftstoffen. Wenn der Anteil der roten Blutkörperchen im Blut bedrohlich sinkt, werden Transfusionen gegeben. Die neonatale Isoerythrolyse (Neugeborenenikterus)? ist eine Art der hämolytischen Anämie.

Harnröhre, Infektion der
Ein Problem bei Deckhengsten, bei denen dadurch dem Ejakulat Blut beigemengt wird, so dass die Stuten beim Natursprung oder bei der künstlichen Besamung ohne Verwendung von Antibiotika infiziert werden können. Zu den Anzeichen für eine Infektion der Harnröhre gehören häufiges Harn lassen, Blutbeimengungen im

Harn, und das Hinstellen zum Harnen mit den entsprechenden Anstrengungen, wobei aber nur tröpfchenweise Harn abgegeben wird.

Harnröhre, verlegte

Eine verlegte Harnröhre blockiert den Harnabfluss von der Blase nach außen und ist deswegen ein Notfall. Die Verlegung kann zustandekommen, wenn ein Blasenstein oder ein Blutklumpen durch die Harnröhre rutscht, oder durch Druck auf die Harnröhre von außen durch eine daneben liegende Gewebemasse. Als Symptom sieht man, dass das Pferd sich häufig zum Harn lassen hinstellt und Anstrengungen dazu unternimmt, wobei aber nur selten und wenig Harn abgelassen wird. Bei der Behandlung wird normalerweise die Ursache festgestellt und behandelt.

Hasenhacke

Weiche Schwellung aufgrund einer Bänderdehnung an der äußeren hinteren Oberfläche des Hinterbeins an der Stelle, an der das Sprunggelenk in den Kopf des Gleichbeins übergeht (also oben am Röhrbein). Pferde mit stark gewinkelten Hinterbeinen (kuhhessige Stellung) sind für diese Verletzung anfälliger als andere. Zu den Anzeichen gehört die plötzliche charakteristische Schwellung, wobei Schmerz, Wärmeentwicklung und Lahmheit stärker auftreten, wenn man am Sprunggelenk eine Beugeprobe durchführt. Mit der Zeit wird die Schwellung hart und schmerzt nicht mehr. Die Behandlung umfasst normalerweise erste Hilfe zur Linderung von Wärmeentwicklung und Schwellung, Boxenruhe, einen Druckverband zur Begrenzung der Schwellung und physikalische Therapie zur Verhinderung oder Begrenzung von Verklebungen.

Hautdasseln, Hautbremsen (Myiasis)

Dabei graben wandernde Fliegenlarven (die Hautdasseln) sich Gänge durch die Haut. Normalerweise befallen diese Fliegen Rinder und legen ihre Eier auf deren Beinen ab. Die Larven, die aus diesen Eiern schlüpfen, durchbohren die Haut und wandern in den Bereich der Kehle oder des Rückens, wo sie die Haut nach außen durchstoßen, zu Boden fallen, ihre Flügel ausbreiten und wegfliegen. Pferde, die in Gesellschaft von Rindern weiden, werden gelegentlich von Hautdasseln befallen, die dann in der Wanderungsphase absterben, weil sie nicht im richtigen Wirt sitzen. Sie bilden dabei dort, wo sie ihre Wanderung eingestellt haben (normalerweise am Widerrist, an den Schultern oder am Rücken) murmelgroße Knötchen. Wenn die Larve noch lebt, macht sie sich ein Atemloch in die Haut des Pferdes. Sobald die Larve abstirbt, wird das Knötchen zum verhärteten Dauergrab. Zur Behandlung kann man mit dem Wirkstoff Ivermectin oder mit Moxidectin entwurmen, denn diese Wirkstoffe töten die Larven ab, egal wo im Körper sie sitzen. Wenn das entstandene Knötchen optisch nicht akzeptabel ist, kann es unter örtlicher Betäubung chirurgisch entfernt werden. Vorbeugung: Pferde nicht mit Rindern oder Rinderdung, in dem die Fliegen sich vermehren, in Berührung kommen lassen.

Hautkrebs

Die häufigsten Hautkrebserkrankungen beim Pferd, die mit nach außen tretenden Tumoren verbunden sind, sind Melanome, Lymphome, Sarkoide und Plattenepithelkarzinome.

Hepatische Enzephalopathie

Eine Gehirnerkrankung aufgrund einer fortgeschrittenen Lebererkrankung und des entsprechenden Anstiegs von Giftstoffen im Körper des Pferdes. Zu den Anzeichen gehören Niedergeschlagenheit oder Aufgedrehtheit, das Schiefhalten des Kopfes, der Kopf wird gegen irgendwelche Gegenstände gedrückt, Laufen im Kreis, zielloses Herumlaufen, Blindheit, Taubheit, Zusammenbruch, Koma, Zuckungen und Tod. Die Behandlung konzentriert sich normalerweise darauf, die ursächliche Krankheit festzustellen und zu behandeln.

Herzklappeninsuffizienz

Wenn das Herz nicht mehr in der Lage ist, wirksam zu pumpen, weil die Herzklappen undicht sind und Blut zurück in die Lunge fließen lassen, staut sich das Blut in der Lunge, und die Extremitäten des Pferdes werden schlechter mit Blut versorgt. Das Herz gleicht das aus, indem es stärker pumpt, so dass die Blutstauung in der Lunge noch verschlimmert wird und der Herzmuskel Schaden nehmen kann. Beim Pferd kann Herzinsuffizienz auftreten, wenn das Herz durch eine Virus- oder Bakterienerkrankung geschädigt ist. Als weitere Ursache kommt eine Vergiftung mit dem Futterzusatzstoff Rumensin in Frage. Zu den Symptomen gehören Schwäche, Leistungsabfall, Nasenbluten bei der Arbeit, verlängerte Erholungsphase nach der Arbeit oder Husten. Die Behandlung konzentriert sich normalerweise darauf, die Ursachen zu behandeln, die Blutstauung in der Lunge zu beheben und den Wirkungsgrad des Herzens mit verschiedenen Medikamenten zu erhöhen.

Heuwickel
Manchmal spucken Pferde teilweise gekautes Futter in Wickeln oder Batzen aus. Das ist ein Anzeichen für Zahnprobleme oder Schwierigkeiten beim Schlucken.

Histopathologie
Eine Labormethode, bei der ein durch Biopsie entnommenes Stück Gewebe konserviert, in Scheibchen von einer Zelle Dicke geschnitten, auf einen Objektträger aufgetragen und schließlich unter dem Mikroskop betrachtet wird, um so zu ermitteln, ob in diesem Gewebe abnormale Veränderungen vor sich gegangen sind, bevor die Biopsie durchgeführt wurde.

Hitzschlag
Erhöhte Körpertemperatur aufgrund von Muskelanstrengung, zusammen mit hoher Temperatur und Luftfeuchtigkeit der Umgebung, so dass das Pferd nicht gut schwitzen kann, was ja seine Haupt-Kühlmethode ist. Zu den Anzeichen gehören: Abgeschlagenheit, kein Interesse an Futter oder Wasser, Kolikschmerzen, Muskelkrämpfe, erhöhte Rektaltemperatur (36–37°C), schnelle und flache Atmung, Darmgeräusche vermindert oder nicht vorhanden sowie ein rhythmisches Zucken der Bauchmuskeln, wie ein schneller Schluckauf. Die Behandlung zielt meist darauf ab, das Pferd abzukühlen und die Körperflüssigkeiten und Elektrolyte wieder auf das normale Niveau zu bringen, wozu große Dosen von intravenösen Flüssigkeiten verabreicht werden. Sobald die Körpertemperatur und der Wassergehalt im Körper sich wieder normalisieren, verschwinden meist auch die Krankheitsanzeichen.

Horner-Syndrom
Eine Anzahl von Symptomen im Gesicht, die entstehen, wenn symphatische Anteile der das Gesicht des Pferdes versorgenden Nerven beschädigt werden. Die Symptome treten, je nach Lage der Nervenbeschädigung, auf einer oder beiden Gesichtshälften auf. Zu den Anzeichen gehören das Herunterhängen des oberen Augenlides, verengte Pupillen, Vorfallen der Nickhaut und starkes Schwitzen an den Halsseiten und um die Ohrbasis herum. Die Behandlung richtet sich normalerweise auf das zugrunde liegende Problem der Nervenschädigung. Außerdem wird das Auge, an dem das Augenlid herunterhängt, mit schützenden Augensalben behandelt, damit es nicht austrocknet.

Hornhaut (Cornea)
Der transparente, gewölbte Teil des Augapfels.

Hornhautabszess
Eine Infektion zwischen den Schichten der Hornhaut, die wie eine Zwiebelhaut aus mehreren Lagen aufgebaut ist. Meistens kommt es dazu, wenn die Hornhaut durch eine Verletzung durchdrungen wurde. Für das Pferd ist der Abszess sehr schmerzhaft und kann zur Blindheit führen, wenn er nicht behandelt wird. Die Behandlung ist nicht einfach, weil die Lage der Infektion zwischen den Schichten der Hornhaut sowohl für auf diese Haut aufgetragene als auch für systemische Mittel schwer zu erreichen ist. Die Behandlung ist meist ähnlich wie bei einem Hornhautgeschwür; wenn der Abszess darauf nicht anspricht, kann ein chirurgischer Eingriff nötig werden, bei dem die Schichten der Hornhaut aufgeschnitten und der Abszess eröffnet wird. (Wenn die Infektion abgeklungen ist, heilt auch die Hornhaut wieder aus.)

Hornhautentzündung, trockene (Keratis sicca)
Unzureichende Produktion von Tränenflüssigkeit führt zu einer Reizung der Hornhaut. Die Behandlung zielt normalerweise darauf ab, die Ursache herauszufinden und falls möglich abzustellen sowie das Auge durch künstliche »Schmiermittel« zu schützen.

Hornhautgeschwür
Ein Hornhautdefekt, der meist auf einer Verletzung und nachfolgenden Infektion beruht. Der Zustand ist sehr schmerzhaft und kann zur Blindheit führen, wenn er nicht behandelt wird.
Bei der Behandlung werden meist Antibiotika und andere Medikamente zur Bekämpfung der

Infektion, Entzündung und Schmerzhaftigkeit eingesetzt, die auch die Regeneration der beschädigten Hornhaut erleichtern. In den meisten Fällen werden die Medikamente örtlich angewendet.

Hufabszess

Eine Infektion im Huf des Pferdes, die auf das Eindringen von Bakterien zurückzuführen ist. Sie können durch schlechte Stellen im Hufhorn eindringen oder durch eine Stichwunde. Schmerzhaftigkeit oder Lahmheiten treten als Ergebnis des Drucks auf, der von der schwärenden Infektion ausgeht; meist fühlt das Pferd sich sichtlich wohler, wenn man Eiter und Schmutz abdrainieren kann. Die Behandlung konzentriert sich meist darauf, einen Abfluss zu erzielen, indem entweder ein Drainagekanal durch die Hufsohle geschaffen wird oder die Infektion durch einen Abfluss am Kronsaum herausgezogen wird. Ohne eine Drainage bleiben Antibiotikagaben meist wirkungslos.

Hufbeinbruch

Ein Bruch, der normalerweise auf einen Fehltritt oder Sturz zurückzuführen ist; häufig am inneren (stärker belasteten) Bein von Rennpferden zu sehen. Zu den Symptomen gehören normalerweise eine plötzlich einsetzende Lahmheit, vermehrte Wärme an der Hufwand und eine stärkere Pulsation der Mittelfußarterie. Die Behandlung hängt davon ab, wo der Bruch sich befindet und wie unstabil der Knochen in sich ist. In manchen Fällen kommt es zur Heilung, wenn das Pferd 12 Monate Ruhe bekommt und mit einem Eisen mit Quersteg beschlagen wird, um die Bewegung des Hufes einzuschränken. Bei anderen wird ein chirurgischer Eingriff nötig, bei dem der Bruch mit Hilfe von Schrauben stabilisiert wird.

Hufkrebs

Eine Infektion des Strahls, die sich auf die angrenzende Hufsohle und auf die Hufwand ausbreiten kann. Am befallenen Strahl entstehen dicke Falten und Erhöhungen, und aus den Spalten sickert ein schlecht riechendes Sekret, das die Konsistenz von Frischkäse hat. Auf den befallenen Beinen geht das Pferd normalerweise lahm. Hufkrebs wird meist durch lang anhaltende Vernachlässigung des Hufes und nasse, schmutzige Einstreu verursacht. Die Infektion reicht oft sehr tief, so dass die Behandlung aus einer operativen Wundversorgung und dem Einsatz von systemischen Antibiotika bestehen kann.

Hufrehe

Eine Erkrankung, bei der die Blutversorgung des Hufes verringert ist, so dass die Verbindung zwischen Hufbein und Hufhorn zerstört wird. Man hat dafür mehrere Gründe festgestellt, unter anderem Getreideüberfütterung, akute Endometritis, Endotoxämie und Fettleibigkeit. Viele Fälle von Hufrehe treten ohne einleuchtenden Grund auf. Die Behandlung einer akuten Hufrehe richtet sich normalerweise darauf, die zerstörerischen Vorgänge aufzuhalten, die Ursache abzustellen und die Blutzirkulation in den betroffenen Hufen wieder herzustellen. Je eher in den Krankheitsverlauf eingegriffen wird, desto besser sind die Aussichten. Von akuter Hufrehe spricht man, wenn sie innerhalb weniger Tage eingetreten ist; chronische Hufrehe dauert länger an.

Hufrollenentzündung

Eine chronische, degenerative Erscheinung. Sie hat ihre Ursache in verringerter Blutversorgung des Strahlbeins oder in übermäßiger Druck- und Reibungsbelastung auf das Strahlbein selbst, den Hufrollenschleimbeutel (das ist eine Art Kissen, die das Strahlbein abpolstert) oder die tiefe Beugesehne, die an der Rückseite des Pferdefußes entlang verläuft.

Zu den Anzeichen gehören das allmähliche Einsetzen einer Lahmheit in einem oder beiden Vorderbeinen, so dass ein gestelzter oder abgehackter Gang entsteht. Dieser Zustand kann durch den Hufstand mit langer Zehe und niedrigen Trachten eingeleitet oder verschlimmert werden (siehe dort). Es gibt keine Heilung, aber die Behandlung kann die Symptome verringern und in vielen Fällen die Reittauglichkeit des Pferdes wieder herstellen. Zur Behandlung gehören ein Korrekturbeschlag, Gewichtsabnahme bei verfetteten Pferden, kontrollierte Bewegung, der wohlüberlegte Einsatz von schmerzstillenden und entzündungshemmenden Medikamenten, und in der akuten Phase Medikamente, die das Blut in den Gefäßen des Hufes verdünnen.

Hühner und Hautjucken

Hühner können mit dem Hühnerkammfloh befallen sein. Wenn die Lebensbereiche von Pferden und Hühnern sich überschneiden, können die Flöhe auf die Pferde überspringen und dort Hautjucken verursachen oder verschlimmern. Zur Beseitigung des Problems können die Hühner und ihr Lebensbereich mit entsprechenden, für Hühner zugelassenen Insektiziden behandelt werden, die gegen Hühnerkammflöhe helfen.

Hygrom
siehe Karpalbeule.

Hypophysen-Adenom (basophiles Adenom)
Die Hypophyse, die am Gehirnstamm sitzt, hat die wichtige Aufgabe, Hormone freizusetzen, die eine ganze Anzahl von Körperfunktionen regulieren. Ein Teil der Hypophyse kann entarten und anfangen, übermäßige Mengen an Hormonen auszuschütten. Das Ergebnis: eine Erkrankung, die Cushing-Syndrom genannt wird und im allgemeinen durch eines oder mehrere der folgenden Anzeichen gekennzeichnet ist: Hufrehe, Muskelschwund, übermäßiges Schwitzen, übermäßige Wasseraufnahme und Urinabgabe, sowie langes, zotteliges Fell, bei dem kein Fellwechsel mehr stattfindet. Eine Reihe von Blutuntersuchungen hilft bei der Diagnose; die Behandlung beschränkt sich größtenteils auf die Symptome.

Hypoproteinämie
siehe Blutproteinsenkung.

Hypothyreose, Hypothyreoidismus
siehe Schilddrüsenunterfunktion.

Idiopathisches Vestibularsyndrom des Pferdes
Eine Entzündung des Innenohres (auf der inneren Seite des Trommelfells) in dem Bereich, der das Gleichgewicht steuert. Die Ursache ist nicht zu erkennen. (Manche Wissenschaftler vermuten eine Virusinfektion.) Die Symptome sind normalerweise dieselben wie bei anderen Infektionen des Innenohres.

Infarkt (Gehirn-)
Eine Gehirnerkrankung, die auftritt, wenn ein Blutgerinnsel durch den Blutstrom des Pferdes in das Gehirn getragen wird und sich schließlich in einem Blutgefäß festsetzt. Dadurch kann es vorkommen, dass ein Teil des Gehirns nicht mehr mit Blut versorgt wird, dass Blut in das Gehirngewebe einsickert, wo es entzündlich wirkt, oder das eine Gehirnschwellung auftritt. Die Anzeichen hängen davon ab, welcher Gehirnbereich betroffen ist. Die Behandlung besteht in einer Unterstützung des Heilungsprozesses und einer entschlossenen Behandlung mit entzündungshemmenden Medikamenten.

Infektion, einer Wunde
Eine Wunde wird infiziert, wenn Bakterien oder Pilze, die diese Wunde verunreinigen, sich organisiert vermehren und so eine Art überproportional stärker vertreten ist als die anderen. Eine wirkungsvolle Behandlung konzentriert sich normalerweise darauf, die körpereigenen Abwehrkräfte des Pferdes zu stärken (durch Drainage der Wunde und Entfernung von abgestorbenem Gewebe) und der Infektion mit einem Antibiotikum zu Leibe zu rücken, das gegen die dort vorhandenen Bakterien wirkt.

Infektion, im Blut (Septikämie)
Eine Erkrankung, die durch die Verbreitung infektiöser Organismen und ihrer Giftstoffe im Blutstrom des Pferdes verursacht wird. Siehe Blutvergiftung.

Infektion, im Muskel
Eindringen infektiöser Organismen in das Muskelgewebe, meist aufgrund einer Verschmutzung der Wunde oder aufgrund einer intramuskulären Injektion mit einer verschmutzten Kanüle oder Spritze oder einem nicht einwandfrei sauberen Medikament (siehe Clostridin-Myositis). Bei der Behandlung werden die beschädigten oder verschmutzten Gewebe gesäubert und desinfiziert, ein Abfluss sichergestellt und entzündungshemmende Medikamente, systemische Antibiotika oder pilztötende Medikamente verabreicht, die im Test eine Wirkung gegenüber dem infektiösen Erreger gezeigt haben.

Infektiöse Anämie, ansteckende Blutarmut der Einhufer
Diese Viruserkrankung verursacht eine allmähliche Abnahme der Anzahl der roten Blutkörperchen. Im Verlauf der Erkrankung werden die betroffenen Pferde immer schwächer. Die Krankheit wird von stechenden Insekten verbreitet. Die Diagnose wird über einen Cogginstest gestellt. Es gibt keine Behandlung und keine Impfung. Die

infektiöse Anämie ist eine anzeigepflichtige Tierseuche und es müssen die gesetzlichen Seuchenvorschriften (z. B. Quarantäne, Euthanasie) beachtet werden.

Influenza
Eine Virusinfektion, die zu einer stark ansteckenden Erkrankung der oberen Atemwege führt. Zu den Anzeichen gehören Fieber, trockener Husten, wässriger Nasenausfluss, mangelnder Appetit, Muskelschmerzen, vergrößerte Lymphknoten und angelaufene Beine. Wenn die Widerstandskraft des Pferdes zum Zeitpunkt der Infektion geschwächt ist, kann als Sekundärinfektion eine bakteriell bedingte Lungenentzündung hinzukommen. Ruhe und gute Pflege sind wichtig, damit das Pferd sich erholen kann. Die Erkrankung verursacht eine zeitweilige Überempfindlichkeit des Atmungstraktes, so dass der Husten bestehen bleiben kann, wenn das Pferd zu bald wieder in Arbeit genommen wird. Als Faustregel kann man annehmen, dass das Pferd mindestens drei Wochen Ruhe braucht, oder 1 Woche Ruhe für jeden Tag, den es Fieber hatte – je nachdem, welche Ruhephase länger ist. Influenza-Impfungen mit den derzeit aktuellen Grippestämmen werden bis zu vier Mal im Jahr empfohlen, je nach Vorkommen der Krankheit und danach, wie oft das Pferd mit anderen Pferden zusammentrifft.

Injektion, lokale Reaktion darauf
Eine Entzündung in den Geweben an der Stelle, in die eine intramuskuläre Injektion gegeben wurde. Die Ursache sind ätzende oder reizende Eigenschaften der injizierten Substanz (beispielsweise bei manchen Impfstoffen). Oft verteilt sich auch die eingespritzte Substanz nicht, wie bei der Injektion in einen ebenen, waagrechten Bereich wie die Kruppe. Zu den Anzeichen gehören Schwellung, Wärmeentwicklung, Empfindlichkeit, Steifheit des betroffenen Muskelgewebes und die Weigerung des Pferdes, diese Muskeln zu benutzen oder zu dehnen. Bei der Behandlung werden warme, feuchte Kompressen aufgelegt, die betroffenen Muskeln massiert und entzündungshemmende Medikamente verabreicht. Wenn die Injektion in die Halsmuskeln gegeben worden war, kann man Tränke und Krippe so anbringen, dass das Pferd saufen und fressen kann, ohne den Hals strecken zu müssen.

Innenohr, Entzündung des (Otitis interna)
Entzündung des Gehörganges auf der inneren Seite des Trommelfells. Zu den Ursachen gehören: Trauma am Genick mit inneren Blutungen, bestimmte Vergiftungen wie z. B. mit Pilzgiften, mit denen Weidelgras kontaminiert sein kann, Infektionen oder das idiopathische Vestibularsyndrom. Zu den Anzeichen gehören Torkeln, Anlehnen an Wände oder Zäune, Schiefhalten des Kopfes zur betroffenen Seite hin sowie schnelle Seitwärtsbewegungen der Augäpfel (Augenzittern, Nystagmus). Die Behandlung zielt normalerweise darauf ab, die Ursache zu identifizieren und falls möglich abzustellen. Systemische Antibiotika können eingesetzt werden, wenn eine bakterielle Infektion vermutet wird. Entzündungshemmende Medikamente werden verabreicht, um die Reizung der Nerven und der Gleichgewichtsmechanismen im Innenohr zu verringern.

Insektenstich
Die Stiche von Bienen, Wespen und Ameisen können aufgrund von Nervengiften und ätzenden Substanzen im Gift dieser Insekten giftig sein. Sie verursachen schmerzhafte Hautläsionen und gelegentlich auch Allgemeinreaktionen. Wenn ein Pferd besonders empfindlich gegenüber einem Gift reagiert oder sehr oft gestochen wurde, kann es zu Hämolyse (siehe hämolytische Anämie), Schwierigkeiten beim Atmen (aufgrund von Schwellungen in den Atemwegen), Zusammenbruch und schließlich zum Tod kommen. Bei lokal begrenzten Reaktionen kann die Behandlung im Auflegen eines Breiumschlages bestehen, der die Schwellung lindert und das Gift herauszieht. (Wie man das macht, finden Sie auf S. 102.)
Bei generalisierten Reaktionen konzentriert die Behandlung sich normalerweise darauf, die Atmungsprobleme in den Griff zu bekommen und die Reaktion des Körpers auf das Gift mit Medikamenten wie Antihistaminika, Entzündungshemmern und Kortikosteroiden zu neutralisieren.

Ivermectin
Ein Wurmmittel.

Jod, Giftigkeit von
Meist kommt es zu Vergiftungserscheinungen durch Jod, wenn Komponenten mit hohem Jodgehalt verfüttert werden wie beispielsweise Kelp (eine Seetang-Art), oder wenn Pferde im Rahmen

einer Behandlung gegen Strahlfäule oder Husten Natriumjodid erhalten. Eine Jodvergiftung kann zu einem stoßweisen Husten, tränenden Augen und stellenweisem Haarausfall führen. Außerdem wird die Schilddrüse im Bereich des Kehlganges zu einem Kropf vergrößert. Das Pferd erholt sich normalerweise schnell und vollständig, wenn der Jodüberschuss aus der Ration entfernt wird (oder die Behandlung mit Natriumjodid eingestellt wird).

Kapselentzündung (Capsulitis)
Ein schmerzhafter Zustand, bei dem die Gelenkkapsel (eine Hülle aus faserigem Gewebe um ein Gelenk) sich entzündet und verdickt. Jede Bewegung, bei der die entzündete Gelenkkapsel eine Falte wirft oder auseinander gezogen wird, verursacht Schmerzen. Ein Pferd mit Capsulitis bewegt sich freiwillig weniger, um dem Schmerz zu entgehen. In dem Maße, in dem während der Heilung Narbengewebe in die Kapsel einwächst, wird aus der freiwilligen Bewegungseinschränkung eine erzwungene. Das Narbengewebe ist nicht elastisch und begrenzt den Bewegungsspielraum des Gelenks. Die Behandlung richtet sich auf die Eindämmung der Entzündung und die zugrunde liegende Ursache (bei der es sich um eine Infektion des Gelenks, eine Verletzung oder Abnutzung handeln kann). Während des Heilungsprozesses werden oft Bewegungsübungen und physikalische Therapie eingesetzt, um die Vernarbung der Gelenkkapsel so niedrig wie möglich zu halten und so die Bewegungseinschränkung in Grenzen zu halten.

Karpalbeule (Hygrom)
Technisch gesehen beschreibt der Ausdruck »Hygrom« eine Verdickung und Anschwellung der Gewebe außerhalb des Karpalgelenks. Die Ursache ist ein wiederholtes Trauma in diesem Bereich ohne Beteiligung des eigentlichen Karpalgelenks. Bei einer Schwellung des eigentlichen Gelenks liegt aber eine Gelenksverletzung vor. Je nach Schwere der Verletzung kann die Schwellung von erhöhter Gelenksflüssigkeits-Produktion herrühren, weil die Synovialzellen gereizt wurden, oder die Ursache kann in Blutungen aus verletzten und blutenden Gelenkteilen liegen. Ob die Schwellung von Schmerzhaftigkeit, Steifheit oder Lahmheit begleitet ist, hängt davon ab, wie schwer die inneren Strukturen des Gelenks verletzt wurden. Selbst nachdem die Verletzung abgeheilt ist, kann eine starke Schwellung bestehen bleiben und ein optisch unansehnliches »dickes Knie« bilden, das sich immer wieder füllt, wenn es chirurgisch abdrainiert wurde. Den besten Erfolg bei der Wiederherstellung des ursprünglichen Aussehens des Knies erzielt man, wenn man nach Behandlung der Ursache mindestens eine Woche lang einen Druckverband anlegt, der danach allmählich gelockert wird.

Katarakt
siehe Grauer Star.

Kauterisieren
Gewebe durch die Anwendung von Hitze verschmelzen, verbrennen oder entfernen.

Kehlkopfpfeifen
Ein ungewöhnliches Atemgeräusch beim Pferd, das man meist während der Arbeit bemerkt, wenn das Pferd schwerer atmet. Zu den möglichen Ursachen gehören halbseitige Kehlkopflähmung, eine Ansammlung von Geweben oder Sekreten in den oberen Atemwegen oder eine ungewöhnliche Lage der normalen Gewebe in den oberen Atemwegen (von den Nüstern bis zur Luftröhre). Die Behandlung zielt normalerweise darauf ab, die Ursache festzustellen und zu beseitigen.

Kehlkopfzyste
Eine flüssigkeitsgefüllte Zyste im Rachen des Pferdes. Wenn diese Zyste seine Atemwege beeinträchtigt, können als Anzeichen ungewöhnliche Atemgeräusche und Leistungsabfall auftreten. Zur Behandlung setzt man im allgemeinen eine von vielen möglichen Arten der chirurgischen Entfernung ein.

Kieferschmerz
Kann auf eine Verletzung oder Erkrankung zurückgehen und die Fähigkeit des Pferdes, zu fressen, beeinträchtigen.

Kissing spines (Berühren der Dornfortsätze)
Berühren oder Übereinanderschieben der senkrechten Fortsätze (Dornfortsätze) der Wirbelkörper. Das wichtigste Anzeichen ist normalerweise Schmerzhaftigkeit beim Abdrücken der Wirbelsäule und der langen Rückenmuskeln, die an ihr entlanglaufen. Ja nach Ausmaß des Problems und

nach der Stelle, an der es auftritt, kann das Pferd einen eingeschränkten Raumgriff zeigen. Zu den Behandlungsmöglichkeiten gehören Ruhe, Verabreichung von entzündungshemmenden und schmerzstillenden Injektionen in den betroffenen Bereich, Akupunktur, Ultraschallbehandlung oder ein chirurgischer Eingriff.

Klistier

Einflößen von Flüssigkeit in den Darm vom After aus, mittels einer Klistierspritze. Bei einem Massendruckklistier wird eine größere Flüssigkeitsmenge mit Druck in den Darm gegeben, um in weiter vorne gelegene Darmregionen zu gelangen.

Kniescheibenfixation

Wenn das Hinterbein in einer gestreckten Haltung einrastet, liegt das daran, dass das mittlere Kniescheibenband (das die Kniescheibe an ihrem Platz hält) sich an einem Vorsprung am Ende des Oberschenkelknochens (Femur) aufhängt. Bei den betroffenen Pferden passiert dieses Einrasten plötzlich und ohne Vorwarnung. Es ist normalerweise nicht mit einer Lahmheit verbunden, kann aber gefährlich werden, wenn es auftritt, während das Pferd geritten oder gefahren wird. Zu den Faktoren, die zu diesem Problem beitragen, gehören Körperfettabbau, schlechte Bemuskelung, Nervenerkrankungen, ungünstiger Körperbau oder Verletzungen.
Magere Pferde haben oft ein kleineres Fettpolster über dem Vorsprung des Oberschenkelbeins, so dass das Band tiefer in diesen Vorsprung hineinrutschen und sich verfangen kann. Pferde, bei denen Kraft oder Ausdauer nicht ausreichen, können schwache Quadrizepsmuskeln haben, das sind die Muskeln, die normalerweise die Kniescheibe aus diesem Vorsprung nach oben ziehen, bevor sie so weit nachlassen, dass sie nach unten rutscht, so dass das Knie angebeugt werden kann. Wenn man eine Nervenerkrankung und eine traumatische Verletzung ausschließen kann, kann die anfängliche Behandlung aus der Gabe von entzündungshemmenden Medikamenten bestehen, weil man von der Annahme ausgeht, dass das Band und die Gewebe im Bereich der Kniescheibe entzündet und geschwollen sind, so dass es leichter zu einem Aufhängen an irgendwelchen Vorsprüngen kommt. Oft werden Übungen zum Muskelaufbau empfohlen, beispielsweise Reiten in hügeligem Gelände zur Verbesserung der Kraft der Quadrizepsmuskeln. Wenn es nötig ist, um den Körperzustand zu verbessern, muss die Ration überprüft und angepasst werden. Wenn diese Maßnahmen nichts bringen, kann man Spritzen in das Knie verabreichen oder das Band operativ durchtrennen.

Knorpelentzündung (Chondritis) im Kehlkopf

Entzündung des Knorpels im hinteren Rachenraum (Gießbeckenknorpel des Kehlkopfes), bei dem dieses sich als Folge der Entzündung geschwürig verdickt, verformt und eventuell auch gelähmt wird. Die Luft kann nicht mehr frei einströmen, so dass es bei Leistungspferden zum Leistungsabfall kommt. Spezielle Ursachen konnten noch nicht ermittelt werden. Zur Erweiterung des Luftweges kann ein chirurgischer Eingriff nötig werden.

Knorpelverletzung innerhalb des Gelenks

Verletzungen durch Trauma oder Abnutzung können sich auf die Knorpel erstrecken, die in einer glatten, stoßdämpfenden Schicht die Knochenenden des Pferdes überziehen. Entzündungen innerhalb des Gelenks führen dazu, dass die Gelenksflüssigkeit dünner wird, so dass an den Knorpeln mehr Reibung entsteht und die Produktion ätzender Substanzen angeregt wird, die die Knorpelschicht regelrecht zersetzen, so dass Vertiefungen und Risse entstehen. Knorpelgewebe hat keine eigene Blutversorgung, so dass es sich nur begrenzt heilen und regenerieren kann. Schmerzlindernde Medikamente, aufgrund derer das Pferd das Gelenk weiterhin bewegt, obwohl sein Zustand immer schlechter wird, können die Knorpelzerstörung beschleunigen. Bei einer direkten Behandlung von Knorpelverletzungen oder -erkrankungen wird normalerweise bei der zugrunde liegenden Ursache angesetzt. Das Gelenk wird ruhig gestellt, um weitere Stoßbelastung zu vermeiden, und ein Mangel an Gelenkflüssigkeit kann durch die Injektion von Natrium-Hyaluronat (auch Hyaluronsäure genannt) in das Gelenk ausgeglichen werden. Gleichzeitig werden knorpelschützende Medikamente intramuskulär oder in das Gelenk gespritzt.

Kolik

Nicht weiter spezifizierte Schmerzen im Bauchraum, die normalerweise auf Darmprobleme oder eine Gasansammlung zurückzuführen sind. Die Schmerzen können auch auf Erkrankungen des Bauchraumes beruhen, beispielsweise auf inneren Blutungen, Lebererkrankungen, Nierenerkrankungen, Fortpflanzungsproblemen und Geschwüren. Außerdem können noch weitere Krankheiten sich durch Anzeichen bemerkbar machen, die denen für eine Kolik ähneln, obwohl der Magen-Darm-Bereich gar nicht betroffen ist. Dazu gehören Rehe, Kreuzverschlag und andere Muskelprobleme, Schwäche, Herzprobleme, Erkrankungen des Nervensystems und Brustfellentzündung. Die Behandlung konzentriert sich meist darauf, den Schmerz zu lindern, einen Schock zu verhindern und das zugrunde liegende Problem zu diag-nostizieren und zu beseitigen. Ein chirurgischer Eingriff ist nur in den seltensten Fällen nötig.

Kolik unter Beteiligung des Dickdarms
Es gibt zwar Ausnahmen, aber ernsthafte Probleme im Dickdarmbereich machen sich oft nur durch einen schwachen, dumpfen Kolikschmerz bemerkbar, vor allem im Vergleich mit den starken Schmerzen, die bei vergleichbaren Problemen im Dünndarmbereich auftreten können. In beiden Fällen kann das zugrunde liegende Problem lebensbedrohlich sein. Man sollte also die Stärke der Schmerzen nicht als Gradmesser für die Ernsthaftigkeit einer Kolik werten.

Kompartment-Syndrom
Druckschäden an Hauptnerven und größeren Blutgefäßen zwischen einzelnen Muskelfaserbündeln, die aufgrund der Verletzung anschwellen. Die Anzeichen steigern sich von einer Empfindlichkeit zur Taubheit und bis zur Lähmung, weil Blutung und Schwellung in den verletzten Muskeln weitergehen und der Druck auf die Nerven zunimmt. Die Behandlung konzentriert sich normalerweise darauf, Blutung und Schwellung zum Abklingen zu bringen. Falls es nötig ist, kann der Druck durch einen chirurgischen Eingriff abgebaut werden.

Kopfschütteln, neuritisbedingt
Ein heftiges, unfreiwilliges Kopfnicken des Pferdes, das gefährlich werden kann, wenn es während des Reitens auftritt. Man hat es mit einer Entzündung des Augenhöhlennervs (infraorbitale Neuritis) in Verbindung gebracht. Dabei verspürt das Pferd ein Klingeln, Jucken oder eine Art Elektroschock. Aus ungeklärten Gründen scheint in vielen Fällen Sonnenlicht der Auslöser zu sein: die Symptome treten auf oder werden schlimmer, wenn man das Pferd in die Sonne führt, und verschwinden, wenn es in ein Gebäude gebracht wird. Dieses Syndrom tritt oft im Gefolge einer virusbedingten Atemwegsinfektion auf, so dass man annimmt, dass es von überlebenden Viren verursacht wird.
Weitere mögliche Ursachen sind Ohrinfektion, Ohrmilben, Zahnschmerzen, andere Nervenerkrankungen und erlerntes Problemverhalten. Die Behandlung richtet sich normalerweise darauf, die Ursache festzustellen und zu behandeln, falls das möglich ist. Die Anzeichen können mit entzündungshemmenden Medikamenten behandelt werden, bis die Nervenentzündung von selbst abklingt (normalerweise innerhalb von 12 Wochen). In manchen Fällen kann eine Maske, die das Pferd über das Maul trägt, das Kopfschütteln verringern oder verhindern. In hartnäckigen Fällen hat man, um das Pferd zu retten, eine bilaterale Neurektomie durchgeführt, also durch einen chirurgischen Eingriff den Augenhöhlennerv auf beiden Kopfseiten durchtrennt.

Kopfschutz
Ein gepolsterter Kopfschutz, normalerweise aus dichtzelligem Schaum (ähnlich dem Material, das für Isomatten verwendet wird), der in Pferdekliniken für Pferde verwendet wird, die aus der Narkose erwachen. Auch manche Pferdebetriebe besitzen einen solche Kopfschutz und verwenden ihn für Pferde mit heftigen Kolikschmerzen, um Kopf und Augen vor Verletzungen zu schützen, die durch das Um-sich-schlagen entstehen können.

Kortikalisfraktur am Röhrbein
Eine schwere Form von Schienbein, die oft als Folge eines allzu anstrengenden Trainings vorkommt. Dabei entstehen nicht durchgehende Brüche an den vorderen und äußeren Oberflächen der Röhrbeinknochen an den Vorderbeinen. Einrisse der Kortikalis (äußere Schicht der Röhrenknochen) sind auf dem Röntgenbild sichtbar und sind normalerweise mit örtlich begrenztem Schmerz, Schwellung und Lahmheit verbunden. Im Rahmen der Behandlung werden meist 4 bis 6 Monate Ruhe verordnet, die Beine werden stützend bandagiert. Das Pferd kann erst all-

mählich wieder ins Training genommen werden, wobei der Trainingsplan so angepasst werden muss, dass die Knochen nur geringfügig belastet werden. In vielen Fällen muss eine Knochenschraube gesetzt werden, um den Bruch zu stabilisieren.

Kot, hart + trocken, im Zusammenhang mit der Wasseraufnahme
Ungewöhnlich harte, trockene und kleine Pferdeäpfel können das Ergebnis einer Dehydratation (Austrocknung) sein, die auf unzureichender Wasseraufnahme beruht. Dieses Problem tritt häufig auf, wenn sich jahreszeitbedingt das Wetter verändert und die Temperatur stark abfällt. Pferde, die in dieser Zeit ungern kaltes Wasser saufen, trinken signifikant mehr, wenn man ihnen warmes Wasser anbietet. So sinkt das Risiko einer Verstopfungskolik.

Kot, hart + trocken, im Zusammenhang mit mangelnder Darmbewegung
Je länger der Darminhalt des Pferdes im Dickdarm verweilt, desto mehr Wasser wird daraus absorbiert, so dass ungewöhnlich harte, trockene und kleine Pferdeäpfel entstehen können. Die Passagezeit durch den Darm wird vom Wasser- und Rohfasergehalt der Pferderation beeinflusst. Ein Mangel an einem dieser beiden Faktoren kann zu langsamer Darmpassage und damit zu harten, trockenen, kleinen Pferdeäpfeln führen und das Risiko einer Verstopfungskolik stark erhöhen.

Kot, hart + trocken, im Zusammenhang mit einer teilweisen Darmverlegung
Alles, was die Bewegung des Darminhaltes durch den Darmtrakt verlangsamt, führt dazu, dass der Kot trockener wird (siehe voriger Eintrag). Schwellungen, Wucherungen oder Fremdkörper, die die Därme betreffen und deren Inhalt oder Querschnitt verringern, können die Vorwärtsbewegung des Darminhaltes verzögern.

Kot, hart + trocken, im Zusammenhang mit Risikofaktoren, die zu einer Verlegung des Dickdarms führen
Jeder Einfluss, der dafür sorgt, dass die Pferdeäpfel härter, trockener und kleiner werden, kann auch das Risiko erhöhen, dass sich Darminhalt im Dickdarm verfestigt. Das Risiko einer solchen Verfestigung wird noch erhöht, wenn das Pferd unter Stress steht, in der Box steht, Veränderungen in seiner Umgebung oder der Fütterung unterworfen ist oder wenn es transportiert wird. Bei einer Behandlung für leichte bis mäßige Verstopfungsfälle wird man das Pferd mit Medikamenten behandeln, die den Kot weicher machen, über eine Magensonde oder ein »Massendruckklistier« Wasser oder Abführmittel eingeben und intravenös Flüssigkeiten verabreichen, die dazu beitragen, den Darminhalt wieder wasserhaltiger zu machen und die Darmperistaltik anzuregen. Bei schweren oder länger bestehenden Verstopfungen kann ein chirurgischer Eingriff nötig sein.

Kot, hart + trocken, im Zusammenhang mit Bewegung und Wasseraufnahme
Ungenügende Wasseraufnahme gekoppelt mit gesteigertem Wasserverlust durch heftiges Atmen oder Schwitzen, erhöht das Risiko der Dehydratation und fördert das Auftreten harter, trockener, kleiner Pferdeäpfel. Siehe weitere Einträge unter Kot, hart + trocken.

Kot, mit Schleimbeimengung
siehe Schleim im Kot.

Kot, weicher
Kot mit erhöhtem Wassergehalt, der aber mit normaler oder nur wenig erhöhter Häufigkeit abgesetzt wird.

Kreislaufversagen (Schock)
Bei dieser Veränderung des Blutkreislaufes versackt das Blut in den Venen des Pferdes, anstatt zu Herz und Lunge zu fließen. Das Blut, das doch noch zirkuliert, wird an bestimmte Gewebe weitergeleitet, so dass Teile des Körpers nicht ausreichend versorgt werden. Zu den Anzeichen eines Schocks können gehören: Depression, bleiches, bläulich angelaufenes oder schmutzfarbiges Zahnfleisch und ein schneller, aber schwacher Puls. Die Behandlung konzentriert sich normalerweise darauf, das Blutvolumen (und damit den Blutdruck) zu erhöhen. Dazu werden große Mengen intravenöser Flüssigkeiten sowie Medikamente verabreicht, die die Verteilung des Blutes verändern können. Ab einem bestimmten Punkt kann aber selbst die beste Behandlung den Patienten nicht mehr retten.

Kreuzgalle
Eine Kreuzgalle bedeutet, dass aufgrund von Abnutzung eine Verletzung des Sprunggelenks vorliegt, die sich nach wiederholter harter Arbeit allmählich einstellt. Man findet eine Schwellung im oberen Bereich des Sprunggelenks vor, bei der sich sowohl innen als auch außen am Bein eine Vorwölbung befindet, die an einen Wasserball erinnert. Diese Schwellung kann man mit den Fingern von einer Seite zur anderen schieben. Je nach zugrunde liegender Ursache ist die Kreuzgalle nicht unbedingt von Lahmheit, Schmerzen oder vermehrter Wärmeentwicklung begleitet. Die Behandlung richtet sich auf die zugrunde liegende Ursache.

Kreuzverschlag
Eine Muskelerkrankung, die auch Rhabdomyolyse heißt. Sie führt zur Versteifung, Verhärtung und Zerstörung wichtiger, großer Muskelmassen. Es gibt unterschiedlichste Ursachen.

Kriebelmücken
Winzige Fliegen aus der *Culicoides*-Familie, die man für die Mitverursacher des Sommerekzems hält, also einer Hautallergie, die bei warmer Witterung auftritt.

Kryochirurgie
Bei diesem Verfahren wird Gewebe mit flüssigem Stickstoff oder Kohlendioxid gefroren und dann entfernt. Diese Methode wird oft zur Behandlung bestimmter Hauttumoren wie dem Plattenepithelkarzinom und zur Entfernung von Sarkoiden benutzt.

Kultur
Kultivierung einer Gewebe- oder Körperflüssigkeitsprobe im Labor auf einem Nährboden, um so die vorhandenen infektiösen Bakterien oder Pilze identifizieren zu können.

Laktationstetanie
Schmerzhafte Zusammenziehungen oder Verkrampfungen der Muskeln aufgrund eines erniedrigten Blut-Kalziumspiegels, der darauf beruht, dass Kalzium mit der Milch ausgeschieden und zu wenig Kalzium aufgenommen wird. Zu den Anzeichen gehören Abgeschlagenheit, schnelle flache Atmung mit geblähten Nüstern, Zittern der Kiefermuskeln, Kolikanzeichen, Schwitzen, extrem hohes Fieber und in schweren Fällen Zwerchfellsflattern, Zusammenbruch, Zuckungen und schließlich Tod. Bei der Behandlung wird eine Lösung mit Kalzium, Magnesium und Phosphor langsam und vorsichtig intravenös verabreicht. Wenn sie zu schnell gegeben wird, kann es zum Herzstillstand kommen.

Lange Zehe, niedrige Trachten
Eine häufige Konstellation bei unbeschlagenen, aber auch bei beschlagenen Pferden, die bei amerikanischen Gangpferden und Trabern oft absichtlich herbeigeführt wird, weil man glaubt, dass das Pferd so weniger abrollt und das Bein mit mehr Schub anhebt, so dass die Bewegungen schöner werden. Daraus resultieren viele chronische Lahmheiten und Veränderungen an den Beinen beispielsweise Hufrollenentzündung, Windgallen, Anlaufen der unteren Beinabschnitte, Beugesehnenentzündung, verdickte Gelenkskapseln, und degenerative Gelenkserkrankung.

Länglicher Fremdkörper, Verschlucken
Meist wird dabei unabsichtlich oder aus Neugier eine Heu- oder Strohschnur verschluckt. Wenn ein länglicher Fremdkörper gefressen wird, kann der Darm Probleme bekommen, dieses Objekt vorwärts zu bewegen. Das Hindernis kann zu einer Kolik führen, bei der wahrscheinlich ein chirurgischer Eingriff nötig wird.

Läuse
Ein Befall mit beißenden oder blutsaugenden Läusen. Zu den Anzeichen gehören Juckreiz und Scheuern, stellenweiser Haarausfall, Rötung der Haut, Abschürfungen und Schuppenbildung. Zur Behandlung stehen mindestens zwei Möglichkeiten zur Verfügung: mindestens zwei Anwendungen eines Insektizids (als Spray, Aufgusslösung oder Puder) im Abstand von zwei Wochen oder die Verabreichung eines Ivermectin- oder Moxidectin-haltigen Wurmmittels in der auf dem Etikett angegebenen Standard-Dosierung, und zwar zweimal im Abstand von zwei Wochen.

Leberbiopsie
Eine Probe vom Lebergewebe, die normalerweise im Stehen durch einen kleinen Einschnitt in der Flanke des Pferdes entnommen wird, das dazu ein leichtes Beruhigungsmittel erhält. Ein speziel-

les Biopsiewerkzeug wird durch den Einschnitt eingeschoben und zwickt innerhalb von Sekunden eine kleine Probe aus der Leber. Das Risiko innerer Blutungen besteht, aber bei den meisten Leberbiopsien treten keinerlei Probleme auf.

Lebererkrankungen
Die Leber ist die Giftmülldeponie des Körpers. Ihre Hauptaufgabe besteht darin, Stoffe zu entgiften und Giftstoffe in die richtige Form für die Ausscheidung zu bringen. Wenn eine Lebererkrankung bis zu dem Punkt fortschreitet, an dem die Funktion dieses Organs beeinträchtigt ist, können eine ganze Anzahl von Problemen auftreten. Dazu gehören Gewichtsabnahme, Dermatitis bei nicht pigmentierter Haut (siehe Überempfindlichkeit gegen Sonnenlicht), Gelbsucht und Hepatische Enzephalopathie.

Leitungsanästhesie
Injektion eines lokal wirkenden Betäubungsmittels in den Bereich eines bestimmten Nervs, um so den Bereich gefühllos zu machen, für den dieser Nerv das Fühlen und die motorischen Funktionen bereitstellt. Diese Technik benutzt man, um Lahmheiten zu diagnostizieren, indem man den Bereich gefühllos macht, von dem man annimmt, dass in ihm der Auslöser für die Lahmheit liegt. Geht das Pferd nun lahmfrei, so ist die Diagnose bestätigt! Man kann damit auch bestimmte Körperteile lähmen (beispielsweise ein verletztes Augenlid, damit es während der Operation nicht bewegt wird) oder innere Muskeln entspannen (so kann man beispielsweise mit einer Rückenmarksanästhesie die Gebärmutterkontraktionen unterbrechen, um so die falsche Geburtslage eines Fohlens korrigieren zu können). Je nach Art des verwendeten Betäubungsmittels hält die Wirkung 20 Minuten bis 8 Stunden an.

Leptospirose
Eine Infektion mit Bakterien aus der *Leptospira*-Familie. Sie können Nieren und Fortpflanzungsorgane befallen und auch in die Augengewebe einwandern. Leptospirosebakterien können in mehreren Tierarten leben, wozu Schweine, Rinder und Rehe gehören, und sie können über eine gemeinsame Wasserquelle verbreitet werden. Deswegen sollten Pferde, die in Betrieben mit gesicherten Leptospirosefällen stehen, von anderen Tierarten fern gehalten werden und ihr Wasser extra erhalten. Es gibt keinen Impfstoff gegen Leptospirose, der für Pferde zugelassen ist. Der Einsatz von Impfstoffen, die für andere Tierarten vorgesehen sind, ist unter Umständen unsicher und wirkungslos. Die Bakterien reagieren empfindlich auf viele Antibiotika.

Lichtinduzierte Gefäßentzündung
Ein ausgedehntes, schmerzhaftes Entzündliches Ödem (Schwellung), das nur auf weißen Gliedmaßen auftritt und oft von Hautrötungen, Erosionen und Krustenbildung begleitet ist. Bei den betroffenen Pferden handelt es sich meist, aber nicht ausschließlich um Füchse. Die eigentliche Ursache ist eine Überempfindlichkeit gegen Sonnenlicht, die sich aufgrund einer Lebererkrankung oder der Aufnahme giftig wirkendender Pflanzen wie des Johanniskrauts oder des Schwedenklees entwickeln kann. Die Behandlung konzentriert sich normalerweise darauf, die Ursache zu ermitteln und die Symptome durch Sonnenschutz und die Verabreichung von entzündungshemmenden Medikamenten zu lindern.

Linearer Haarausfall
Eine seltene Erkrankung, die am häufigsten bei Quarter Horses auftritt, bei denen diese Läsion sich zum ersten Mal im Alter von 1 bis 5 Jahren zeigt. Die Läsionen bestehen aus länglichen Bezirken, in den die Haut sich verdickt und so langen, haarlosen Hornhautstellen ähnelt. Sie liegen am Hals und entlang des Körpers. Es kann zu Abschuppungen kommen. Man glaubt, dass es sich um ein Problem während des Wachstums handelt; eine Behandlung existiert nicht.

Linsenluxation
Lösung bzw. Verschiebung der Linse im Auge.

Luftröhrenschnitt (Tracheotomie)
Eine künstliche Öffnung, die in die Luftröhre geschnitten wird, wenn ein Problem in der Nasenhöhle oder im Rachen die Luftpassage blockiert, so dass das Pferd nicht mehr atmen kann. Normalerweise als Notfallmaßnahme durchgeführt.

Luftsackinfektion
Eine Infektion in einem oder beiden Luftsäcken, das sind tiefe Taschen unter der Pferdehaut im Bereich hinter dem Kiefer unter beiden Ohren.

Viele wichtige Strukturen wie beispielsweise die Gesichtsnerven und die Äste einiger Hauptarterien verlaufen durch die Luftsäcke, so dass eine Infektion an dieser Stelle eine oder alle dieser Strukturen betreffen kann. Zur Behandlung gehört eine Spülung mit einem Wund-Desinfektionsmittel sowie mit spezifischen Antibiotika oder pilztötenden Medikamenten. Dazu wird ein Katheter durch die Nasenhöhle in die Luftsäcke durchgeschoben. Manchmal wird ein chirurgischer Eingriff oder der Einsatz systemischer Medikamente notwendig, um die Infektion zu bekämpfen und die betroffenen lebenswichtigen Strukturen zu schützen.

Luftsackmykose
Eine Infektion der Luftsäcke mit einem Pilz. Eine berüchtigte Auswirkung einer Pilzinfektion an dieser Stelle ist die Schwächung eines Astes der Halsschlagader, der durch den Luftsack verläuft. Es kann zu einer Blutung kommen, die sich aus dem Luftsack durch den Rachen des Pferdes und zu den Nüstern hinaus ergießt. In vielen Fällen kann diese Blutung tödlich verlaufen. Die meisten Pilzinfektionen haben die Neigung, trotz medikamenteller Behandlung nicht zu verschwinden. Normalerweise wird ein chirurgischer Eingriff nötig, um zu verhindern, dass es zu der tödlichen Blutung kommt.

Lungenabszess
Ein oder mehrere Infektionsbezirke in der Lunge des Pferdes, entstanden durch Bakterien, die über die oberen Luftwege eingedrungen sind, oder durch die Verbreitung einer Infektion, die an einer anderen Stelle im Körper vorlag, mit dem Blut. Betroffene Pferde zeigen oft keine Anzeichen von Problemen, bis einer oder mehrere der Abszesse aufbrechen und dabei Eiter, Schmutz und Millionen von Bakterien in die Lunge freisetzen, die für einen akuten Anfall von Lungenentzündung oder Brustfellentzündung sorgen.

Lungenentzündung (Pneumonie)
Eine Infektion in der Lunge, die manchmal im Gefolge einer Virusinfektion der oberen Atemwege auftritt und auf Bakterien zurückzuführen ist, die sich die geschwächten Abwehrkräfte des Körpers zunutze machen. Andere Faktoren, die zu einer Lungenentzündung beitragen können, sind Stress, das Einatmen von Fremdkörpern, langer Transport und der Kontakt mit durchsetzungskräftigen Bakterien, die selbst bei Pferden, die ansonsten gesund und keinem Stress unterworfen sind, eine Lungenentzündung hervorrufen können. Zu den Anzeichen gehören Fieber, Appetitlosigkeit, Husten, eitriger Nasenausfluss, Niedergeschlagenheit und schnelle oder mühsame Atmung. Zur Behandlung gehört normalerweise die Stützung des Allgemeinzustands und die Verabreichung geeigneter Antibiotika, die gegen die verursachenden Bakterien wirksam sind.

Lungenwürmer
Parasiten aus der *Dictyocaulus*-Familie, die die Lunge des Pferdes befallen und dabei einen Leistungsabfall sowie Hustenanfälle bei der Arbeit hervorrufen. Die Behandlung besteht in der Verabreichung eines Wurmmittels, das gegen Dictyocaulus wirksam ist.

Luxation
siehe Verrenkung.

Lymphgefäßentzündung (Lymphangitis)
Eine Entzündung der Lymphgefäße aufgrund einer tief in die Haut reichenden Infektion, die meist an den unteren Beinabschnitten des Pferdes auftritt. Zu den Anzeichen gehören Fieber, Schwellung, Schmerzhaftigkeit, Bläschenbildung und Geschwürbildung auf der Haut in dem betroffenen Bereich. Bei der Behandlung wird der Bereich geschoren und eine Wundversorgung durchgeführt, die rohen Gewebe gesäubert und desinfiziert und ein Verband angelegt. Das Pferd wird an der Hand bewegt und mit systemischen Antibiotika behandelt.

Lymphosarkom
Krebs der Lymphknoten.

Lymphosarkom der Haut
Eine Krebsart, bei der unter der Haut zahlreiche Knötchen gebildet werden. Betroffene Pferde leiden oft unter Gewichtsverlust, Blutarmut, Ödemen, geschwollenen Lymphknoten und Darmtumoren. Die Diagnose wird über eine Biopsie erstellt. Die Entfernung der Tumore ist nur sinnvoll, wenn es sich nur um wenige Knötchen handelt. Bei manchen Patienten bilden die Tumore sich vorübergehend zurück, wenn sie mit

Kortisonähnlichen Medikamenten behandelt werden. Bei Stuten gehen die Tumore oft zurück, wenn sie trächtig werden.

Magenbremse (Habronema)
Die Larven der Magenbremse entwickeln sich in den Maden von Stuben- und Stallfliegen und können von den ausgewachsenen Fliegen in offene Wunden vertragen werden. Dort verursachen sie ein wucherndes, hartnäckiges Geschwür, das Sommerwunde genannt wird. Bei der Behandlung wird normalerweise ein Wurmmittel wie Ivermectin oder Moxidectin, das die Larven abtötet, über das Maul verabreicht. Danach kann die Wunde wie jede andere oberflächliche Wucherung behandelt werden: das beschädigte Gewebe wird gesäubert, desinfiziert und gegen weitere Reizungen geschützt.

Malignes Ödem
siehe Clostridien-Myositis.

Mauke
Siehe ekzematöse Dermatitis.

Maulgatter
Ein Gegenstand, den man in das Maul des Pferdes einführen kann, um es für eine Untersuchung oder Behandlung offen zu halten.

Melanome
Normalerweise feste, glatte, haarlose schwarze Knoten, die bei Schimmeln relativ häufig auftreten und meist unter dem Schweif, im Ohrbereich und im Gesicht in der Nähe des Kiefergelenks auftreten. Manche Melanome wachsen sehr rasch, verursachen oberflächliche Hautdefekte und breiten sich auf die angrenzenden Lymphknoten und in die Lunge aus, aber die meisten Melanome wachsen langsam und sind gutartig (haben also nicht die Neigung, auf andere Organe überzugreifen).
Eine Behandlung wird nur selten empfohlen, weil externe Melanome nach einer chirurgischen Entfernung oft wiederkehren. Es gibt Studien, die gezeigt haben, dass Größe und Anzahl der Melanome abnahmen, wenn hohe Gaben eines Krebsmedikamentes (mit dem Wirkstoff Cimetidin) verabreicht wurden. Die Melanome kehrten aber zurück, sobald das Medikament abgesetzt wurde.

Mondblindheit
siehe periodische Augenentzündung.

Monensin®vergiftung
siehe Rumensin®vergiftung.

Multiples Myelom
siehe Plasmozytom.

Mutterkornvergiftung
Vergiftung aufgrund der Aufnahme von frischem oder getrocknetem Gras oder Getreide, das mit dem Pilz *Claviceps* befallen war, der den Giftstoff Mutterkornalkaloid bildet. Betroffene Pferde können niedergeschlagen wirken, blind und taub werden, torkeln und Zuckungen bekommen, und das alles innerhalb von nur ein oder zwei Tagen nach Aufnahme des Giftes. Wenn die Erkrankung behandelt wird, die Giftquelle entfernt wird und das Pferd gut gepflegt wird, kann es sich innerhalb einer Woche erholen.

Nachtblindheit
Ein ererbtes Sehproblem, das zwar bereits von Geburt an vorhanden ist, oft aber erst im späteren Verlauf bemerkt wird. (Normalerweise wird es um so eher bemerkt, je stärker es ausgeprägt ist.) Zu den Anzeichen gehören Bewegungsunwilligkeit bei Dunkelheit, Schieflegen des Kopfes, als ob das Pferd etwas hören wollte, was es nicht sehen kann, Sterngucken und ein schielendes Aussehen bei der Betrachtung von vorne. In den meisten Fällen macht sich auch tagsüber eine Sehschwäche bemerkbar, aber nachts sind solche Pferde praktisch blind. Diese Störung tritt am häufigsten bei Pferden mit Appaloosablut auf, aber auch andere Rassen sind betroffen. Es ist keine Behandlung bekannt.

Nageltritt, am Huf
Eine Stichwunde in der Hufsohle oder im Strahlbereich des Pferdehufs, durch die Verschmutzungen und Infektionen an wichtige innere Strukturen wie Knochen, Gelenke, Knorpel, Bänder und Sehnen gelangen können. Bei der Behandlung wird normalerweise das eingedrungene Objekt entfernt und eine gute Drainage der Wunde sichergestellt. Die verschmutzten oder beschädigten Gewebe werden gesäubert und desinfiziert, die übrigen Gewebe werden gegen weitere Verschmutzung geschützt, und der Teta-

nus-Impfschutz wird überprüft und gegebenenfalls erneuert.

Narbenkeloid
Glatte, haarlose Narbe aufgrund einer verheilten Verletzung, bei der die Haarbälge dauerhaft geschädigt wurden.

Narkolepsie
Eine voranschreitende, unheilbare Erkrankung des Gehirns, bei der das Pferd plötzlich zu unpassenden Zeiten einschläft, beispielsweise beim Reiten oder Fressen. Die Anzeichen sind normalerweise offensichtlich: das Pferd schläft buchstäblich im Stehen ein, manche fallen auch wirklich zu Boden. Diese Krankheit ist zwar unheilbar, sie kann aber durch die Verabreichung eines Medikamentes kontrolliert werden, das die Neurotransmitter im Gehirn beeinflusst.

Nasenflügelfalten, exzessive
Dabei handelt es sich um übermäßig entwickeltes Gewebe innerhalb der Falten in den Nüstern. Sie verursachen Atemgeräusche und gelegentlich Leistungsabfall. Bei Pferden, die nicht im anstrengenden Sport gehen, kommt es kaum jemals zu Problemen. Bei einer Behandlung kann das überflüssige Gewebe operativ entfernt werden.

Nasenhöhle, Wucherung darin
In der Nasenhöhle des Pferdes können Wucherungen auftreten, die wie Tumore, Abszesse, Polypen und wildes Fleisch aussehen und zu Schwierigkeiten oder Geräuschen beim Atmen führen. Außerdem kommt es zu Nasenausfluss mit wechselnder Zusammensetzung. Die Behandlung richtet sich darauf, die Ursache festzustellen und zu korrigieren.

Nasennebenhöhlenentzündung (Sinusitis)
Entzündung oder Infektion der Schleimhaut, die die Nasennebenhöhlen auskleidet. Zu den Anzeichen gehören Nasenausfluss und eine asymmetrische Schwellung im Gesicht des Pferdes. Die Behandlung besteht normalerweise in der Drainage des in den Nasennebenhöhlen angesammelten Materials und in der Verabreichung entsprechender Antibiotika. Je nachdem, welche Nasennebenhöhle betroffen ist und welches Material darin angesammelt ist, kann die Drainage erfordern, dass man durch einen Knochen des Pferdegesichts hindurch ein Loch in die Nasenhöhle bohrt.

Nasenpolyp
Ein ungewöhnliche Wucherung innerhalb der Nüster, die aus faserigem Bindegewebe besteht. Nasenpolypen sind über einen schlanken Stängel mit der Schleimhautauskleidung der Nüster verbunden und können in der Größe von Erbsengröße bis zu einer Masse reichen, die die Nüster vollständig ausfüllt. Zu den Anzeichen gehören Nasenausfluss und Atemgeräusche. Die Behandlung kann von der chirurgischen Entfernung Gebrauch machen.

Nasenscheidewand-Erkrankung
Eine ganze Anzahl von Erkrankungen können die Nasenscheidewand betreffen, darunter Verdickung oder Entzündung aufgrund eines Traumas, Infektionen oder krebsige Wucherungen. Das Ergebnis ist immer eine gestörte Luftbewegung durch die Nüstern, Nasenausfluss oder Atemgeräusche. Die Behandlung konzentriert sich normalerweise auf die Ursache.

Nervenschädigung, mit Wegknicken des Beins verbunden
Ob nun aufgrund einer direkten Verletzung oder einer Erkrankung des Nervs an sich, kann eine Nervenschädigung dazu führen, dass die Muskeln des Pferdebeines Fehlfunktionen aufweisen, so dass das Bein wegknickt oder in die falsche Richtung abgebogen wird. Die Behandlung richtet sich normalerweise darauf, die Ursache festzustellen und zu korrigieren sowie das Bein vor weiteren Schäden zu schützen. Dafür kann man die betroffenen Gelenke mit Schienen, Stützbandagen oder einem Gips stabilisieren.

Netzhautdegeneration
Eine allmähliche und fortschreitende Verschlechterung des Zustands der Retina, also der Netzhaut, das sind die neurorezeptiven Gewebe des Augapfels. Sie tritt meistens mit fortschreitendem Alter auf.

Neuritis
Entzündung eines Nervs.

Neuroaxonale Dystrophie (NAD)
Eine Sonderform der Equinen Degenerativen

Myeloenzephalopathie, die innerhalb der ersten zwei Lebensjahre auftritt. NAD tritt häufiger (aber nicht ausschließlich) in der amerikanischen Pferderasse »Morgan« auf. Die betroffenen Pferde zeichnen sich normalerweise durch eine Gangart mit ruckartiger Bewegung der Hinterhand aus, bei der die Hinterbeine zu hoch angehoben und dann unkontrolliert auf den Boden gestoßen werden. Man kann den Eindruck haben, dem Pferd sei schwindlig, weil es seine Hinterbeine nur schwierig durch komplexe Bewegungsanforderungen manövrieren kann, also beispielsweise durch enge Wendungen, Gehen bergauf und bergab und Rückwärts gehen. Es ist keine Behandlung bekannt.

Nickhaut
Das »dritte Augenlid« ist eine rosafarbene Membran, die normalweise unsichtbar in den inneren Augenwinkel des Pferdes eingefaltet liegt und den Augapfel bedeckt, wenn das obere Augenlid geschlossen wird. Wenn die Nickhaut bei geöffnetem Auge sichtbar ist, stimmt etwas nicht – entweder ist das Auge gereizt, oder die Innervierung der Membran klappt nicht.

Nierenerkrankungen
Hierunter fallen mehrere Syndrome, so die Bildung von Nierensteinen, Niereninfektionen und eine ganze Anzahl von Erkrankungen, die die Fähigkeit der Niere, Giftstoffe auszufiltern und Proteine, Mineralstoffe und Wasser im Körper zurückzuhalten, beeinträchtigen können. Zu den Ursachen zählen Infektionen, Nierensteine (werden bei übermäßiger Kalziumaufnahme gebildet), behinderte Blutzirkulation zu den Nieren, Überdosierung von Medikamenten, beispielsweise bestimmten Antibiotika und nicht-steroidalen Entzündungshemmern. Bei der Behandlung wird normalerweise zunächst die Ursache ermittelt und behandelt, dazu werden intravenös Flüssigkeiten gegeben und Medikamente verabreicht, die die Harnproduktion beeinflussen.

Ödem
Schwellung, die darauf beruht, dass die klare Flüssigkeit (das Serum) aus dem Blut in die Gewebe eintritt.

Ohrfistel (Zahnbalgzyste)
Eine gutartige Geschwulst, die sich normalerweise an der Ohrbasis befindet und mit normaler Haut und Haaren bedeckt ist. Oft bemerkt man eine klebrige, bernsteingelbe Flüssigkeit, die direkt aus der Zyste oder aus einem Loch ganz in der Nähe kommt. Außer in Fällen, in denen sie sich infiziert und entzündet, ist diese Zyste normalerweise nicht schmerzhaft. Sie ist bei der Geburt bereits vorhanden und wird oft übersehen, bis sie sich störend bemerkbar macht, wenn man ein Halfter oder eine Trense anlegen will. Die Zyste ist ein fester Zellklumpen, der während der Embryonalentwicklung des Pferdes »verloren gegangen« ist und der normalerweise Haare und einen oder mehrere Zähne enthält. Chirurgische Entfernung ist die Behandlung der Wahl.

Ohrhämatom
Blutansammlung zwischen der Haut und dem Knorpelgewebe der Ohrmuschel, so dass das Ohr aufgetrieben und kissenähnlich anstatt flach erscheint. Wird ein Ohrhämatom nicht entsprechend behandelt, so kann ein missgestaltetes »Blumenkohlohr« entstehen.

Ohrmilben
Ohrmilben sind Parasiten, die sich im Gehörgang des Pferdes einnisten und dort Entzündungen, Juckreiz und verstärkte Ohrenschmalzbildung verursachen können. Zu den Anzeichen gehören Kopfschütteln und Hängenlassen des Ohres zu einer Seite. Bei der Behandlung zielt man im Allgemeinen darauf ab, die Milben mit Insektiziden abzutöten und das Ohr von Ohrenschmalz und Schmutzstoffen zu reinigen, die auf die Entzündung zurückgehen. (Normalerweise muss man dem Pferd dazu ein Beruhigungsmittel geben.)

Onchozerkose
Ein Wurm, der durch den Stich der winzigen *Culicoides*fliegen (auch als Kriebelmücken bekannt) auf Pferde übertragen wird. Die ausgewachsenen Würmer leben im Mähnenkamm des Pferdes in dem breiten Band, das den ganzen Hals entlang verläuft (ligamentum nuchae oder Nackenband). Die winzigen Nachkommen des Wurms wandern durch die Bindegewebe in die Haut am unteren Brustkorb, am Unterbauch, an Kopf, Hals und Widerrist und auch in die Augäpfel ein. Zu den Anzeichen gehören Juckreiz, stellenweiser Haarausfall und Verkrus-

tungen und Schuppenbildung mitten auf der Stirn. Wenn das Auge betroffen ist, können die Symptome der Uveitis und der Hornhautentzündung auftreten. Bei der Behandlung werden die Würmer und ihre Nachkommen mit einem Ivermectin- oder Moxidectin-haltigen Wurmmittel abgetötet. Das kann zunächst eine Verschlimmerung der Symptome hervorrufen, weil die toten Parasiten noch in den Geweben des Pferdes vorliegen, aber innerhalb einer Woche verbessert sich der Zustand.

Osteodystrophia fibrosa
Eine fütterungsbedingte Erkrankung, die auf ungenügende Kalziumversorgung sowie Phosphorüberschuss in der Ration zurückzuführen ist. Sie führt zu abnehmender Knochendichte. Die Knochen werden dicker, um ihre Schwächung auszugleichen, was zuerst an den Gesichtsknochen deutlich wird: sie werden vergrößert, allerdings symmetrisch. Am häufigsten sind Pferde betroffen, die einen hohen Anteil an hoch phosphorhaltigen Futtermitteln wie Getreide-Kraftfutter und Weizenkleie erhalten, oder Pferde mit hohem Kalziumbedarf (Zuchtstuten). Wenn die Fehlernährung nicht korrigiert wird, können Knochenbrüche und/oder Herzversagen auftreten. Eine Umstellung der Ration behebt die Krankheit normalerweise, aber die Gesichtsveränderungen können bleiben.

Palisadenwürmer (Strongyliden)
Häufig vorkommende Darmparasiten, die aufgrund ihrer Wanderungen quer durch die Darmwände, durch Leber, Bauchspeicheldrüse und die Wände der wichtigsten Darmarterie hin zum Dickdarm große Gewebeschäden anrichten.

Paralytische Rhinopneumonitis
siehe Equines Herpesvirus 1.

Paraphimose
Mit diesem Ausdruck wird bezeichnet, wenn der Penis des Pferdes in der ausgefahrenen Position stecken bleibt und vom Präputialschlauch wie von einem Gummiband eingeschnürt wird. Die häufigste Ursache ist ein verlängertes Ausschachten des Penis, so dass er aufgrund der Auswirkungen der Schwerkraft anschwillt, bis die Öffnung des Präputialschlauches zu eng wird. Die Behandlung konzentriert sich normalerweise zunächst darauf, eventuelle Verletzungen am Penis zu behandeln und ihn dann in den Schlauch zurückzuschieben, so dass die Schwellung zurückgeht. Danach ist die Behandlung darauf gerichtet, die Ursache für das verlängerte Ausfahren des Penis zu ermitteln und wenn möglich auszuschalten. Eine Penislähmung, die oft dauerhaft ist, ist eine der möglichen Ursachen für dieses Problem. Depression, Schwäche und langwirkende Beruhigungsmittel können ein vorübergehendes Ausschachten des Penis bewirken.

Parasitenbedingter Durchfall
Darmparasiten, hauptsächlich Mitglieder der *Strongylus*-Familie, verursachen bei ihren Wanderungen im Darmtrakt winzige Verletzungen. Bei einem starken oder lang anhaltenden Parasitenbefall kann das Ausmaß der Gewebeverletzung und -entzündung die Darmfunktion beeinträchtigen und chronischen Durchfall hervorrufen. Zur Behandlung gehören das Abtöten der Parasiten mit einem geeigneten Wurmmittel, die Linderung der Darmentzündung durch die Gabe systemisch wirkender Medikamente und die Verfütterung einer reizarmen, aber nährstoffreichen Ration. Veränderungen in der Haltung zielen darauf ab, den Kontakt mit Eiern und Larven der Parasiten zu verringern. Zu den Möglichkeiten dazu gehören das zweiwöchentliche Entfernen des gesamten Mistes in der Umgebung des Pferdes, Intervall-Entwurmung auf der Basis einer regelmäßigen Auszählung der Eier im Kot (unter Einsatz von Mitteln, gegen die die residente Parasitenpopulation nicht resistent ist) oder der Übergang auf ein tägliches Entwurmungsprogramm mit Pyranteltartrat.

Parasitenbefall und stumpfes, struppiges Fell
Die Schäden, die von Parasiten in der Schleimhautauskleidung der Därme angerichtet werden, können die Verdauung und Absorption von Nährstoffen beeinträchtigen und selbst dann zu Nährstoffmängeln führen, wenn die Ration ausgeglichen und in Ordnung ist. Ein stumpfes Fell ist ein äußeres Anzeichen für Unterernährung.

Pemphigus (Blasenausschlag)
Eine Hauterkrankung, die dadurch hervorgerufen wird, dass das Immunsystem des Körpers fälschlich einige seiner eigenen Zellen angreift, die an der Hautbildung beteiligt sind. Die Anzeichen

sind oft mal stärker, mal unauffälliger. Es werden Bläschen und Pusteln gebildet, die aufbrechen und verkrustete Wunden bilden. Diese Läsionen beginnen im allgemeinen im Gesicht und an den Gliedmaßen und breiten sich schließlich auf den übrigen Körper aus. Heilungsaussichten bestehen keine, aber eine Behandlung kann die Läsionen unter Kontrolle halten und die Krankheit etwas eindämmen. Manche Forschungsberichte deuten an, es sei um so wahrscheinlicher, dass die Erkrankung langfristig weniger intensiv wird, je jünger das Pferd ist. Bei der Behandlung kann das Immunsystem durch die Verabreichung systemischer Kortikosteriode unterdrückt werden, wodurch aber das Risiko für Infektionen und Hufrehe steigen kann.

Penislähmung

Eine Lähmung des Muskels, der normalerweise dafür zuständig ist, den Penis in den Präputialschlauch zurückzuziehen. Sie kann durch eine Verletzung oder Erkrankung des Nervs zustandekommen, der diesen Muskel kontrolliert, aber auch als Reaktion auf ein Medikament. Am häufigsten sind daran Medikamente aus der Gruppe der Phenothiazine beteiligt, die in bestimmten Wurmmitteln und Beruhigungsmitteln enthalten sind. Die Anwesenheit des Hormons Testosteron erhöht das Risiko, dass diese Medikamente eine Penislähmung verursachen, so dass man es vermeidet, sie bei Hengsten einzusetzen. Heilung gibt es keine, und die Lähmung ist oft dauerhaft. Dadurch wird normalerweise die Amputation des Penis nötig, so dass dann auch eine neue Öffnung direkt unterhalb des Afters geschaffen werden muss, durch die das Pferd urinieren kann.

Periodische Augenentzündung, Mondblindheit

Eine Erkrankung der Uvea (mittlere Augenhaut), das ist die gefärbte Iris innerhalb des Augapfels. Die Uvea entzündet sich (daher auch der Name Uveitis für diese Erkrankung), wodurch ihre Muskeln (die Muskeln des Strahlenkörpers im Auge) sich verkrampfen und somit die Pupille zusammenziehen. Der Augenschmerz, der von einer Uveitis ausgelöst wird, kann enorm sein und zum Zusammenkneifen des Auges, Tränenfluss, häufigem Blinzeln und gefährlichem Reiben des Auges führen. Das Reiben erhöht das Risiko eines Augentraumas. Ursprünglich kann eine Uveitis auch von einem Augentrauma oder einer Verletzung herrühren, aber auch von einer Infektion des Auges, einer Allgemeinerkrankung oder einer fehlgeleiteten Immunreaktion innerhalb des Auges. Bei der periodischen Augenentzündung tritt die Uveitis ohne Warnung und ohne ersichtlichen Grund immer wieder auf. Wenn sie nicht behandelt wird, kann eine schwere Uveitis zu ständiger Blindheit führen. Zur Behandlung gehören u.a. lokale und systemische Medikamente zur Schmerzlinderung und Entzündungshemmung, zur Entspannung der verkrampften Muskeln im Auge und zur Bekämpfung einer möglichen Infektion. Manchmal sind an einer Uveitis Bakterien aus der *Leptospira*-Familie beteiligt.

Periodische Lähmung durch Hyperkalämie (HYPP)

Eine erbliche Erkrankung bei manchen Quarter Horse-Linien, und zwar hauptsächlich bei denen, in deren Abstammung der verstorbene Showhengst *Impressive* auftaucht. Bei dieser Erkrankung geraten bestimmte chemische Abläufe durcheinander, die die Muskelaktivität steuern. Die betroffenen Pferde erscheinen zwischen den Anfällen normal. Die Anfälle können leicht oder schwer ausfallen und einige Minuten bis einige Stunden dauern. Sie scheinen von anstrengender Arbeit, Unruhe, Kälte oder hohem Kaliumgehalt in der Ration ausgelöst zu werden. Zu den Anzeichen gehören: gelegentliches Zusammenziehen der Haut zu kleinen Falten, lokal begrenzte Muskelzuckungen, heftiges Zittern des gesamten Körpers, Schwitzen, Hecheln, Absetzen von breiigem Kot, Schwäche der Hinterbeine und Zusammenbruch. Schwere Anfälle können tödlich verlaufen, weil das Herz versagen kann. Die Diagnose kann mittels eines genetischen Bluttests bestätigt werden. Heilungsaussichten bestehen keine, aber die Häufigkeit und Schwere der Anfälle kann durch sorgfältige Pflege und eine Senkung des Kaliumgehalts in der Ration verringert werden.

Perkussion

siehe Abklopfen.

»Pferdeschwanz«-Syndrom (Polyneuritis, Cauda-equina-Syndrom)

Eine Krankheit, bei der die Nervenwurzeln (die ersten Verzweigungen aus dem Rückenmark des

Pferdes heraus) befallen werden. Beim Cauda-equina-Syndrome sind die Nervenwurzeln am Ende des Rückenmarks betroffen. Zu den Anzeichen gehören Lähmung des Schweifs und des Afterschließmuskels sowie eine Schwäche der Hinterbeine. Bei der Polyneuritis weitet dieser Zustand sich auch auf Nerven in anderen Bereichen aus. Behandlung ist keine bekannt.

Pfriemenschwänze
Im Körper lebende Parasiten aus der Gruppe der Oxyuren, die sich im Dünndarm des Pferdes angesiedelt haben und ihre Eier im Gewebe rund um den After ablegen, wo sie starken Juckreiz hervorrufen. Das häufigste äußere Anzeichen für einen Befall mit Pfriemenschwänzen ist ein abgescheuerter Schweif, weil das Pferd versucht hat, sich am After zu kratzen. Die Behandlung besteht in der Verabreichung eines entsprechenden Wurmmittels.

Phenothiazinvergiftung
Bestimmte zugelassene Medikamente aus der Gruppe der Phenothiazine, zu der die Beruhigungsmittel Promazin und Acepromazin gehören, sind für einen geringen Prozentsatz der Pferde giftig. Die Anzeichen treten innerhalb von Stunden auf und beinhalten Niedergeschlagenheit, bleiche Schleimhäute aufgrund einer sich rasch entwickelnden Anämie, Appetitlosigkeit, Kolik, Fieber, Penislähmung, Gelbsucht, bräunliche Verfärbung des Harns, mühsame Atmung, Zusammenbruch und schließlich Tod. Die Behandlung richtet sich im allgemeinen auf die Symptome. Wenn eine schwere Anämie vorliegt, können auch Bluttransfusionen angebracht sein.

Pythiosis (Phytomykose)
Eine Hautveränderung, die durch gerötete, nässende oberflächliche Wunden gekennzeichnet ist. Diese Wunden bilden sich, wenn ein Larvenstadium des Parasiten *Phycomyces* sich über eine bestehende Wunde in der Haut des Pferdes ausbreitet. Der Parasit lebt normalerweise in stehenden Gewässern in warmen Gegenden (in den USA beispielsweise in Florida), aber es gibt inzwischen Berichte darüber, dass die Krankheit auch in gemäßigteren Breitengraden aufgetreten ist. Wo dieser Parasit in einem Gewebe vorliegt, entsteht eine erhabene, schmerzhaft geschwollene und schnell größer werdende Läsion, die tumorähnlich aussieht und sich geschwürig verhält. Bei der Behandlung wird normalerweise das Gewebe großräumig chirurgisch entfernt.

Piephacke
Vergrößerung und Schwellung einer flüssigkeitsgefüllten Tasche (siehe »Schleimbeutelentzündung«) am Fersenhöcker des Pferdes. Dadurch entsteht eine wenig schön anzusehende, golfballgroße, verschiebbare Kappe über dem Fersenhöcker, die oft selbst dann bestehen bleibt, wenn das zugrunde liegende Problem gelöst wurde. Bei der Piephacke kommt es selten zu Lahmheiten. Die häufigsten Ursachen sind zu straff angelegte Bandagen im Sprunggelenksbereich oder ein wiederholtes Trauma am Sprunggelenk, beispielsweise weil das Pferd in der Box oder im Hänger gegen die Wände tritt.

Pilzinfektion des Hufhorns
Ein Pilzbefall, der zu einer spröden, schwachen Hufwand führt, in der kein Hufnagel hält. Er tritt am häufigsten in feuchten, warmen Klimaten auf. Kaltes Wetter tötet den ansteckenden Pilz aber nicht ab (mehrere verschiedene Pilzarten können beteiligt sein). Der Pilz benutzt als Eintrittspforte schwache Stellen am Huf – Hufrisse, Nagellöcher – und ernährt sich vom empfindungslosen Teil der Hufwand, so dass diese ausgehöhlt und geschwächt wird. Die Behandlung besteht normalerweise in der Entfernung des gesamten betroffenen Hufhorns, der Freilegung der infizierten Gewebe, damit sie austrocknen können, dem Auftrag eines starken Desinfektionsmittels und einer sauberen, trockenen Aufstallung.

Plattenepithelkarzinom (Schuppenzellkarzinom)
Krebs an einer bestimmten Zellart, die in der Haut und in den Schleimhäuten vorliegt, die die Auskleidung innerer Organe wie der Blase, der Eingeweide und der Gebärmutter bilden. Ein Plattenepithelkarzinom der Haut wird meist mit Ultraviolettstrahlung auf unpigmentierter und haarloser Haut in Verbindung gebracht, die an einen Bereich mit weißem Fell angrenzt (weil dieser Bereich die Sonneneinstrahlung auf die verletzliche Haut reflektiert, so dass sie die doppelte Dosis an ultravioletter Strahlung abbekommt). Wenn es sich nur um wenige und gut zugängliche Läsionen handelt, besteht die Behandlung

meist in einer Entfernung durch einen chirurgischen Eingriff oder mittels Kryochirurgie. Wenn zu viele Läsionen vorliegen oder sie nicht zugänglich sind, bleibt als einzige Behandlungsmöglichkeit oft die Chemotherapie.

Plasmazellenmyelom, multiples Myelom
Eine Form der Leukämie, die ihre Ursache in einer Krebserkrankung des Knochenmarks hat. Zu den Anzeichen gehören Gewichtsabnahme, Appetitlosigkeit, geschwollene Lymphknoten, Torkeln, Schwäche und Ödeme. Heilungsaussichten bestehen keine, auch wenn bei manchen Pferden eine vorübergehende Rückbildung der Myelome eingetreten ist, wenn eine Chemotherapie gegen Krebs durchgeführt wurde.

Pleuritis
siehe Brustfellentzündung.

Pneumonie
siehe Lungenentzündung.

Pneumothorax
siehe Gasbrust.

Polyneuritis
Eine Erkrankung des Nervensystems. Die betroffenen Pferde bewegen sich steif, so als ob alle Gelenke und alle vier Füße wehtun würden. Das Pferd hat weder Fieber noch ist es appetitlos, aber es neigt dazu, Gewicht und Muskelmasse abzubauen, vor allem im Bereich der Schulterblätter und der Oberschenkel. Es zittert, wird immer schwächer, hebt den Kopf nur, wenn es aufgeregt ist und lässt ihn bis zu den Karpalgelenken hinunter hängen, wenn es ruht. Behandlung ist keine bekannt.

Probenentnahme mit Kanüle
Entnahme von Flüssigkeiten und darin schwimmenden Weichteilen aus einer Wunde, einem Abszess oder einem Tumor durch das Einführen einer Nadel und das Aufziehen in eine Spritze. Man will so eine Probe nehmen, um sie im Labor untersuchen zu können.

Pseudotuberkulose
Eine Infektion mit Bakterien aus der Gruppe der *Coryne*bakterien, durch die an der Brust und im Unterbauchbereich des Pferdes ein oder mehrere Schwellungen unter der Haut entstehen. Sie tritt hauptsächlich bei Pferden in den USA auf, in Kalifornien und in geringerem Maßen in den anderen westlichen Staaten, und zwar in den Sommermonaten, wenn bestimmte Stechfliegen auftreten, die das Bakterium an die Haut des Pferdes bringen. Die Schwellungen sind mit cremigem oder käsigem Eiter gefüllt. Wenn mehrere Abszesse vorliegen oder wenn die Infektion sich auf innere Organe ausweitet, zeigen sich oft zusätzlich zu den Hautschwellungen die Symptome eines gestörten Allgemeinbefindens (Futterverweigerung, Fieber, Depression). Zur Behandlung kann die Anwendung von heißen Umschlägen und Breiumschlägen gehören, die die Infektion herausziehen sollen. Die Abszesse können eröffnet werden. Nach dem Eröffnen der Abszesse sind oft Antibiotika angebracht.

Pulsation der Mittelfußarterie
Das rhythmische Pulsieren der Mittelfußarterien auf der Rückseite der Fessel bei jedem Herzschlag. Das Pulsieren dieser Arterie ist nicht sehr deutlich, kann aber bei einem normalen Pferd ertastet werden. (Wie man das macht, finden Sie auf S. 202.) Bei bestimmten Erkrankungen wird die Pulsation stärker und ist leichter zu ertasten.

Quecksilbervergiftung
Einige Pferdeleute verwenden immer noch quecksilberhaltige Beineinreibungen, die schwere Hautentzündungen hervorrufen. Wenn ein Pferd an den betroffenen Stellen leckt und dabei Quecksilber aufnimmt, oder wenn seine Haut entweder vor oder nach der Einreibung mit Dimethylsulfoxid behandelt wird, kann genug Quecksilber in den Körper gelangen, um eine Quecksilbervergiftung auszulösen. Zu den Anzeichen gehören Kolik und Harn mit Blutbeimengungen oder mit bräunlicher Färbung. Nur wenn sofort behandelt wird, um das Gift aus dem Pferdekörper zu entfernen, hat das Pferd eine Chance, zu genesen; die meisten Fälle enden tödlich.

Quetschung am Muskel
Bei der Quetschung verursacht ein stumpfes Trauma zerrissene Blutgefäße und Blutungen unter der Haut. Eine schwere Muskelquetschung kann zu einem Kompartment-Syndrom führen. Trotz der Tatsache, dass eine Quetschung von außen weniger dramatisch aussieht als eine Ver-

letzung mit Blutungen nach außen, kann ein stumpfes Trauma viel mehr Gewebe beschädigen als ein spitzes Trauma, weil es einen größeren Bereich betreffen kann, so dass großflächig Gewebe abgetötet und zerstört wird. Bei der Behandlung wird normalerweise erste Hilfe geleistet, die verhindert, dass durch Schwellung und Gewebeblutungen noch mehr Gewebe geschädigt wird. Wenn nötig, wird eine Drainage gelegt. Mit physikalischer Therapie werden die Verklebungen minimiert, die sonst die Gewebe deformieren und ihre weitere Beweglichkeit einschränken würden.

Rachenverletzung
Eine Verletzung tief in der Kehle des Pferdes, die oft eintritt, wenn eine Magensonde durchgeschoben oder ein Eingebestock verwendet wird. Eine solche Verletzung kann die folgenden Symptome hervorrufen: Schluckbeschwerden, bei starker Schwellung auch Atembeschwerden, eine sichtbare Schwellung im Bereich des Kehlgangs und Nasenausfluss. Zur Behandlung gehört meist Ruhe und die Verabreichung von entzündungshemmenden Medikamenten.

Raspeln der Zähne
Dabei werden die scharfen Kanten der Backenzähne abgefeilt, die sich sonst in die weichen Gewebe der Backen bohren könnten. Bei manchen Pferden kann ein erfahrener Tierarzt mit geduldiger und sanfter Technik die Zähne raspeln, ohne das Pferd sonderlich bändigen zu müssen (keine Nasenbremse, keine Beruhigungsmittel).

Resistenztest
Ein Labortest, bei dem ermittelt wird, welche Antibiotika gegen die Bakterien wirken, die man von einem befallenen Patienten gewonnen hat. In eine Petrischale mit der Bakterienkultur legt man kleine Papierplättchen, die mit bestimmten Antibiotika getränkt sind. Wirkt dieses Antibiotikum gegen diese Bakterien, so wachsen in der Nähe des Plättchens keine Bakterien mehr.

Röhrbeinkeratose
Eine Hautveränderung, bei der an den Vorderseiten der Röhrbeine der Hinterbeine schuppige, verkrustete, haarlose Stellen entstehen, die manchmal warm, geschwollen und schmerzhaft sind. Die Ursache ist unbekannt; einige Tierärzte glauben, die Erkrankung sei erblich bedingt. Wenn eine Entzündung vorliegt, kann sie mit entzündungshemmenden Medikamenten zum Auftragen behandelt werden, beispielsweise mit nicht verschreibungspflichtigen Kortisoncremes. Die Krustenbildung kann mit Anti-Schuppen Shampoos und Gels für Menschen oder für Pferde, die Benzoyl-Peroxid enthalten, eingedämmt werden. Es bestehen keine Heilungsaussichten.

Rückatmungsbeutel
Eine Diagnosetechnik, die es erleichtert, die Lungengeräusche des Pferdes zu beurteilen, wenn man seine Brust mit dem Stethoskop abhört, denn der Tierarzt kann einem Pferd nicht sagen »bitte einmal tief durchatmen«. Über das Maul wird ein Beutel gehalten, so dass die ausgeatmete Luft wieder eingeatmet werden muss und so allmählich mit Kohlendioxid angereichert wird, während der Sauerstoffgehalt abnimmt. Sobald das geschieht, atmet das Pferd von Natur aus tiefer.

Rumensin®vergiftung, Monensin®vergiftung
Pferde können sich an diesem Futterzusatzstoff vergiften, wenn sie versehentlich Rinderfutter erhalten oder wenn im Futtermischwerk Pferdefutter mit Rumensin verunreinigt wird. Zu den Anzeichen gehören Appetitlosigkeit, Schwitzen, schnelle und flache Atmung, Kolik, Depression, Koordinationsstörungen und schließlich Tod innerhalb von wenigen Stunden bis zu einigen Tagen nach der Aufnahme von nur einigen Gramm Rumensin.

Salmonellose, Salmonelleninfektion
Eine ansteckende Darminfektion, verursacht durch Salmonella-Bakterien, die schweren akuten Durchfall oder chronischen Durchfall hervorruft. Akuter Durchfall wird normalerweise von Fieber und Schmerzen im Bauchbereich begleitet; Pferde, die sich davon wieder erholen, bekommen oft eine Hufrehe. Zur Behandlung ist meist eine intensive Pflege nötig, das Pferd muss in Quarantäne, Schmerzmittel sind erforderlich, Stress ist auszuschalten, und Antibiotika sowie eine Übertragung von Darmfauna können eingesetzt werden.

Sarkoid
Eine Hauterkrankung, bei der die Hautgewebe von einem noch nicht identifizierten Virus befal-

len werden. Die Läsionen sehen meist aus wie Tumore, können manchmal geschwürig werden und sich lokal oder auf andere Körperbereiche ausbreiten. Manche Wissenschaftler berichten, dass Sarkoide in bestimmten Pferdefamilien häufiger auftreten; andere berichten, dass in manchen Ställen häufiger Sarkoide unter den dort aufgestallten Pferden vorkommen, egal ob diese Pferde miteinander verwandt sind oder nicht. Die Behandlung ist immer wider Gegenstand der Diskussion unter Tierärzten. Manche empfehlen die chirurgische Entfernung, andere sind für die Gefriertechnik (Kryochirurgie), wieder andere glauben, die besten Ergebnisse mit einer Immuntherapie erzielen zu können, indem sie eine oder mehrere der Läsionen mit einem marktgängigen Immunostimulans unterspritzen. Manche Tierärzte glauben, dass »ruhende« Sarkoide zum Wachsen und Ausbreiten stimuliert werden könnten, wenn Sarkoide an anderen Körperbereichen behandelt werden. Für jeden Fall wird die optimale Behandlung meist auf der Grundlage individueller Eigenheiten ausgewählt. Dazu gehören die genaue Stelle, an der das Sarkoid sitzt, der Schönheitsaspekt und die Vergrößerungsneigung des Sarkoids. Relativ häufig treten Sarkoide nach der Entfernung wieder auf.

Schale

Eine Erkrankung, bei der das Pferd auf einem oder mehreren Beinen eine Lahmheit entwickelt, die auf ein externes Trauma (beispielsweise eine Verletzung durch ein starkes Aufprallen des Hufes) oder auf eine Zerrung der Gewebe im Bereich des Kronbeins und des Hufbeins zurückzuführen ist. In der Folge bilden sich am Krongelenk (hohe Schale) oder am Hufgelenk (tiefe Schale) Knochenzubildungen mit zackigen Außenflächen, und zwar auf der Vorderseite und den Seiten. Zu den Anzeichen gehören Lahmheit und eine feste Verdickung des Fesselbereichs. Wenn das Problem angepackt wird, noch bevor ein übermäßiges Knochenwachstum auftritt, besteht die Behandlung normalerweise in 3 bis 4 Monaten Ruhe mit Stützung der betroffenen Beine, um die Bewegung in dem betroffenen Bereich so gering wie möglich zu halten. Wenn sich bereits neuer Knochen gebildet hat, können Ruhe und entzündungshemmende Medikamente helfen, die Symptome einzudämmen, aber eine Heilung gibt es nicht.

Schienbein

Winzige Risse in der vorderen Oberfläche des Röhrbeins, die meist an den Vorderbeinen junger Pferde in übermäßig anstrengendem Training entstehen. Diese kleinen Brüche sind meist auf einem Standard-Röntgenbild gar nicht zu erkennen und erfordern zur Bestätigung der Diagnose eine spezielle, hochauflösende Röntgentechnik. Die meisten Fälle heilen bei 4 bis 6 Wochen Ruhe mit Stützbandagen und einer Anpassung des Trainingsplanes von selbst aus.

Schilddrüsenunterfunktion

Eine verminderte Produktion an Schilddrüsenhormonen. Bei Pferden tritt dieser Zustand oft als Folge eines Tumors an der Hirnanhangsdrüse auf, der Hypophysen-Adenom genannt wird. Er kann auch das Ergebnis einer Überversorgung mit Jod aufgrund der Verfütterung von Zusatzfuttermitteln auf der Basis von Kelp (einem Seetang) sein. Zu den Anzeichen für eine Unterfunktion der Schilddrüse gehören allgemeine Schwäche, Erschöpfung, geistige Trägheit, Fettleibigkeit und zotteliges Fell. Die Behandlung konzentriert sich meist zunächst auf die Ursache und dann auf die Linderung der Symptome durch die orale Verabreichung von Schilddrüsenhormonen.

Schimmelpilzvergiftung

siehe Fusariumvergiftung.

Schirmertest

Ein Test, mit dem der Umfang der Tränenproduktion überprüft wird. Zwischen das untere Augenlid und den Augapfel wird ein Streifen von speziell behandeltem und absorbierendem Papier geschoben und dort für eine genau abgemessene Zeit belassen. In dieser Zeit absorbiert es die Feuchtigkeit, die von den Tränendrüsen erzeugt wird. Wenn das Papier wieder entnommen wird, wird es untersucht und die Länge des nassgewordenen Teils wird auf einer Vergleichskarte mit üblichen Ergebnissen verglichen.

Schlangenbiss

Der Biss bestimmter Giftschlangen kann beim Pferd Erkrankungen hervorrufen, zu denen Schwellung und Quetschung an der Bissstelle sowie eine potenziell gefährliche Schwellung im Atmungstrakt gehören. (Dieses Problem tritt bei Pferden häufig auf, weil sie meistens am Maul gebissen werden.) Die Behandlung besteht normalerweise in der Verabreichung entzündungshemmender Medikamente zur Minimierung der Schwellung, einem Luftröhrenschnitt oder einer anderen Möglichkeit der zusätzlichen Sauerstoffversorgung (wenn es zur Unterstützung der Atmung nötig ist), Antibiotika, und der Verabreichung eines spezifischen Gegengiftes, wenn die Schlangenart ermittelt werden kann und die Diagnose sehr bald nach dem Biss gestellt wurde.

Schleimbeutelentzündung (Bursitis)
Entzündung von Schleimbeuteln, das sind kleine, mit Flüssigkeit gefüllte Beutel, die größere Sehnen gegenüber den Gelenken abpolstern. Am häufigsten sind Schleimbeutelentzündungen beim Pferd an Ellbogenhöcker und Fersenbeinhöcker. Eine Schleimbeutelentzündung am Fersenbeinhöcker führt zu einer hässlichen Auftreibung, die Piephacke heißt.

Schleim, im Kot
Ein Anzeichen für eine verlängerte Passagezeit des Darminhaltes durch den Darm, wie sie auftritt, wenn die Darmperistaltik sehr träge ist. Die Schleimhautauskleidung des Darmes produziert Schleim, um sich vor Reizungen zu schützen. Schleim im Kot ähnelt weißen, durchsichtigen Würmern an den »Nahtstellen« zwischen den einzelnen Pferdeäpfeln.

Schluckstörung (Dysphagie)
Das Pferd hat Schwierigkeiten, zu schlucken, was an Schmerzen, einer Blockierung (Schlundverstopfung) oder an einem Problem mit den Nerven, die die Kehlmuskeln steuern, liegen kann. Zu den häufigsten Anzeichen gehört, dass Futter aus dem Maul geschlabbert wird oder dass gekaute Futterbrocken und Speichel aus den Nüstern fließen. Die Behandlung konzentriert sich darauf, die Ursache zu finden und zu beseitigen. Die Fütterung wird so eingestellt, dass eine Aspirationslungenentzündung vermieden werden kann, beispielsweise durch Fütterung über eine Magensonde.

Schlundverstopfung
Bei der Schlundverstopfung steckt etwas, beispielsweise ein Futterbrocken, in der Speiseröhre des Pferdes. Die Muskeln rund um das Hindernis ziehen sich reflexartig zusammen, so dass die Verstopfung noch länger bestehen bleibt und das Risiko erhöht wird, dass die Innenauskleidung der Speiseröhre Schäden davonträgt, die dann die Speiseröhre verengen können, weil sich Narbengewebe bildet. (Ein Pferd mit einer verengten Speiseröhre neigt noch mehr zu Schlundverstopfungen.) Bei einer Schlundverstopfung werden Futter, Wasser und Speichel über eine oder beide Nüstern erbrochen. Oft hustet oder würgt das Pferd. Ein Pferd mit Schlundverstopfung sollte dazu gebracht werden, den Kopf gesenkt zu halten, weil dann das herausgewürgte Material nicht so leicht in die Luftröhre gelangt, wo es eine Aspirations-Lungenentzündung hervorrufen kann.
Die Behandlung umfasst: vorsichtiges Anspülen des stecken gebliebenen Futters mit Wasser oder Salzlösung mittels einer Magensonde, mit der auch gesaugt werden kann, Entfernung der stecken gebliebenen Fremdkörper mittels eines Operationsendoskops oder eines chirurgischen Eingriffs (wenn alles andere fehlgeschlagen ist und er endoskopisch nicht entfernt werden kann), sowie Diagnose und Behandlung der Ursache, die der Schlundverstopfung zugrunde lag. Normalerweise werden entzündungshemmende Medikamente gegeben, um die Gewebe abzuheilen, die sich durch die Schlundverstopfung selbst und durch die Behandlung entzündet haben. Wenn nötig, wird eine Behandlung der Aspirations-Lungenentzündung eingeleitet.

Schock
siehe endotoxischer Schock.

Schuppenzellkarzinom
siehe Plattenepithelkarzinom.

Sehnenentzündung (Tendinitis)
Die Entzündung einer Sehne, meist aufgrund einer Verletzung. Zu den Anzeichen gehören Schwellung und Wärmeentwicklung über der verletzten Sehne, Schmerzhaftigkeit beim Abdrücken mit den Fingern, Lahmheit und eine Schutzhaltung, die die Belastung der Sehne vermindern soll. Zur Behandlung gehören meist eine intensive Erstversorgung, die Schwellungen und Blutungen zwischen den Sehnenfasern gering halten soll, erzwungene Ruhe, Ruhigstellung der Sehne (beispielsweise durch einen Gips), die Verabreichung entzündungshemmender Medikamente und eine

physikalische Therapie zur Begrenzung von Verklebungen.

Sehnenschädigung, mit Wegknicken des Beins verbunden
Eine Verletzung aufgrund einer Belastung oder eines externen Traumas kann zur teilweisen oder völligen Zerreißung einer Sehne führen, so dass sie das Bein des Pferdes nicht mehr in seiner normalen Lage halten kann. Solche Verletzungen kommen am häufigsten im unteren Beinbereich vor, wo große Belastungskräfte auftreten und nur wenig Polsterung besteht, die die Sehnen gegen eine Verletzung durch Traumata von außen schützen könnte. Wenn eine Verletzung die Strecksehne auf der Vorderseite des Beins durchtrennt, wird das Bein nach vorne knicken, so dass es auf der Vorderseite des Fesselgelenks ruht. Bei Verletzungen, die eine oder beide Beugesehnen auf der Rückseite eines Beins durchtrennen, sinkt das Fesselgelenk bis zum Boden. Die Behandlung besteht normalerweise in der Ruhigstellung und Stützung des Beins.

Sehnerv, Schädigung des
Eine Schädigung des Sehnervs – das ist der große Nerv, der die Augen des Pferdes mit dem Gehirn verbindet – kann vorübergehende oder dauernde Blindheit verursachen, je nach Schwere der Verletzung. Die häufigste Ursache für eine Verletzung des Sehnervs ist ein Überschlagen des Pferdes nach hinten, bei dem es auf dem Genick landet. Im Augenblick des Aufschlags zieht die Trägheit der Masse das Gehirn ruckartig nach hinten, so dass es am Sehnerv zieht.

Selenose
siehe Selenvergiftung.

Selenvergiftung, akute
Vergiftung aufgrund einer Überdosis dieses eigentlich lebenswichtigen Mineralstoffs. Leider ist der Grat zwischen der Menge, die für die Gesunderhaltung notwendig ist, und der, die bei einem Pferd eine Erkrankung auslösen kann, recht schmal. Wenn eine Dosis leicht toxisch wirkt, kann es zu einer chronischen Selenvergiftung kommen. Bei einer mäßig toxischen Dosis tritt eine subakute Selenvergiftung auf. Ist die Dosis hoch toxisch, so kommt es zu einer akuten Selenvergiftung. Zu den Anzeichen gehören Niedergeschlagenheit, mühsame Atmung, Durchfall, Zusammenbruch und schließlich Tod innerhalb von 24 Stunden nach der Aufnahme des selenhaltigen Materials.

Septikämie
siehe Blutvergiftung.

Sequester
Man versteht darunter ein loses, abgestorbenes Bruchstück eines Knochens, das oft eine lokale Infektion hervorruft.

Serom
Das Ergebnis eines stumpfen Traumas, das eine Blutung unter der Haut auslöst. Ein Serom ist ein Hämatom, bei dem das angesammelte Blut sich in Serum und in verklumpte rote Blutkörperchen fraktioniert hat.

Siebbeinhämangion, fortschreitendes
Eine Ansammlung ineinander verschlungener Kapillargefäße, die aus den Geweben in der Nasenhöhle des Pferdes herauswachsen. Die Ursache ist nicht bekannt, aber es wird oft berichtet, dass der Erkrankung eine Infektion oder eine Verletzung vorausging. Zu den Anzeichen gehört unregelmäßiger Ausfluss mit Blutbeimengungen aus einem Nasenloch, der mit einer Arbeitsbelastung nichts zu tun hat. Wenn die Ansammlung groß genug ist, können ungewöhnliche Atemgeräusche und eine Verzerrung des Gesichts auftreten. Bei der Behandlung wird die Kapillaransammlung normalerweise entfernt oder zerstört, wozu ein chirurgischer Eingriff, Kauterisieren, Kryochirurgie, Laserchirurgie, Spritzen oder eine Kombination dieser Techniken in Frage kommen.

Slaframin
Ein Gift, das in einem Bodenpilz vorliegt (vorwiegend in den USA), der bestimmte Leguminosen wie beispielsweise Klee befällt, wenn die Klimabedingungen günstig sind (warm und feucht). Es kann übermäßiges Speicheln und Schlabbern hervorrufen und in manchen Fällen zu Tränenträufeln führen. Normalerweise tritt innerhalb weniger Tage eine Heilung ein, wenn das Pferd von der mit infiziertem Klee bestandenen Weide genommen wird. Der Pilz zieht sich in den Boden zurück, wenn die Bedingungen trockener oder kühler werden.

Sohlenquetschung
siehe Steingalle.

Sommerekzem
Überempfindlichkeit gegen die Stiche winziger Fliegen, die zur Familie der *Culicoides* gehören und Kriebelmücken genannt werden. Ein betroffenes Pferd scheuert sich den Mähnenkamm so lange, bis die Mähnenhaare abbrechen und die Haut sich verdickt. Eine Heilung gibt es nicht. Die Behandlung kann bei einer intensiven Mückenbekämpfung ansetzen. In schweren Fällen können systemisch wirkende Kortikosteroide verabreicht werden, um die Entzündung der Gewebe zu lindern. (Vorsicht: die Verabreichung von systemischen Kortikosteroiden ist mit einem verstärkten Auftreten von Hufrehe in Verbindung gebracht worden.)

Sommerwunden
siehe Magenbremse.

Sorghumvergiftung
siehe Vergiftung, mit hellrosa Zahnfleisch einhergehend.

Spat
Bei Spat handelt es sich um Arthrose im unteren Bereich des Sprunggelenks. Meistens tritt Spat als harte Schwellung an der Innenseite (der inneren Gelenkfläche) des Beins an der Stelle auf, an der das Sprunggelenk in den Röhrbeinknochen übergeht. Er kann aber auch im unteren Gelenkbereich auftreten und dann keine sichtbare Knochenauftreibung verursachen. Es kommt häufig zu Lahmheiten, die aber schwierig zu sehen sein können, weil meistens beide Hinterbeine betroffen sind. Schmerz tritt oft dann auf, wenn das betroffene Bein angewinkelt oder nach vorne genommen werden soll, so dass das Pferd die Beine unnormal setzt oder die Zehe nachschleift, was man an der Abnutzung der Hufeisen erkennen kann.

Speichelfistel
Die Ansammlung einer braunen, fädigen Flüssigkeit oder eines käsigen Materials entlang des Gesichts des Pferdes oder unter dem Kiefer, wo der Speichel-Ausführungsgang aufgrund einer Verletzung gerissen ist. Zur Behandlung gehören die Säuberung von angesammeltem Material und die Wundversorgung der verschmutzten Gewebe. Danach wird durch Operation des beschädigten Ausführungskanals, Entfernung oder chemische Ausschaltung der Speicheldrüse oder durch die Umlegung des restlichen Kanals an eine andere Stelle im Maul die Ursache beseitigt.

Speichelstein im Speichelgang
Die Bildung eines Steins im Speichelgang des Pferdes, so dass an einer Kopfseite hinter dem Kieferknochen, unterhalb des Ohres oder knapp hinter dem Maulwinkel ein harter Knoten entsteht. Wenn der Ausführungsgang von einem Stein völlig verlegt wird, kommt es zur Wärmebildung, Schwellung und Schmerzhaftigkeit entlang des Kopfes und unterhalb des Ohres. Der Grund dafür ist eine Entzündung der Speicheldrüse. Bei der Behandlung wird der Stein normalerweise operativ entfernt.

Steingalle (Sohlenquetschung)
Eine Verletzung in der Hufsohle des Pferdes in der Nähe der Eckstreben, die darauf beruht, dass die Schenkelenden des Hufeisens sich eingedrückt haben. Das passiert, wenn der Huf wächst, weil dann das Eisen nach vorne gezogen wird, und zwar vor allem dann, wenn man mit dem Umbeschlagen zu lange wartet. Zu den Symptomen gehören Lahmheit und eine Verfärbung der Sohle im Trachtenbereich. Steingallen sind oft besser zu sehen, wenn man sie mit einem Hufmesser etwas freilegt. Der verfärbte Bereich kann feucht sein und Risse aufweisen. Bei der Behandlung wird normalerweise das Eisen abgenommen und der Huf durch Ausschneiden so korrigiert, dass er wieder gleichmäßig belastet wird. Wenn die verletzte Sohle infiziert ist, wird sie ebenso behandelt wie bei einem Abszess.

Stomatitis vesicularis
siehe Bläschenbildende Entzündung der Maulschleimhaut

Strahlfäule
Eine bakterielle Infektion des Strahls und oft auch der angrenzenden Strahlfurchen, die sich durch einen schwärzlichen Ausfluss und einen üblen Geruch bemerkbar macht. Zur Behandlung gehören ein Ausschneiden und Reinigen der betroffenen Gewebe, die Desinfektion mit Kupfersulfat, Jodtinktur, konzentriertem Jod (7 %) oder Jodoformäther, das Verbringen in eine trockene

und saubere Umgebung, gute Hygiene und tägliche Hufpflege.

Streckfortsatz des Hufbeins, Verletzungen am
Bei diesem zehenwärts gelegenen Vorsprung am Hufbein des Pferdes handelt es sich um dreieckige Vorsprünge an der Vorderkante des Knochens, an denen die Zehenstrecksehnen ansetzen. Hier kann eine Entzündung oder auch ein Abriss dieser Vorsprünge eintreten. Normalerweise tritt die Erkrankung aufgrund der Überlastung durch einen falschen Tritt oder durch wiederholte Überdehnung auf, aber auch aufgrund einer Fehlentwicklung. Zu den Anzeichen gehören das plötzliche Auftreten einer mittleren bis schweren Lahmheit, die von Schwellung und Schmerzhaftigkeit am vorderen Kronrand begleitet ist. Wenn kein Bruch vorliegt, besteht die Behandlung normalerweise in Ruhe für das Pferd, Kühlen mit Eis, einem Verband des geschwollenen Kronrandes und der Verabreichung von entzündungshemmenden Medikamenten. Wenn ein Bruch vorliegt, ist oft ein chirurgischer Eingriff nötig, um das abgebrochene Stück zu entfernen.

Streukrampf, Zitterkrampf, Shivering
Eine Erkrankung, bei der die Hinterbeine und in schweren Fällen auch andere Körperteile ständig zittern. Man sieht die Symptome häufig dann, wenn das Pferd ruht, rückwärts gehen oder einen Hinterhuf geben soll. Das Pferd beugt eines der betroffenen Hinterbeine extrem ab, und dieses Bein zittert dann heftig. Ein solches Zittern kann auch am Schweif, den Vorderbeinen, den Augen und Ohren auftreten. Schmerzen in den Muskeln des betroffenen Beins können das Zittern noch verschlimmern. In manchen Fällen ist der Streukrampf nach einer Vollnarkose aufgetreten; in anderen Fällen, vor allem bei Zugpferden, tritt er auf, wenn ein Pferd so angestrengt arbeiten muss, dass es sehr schnell erschöpft ist. Der Zustand neigt dazu, sich im Laufe der Zeit zu verschlimmern. Eine spezielle Behandlung existiert nicht. Manche Fälle sprechen auf entzündungshemmende Medikamente gut an.

Strongyliden
siehe Palisadenwürmer.

Strychninvergiftung
Vergiftung durch Verschlucken von Strychnin, einer chemischen Substanz, die häufig in marktüblichen Nagetier-Giftködern zu finden ist. Die Symptome treten innerhalb von 10 Minuten bis 2 Stunden nach der Aufnahme des Strychnins auf. Dazu gehören Aufgeregtheit, angespannte Muskeln, die »Sägebockstellung«, starke epileptische Anfälle, die durch Außenreize wie Berührungen oder Geräusche ausgelöst werden, und Tod. Die Behandlung richtet sich im allgemeinen auf die Symptome: Medikamente gegen die epileptischen Anfälle und die Verabreichung intravenöser Flüssigkeiten, um das Gift schneller aus dem Körper schwemmen zu können.

Subakute Selenvergiftung (Selenose)
Vergiftung mit dem lebenswichtigen Mineralstoff Selen durch Aufnahme mäßig toxischer Mengen. Zu den Anzeichen gehören Blindheit, Weggehen von der Herde, zielloses Herumlaufen und schließlich Lähmungserscheinungen und Tod. Die Behandlung bleibt oft erfolglos, sobald Symptome sichtbar werden.

Symphatisches Nervensystem
Der Anteil des unspezifischen Nervensystems, der sich vorwiegend mit steigernden Körperfunktionen befasst, die seine »Flucht oder Kampf«-Reaktionen unterstützen, also beispielsweise die Erweiterung der Pupillen, das weite Öffnen der Augen, die Erhöhung des Blutdrucks, die Steigerung des Pulsschlages und die Erweiterung von Nüstern und Atmungstrakt.

Synovialitis
Eine Entzündung der weichen, geschmeidigen Membran, die ein Gelenk auskleidet. Oft ist eine Synovialitis der erste Schritt in einer ganzen Reihe von Erkrankungen, die schließlich zu einer degenerativen Erkrankung des Gelenks führen.

Synovialzellen
Aus diesen Zellen besteht die dünne, flexible Gewebeauskleidung der meisten Gelenke beim Pferd. Die Zellen dieser Synovialmembran erzeugen eine viskose (zähflüssige) Flüssigkeit, die Synovia, die das Gelenk ausfüllt und als Schmierstoff dient.

Szintigraphie
Eine diagnostische Technik, mit der man ermitteln kann, ob ein bestimmter Bereich des Pfer-

dekörpers (meist am Bewegungsapparat) normal funktioniert. Dazu wird eine radioaktive Substanz injiziert, über das Maul eingegeben oder per Infusion verabreicht. Nun kann man diese Substanz mit Hilfe eines »medizinischen Geigerzählers« verfolgen, der Gamma-Kamera, die zeigt, wie sich die Substanz im Körper verteilt. Dieses hochentwickelte Verfahren ist eine wertvolle Maßnahme zusätzlich zu den traditionellen Bildtechniken wie Röntgen und Ultraschall, wenn die Diagnose schwierig zu stellen ist.

Tendinitis
siehe Sehnenentzündung.

Tetanus
Eine Erkrankung, die aufgrund von Giftstoffen entsteht, die von Bakterien der *Clostridia*-Familie produziert werden. Diese Bakterien können eine Verletzung infizieren, und zwar vor allem (aber nicht ausschließlich) tiefe Stichwunden, in denen Sauerstoffmangel herrscht. Die Clostridienarten leben normalerweise im Boden. Da sie auch im Pferdemist vorliegen, sind sie auf einem Pferdebetrieb überall im Boden vorhanden. Zu den Anzeichen für Tetanus gehören das Vorfallen beider Nickhäute, wenn das Gesicht des Pferdes unterhalb der Augen vorsichtig abgeklopft wird, Zuckungen der Kiefermuskeln, so dass das Pferd Schwierigkeiten beim Fressen und Saufen bekommt, das Einnehmen einer »Sägebock«-Stellung mit starren Beinen, Zuckungen, die durch Geräusche oder andere Außenreize ausgelöst werden, starkes Schwitzen und schließlich Tod. Zur Behandlung gehören normalerweise eine gründliche Reinigung der infizierten Wunde, um zu verhindern, dass noch mehr Gift absorbiert wird, die intravenöse Verabreichung von Tetanus-Antitoxin, die Verabreichung von Medikamenten gegen epileptische Anfälle, von Beruhigungsmitteln und Muskelrelaxantien, und eine intensive Pflege mit Unterstützung der Körperfunktionen, beispielsweise durch die Verabreichung von intravenösen Flüssigkeiten und die Verfütterung eines Breies per Magensonde.

Tetanus-Antitoxin (-Serum)
Ein Antitoxin ist ein Gegengift, das man aus Blutserum herstellen kann, das Antikörper gegen einen bestimmten Giftstoff enthält. Tetanus-Antitoxin wird aus Pferdeserum hergestellt und enthält Antikörper gegen das Tetanusgift. Siehe Antitoxin.

Tetanus-Toxoid
Ein Toxoid ist ein Impfstoff, der aus Toxin (Giftstoff) besteht, das chemisch so verändert wurde, dass es keine giftige Wirkung mehr hat, aber immer noch eine Immunreaktion hervorruft. Das Tetanus-Toxoid ist ein Impfstoff, der beim Pferd die Produktion von Antikörpern gegen die Toxine, die Tetanus verursachen, anregt.

Thermographie
Eine Diagnosetechnik, bei der Unterschiede in der Temperatur eines Gewebes erkannt werden können. Sie ist beispielsweise nützlich, um festzustellen, wo die Quelle einer nicht genau zu umschreibenden Lahmheit sitzt.

Tollwut
Eine tödliche Virusinfektion des Zentralnervensystems, die durch den Speichel eines infizierten Tieres weiterverbreitet wird. Die Anzeichen können sehr unterschiedlich sein und reichen von Kolik über Lahmheit, ungewöhnlichen Bewegungen, Schlabbern aufgrund von Schluckschwierigkeiten, Niedergeschlagenheit oder Aufgedrehtheit bis zu Zuckungen und zum Tod innerhalb von Tagen nach Beginn der Symptome. Es existiert keine Behandlung. Pferde, die unter Tollwutverdacht stehen, sollten in Quarantäne gehalten werden. In allen Fällen von Tollwutverdacht sollte man über das Einschläfern nachdenken und eine definitive Diagnose durch Laboruntersuchungen an Hirngewebe durchführen, damit alle anderen Tiere (und auch Menschen), die in Kontakt mit dem betroffenen Pferd gekommen sind, behandelt oder in Quarantäne verbracht werden können.

Toxoplasmose
Eine Infektion mit einem Vertreter der Familie Toxoplasma, das sind einzellige Organismen. Toxoplasmose ist eine ältere Bezeichnung für die Erkrankung, die heute als »equine protozoär induzierte Gehirn- und Rückenmarksentzündung« bekannt ist.

Trachealavage, Luftröhrenspülung
Ein diagnostischer Eingriff, den man verwendet, um eine vorläufige Diagnose auf Lungenentzündung zu bestätigen und die verursachenden Bak-

terien zu identifizieren, so dass man ermitteln kann, welches Antibiotikum am besten dagegen wirkt. Während das Pferd steht und nur lose angebunden ist, wird ein kleiner Bereich vorne am Hals (über der Luftröhre) geschoren und desinfiziert und dann mit einem Lokalanästhetikum betäubt. Durch die schmerzlos gemachte Haut wird ein kleiner Einschnitt gemacht, der bis in die Luftröhre reicht. Durch diesen Einschnitt wird ein langer, steriler Katheter in die Lunge eingeschoben. Durch den Katheter wird eine sterile Salzlösung in die Bronchien gegeben, mit Hilfe einer Spritze wieder herausgesaugt und im Labor analysiert.

Tracheotomie
siehe Luftröhrenschnitt.

Tränenträufeln (Epiphora)
Augentränen.

Treppengebiss
Eine gewellte Oberfläche der Backenzähne aufgrund ungleichmäßiger Abnutzung.

Trichophytie
siehe Glatzflechte.

Überbein, verknöchertes
Ein harter Knoten an der Innenseite des Röhrbeins. Er kann entstehen, wenn ständige Erschütterungen das Bindegewebe rund um die Griffelbeine reizen, aber auch durch ein Trauma von außen (einen Schlag oder Anstreichen mit dem gegenüberliegenden Bein) oder bei jungen Pferden im Verlauf des Wachstumsprozesses. Wenn der Knoten nicht von weichen Schwellungen, Wärmeentwicklung oder Schmerzen begleitet ist, spricht man von einem verknöcherten Überbein, das nur einen Schönheitsfehler darstellt. Eine Behandlung ist normalerweise nicht nötig. Aus kosmetischen Gründen kann ein solches verknöchertes Überbein aber operativ entfernt werden.

Überempfindlichkeit (Anaphylaxie)
Eine allergische Überempfindlichkeits-Reaktion auf eine Substanz oder einen Wirkstoff, dem das Pferd vorher bereits ausgesetzt war. Wenn der Körper sensibilisiert ist (was nach jahrelangem Kontakt mit dem auslösenden Stoff passieren kann, selbst wenn nie ein Problem aufgetreten ist), erfolgt auf einen weiteren Kontakt eine Ganzkörper-Überreaktion, bei der es zu Nesselausschlag, Ödemen im Atmungstrakt, Kreislaufzusammenbruch und zum Tod kommen kann.

Überempfindlichkeit gegenüber Sonnenlicht, Photodermatitis
Eine Hauterkrankung, bei der eine photoaktive Substanz in der Haut hautschädigende Stoffe produziert, wenn sie durch die Absorption von ultraviolettem Licht aktiviert wird. Die photoaktive Substanz wird von bestimmten Giftpflanzen oder Medikamenten geliefert oder kann das chemische Nebenerzeugnis einer Lebererkrankung sein. Zu den Anzeichen gehören Rötung, Bläschenbildung, Geschwürbildung und Verkrustung auf hellfarbiger Haut, die dem Sonnenlicht ausgesetzt und nicht durch Haare geschützt ist – an Maul und Augen beispielsweise. (Eine andere Form der »Sonnenallergie« ist die lichtinduzierte Gefäßentzündung, für die die photoaktive Substanz noch nicht ermittelt ist.) Wenn die Behandlung bei den Ursachen ansetzen soll, müssen Anstrengungen unternommen werden, die Art und Quelle der photoaktiven Substanz herauszufinden. Zu den vorbeugenden Maßnahmen gehören die Verwendung von Sonnencreme oder Masken oder die Aufstallung von der Morgen- bis zur Abenddämmerung. Die Hautläsionen werden ebenso behandelt wie jeder andere oberflächliche Hautdefekt. Normalerweise werden die beschädigten Gewebe also wie eine Wunde versorgt, desinfiziert und gegen weitere Reizungen geschützt.

Übertragung von Darmflora
Bei einem Pferd, bei dem man eine Darmerkrankung vermutet, die zumindest zum Teil darauf beruht, dass die normale Bakterienpopulation des Darmes gestört wurde, kann man nützliche Bakterien in den Darm versetzen.

Übler Mundgeruch (Halitose)
Übler Mundgeruch ist oft auf Zahnprobleme oder eine Zahnbettentzündung zurückzuführen.

Ultraschalldiagnostik
Eine diagnostische Abbildungstechnik, die man benutzt, um ein Bild von weichen oder tiefliegenden Geweben zu erhalten, indem man Schallwellen bis zu diesen Geweben oder durch sie hin-

durch schickt. Aus den Schallwellen, die zurückgeworfen werden, kann man ein Bild zusammenstellen. Ultraschalluntersuchungen werden oft benutzt, um das Fortpflanzungsgeschehen zu kontrollieren, die Heilung von Sehnen-, Muskel- und Bänderverletzungen zu diagnostizieren oder zu überprüfen sowie anatomische Abweichungen in Leber, Milz, Nieren, Herz, Nabel und Auge aufzuspüren.

Unterkieferfibrom, verknöcherndes
Ein gutartiger Bindegewebstumor im vorderen Teil des Unterkiefers, der am häufigsten bei jungen Pferden (3 Jahre und jünger) auftritt. Meist ist die operative Entfernung das Mittel der Wahl.

Uveitis
Eine Entzündung oder Infektion der Uvea, das ist die gefärbte Haut im Auge des Pferdes. Dafür gibt es mehrere potentielle Ursachen einschließlich eines Traumas am Auge, einer Infektion mit *Leptospirose*bakterien, eines Befalls mit Augenwürmern und einer ungewöhnlichen Immunaktivität innerhalb des Auges. In den meisten Fällen von Uveitis lässt die Ursache sich allerdings nicht feststellen. Zu den Anzeichen gehören eine zusammengezogene Pupille, feuchte Augen, Zwinkern und Reiben des Auges. Wenn man eine Uveitis unbehandelt fortschreiten lässt, können die inneren Strukturen des Auges zerstört werden, die Netzhaut kann sich ablösen und das Pferd kann blind werden. Bei der Behandlung werden häufige Gaben von Augenmedikamenten gegeben, die die Pupillen erweitern, außerdem entzündungshemmende Präparate wie Dexamethason oder Prednison im Auge selbst oder systemisch. Dazu können nichtsteroide entzündungshemmende Medikamente systemisch eingesetzt werden. Wenn möglich, muss das ursächliche Problem ermittelt und behandelt werden.

Vasculitis
siehe Gefäßentzündung.

Vasomotorische Rhinitis
Entzündung und Schwellung der Nasenschleimhaut aufgrund einer Fehlfunktion der Gefäßnerven, ohne Infektion.

Venezuelan Equine Encephalomyelitis
Eine Viruserkrankung des Zentralnervensystems bei Pferden, Maultieren, Eseln und Menschen, die durch infizierte Moskitos übertragen wird und in Teilen von Südamerika, Panama, Trinidad und Mexiko vorkommt, gelegentlich auch in den südlichen Staaten der USA nahe der mexikanischen Grenze. Zu den Anzeichen gehören Fieber, Durchfall, Niedergeschlagenheit und Symptome des Zentralnervensystems, die relativ milde ausfallen (verglichen mit denen bei der Eastern oder der Western Equine Encephalomyelitis) und sich hauptsächlich als Schwindelgefühl und dem Drücken des Kopfes gegen irgendwelche Gegenstände äußern. Die Prognose ist mäßig bis gut, wenn die Symptome behandelt und der Heilungsprozess unterstützt werden.

Vergiftung, mit Blutverdünnung einhergehend
Die Fähigkeit des Blutes zur Gerinnung kann durch bestimmte Gifte herabgesetzt werden. Solche Gifte sind beispielsweise in schimmeligem Steinkleeheu oder in frischem Steinklee enthalten, aber auch in Nagetier-Giftködern, die Cumarin oder Dicumarol enthalten. Zu den Anzeichen gehören äußerlich erkennbare Blutgerinnungsstörungen wie beispielsweise eine Wunde, die stärker oder länger blutet, als man erwartet hätte. Wenn die Blutungen innerlich auftreten, gehören blasses Zahnfleisch, Niedergeschlagenheit, Schwäche, schnelle flache Atmung und Tod zu den Symptomen. Die Behandlung kann mit Vitamin-K-Spritzen und Bluttransfusionen geschehen.

Vergiftung, mit hellrosa Zahnfleisch einhergehend
Gifte, die zyanidähnliche Substanzen enthalten, verhindern die normale Sauerstoffversorgung der Gewebe und lassen so ihre Opfer ersticken. Zu den Pflanzen, die Cyanid enthalten, gehören Sorghum-/Sudangras (sowohl frisch als auch in Ballen) sowie manche Obstbäume. Zu den Anzeichen gehören Unruhe, allgemeines Muskelzittern, mühsame Atmung, starker Speichelfluss, Zuckungen und schließlich Tod. Eine Behandlung wirkt sich allgemein günstig aus. Man kann intravenös eine Substanz verabreichen (Natriumnitrit oder Natrium-Thiosulfat), die das Cyanid aus dem Blut entfernen kann. In den meisten Fällen stirbt allerdings der Patient, bevor Zeit gewesen wäre, eine Behandlung anzufangen.

Vernagelung
Ein Pferd wird »vernagelt«, wenn ihm ein Hufnagel ins Leben, also in die empfindliche Lederhaut im Huf, getrieben wird, oder wenn der Huf so stark ausgeschnitten wird, dass man ins Leben kommt. In vielen Fällen zuckt das Pferd zusammen oder zieht den Huf zurück, wenn ihm die Verletzung zugefügt wird. Manche Fälle entwickeln innerhalb weniger Tage eine Empfindlichkeit und gehen leicht bis mäßig lahm, weil sich in dem betroffenen Bereich eine Infektion ausbildet. Zur Behandlung gehört die Entfernung des betreffenden Hufnagels, wenn das möglich ist, die Säuberung des Loches und das Auflegen eines Breiumschlages, um restliche Verschmutzungen herauszuziehen.

Verrenkung (Luxation)
Verrenkung oder Ausrenkung eines Gelenks oder eines anderen Körperteils, der dadurch aus seiner normalen Position gebracht wird.

Verschluck-Pneumonie
siehe Aspirations-Lungenentzündung.

Verstopfungskolik und Bewegung
Ein Mangel an Bewegung kann vor allem bei Pferden, die aus dem einen oder anderen Grund innerhalb der letzten 2 Wochen ihren Stall nicht verlassen haben, zur Entstehung einer Verstopfungskolik beitragen. Man denkt, dass der Mangel an Bewegung irgendwie dazu führt, dass sich auch der Verdauungsbrei im Darm des Pferdes langsamer vorwärtsbewegt.

Verstopfungskolik und kaltes Wetter
Mangelnde Wasseraufnahme kann zu einer Verstopfungskolik führen. Pferde trinken bei kaltem Wetter im allgemeinen weniger Wasser und erhöhen so das Risiko, eine Verstopfung zu bekommen. In einer Studie tranken Pferde bei kaltem Wetter 40 % mehr, wenn man ihnen Wasser anbot, das auf 50 °C erwärmt worden war. Den größten Teil ihrer Wasseraufnahme hatten sie dann in den drei Stunden, nachdem man ihnen das warme Wasser angeboten hatte. Manche Pferde weigern sich, warmes Wasser zu trinken, also müssen Sie immer beides anbieten. In dieser Studie tranken die Pferde, die das wärmere Wasser bevorzugten, insgesamt signifikant mehr Wasser als die Pferde, die es ablehnten.

Verstopfungskolik und langsame Darmpassage
Je langsamer die Fortbewegung (»Motilität«) des Verdauungsbreis im Dickdarm vor sich geht, desto mehr Wasser wird ihm entzogen. Die Darmpassagerate wird auch davon beeinflusst, wie viel Rohfaser in der Ration des Pferdes steckt: je weniger Raufutter es bekommt, desto langsamer bewegt sich der Verdauungsbrei, und desto trockener wird er dabei. Beispiel: üppiges, saftiges Frühjahrsgras steckt voller Wasser, aber rohfasermässig ist wenig vorhanden, so dass es zur Ursache für ausgesprochen trockenen Kot werden kann. Auch manche Medikamente beeinflussen die Darmmotilität.

Virusbedingte Arterienentzündung des Pferdes, equine virale Arteritis
Eine ansteckende Viruserkrankung, die über eine Tröpfcheninfektion verbreitet wird (Feuchtigkeitströpfchen in der Luft durch Husten, Niesen oder Tränenflüssigkeit). Eine andere Verbreitungsmöglichkeit ist beim Deckakt mit einem angesteckten Tier. Wenn Stuten während der Trächtigkeit infiziert werden, verfohlen sie normalerweise. Die betroffenen Pferde sind eine Woche bis 10 Tage lang krank mit grippeähnlichen Symptomen und sind während dieser Zeit auch ansteckend. Bei guter Pflege erholen die meisten Pferde sich wieder völlig, auch wenn sie danach bei sexuellen Kontakten die Krankheit weiter verbreiten können. Wenn das Pferd zum ersten Mal unter einer virusbedingten Arterienentzündung leidet, hat es meist Fieber, ist lustlos und appetitlos und weist oft an den Beinen Schwellungen auf, die auf die Gefäßentzündung zurückzuführen sind.

Wade (Entzündung der Beugesehne am Vorderbein)
Dabei wurden eine oder beide Beugesehnen, die an der Rückseite des Pferdefußes verlaufen, gezerrt oder angerissen. Es kommt zu Schwellung, Wärmeentwicklung, Schmerzen und Lahmheit. Bei älteren, verheilten Sehnenverletzungen ist das einzige Zeichen für die frühere Verletzung eine Verdickung dieses Bereichs, von dem die »Wade« ihren Namen hat. Wade ist eine ernsthafte Sache bei einem Pferd, das eine Sportlerkarriere einschlagen soll, weil die verheilte Sehne immer schwächer und weniger elastisch ist als vor der Verletzung, so dass sie auch leichter wie-

der verletzt wird. Zur Wade kommt es meistens am oberflächlichen Zehenbeuger, so dass eine Schwellung ungefähr auf mittlerer Höhe des Röhrbeins auftritt. Wenn die tiefe Beugesehne betroffen ist, sitzt die Schwellung auf der unteren Hälfte der Sehne, oberhalb des Fesselgelenks. Die Behandlung zielt darauf ab, Schäden durch Blutung und Schwellung zwischen den Sehnenfasern einzuschränken und ein weiteres Einreißen zu verhindern. Nachdem Blutung und Entzündung zurückgegangen sind, wird oft eine physikalische Therapie verordnet, um Verklebungen zu verhindern oder wieder aufzubrechen.

Warzen

Durch Viren verursachte Wucherungen in der Haut des Pferdes, die haarlos sind, weder jucken noch verkrusten und überall auf dem Körper auftreten können. Zu den Behandlungsmöglichkeiten gehören überhaupt keine Behandlung, chirurgische Entfernung oder Verödung und die Verabreichung eines Impfstoffes, der aus Material von den Warzen des betroffenen Pferdes selbst gewonnen wurde. Zu Informationen über die Warzen am Maul von jungen Pferden siehe nächster Eintrag.

Warzen beim jungen Pferd

Rosafarbene oder braune, fleischige, haarlose Wucherungen, normalerweise am Maul oder in anderen Gesichtsregionen bei jungen Pferden unter 3 Jahren. Man glaubt, dass diese Warzen, die nur bei jungen Pferden auftreten, von einem ansteckenden Virus verursacht werden. Oft lässt man sie einfach in Ruhe, weil sie plötzlich von selbst verschwinden, nachdem sie einige Wochen bis Monate bemerkbar waren. Man glaubt, dass das gute Ansprechen auf verschiedene Hausmittel rein zufällig ist – die Warzen waren ohnehin gerade dabei, zu vergehen.

Western Equine Encephalomyelitis

Eine Virusinfektion des Zentralnervensystems bei Pferden, Maultieren, Eseln und Menschen, die über infizierte Moskitos verbreitet wird. Zu den Anzeichen gehören Appetitlosigkeit, Fieber, aufgeregtes Gehabe mit übermäßig starker Reaktion auf Außenreize wie Licht und Geräusche, Niedergeschlagenheit, zielloses Herumwandern, der Kopf wird gegen irgendwelche Oberflächen gedrückt, Torkeln, Lähmungserscheinungen und Tod. Die meisten Pferde erholen sich bei intensiver Pflege und Unterstützung des Heilungsprozesses, aber viele von ihnen bleiben dauerhaft geistig geschädigt und sind nicht mehr die Hellsten.

Widerristfistel

Eine tiefreichende Infektion im Widerristbereich, häufig auf eine Art Quetschungsverletzung aufgrund von schlecht passendem Sattelzeug zurückzuführen, führt zu einer Hautaufreißung, durch die die beschädigten Gewebe mit Schmutz und Mikroorganismen in Berührung kommen. Bei einer echten Widerristfistel handelt es sich bei den Bakterien, die die nachfolgende Infektion verursachen, um Mitglieder der *Brucella*-Familie, die auch auf den Menschen übertragbar sind. Zu den Anzeichen gehören Schwellung, Wärmeentwicklung, Schmerz und das Abfließen von Eiter und Verschmutzungen durch Fistelkanäle. Die Behandlung muss vorsichtig gehandhabt werden, um die Infektion des Menschen zu vermeiden, und konzentriert sich normalerweise auf die Wundversorgung und die Desinfektion der verschmutzten Gewebe. In manchen Fällen wird man systemische Antibiotika verabreichen.

Wildes Fleisch

Ein Überwachsen einer Verletzung mit rosafarbenem, blasig aussehendem Gewebe im Verlauf des Heilungsprozesses. Es tritt vor allem an Verletzungen im unteren Beinbereich auf, wo unter der Haut kaum Muskeln liegen. Wildes Fleisch kann wie ein Tumor über die verletzte Stelle hinausragen und so verhindern, dass die Wunde mit neuer Haut bedeckt wird. Die Behandlung hängt von der Stelle ab, an der die Verletzung sich befindet, und auch von der Schwere der Verletzung. Normalerweise werden einige der folgenden Schritte verwendet: lokaler Auftrag verschiedener Medikamente, die das überflüssige Gewebe abschmelzen sollen, Druckverbände oder operative Entfernung des wilden Fleisches.

Windgallen

Ein Gelenkflüssigkeitserguss im Fesselgelenk mit oder ohne vermehrte Füllung der angrenzenden Sehnenscheide. Das Gelenk schwillt dadurch an, diese Schwellung kann sich über einen Teil des Röhrbeins nach oben ziehen. Windgallen können mit einer Lahmheit verbunden sein. Zu den Ursachen gehören übermäßige Belastung für die weichen Gewebe der Gelenke und die Sehnen aufgrund eines Gebäudefehlers, schlechter Beschlag (siehe lange Zehen, niedrige Trachten), häufiges Reiten oder das plötzliche Stehen im Stall nach einer Periode mit regelmäßigem Training. Die Behandlung konzentriert sich darauf, die Ursache festzustellen und zu behandeln. Dazu gehören Ruhe, Kühlen und Druckverbände, um Entzündung und Schwellung zu begrenzen.

Wolfsmilchvergiftung
Vergiftung mit Wolfsmilch, einem mehrjährigen Unkraut, das gerne auf Magerweiden auftritt, auf denen das Pferd beim Grasen nicht sehr wählerisch sein kann. Das Kraut ist sowohl frisch als auch getrocknet (im Heu) giftig. Anzeichen können innerhalb von 1 bis 2 Tagen nach Aufnahme der Pflanze auftreten und können in Abgeschlagenheit, Schwäche, Schwindelgefühl, Zusammenbruch, Zuckungen mit versteiften Muskeln, Koma, Herzinfarkt und schließlich Tod bestehen. Es gibt keine spezielle Behandlung; die meisten Fälle verlaufen tödlich.

Wolfszähne
Die Wolfszähne sind die ersten Prämolaren und sitzen am hinteren Rand des freien Stücks zwischen den Schneidezähnen und den Backenzähnen. Man findet sie meist nur im Oberkiefer, wo sie in der Größe von wenigen Millimetern großen Hubbeln bis zu Zähnen fast von der Größe der Hakenzähne reichen, die in der vorderen Hälfte des freien Stücks zwischen Schneidezähnen und Backenzähnen sitzen. Wolfszähne im Unterkiefer sind klein und nadelförmig. Wenn die Anwesenheit, die Lage oder die Größe von Wolfszähnen das Einlegen des Gebisses behindern, werden sie entfernt, wobei das Pferd meist nur ein Beruhigungsmittel erhält.

Wundversorgung
Säubern einer Wunde von abgestorbenem oder verschmutztem Gewebe und Fremdstoffen.

Wurmmittel (Anthelmintikum)
Wird zum Abtöten von Darmparasiten oder »Würmern« benutzt. (Eine unvollständige Liste marktgängiger Produkte finden Sie auf S. 219.)

Wurmmittel zur Intervall-Entwurmung
Ein Medikament, das als Wurmmittel eingesetzt wird, um ausgewachsene Würmer und einige Jugendstadien radikal auszulöschen. Allerdings hat es keine länger anhaltende Schutzwirkung – die Neuinfektion setzt ein, sobald das Pferd Eier und Larven vom verseuchten Boden aufnimmt.

Zahnbalgzyste
siehe Ohrfistel.

Zahnbetterkrankung (Parodontopathie)
Eine Erkrankung des Zahnfleisches und der angrenzenden Gewebe im Zahnbereich des Pferdes. Diese Erkrankung kommt mit zunehmendem Alter des Pferdes häufiger vor, weil dann seine Zähne schmaler werden, so dass sich Zwischenräume bilden, in denen sich Futterreste und andere Verschmutzungen ansammeln können. Das häufigste Anzeichen für Periodontitis ist übel riechender Atem (Halitose), der meist nach Mottenkugeln riecht.

Zerreißung des Zwerchfells (Zwerchfellsruptur)
Dabei tritt in der muskulösen Membran, die die Brusthöhle des Pferdes von der Bauchhöhle trennt, ein Riss auf. Normalerweise ist er das Ergebnis eines schweren stumpfen Traumas gegen Brust oder Bauch, beispielsweise durch einen Tritt oder durch den Zusammenstoß mit einem Fahrzeug. Zu den Anzeichen gehören Kolikzeichen, mühsame Atmung, verringerte Leistungsfähigkeit und Abneigung gegen das Gurten des Sattels (manchmal auch Zusammenbruch dabei). Die Behandlung besteht in der operativen Behebung des Risses; die Prognose ist allerdings mäßig.

Zerrung eines Bandes oder einer Sehne
Überdehnung oder Zerreißung von Fasern in einer Sehne oder einem Band aufgrund übermäßiger Belastung. Die Verletzung wird durch Schwellungen und Blutungen in der beschädigten Sehne sowie durch zusätzliche Belastung noch verschlimmert. Zur Behandlung gehören Kühlen mit Eis und das Anlegen eines Druckverbandes. Eine weitere Belastung des Bereiches wird dadurch vermieden, dass das betroffene Bein mit einer Schiene, einem Gips oder mit Trachtenkeilen ruhig gestellt wird. Es werden entzündungshemmende Medikamente gegeben und eine physikalische Therapie durchgeführt, um Verkle-

bungen zu vermeiden, die sonst die zukünftige Bewegungsfreiheit beeinträchtigen würden.

Zunge, festbinden

Manchmal macht man Gebrauch davon, die Zunge eines Pferdes an seinem Unterkiefer festzubinden. Normalerweise tut man das bei anstrengender Arbeit wie beispielsweise beim Rennen, aber auch als diagnostische Hilfe. Beim Rennen will man damit eine Erkrankung in den Griff bekommen, die Gaumensegelverlagerung heißt (siehe dort). Die Zunge kann verletzt werden, wenn sie zu fest angebunden wird.

Zungenverletzung

Die Zunge des Pferdes kann durch scharfe Gebisse, übereifriges Festbinden der Zunge (siehe bei Zunge, festbinden) oder einen scharfen Gegenstand im Futter oder in der Krippe verletzt werden. Je nach Schwere der Verletzung kann als Behandlung ein chirurgischer Eingriff oder sogar die Amputation angebracht sein, obwohl viele schwere Zungenverletzungen auch ohne Nähen gut verheilen. Ungefähr die Hälfte der Zunge kann bei Notwendigkeit amputiert werden, ohne dass größere Auswirkungen auf die normalen Funktionen des Pferdes zu befürchten sind.

Zwerchfellsflattern

Ein rhythmisches Zucken der Brust- oder Bauchwand des Pferdes, das anscheinend mit den Atembewegungen zusammenfällt, tatsächlich aber seine Ursache in einer Verkrampfung des Zwerchfells bei jedem Herzschlag hat. Die zugrunde liegende Ursache ist ein starkes Ungleichgewicht bei Mineralstoffen und Elektrolyten im Körper, meist als Ergebnis eines massiven Flüssigkeitsverlustes durch das Schwitzen bei einer anstrengenden Ausdauerleistung. Die Behandlung besteht normalerweise in der vorsichtigen Verabreichung von intravenösen Flüssigkeiten sowie Kalzium, Magnesium und Glukose, wobei das Herz ständig überwacht werden muss, weil ein Herzstillstand eintreten kann, wenn das Kalzium zu schnell gegeben wird.

Zwiebeln

Sowohl wilde als auch kultivierte Zwiebeln sind für Pferde giftig und verursachen hämolytische Anämie. Zu den Anzeichen gehören Gelbsucht und bräunlich gefärbter Harn sowie Schwäche und Ausdauerverlust, wenn die Anämie fortschreitet. Die Behandlung unterstützt normalerweise die Körperfunktionen. Die weitere Aufnahme von Zwiebeln ist unbedingt zu verhindern. Bei schwerer Anämie kann eine Transfusion nötig werden.

Zwölffingerdarmentzündung (Duodenitis) und Leerdarmentzündung (Jejunitis)

Bei dieser Entzündung ist der erste Teil des Dünndarms betroffen, nämlich der Zwölffingerdarm und ein Teil des Leerdarms. Das betroffene Pferd zeigt normalerweise die Symptome einer mittleren bis schweren Kolik. Wenn eine Magensonde gelegt wird, tritt Magensaft aus, und zwar oft unter Druck. Diese Dünndarmentzündung ist nur schwer von einer Kolik zu unterscheiden, die einen chirurgischen Eingriff erforderlich macht. In schweren Fällen muss über Wochen behandelt werden, wobei angesammelter Magensaft mehrmals täglich per Magensonde entfernt wird. Magen und Darm werden mit Schutzstoffen wie Paraffinöl beruhigt, zur Linderung des Kolikschmerzes werden Medikamente verabreicht, und die großen Flüssigkeitsmengen, die aus dem Magen abgezogen wurden, werden über intravenöse Flüssigkeitszufuhr wieder ergänzt. Die Ursache ist unbekannt. Ungefähr die Hälfte der Pferde, die in Pferdekliniken wegen dieser Dünndarmentzündung behandelt werden, überleben.

Zyste

Ein abgeschlossener, glatter Knoten mit einem festen oder flüssigen Inneren, das von den Zellen erzeugt wird, die die innere Auskleidung der Zystenwand bilden. Eine Talgzyste enthält Öle, die von Öldrüsen in der Auskleidung der Zyste produziert werden. Eine Serumzyste (Serom) enthält Serum. Eine Zahnbalgzyste (Ohrfistel) findet man normalerweise unterhalb eines Ohrs. Sie ist mit Zellen ausgekleidet, die sich im Embroynalstadium des Pferdes dort befunden haben und bei der Ausdifferenzierung der verschiedenen Gewebe des Embryos »verloren gegangen« sind. Eine solche Zyste enthält meist einen oder mehrere Zähne und einige Haare. Normalerweise verursachen Zysten keine Probleme, es sei denn, sie liegen so, dass sie von Sattel- oder Zaumzeug berührt werden oder die Funktion bestimmter Körperteile einschränken. An Behandlungsoptionen für Zysten stehen chirurgische Entfernung, Kryochirurgie, Kauterisieren und Entfernung per Laser zur Verfügung. Wenn eine flüssigkeitsgefüllte Zyste einfach nur eröffnet wird, füllt sie sich normalerweise innerhalb weniger Tage wieder.

Zytologie
Die Untersuchung von Zellen auf einem Gewebeabstrich, den man auf einen Objektträger legt und unter einem Mikroskop betrachtet.

Stichwortverzeichnis

C

D

E

T

TEIL IV

NÜTZLICHE FORMULARE IN DER PFERDEHALTUNG

STALLTAFEL

Name des Pferdes ____________________

Rasse ____________________ Alter __________

Tierarzt ____________________

Telefon ____________________

Pferdelebensversicherung

Gesellschaft ____________________

Policen-Nr. __________ Notfall-Telefonnr. __________

Pferdekrankenversicherung

Gesellschaft ____________________

Policen-Nr. __________ Notfall-Telefonnr. __________

Name des Besitzers __________ Telefonnr. __________

Telefon Büro __________ Handy __________

Allergien (bekannt oder vermutet)

____

____

____

____

Besonderheiten für Gesundheit/Pflege?
(Beispiele: »Neigt zu Kolik in Regennächten.« »Klopphengst.« »Nach Grippeimpfung oft heiße, schmerzhafte Schwellung.«)

____

____

____

Fütterungshinweise:

Heu: morgens __________ mittags __________ abends __________

Kraftfutter: morgens __________ mittags __________ abends __________

IMPFUNGEN UND BEHANDLUNGEN

Name des Pferdes

____

Datum	Impfung/Medikament	Dosis	Verabreicht von	Nächster Termin	Bemerkungen

ENTWURMUNGEN

Name des Pferdes ______________________

Datum	Mittel Marke/Wirkstoff	Dosis	Verabreicht von	Nächster Termin	Bemerkungen

Bibliografische Information
Der Deutschen Bibliothek

Die Deutsche Bibliothek verzeichnet diese Publikation in der Deutschen Nationalbibliografie; detaillierte bibliografische Daten sind im Internet über http://dnb.ddb.de abrufbar.

BLV Verlagsgesellschaft mbH
München Wien Zürich
80797 München

Titel der amerikanischen Originalausgabe:
HANDS-ON HORSE CARE:
The Complete Book of Equine First Aid
By Karen Hayes, DVM & Horse & Rider

Published by arrangement with Horse & Rider Inc., a wholly owned subsidiary of Cowles Enthusiast Media, Inc., d/b/a PRIMEDIA Equipe Group, 6405 Flank Drive, Harrisburg, PA 17112

Deutschsprachige Ausgabe:

Zweite, überarbeitete Auflage

Übersetzung: Bettina Borst
Fachliche Bearbeitung: Dr. Thomas Heinz
Illustrationen: Kip Carter, MS, CMI
Einbandgestaltung: Joko Sander, Werbeagentur, München
Titelfoto: Ramona Dünisch, Rückseite: Lothar Lenz

Herstellung: Peter Rudolph
DTP: Satz+Layout Fruth GmbH, München
Druck und Bindung: Mohndruck, Gütersloh

Printed in Germany · ISBN 3-405-16580-6

Hinweis:
Mit dem *Kursbuch Pferdekrankheiten* haben Sie Ihren eigenen, persönlichen tierärztlichen Berater an der Hand – jemanden, der die richtigen Fragen stellt und Ihnen auf Grund Ihrer Antworten sagen kann, was Sie tun sollen, und der das Bindeglied zwischen Ihnen und Ihrem Tierarzt darstellt.
Dieses Buch wurde nach bestem Wissen und Gewissen geschrieben und übersetzt. Es erhebt keinen Anspruch auf Vollständigkeit und kann die tierärztliche Untersuchung und Behandlung nicht ersetzen.
Auch sei darauf hingewiesen, dass es sich um die Übersetzung eines amerikanischen Originaltitels handelt, was im Einzelfall Auswirkungen auf Therapiemethoden oder arzneimittelrechtliche Bestimmungen haben kann.
Verlag und Übersetzer übernehmen daher keine Verantwortung für die Folgen einer beschriebenen Behandlung. Konsultieren Sie Ihren Tierarzt, wenn Sie Fragen haben.